C000142752

1 MONTH OF
FREE
READING

at

www.ForgottenBooks.com

By purchasing this book you are eligible for one month membership to ForgottenBooks.com, giving you unlimited access to our entire collection of over 1,000,000 titles via our web site and mobile apps.

To claim your free month visit:

www.forgottenbooks.com/free564143

ISBN 978-0-666-47072-0
PIBN 10564143

ARCHIV ·

FÜR

NATURGESCHICHTE.

GEGRÜNDET VON A. F. A. WIEGMANN,
FORTGESETZT VON W. F. ERICHSON.

IN VERBINDUNG MIT

PROF. DR. LEUCKART IN LEIPZIG

HERAUSGEGEBEN

von

DR. F. H. TROSCHEL,
PROFESSOR AN DER FRIEDRICH-WILHELMS-UNIVERSITÄT ZU BONN.

ACHT UND DREISSIGSTER JAHRGANG.

Erster Band.

Mit 12 Tafeln.

Berlin,

Nicolaische Verlagsbuchhandlung.

(A. Effert und L. Lindtner)

1872.

Inhalt des ersten Bandes.

Ueber Selbstbefruchtung bei Trematoden.

Von

Dr. med. O. von Linstow

in Ratzeburg.

Hierzu Tafel I. Fig. A—C.

Die Entwickelungsgeschichte der Trematoden liegt
in Leuckart's classischem Werk (Die menschlichen Parasiten etc.) in ihren Grundzügen klar vor uns, nach der die
geschlechtsreifen Thiere Eier produciren, deren Embryonen
sich meistens in sogenannte Ammen verwandeln, in denen
die schon durch ihre Saugnäpfe als Trematoden erkennbaren geschwänzten Jugendformen gebildet werden, die
selbstständig in Thiere, meistens Wasserbewohner, ein-
wandern, um nach Verlust ihres Schwanzes sich einzu-
kapseln, und endlich mit dem Wohnthier in ihren definitiven Wirth übergehen, in dem nach Auflösung der
Kapsel der Insasse sich zur Geschlechtsreife entwickelt.
Nunmehr erfolgt die Begattung, welche nach Leuekart [1]) zwischen je zwei Individuen vollzogen wird, mit
Ausnahme gewisser Distomen, bei denen ein direkter Zusammenhang zwischen männlichen und weiblichen Ge-
schlechtstheilen beobachtet ist. Die Befruchtung geschieht [2])
vor Ablagerung der Eischale, so dass vollkommene, mit

---

1) L. c. I, pag. 478.
2) Ibid. pag. 482.

ihrer Schale versehene Eier, in denen die Embryonalentwickelung bereits begonnen hat, selbstredend als befruchtete angesehen werden müssen.

Meine Untersuchungen hiesiger Crustaceen liessen
mich im Oktober dieses Jahres bei Gammarus pulex eine
Trematoden-Species finden, die von der oben aufgestellten
Regel eine Ausnahme macht. Es waren Distomeen, die
nach Art der allgemein bekannten Jugendformen einge-
kapselt, aber doch vollkommen geschlechtlich entwickelt
waren. In einer Anzahl von Exemplaren war in dem
Cirrusbeutel eine höchst auffällige, zitternde Bewegung
der Spermatozoen sichtbar, wie ich sie nie, auch nicht
bei Samen von Säugethieren, lebhafter gesehen habe, und
in Thieren anderer Kapseln fanden sich nicht nur die
männlichen wie auch die weiblichen Geschlechtsorgane
völlig ausgebildet, sondern auch reife, in der Embryonalentwickelung begriffene Eier. Für die Art, die ich nirgends beschrieben finde, schlage ich den Namen

Distomum agamos

vor. Das Thier ist 1 Mm. lang, 0,5 Mm. breit, der Mund-
saugnapf und der Körper sind unbewaffnet; ersterer ist
kreisrund; der Bauchsaugnapf, der etwa die Mitte des
Leibes einnimmt, ist halbkreisförmig umgrenzt, von dem
dreifachen Querdurchmesser jenes. Der Darm, aus dem
Schlundkopf entspringend, ist auf die gewöhnliche Weise
gegabelt, die Dotterstöcke nehmen die Seiten der hinteren Körperhälfte ein; hinter dem Bauchsaugnapf liegen
die beiden Hoden und der mit dem langen Cirrus versehene Cirrusbeutel (dieser würde wohl richtiger Samenblase benannt, da er offenbar als Ansammlungsort des
von den Hoden secernirten Samens dient), während die
weibliche Geschlechtsöffnung sich zwischen beiden Saugnäpfen findet. Der Eier- oder Keimstock ist von den
weiblichen Geschlechtsorganen zuerst, zu einer Zeit, wo
schon der Same gebildet ist, als halbmondförmiges Organ
sichtbar, das seitlich am Bauchnapfe liegt (Fig. A). Die
Eier sind verhältnissmässig gross, gelb von Farbe, wenig
zahlreich; höchstens 67 konnte ich bei einem Exemplar
zählen. Am Ende des Leibes ist eine von halbkugligen

Wülstchen umgebene Excretionsöffnung mit dreischenk-
liger Mündung sichtbar (Fig. C), ohne dass ich ein dazu-
gehöriges Gefässsystem auffinden konnte. Sowohl die
Bildung der Geschlechtsorgane als auch die Befruchtung
und Eibildung geht nun in der kugelförmigen Kapsel, in
der das Thier sich umherwälzt, vor sich, denn an diesen
Kapseln, wie ich überhaupt das Thier immer nur in solchen gefunden habe, die ich zur Untersuchung der Insassen durch Druck aufs Deckglas sprengen musste, sieht
man Exemplare ohne Sexualorgane, dann solche, in denen
die männlichen und die Anfänge der weiblichen (Fig. A)
ausgebildet sind, und endlich solche, in denen die Ge-
schlechtstheile vollkommen und auch reife Eier sich zeigen (Fig. B); die Entwickelung der männlichen Organe
geht der der weiblichen immer voran. Die Begattung
kann also nur in dieser für das Thier undurchdringlichen
Kapsel vollzogen werden, und dürfte dadurch erleichtert
sein, dass hier der Cirrus auffälliger Weise hinter dem
Bauchsaugnapf liegt, und zwar getrennt durch denselben
von der Vulva, im Gegensatz z. B. von Distomum dimor-
phum, bei dem sowohl die männliche wie die weibliche
Geschlechtsöffnung sich hinter dem Bauchsaugnapf befinden. Bei den Arten nämlich, bei denen der Cirrus in der
Nähe der weiblichen Geschlechtsöffnung liegt, tritt gewiss
keine Selbstbegattung ein, da das männliche Glied kaum
willkürlich bewegt werden kann, sondern die Annäherung
der betreffenden Punkte durch Bewegungen des Leibes
bewerkstelligt werden muss. Die Kapselwände müssen
bei der in diesem Falle nöthigen Leibeskrümmung die
besten Stützpunkte geben. Ohne Beispiel ist nun solche
Selbstbegattung bei den Platyelminthen keineswegs, die
im vorliegenden Falle zwar nicht beobachtet ist, aber doch
wohl mit Bestimmtheit vermuthet werden kann, da die
Copulationsorgane vorhanden, die Individuen durch die
Einkapselung von einander getrennt sind, und die Entwickelung vom gänzlichen Fehlen der Sexualorgane bis
zum Auftreten der reifen Eier in diesen Kapseln beobachtet ist; vielmehr dürfte sie für das ganze umfangreiche
Geschlecht der Tänien die Regel sein, und bildet Leu-

ekart [1]) ein Glied von Taenia echinococcus im Momente der Selbstbegattung ab. Die reifen, mit doppeltcontourirter Schale versehenen Eier, wie sie in dieser Species gefunden sind, hält übrigens auch Leuckart, eine der grössten Autoritäten in der Helminthologie, für ein Zeichen der Reife bei den Trematoden, so dass dieselben erst nach vollendeter Entwickelung und vollzogener Begattung auftreten. Uebrigens scheint es mehr als wahrscheinlich, dass Gammarus pulex nicht der definitive Wirth dieses Parasiten ist, da die Kapsel, um die Eier frei zu machen, erst aufgelöst werden muss, was, wenn man nach Analogieen schliessen darf, wahrscheinlich durch den Magensaft eines Wirbelthieres. geschehen wird. Fast immer ist bekanntlich der Wohnort der geschlechtsreifen Trematoden derartig gewählt, dass die Eier nach aussen gelangen können; bei den meisten Arten gelangen sie vom Darm direkt ins Freie, bei Distomum hepaticum, macrourum u. s. w. müssen sie vorher die Gallengänge passiren, bei Distomum cylindricum treten sie durch die Luftwege, bei Distomum cygnoides durch die Harnwege nach aussen, und so wird wahrscheinlich bei der uns vorliegenden Art ein Wohnungswechsel der Art eintreten, dass nun auch hier die Eier auf eine der eben genannten Weisen herausbefördert werden können. Auf ein späteres freies Leben, etwa in einem Darmkanal, deuten übrigens auch noch die Saugnäpfe, von denen das hintere sehr kräftig entwickelt ist. Ausser der Einkapselung ist auch der Fundort dieses Distomum als eines geschlechtsreifen auffällig; die Arten leben bekanntlich fast ausschliesslich in Vertebraten; eine einzige entwickelte mit zahllosen Eiern versehene Species fand ich bei Anodonta cygnea [3]), und Diesing führt [2]) drei Arten an, die in Acalephen wohnen ; letztere sind mir aber unbekannt, und sind es vielleicht unentwickelte· Jugendformen.

----

[1]) L. c. pag. 339, fig. 98.
[2]) Systema helminthum II, pag. 361—362.
[3]) Aspidogaster conchycola.

Interessant wäre es, den definitiven Wirth dieses
Parasiten zu erfahren, auch in Bezug auf die Frage, ob
durch besondere Umstände es nothwendig für die Erhaltung der Art ist, dass die Geschlechtsreife schon in dem
Zwischenträger eintritt. Vielleicht wird der Gammarus
pulex von einem den hiesigen See im Herbste auf der
Wanderschaft besuchenden Zugvogel verzehrt, der nur
kurze Zeit hier verweilt, und nun trotz seines kurzen
Aufenthaltes die Eier unseres Trematoden hier hinterlässt.

Schliesslich darf ich daran erinnern, dass Leuckart
in seinem Bericht über die Naturgeschichte der niederen
Thiere aus den Jahren 1866—67 eingekapselte Distomen
in Ephemerenlarven erwähnt (pag. 117), die auch ge-
schlechtsreif waren.

Ratzeburg im Oktober 1871.

Zur Anatomie und Entwickelungsgeschichte des Echinorhynchus angustatus Rud.

Von

Dr. med. O. von Linstow

in Ratzeburg.

Hierzu Tafel I. Fig. 1—33.

Nach den neuesten helminthologischen Untersuchungen scheinen in der Regel die Eingeweidewürmer in geschlechtslosem oder jugendlichem Zustande in einem, in geschlechtsreifem aber in einem anderen Thiere zu leben, dem ersteres zur Nahrung dient, und hat es ein grosses Interesse, für die einzelnen Wurmspecies diese Wohnthiere zu ergründen.

Bei den Acanthocephalen ist man mit der Auffindung dieser Wohnthiere noch nicht weit gekommen, und ist besonders [1]) für Echinorhynchus proteus bekannt, dass sich seine Eier im Gammarus pulex entwickeln. Nunmehr ist es mir gelungen, die Eier auch von Echinorhynchus angustatus zur Entwickelung zu bringen, wie gleich berichtet werden soll.

Das reife, befruchtete Ei dieses Thieres hat einige Aehnlichkeit mit dem von Pagenstecher [2]) beschrie-

---

1) Greeff, Archiv für Naturgesch. 1864, Th. I, p. 98—140, tab. II—III, erzog ferner Ech. polymorphus aus Gregarina miliaria.

2) Zur Anatomie v. Ech. prot. Zeitschr. für wiss. Zool. Bd. XIII, pag. 413, tab. XXIII—XXIV.

benen des Echin. proteus; es ist von spindelförmiger Gestalt, und besteht aus drei Membranen, die den Embryo umhüllen; die äussere ist hyalin und zart, die mittlere sehr dickwandig, oben und unten abgeschnürt, und an den beiden Enden mit einem zarten Faden versehen, der aber bei Weitem nicht die Länge und Mächtigkeit erreicht wie der von Pagenstecher für Ech. proteus abgebildete; die innere ist wiederum zart und umschliesst den Embryo an den Seiten eng, nur oben und unten sich über denselben erhebend.

Der Embryo ist länglich-eiförmig, und zeigt am Kopfende eine dunkle, strichige Zeichnung, die vielleicht von kleinen Häkchen herrührt, welche analog den Haken der Tänienembryonen bei der weiteren Entwickelung mit der primitiven Haut abgeworfen werden. In der Mitte des Embryonalkörpers zeigt sich schon früh ein spindelförmiger, dunkler Körper, aus welchem sich später alle inneren Theile des Wurms entwickeln, während aus der übrigen hellen Umgebung jenes Kernes nur die Körperhüllen des erwachsenen Thieres entstehen.

Die Eier, und intakte, von denselben strotzenden Weibchen that ich in ein Glasgefäss, in denen sich verschiedene kleine Wasserthiere befanden, von denen die Würmer bald verzehrt waren. Phryganiden- und Libellenlarven, verschiedene Egelarten, Gammarus pulex, Gasterostens pungitius verzehrten die Eier zu Hunderten ohne Erfolg; das Thier aber, in dem sie mit einer gewissen Regelmässigkeit zur Entwickelung kommen, ist Asellus aquaticus [1]). Es ist übrigens nicht nöthig, dass dieses Thierchen direkt den weiblichen Wurm und somit die Eier verzehrt, denn auch durch Wasser, indem sich nur letztere befinden, werden sie mit dem Echin. angustatus inficirt, wenn sie einige Zeit in demselben leben. Im Wasser tritt keine Embryonalentwickelung ein.

Die Entwickelung in Gammarus pulex ist eine äus-

---

1) Erst nach Vollendung dieser Arbeit fand ich, dass schon Greeff (l. c. pag. 370) gelegentlich die Wasserassel als Wirth des Jugendzustandes von Ech. angustatus anführt.

serst rapide. Ich fand ein männliches Exemplar, das
am 5ten Tage mit eingezogenem Rostellum bereits 5 Mm.
lang war, und in dem sich alle Geschlechtsorgane entwickelt fanden, so dass es sich in keiner Weise von einem
geschlechtsreifen Männchen aus dem Barsche äusserlich
unterschied. In einem Exemplar von Asellus aquaticus
fand ich drei junge Echinorhynchen von resp. 3, 5$\frac{1}{2}$ und
6 Mm. Länge, so dass diese Gäste fast den ganzen Raum
der Leibeshöhle einnahmen. Sonderbarer Weise fand
ich unter den gezüchteten Würmern nur Männchen.

Die Rüsselscheide entsteht sehr frühzeitig, und bildet
sich von der Basis aus, von wo aus auch die Retractoren
des Rüssels entstehen, indem sie vom Grunde der Scheide
aus schlingenförmig emporwachsen. Die Cutis des Kopf-
endes ist Anfangs geschlossen, und stülpt sich nach Bildung der Anfangs nach vorn offenen Scheide des Rüssels
dieser entgegen, um später in sie hineinzuwachsen, wodurch der Rüssel entsteht. Noch während die Anlage
des Rostellum frei vor der Scheide desselben liegt, bilden
sich an der Innenwand des ersteren eigenthümliche Zellen
mit einem kleineren stumpfen und einem längeren spitzen
Ausläufer, in denen die Haken entstehen, deren Wurzelast zuerst verhältnissmässig viel grösser ist als bei ausgewachsenen Thieren, da er gleich so lang angelegt ist,
wie er später bleiben soll, während der Hakenast sich
vergrössert, und so zu sagen aus der Bildungszelle heraus-
wächst, wodurch die Spitze frei wird.

Nach Anlage der Rüsselscheide entsteht in derselben
zuerst das meistens als Gehirn bezeichnete Centralnervensystem, über dessen Existenz manche Forscher noch nicht
einig zu sein scheinen. Carus [1]) drückt sich (1863) über
diesen Punkt zweifelhaft aus, während Lindemann das
an der Basis des Rüssels von vielen Autoren angegebene
Nervenganglion für einen Beobachtungsfehler (l) hält [2]),

---

1) Handbuch der Zoologie von Peters, Carus und Gerstäcker, II. Band, p. 457.
2) Lindemann, Zur Anatomie der Acanthocephalen (Mos-
kau 1865) p. 490.

was einigermassen unerklärlich ist, da dieses doch bei einigen Arten ein sehr in die Augen fallendes Organ ist. Zu einer Zeit wo die Muskeln noch nicht von dem Grunde der Rüsselscheide emporgewachsen sind, sieht man das Gehirn sehr deutlich als einen eiförmigen Körper am angeführten Orte liegen; die Ganglienzellen sind unipolare, bipolare, und vielleicht auch apolare, und werden von einer zarten Membran zu jenem ovalen Haufen zusammengehalten, der zahlreiche doppeltcontourirte Nerven entsendet. Die einzelnen Ganglienzellen sind gross, fein granulirt und schliessen einen oder mehrere Kerne mit glänzendem Kernkörperchen ein. Schon am 5ten Tage ist die Bildung vollendet. Zwei besonders auffallende Nervenbündel verlassen die Rüsselscheide an ihrem untersten Ende, um nach hinten zu verlaufen und sich dann in die Längsmuskeln zu verlieren. Bei Ech. acus, wo das Gehirn nicht am Grunde der Rüsselscheide, sondern am unteren Drittel desselben liegt, treten die beiden Hauptnervenstämme auch hier aus der Rüsselscheide heraus, und sie sind es, welche Lindemann [1]) als Kanäle beschreibt und abbildet, was wohl daher kommt, dass die Scheide dieser beiden Nervenstämme sehr stark ist. Sehr schön bildet Pagenstecher das Gehirn von Ech. proteus ab [2]), nur sind die Kerne der Ganglienzellen dort scharf dunkel gezeichnet, wie ich sie bei Ech. ang. nicht fand. Bald nach Bildung des Gehirns wachsen die erwähnten Muskelschlingen um dasselbe empor, und verdecken dasselbe gänzlich. Beim erwachsenen Thiere, wie es sich im Barsch findet, kann man es aber sehr schön zur Anschauung bringen, wenn man den Rüssel sammt dieser Scheide aus dem Thiere herauszieht, und letztere kurz vor ihrer Basis quer durchschneidet; aus dem kleinen abgeschnittenen Stumpf lässt sich dann durch einen leisen Druck das Gehirn unverletzt hervortreiben.

Am Grunde der Rüsselscheide bemerkt man zu einer frühen Periode jene grossen Zellen, die Pagen-

---

1) L. c. pag. 492, tab. XI, fig. 2 a.
2) L. c. tab. XXIII, fig. 1 a.

stecher [1]) beschreibt und abbildet, und welche derselbe
für drüsige Gebilde hält.

Die Lemniscen entstehen in den Ringmuskeln, bei
anderen Arten, z. B. Ech. acus in den Längsmuskeln, als
solide, mit parallelen Einschnürungen versehene Organe,
so dass die Contouren runde Vorsprünge zeigen, neben
dem oberen Ende der Rüsselscheide liegend, und treten
sie noch vor Bildung der Haken des Rüssels auf. Die
Struktur der Lemniscen unterliegt bei den einzelnen
Arten den grössten Verschiedenheiten; so liegt mir eine
kleine Species aus Blicca bjoerkna [3]) vor, bei der die Länge
der Lemniscen die des Körpers übertrifft, so dass dieselben sich am Hinterleibsende zurückbiegen, um in der
Leibeshöhle Platz zu finden, und zeigen sie an mehreren
Stellen grosse drüsige Einlagerungen. Bei Ech. ang.
enden die Lemniscen, die etwa die Länge der Rüsselscheide haben, blind, im Gegensatz zu einigen Abbildungen Westrumb's [2]), wo sie nach unten dünnere Ausläufer zeigen. Auf Durchschnitten sieht man, dass die
Lemniscen bei ausgewachsenen Thieren die Form von zusammengedrückten Cylindern haben, und, von den Muskeln umgeben, zwischen Rüsselscheide und der Ring-
muskelschicht liegen. Die Bedeutung dieser Organe ist
noch immer nicht klar. Jetzt werden sie meistens für
Excretionsorgane gehalten, da die Seitengefässe mit ihnen
in Verbindung stehen, doch kann ich nicht läugnen, dass
ich die ältere Ansicht für wahrscheinlicher erachte, nach
der sie die Funktion eines Darms haben, wofür ich die
Beobachtung anführen kann, dass ich bei mehreren Exemplaren von weisser Farbe die Lemniscen in Uebestimmung
mit dem Darminhalt der Barsche, in dem sie lebten, von
röthlich-gelber Färbung gefunden habe, so dass sie also
zur Nahrungsaufnahme zu dienen scheinen. Lindemann
hält sie für Eiweissdrüsen, denn was derselbe tab. X. fig. 2 b
abbildet, dürften doch wohl Lemniscen sein. Die äusseren

1) L. c. fig. 1 b.
2) De helminthibus acanthocephalis, tab. III, fig. 18 u. 19.
3) Echinorhynchus clavaeceps.

Bedeckungen bestehen aus drei Schichten; zu äusserst ist die homogene Cuticula, dann folgt eine dunklere, fein gekörnte Schicht, und hierauf eine breitere, hellere, die eine radiäre Streifung zeigt, und der Sitz des Gefäss-apparates ist. Auf letztere folgt eine helle, schmale Schicht von Ringmuskeln, und auf diese die mächtige Lage von Längsmuskeln. Die Muskeln zeigen auf dem Durchschnitt eine radiäre Zeichnung und ein dunkles, feingranulirtes Centrum [1]). Die Embryonen werfen ihre primitive Haut ab, und schon bei vier Tage alten Exemplaren findet man dieselbe als zartes, homogenes Häutchen, das nur noch am hinteren Ende dem Körper anhaftet. Die Seiten-gefässe sind, wie man an feinen Durchschnitten deutlich sieht, keineswegs wandungslos, was S c h m i d t [2]) behauptet, wohl aber die von denselben rechtwinklig nach beiden Seiten abgehenden Nebengefässe. Diese Gefässe ent-wickeln sich aus Zellen mit glänzenden Kernen, die in einer Anordnung auftreten, dass man aus derselben schon die Richtung der späteren Gefässe erkennt, welche da-durch entstehen, dass die Zellen an den zugewandten Polen mit einander verschmelzen. Die von P a g e n-s t e c h e r [3]) abgebildeten Zellen scheinen mir die eben beschriebenen, und nicht „Zellen in den Muskelbündeln" zu sein. Diese Gefässe werden die Bedeutung haben, die von den Lemnisken aufgenommene Ernährungsflüssig-keit nach allen Theilen des Körpers zu leiten.

Von der Basis der Rüsselscheide entspringt als so-lides, cylindrisches Muskelbündel das bekannte Ligamen-tum suspensorium, welches den beiden Hoden zum Auf-hängebande dient. P a g e n s t e c h e r fand bei Ech. pro-teus die Hoden von dem Lig. susp. ganz umschlossen, so dass sie in demselben liegen, was bei Ech. angustatus nicht der Fall ist, wie man bei jungen Exemplaren deut-

---

1) S c h n e i d e r, »Ueber den Bau der Acanthocephalen« im Archiv für Anat. u. Phys. 1868, pg. 584—597, behandelt ausführlich den Bau der Musculatur.

2) Handbuch der vergleichenden Anatomie, pg. 130.

3) L. c. tab. XXIII, fig. 5a.

lich sieht; so fand ich bei einem gezüchteten Exemplar
den ersten Hoden nicht hinter sondern neben der Rüsselscheide, von deren Grunde einige Muskelbündel des Lig.
susp. sich zurückbogen, um sich von c i n e r Seite her an
dem Hoden zu befestigen; hier passt also S c h m i d t's
Beschreibung nicht, wenn derselbe sagt [1]: „Die Samen-
secretion scheint in der Wandung des Lig. susp. vor sich
zu gehen, d. h. dieses Organ ist Hoden". Die beiden
Hoden findet man bei ganz jungen Thieren mitunter noch
zu einem vereinigt, der sich später durch Abschnürung
in der Mitte theilt. In den Hoden werden die Samenfäden gebildet, die sehr viel länger sind, als sie P a g e n-
s t e c h e r für Ech. proteus abbildet. Aus dem Endothel
der Hoden entstehen doppeltcontourirte, gekernte Zellen,
die sich allmälich unter Vereinfachung der Contour ver-
grössern, und zu Mutterzellen werden, indem sie in ihrem
Innern als Tochterzellen die Bildungszellen der Spermatozoen entwickeln.

Jeder der Hoden mündet in ein Vas deferens, das
einige ampullenförmige Anschwellungen zeigt, und sich
ungefähr in der Mitte der Entfernung zwischen Hoden
und Hinterleibsende mit dem anderen Vas deferens zu einem
gemeinschaftlichen Vas efferens vereinigt, welches kurz vor
seiner Mündung eine halbkugelförmige Auftreibung zeigt.

Neben diesen Ausführungsgängen liegen sechs „ac-
cessorische" Drüsen, welche aus je einer Zelle entstehen.
Je drei vereinigen ihre Ausführungsgänge zu einem gemeinschaftlichen Bündel, und diese beiden Bündel münden
links und rechts von der gleich zu schildernden Samenblase und dem Vas efferens, um das Sekret in die Bursa
copulatrix zu führen. Da die männlichen Echinorhynchen
zur innigeren Vereinigung der Begattungsorgane einen
Kitt absondern, welchen man bei manchen Weibchen,
z. B. den von Ech. acus, nach der Copula als schwärzlichen, abstreifbaren, fingerhutförmigen Ueberzug am Hinterleibsende findet, so dürfte es nicht unpassend sein, in
diesen Drüsen die Kittorgane zu suchen, da jener Ueber-

[1] L. c. pag. 140.

zug bei begatteten Weibchen aus derselben dunkeln, körnigen Masse besteht wie der Inhalt dieser sechs Drüsen. Bei manchen langgestreckten Arten, wie Ech. acus, liegen diese Drüsen in einer Reihe hinter einander, und die Hoden vor ihnen. Der Beweis für die richtige Deutung dieser Organe liegt übrigens schon darin, dass die Ausführungsgänge nicht in den Cirrus, sondern links und rechts seitlich von der Samenblase ins Innere der Bursa münden, so dass bei der Copula das Sekret sich zwischen die Innenwand dieser und den Körper des von derselben umfassten Weibchens ergiesst. Die Bezeichnung „Samenblase", welche S c h m i d t [1]) den unteren Anschwellungen der Vasa deferentia giebt, möchte ich einem anderen Organ ertheilen, das dem Vas efferens anliegt. Es ist eine starkwandige, sehr muskulöse Blase, die offenbar zur Ansammlung des Samens und Austreibung desselben beim Coitus dient, denn ich fand sie öfters prall mit Samen gefüllt. Das dicke, obere Ende der Samenblase ist bei ganz jungen Exemplaren oft eiförmig abgeschnürt.

Diese Verhältnisse sind nur bei ganz jungen Thieren übersichtlich; später legen sich die Kittdrüsen als bohnenförmige, dunkle Körper eng an einander, und sind die Ausführungsgänge dann halbmondförmig gekrümmt, an die sich die Samenblase von Aussen anlegt.

Der Cirrus des Männchens ist spindelförmig, und hat die Bursa copulatrix zwei muskulöse Saugscheiben.

Der weibliche Genitalschlauch wird von den Muskelbündeln des Ligam. susp. umfasst, doch kann ich die Ausdrucksweise nicht für gerechtfertigt halten, nach der „die Innenwand des Lig. susp. als Ovarium fungirt", denn auf Durchschnitten sieht man überall klar, wie die Muskelbündel des Lig. susp. sich deutlich von dem scharfcontourirten Genitalschlauch unterscheiden lassen, und verlieren sich dieselben, nachdem sie Anfangs letzteren als Hülle gedient haben, im weiteren Verlaufe nach hinten bald ganz, so dass man also nur sagen kann, der weibliche Genitalschlauch entspringe von der Basis der Rüs-

---

1) L. c. pag. 140.

selscheide, und werde im Anfange von dem Lig. suspens.
umgeben; bei anderen Arten z. B. Ech. acus entspringen.
Lig. susp. und der Genitalschlauch gesondert neben einander von der Basis der Rüsselscheide. In dem Endothel
des als Ovarium fungirenden oberen Theiles des Schlauches
bilden sich kleine, doppeltcontourirte, gekernte Zellen, die
nach ihrem Heraustreten aus demselben noch nicht gleich frei
werden, sondern durch einen kurzen Stiel mit demselben zu-
sammenhängen, wie solches schon W e s t r u m b [1]) für Ech.
porrigens abbildet. Bald lösen sich diese Zellen los, werden grösser, verlieren ihre doppelte Contour, und bilden
dann, indem sie zu Mutterzellen werden, in ihrem Innern
die Zellen aus, welche sich zu den Eiern umgestalten. Der
Theil des Genitalschlauchs, in welchem sich dieses zu-
trägt, und den ich Ovarium nannte, mündet, sich verengend, in die kurze, trichterförmige Tuba, die in den
cylindrischen, starkwandigen, unten mit Drüsenzellen be-
kleideten Uterus führt, welcher sich in die enge, starkwandige Vulva fortsetzt, die Anfangs den Umfang des
Uterus besitzt, bald aber ein viel kleineres Lumen be-
kömmt, und kurz vor ihrer Mündung wieder etwas anschwillt, wo sich zwei kleine Saugscheiben befinden, als
Analoga der männlichen ähnlichen Gebilde. Die Mutterzellen, von denen oben die Rede war, bewegen sich in
dem Ovarium und durch die Tuba hindurch in den Uterus,
können aber wegen der engen Verbindungsöffnung zwischen diesem und der Vulva letztere nicht erreichen. Die
Tochterzellen gestalten sich allmälich in die etwas um
ihre Längsachse gekrümmten, spindelförmigen Eier um,
deren allmähliche Entwickelung die Abbildungen veran-
schaulichen.

Auf eine Weise nun, die mir nicht klar geworden
ist [2]), treten die Eier aus dem Genitalschlauch in die Leibeshöhle hinein, denn man sieht bei intakten, reifen Weib-

---

1) L. c. tab. II, fig. 30 u. 31.
2) Leider konnte ich G r e e f f's Arbeit »Ueber die Uterusglocke
und das Ovarium der Echinorhynchen«, l. c. pag. 361—374, tab. VI,
nicht benutzen, und kenne dieselbe nur im Auszuge.

chen stets zahlloso Eier neben dem Ovarialschlauch in der Leibeshöhle hin- und herflottiren, und solche älteren, von Eiern strotzenden Weibchen gleichen überhaupt oft nur noch Eiersäcken, von denen sich bei einzelnen Arten durch ringförmige Einschnürungen der Haut Glieder nach Art der Tänien losstossen, wie ich es u. A. bei dem in Strix flammea wohnenden Ech. tuba fand. Die Acanthocephalen haben mit den drei Hauptklassen der Eingeweidewürmer auffallende Aehnlichkeiten, so dass sie gleichsam ein Bindeglied zwischen ihnen bilden: die Hoden erinnern an die der Trematoden; das Fehlen von Mund und After sowie das Vorhandensein von Rostellum und Haken, und das Abstossen der mit reifen Eiern gefüllten Glieder der Weibchen ist eine Aehnlichkeit mit den Tänien; die Seitengefässe sowie die Entwickelung ohne Metamorphose haben sie mit den Nematoden gemein.

Es wäre nach Obigem noch die Frage aufzuwerfen, ob sich die Eier auch in der freien Natur in Asellus aquaticus entwickeln, was man wohl unbedingt bejahen kann, denn das Wesen sowohl dieser Thiere als auch der Eier kann doch im Aquarium kein anderes werden, als es im Freien ist, und hat die Wasserassel bei der grossen Häufigkeit, mit der unser Echinorhynchus in den Barschen und Hechten des hiesigen See's vorkommt, sicher Gelegenheit genug, die fraglichen Eier in sich aufzunehmen.

Auffallend ist, dass in dem genannten Thiere die jungen Acanthocephalen fast dieselbe Grösse wie die geschlechtsreifen des Barsches erreichen, und dass nur Männchen in ersterem gefunden wurden. — Die im Asellus aquaticus ausschlüpfenden Embryonen bohren sich durch die Darmwand hindurch, um in die Leibeshöhle zu gelangen; sonst müsste das Wohnthier durch die Ausfüllung des Darmlumens von Seiten des grossen Insassen unfehlbar sterben.

Erklärung der Abbildungen.

Fig. 1—3. Durchschnitte: Vergr. 60. 1. Durch Rüsselscheide und Lemniscen. a. Cuticula, b. Cutis, c. Gefässhaut, d. Ringmuskeln, e. Längsmuskeln.

» 2. Durch das Ligamentum suspensorium.

» 3. Durch die Vulva; auch die Seitengefässe zeigen sich.

» 4. $^{200}/_1$. Bildung der Lemniscen in den Muskeln.

» 5. $^{350}/_1$. Bildung der Hauptgefässe.

» 6. $^{350}/_1$. Gestielte Eibildungszellen.

» 7—10. $^{350}/_1$. Freie Eibildungszellen.

» 11—14. $^{850}/_1$. Bildung der Eier.

» 15. $^{350}/_1$. Freier junger Embryo.

» 16. $^{350}/_1$. Endothel des Ovarium mit Eibildungszellen.

» 17. $^{90}/_1$. Hinterleibsende des Weibchens mit Vulva.

» 18. $^{90}/_1$. Hinterleibsende des Männchens mit Cirrus.

» 19—24. $^{350}/_1$ Bildung der Samenzellen.

» 25. $^{350}/_1$. Freier Samenfaden.

» 26. $^{350}/_1$. Ganglienzelle mit Nerv.

» 27. $^{350}/_1$. Muskeldurchschnitt.

» 28. $^{350}/_1$. Hakenbildungszelle.

» 29. $^{60}/_1$. Bursa copulatrix mit Cirrus und Saugnäpfen.

» 30. $^{20}/_1$. Hinterleibsende eines reifen Männchens. a. Hoden b. Kittdrüsen, c. Samenblase, d. Vas deferens, e. Vas efferens.

·» 31. $^{45}/_1$. Hinterleibsende eines ganz jungen Männchens aus Asellus aquaticus, die beiden Hoden sind noch zu einem vereint; Buchstaben wie oben.

» 32. $^{60}/_1$. Weiblicher Genitalschlauch. a. Rüsselscheide, b. Ovarium, c. Tuba, d. Uterus, e. Vulva.

» 33. $^{350}/_1$. Mittlerer Theil desselben; Buchstaben wie oben.

Zur Fischfauna von Süd-Australien.

Von

Dr. C. B. Klunzinger.

Hierzu Tafel II.

———

Von' dem Director des botanischen Gartens in Melbourne, Freiherrn Dr. v. Müller, wurde ausser vielen andern Sammlungen dem k. Naturalienkabinet in Stuttgart auch eine beträchtliche Anzahl von Fischen übermacht, deren Bestimmung ich übernahm. Es fand sich darunter eine verhältnissmässig grosse Zahl neuer und zum Theil sehr interessanter Arten. Die bekannten zähle ich hier nur namentlich oder mit einigen Zusätzen auf.

Percidae.

Enoplosus armatus White.

In zahlreichen Exemplaren von Port Philip, Murray-River [1]. Name: striped dory. Grösse 20 Cm.

Anthias rasor Rich. Varietas *extensa* Klz.

Die zwei vorhandenen Exemplare stimmen wohl mit Serranus rasor Richards. überein, sie sind aber beide

———

1) Damit scheint die Mündung dieses Flusses gemeint zu sein, denn die meisten Fische, als deren Fundort Müller den Murray-River angab, sind ächte Meerfische.

um ein gutes ni e d e r e r, ihre Höhe ist $3^2/_3$—$3^3/_4$ [1]). Bei
einem Exemplar ist die Strahlenzahl, wie R i c h a r d s o n
und G ü n t h e r angegeben, D. $^{10}/_{21}$, beim andern aber
$^{11}/_{23}$, während sie sonst unter sich gleich sind, einschliesslich der Färbung (eine rothe bogige Längsbinde
oberhalb der Seitenlinie). Auch bei Anthias squamipinnis
Pet. aus dem Rothen Meere beobachtete ich eine niedere
und eine schlanke Form. Die Länge obiger Exemplare
ist 20 Cm., Hobson Bay.

Apogon conspersus n. sp.

D. $7^1/_9$, A. $^2/_9$, P. $^1/_{13}$, L. lat. 27, L. tr. $3^1/_2$. 7, Höhe
3, Kopf $3^1/_2$, Breite $2^1/_4$, Auge 3, Stirn 1, Schnauze $1^1/_2$,
Praeorb. 3, 3. Rückenst. 2, Schwanzfl. $4^1/_2$.

Körper e i f ö r m i g, etwas hoch. Kinn nicht oder
kaum vorragend. Die Zähne in mittelmässig breiter Binde
in beiden Kiefern, kurz, conisch. Augen mittelmässig.
Der Oberkiefer reicht fast bis zu der Höhe (Vertikale) des
hintern Augenrandes. Unterer Rand der Prä- und Sub-
orbitalknochen nicht gezähnt. Der abgerundete Rand
des Vordeckels überall, die vordere Randleiste nicht gezähnt (Untergattung Apogon). An der Suprascapula ist
keine Zähnelung bemerklich. Die Figuren der S c i t e n-
l i n i e bilden eine einfache, f l a c h e, b r e i t d r e i e c k i g e
L ä n g s e r h ö h u n g. Die R ü c k e n s t a c h e l n s t a r k, besonders der 3. und 4., 2. Rückenflosse etwas höher als die
1. und als die Afterflosse. 2 Rücken- und die Afterflosse
mit leicht gerundetem Endrand. Die Bauchflossen reichen
fast bis zu den Afterstrahlen, die Brustflossen sind eher
etwas kürzer. Schwanzflosse abgestutzt oder leicht gerundet.

Farbe (in Spiritus) bräunlich mit zerstreuten schwarzen
Fleckchen am vorderen Theil des Körpers besprengt, besonders über den Brustflossen und am Kopf. Flossen farblos oder mit leichter schwärzlicher Tingirung. Die B a u c h-

---

1) In Bezug auf Abkürzungen und Ausdrucksweise verweise ich
auf die Einleitung zu meiner »Synopsis der Fische des Rothen
Meeres«. Verh. der zool.-botan. Gesellschaft in Wien 1870.

flossen, besonders in ihrer hintern Hälfte, schwärzlich. Grösse 11 Cm.

Diese Art unterscheidet sich von Apog. monochrous Bleek. hauptsächlich durch stärkere Rückenstacheln, kleineros Auge, von Ap. bifasciatus Rüpp. durch An. $^2/_9$, andere Seitenlinienfiguren, stärkere Bezahnung des Vordeckclrandes und andere Färbung. Apog. maculosus C. V. ist, nach der unzureichenden Beschreibung, verschieden in der Färbung, und hat An. $^2/_7$.

Ambassis [1]) *urotaenia* Bleek.

Der einzige Unterschied unserer Exemplare von obiger Art ist: II D. $^1/8$—9, A. $^3/8$—9, während Bleeker's Art 9—10 Strahlen hat. Amb. Agassizi Steind. stimmt in der Strahlenzahl, unterscheidet sich aber durch etwas grössere Höhe des 2. Rückenstachels ($3^1/_2$ in der Körperlänge ohne Schwanzflosse). Bei unsern Exemplaren von 6 Cm. ist die Höhe $4^1/_2$, bei den Exemplaren von Bleeker von 9 Cm., 4mal in jener Länge enthalten. Also überall leichte Inconstanzen, so dass ich nicht anstehe, auch die Art von Steindachner zu urotaenia zu stellen. Die Seitenlinie ist bei unsern kleinen Exemplaren sehr rudimentär, nur an einigen der vorderen Schuppen zeigen sich Vertiefungen, bei dem etwas grösseren Exemplar von Bleeker (in der Stuttgarter Sammlung) ist die eine Hälfte derselben entwickelt, die hintere fehlt.

Oligorus macquariensis C. V.

Vom Murray-River, Hobson Bay — Grösse 30 Cm.

Arripis georgianus C. V.

Viele Exemplare von Port Philip, Murray-River, Hobson Bay, 10—20 Cm.

Arripis salar Rich.

Hobson Bay. 30 Cm.

---

1) Ich folge in dieser Zusammenstellung der Günther'schen Familieneintheilung und überhaupt der Nomenclatur in Günther's Fischwerk, worin das Nähere nachzusehen ist.

Dules novemaculeatus Steindachner [1]) Var. *alta* Klz.

Auch hier völlige Uebereinstimmung mit Steindachner's Art, mit alleiniger Ausnahme der Körperhöhe, diese ist bei unsern Exemplaren $3^1/_5$, und die
Kopflänge ist beträchtlich kleiner, als die Körperhöhe.
Fundort nicht speciell angegeben.

Dules ambiguus Rich.

Murray-River. 45 Cm.

Paradules n. gen.

R. br. 6. Eine Binde feiner Sammtzähne in beiden
Kiefern, an Vomer und Gaumen, an letzterem aber oft
wenig deutlich (abfällig?). Eine Rückenflosse mit 8—10
Stacheln, Afterflosse mit 3 Stacheln. Schuppen fein cte-
noid. Kiemendeckel mit 2 Stacheln, Vordeckel ganzrandig (hierdurch von Dules wesentlich unterschieden).

Paradules obscurus Klz.

D. $9-10/_8$, A. $^3/_6$—7, P. 9—10, C. 17, Höhe $3^1/_2$, Kopf
$3^3/_4$, Auge 3, Stirn $1^1/_5$, Präorb. 2, Schnauze $1^1/_5$, 2. Rük-
kenstachel 2, Schwanzfl. $4^4/_5$—5, L. lat. 28—30, L. tr.
$2^1/_2$. 10. Körper länglich elliptisch. Kopfprofil leicht
parabolisch, oder fast gerade. Am Kopf ist Schnauze, Vor-
derstirn und Präorbitalbein unbeschuppt. Mund klein,
der Oberkiefer reicht hinten nur bis zur Vertikale des
vorderen Augenrandes. Präorbitalbein fast quadratisch, nur am Hinterrand oder hinteren Unterwinkel
gezähnt. Kiemendeckel mit 2 Stacheln. Die Seitenlinie unvollständig, in Form eines kurzen Längsstrichs,
die auf vielen der betreffenden Schuppen fehlt. Ihre
Krümmung wie die des Rückens. Die Rückenstacheln
ziemlich stark, der 1. klein, der 2. viel höher. Die
Rückenflosse ist tief ausgeschnitten; der letzte Stachel
höher, als der vorletzte. Die Rückenflosse beginnt erst

---

1) Zur Fischfauna von Port Jackson in Australien. Sitzungs-
ber. d. Wien. Akad. 1866.

über dem hinteren Drittel der Brustflossen. 3. Afterstachel etwas höher als der 2. Der gliederstrahlige Theil der Rücken- und Afterflosse ziemlich gleich hoch. Die Bauch- flossen beginnen unter dem Ende des 1. Viertels der Brustflossen, und reichen zum After, die Brustflossen rei- chen nicht so weit. Schwanzflosse abgestutzt oder leicht gerundet. Die Insertion der Kiemenhaut an dem Isthmus ist unter oder etwas vor dem Winkel des Vordeckels.

Farbe in Weingeist: dunkelbraun. Flossen grau- grün. Die Bauchflossen aussen, die Afterflosse vorn, oft auch die Spitzen der Rücken- und Afterflosse dunkler. Am Grund der Schwanzflosse ein dunkles Querband, das sich nicht an den Rand fortsetzt. $4^{1}/_{2}$ Cm. Fundort: Yarra Sagoon.

Paradules leetus Klz.

D. $^{8}/8$—9, A. $^{3}/6$—7, Höhe 4, Kopf 4, Auge 3, Schnauze 1, Stirn 1, Präorb. 2, 2.—3. Rückenst. $2^{1}/_{3}$, Schwanzfl.?

Gestalt gestreckter als bei der vorigen Art. Prä- orbitalbein dreieckig, ganz ungezähnt. Keine deutlichen Stacheln am Kiemendeckel. Der 2. Rückenstachel etwas mehr als 2mal so hoch, als der 1.; 2. und 3. Stachel gleich hoch. 2. Afterstachel etwas höher, als der 3. Sonst wie die vorige Art. Farbe: hellgelbgrau. Am Grund der Schwanzflosse auch eine dunklere Querbinde. Flossen hyalin. 5 Cm. Murray-River.

Pristipomatidae.

Therapon ellipticus Rich.

Murray-River, Hobson Bay. 25 Cm.

Mullidae.

Upeneichthys porosus C. V.

Der Fundort ist nicht speciell angegeben. 30 Cm.

Sparidae.

Chrysophrys australis Gth.

Hobson Bay. 30 Cm.

Pagrus major Schlgl.

Hobson Bay. 30 Cm.

Girella simplex Rich.

Nach den mir vorliegenden zwei Exemplaren, wovon das eine 20 Cm., das andere 30 Cm. misst, ist es
kein Zweifel, dass die Form mit ganzrandigen Zähnen
die Jugend ist, während die Alten ausgezackte
Zähne bekommen. Zugleich wird die Schwanzflosse
mit dem Alter tiefer ausgeschnitten. Die Färbung
des älteren Exemplars ist heller. Sonst kein Unterschied.
Bei beiden ist der Gaumen vorn bezahnt, die Zahlen und
Dimensionen sind gleich, die Zahnzacken sind kurz und
gleich lang. Auch bei dem jüngeren Exemplar zeigen
sich einige Seitenzähne gezackt, die übrigen sind aber
gerade abgeschnitten.

Das jüngere Exemplar ist vom Murray-River, das
ältere von Bass-Strait.

Untergattung von Girella: *Girellichthys* Klz.

Am Vomer eine Gruppe kleiner Zähne, Gaumen
unbezahnt, Kiemendeckel ganz beschuppt, die Wangen
mit kleinen, zum Theil von Haut bedeckten Schuppen,
Präorbitalbein, Stirn und Schnauze etwas runzlig und
porös, aber nackt. Sonst wie Girella.

Girella (Girellichthys) zebra (Rich.?) Steindachner.

D. $^{14}/_{13}$, A. $^{3}/_{11}$, P. 18, C. 17, L. lat. c. 80, L. tr.
$^{12}/_{35}$, Höhe $3^{1}/_{6}$, Kopf 5, Breite $2^{1}/_{2}$, Auge $3^{3}/_{4}$, Stirne
$1^{1}/_{2}:1$, Schnauze $1^{1}/_{2}:1$, Präorb. 1, hintere Rückenstacheln
$3^{1}/_{2}$, Schwanzfl. $4^{1}/_{3}$.

Stimmt genau mit Steindachner's Beschreibung.
Fundort: Murray-River, Grösse 26 Cm.

Haplodactylus maeandratus Ellis.

Sciaena maeandrata Ellis, Richards. Vide: Transact.
zoolog. society III, Seite 83, ? Haplodactylus arctidens
Richards.

D. $16^{1}/_{18}$, A. $^{3}/_{7}$, P. $^{9}/_{6}$, C. 17, L. lat. 100, L. tr. $^{14}/_{30}$,

Höhe 4½ (bei einem andern Exemplar 5½), Kopf 5½,
Auge 5½, Stirn 1½ : 1, Schnauze 2 : 1, Präorb. 1, 4. Rük-
kenstachel 2½, Schwanzfl. 5½—6.

Gestalt elliptisch, Kopfprofil convex, vorn an der
stumpfen Schnauze sehr abschüssig. Zähne oben in
gegen 6, unten in etwa 5 undeutlichen Reihen. Die kleineren jüngeren Zähne sind deutlicher dreispitzig, als die
älteren, bei welchen die Mittelspitze verhältnissmässig
viel breiter und höher ist, als die Seitenspitzen,
welche indess auch bei erwachsenen nicht ganz fehlen.
Die haarförmigen Vomerzähne bilden eine schmale Quer-
platte, Gaumenzähne fehlen. Der hinten ziemlich
gewölbte Oberkiefer reicht nur bis unter die Höhe des
vorderen Nasenlochs; die beiden Nasenlöcher gleich gross.
Stirne fast flach. Kopfschuppen sehr klein, sie bedecken
nur die Wangen sammt Postorbitalgegend und den grössten
Theil des Kiemendeckels. Nackt dagegen ist Nacken,
Stirn, Schnauze, Kinngegend, Präorbitalbein und die Umgebung des Auges, ferner Zwischen- und Unterdeckel
und der hintere und vordere Theil des Kiemendeckels.
Am Vordeckel ein ziemlich starker, aber nicht sehr vor-
ragender Dorn. Körperschuppen ziemlich klein, ganzrandig. Seitenlinie fast gerade, ihre Figuren bilden Längs-
striche. Rückenflosse tief ausgeschnitten, ihre Stacheln
kräftig, doch schlank. Ihre vorderen Gliederstrahlen von
Höhe der höchsten Stacheln, dann nehmen die Strahlen
an Höhe ab, daher der Rand schräg, geradlinig. Die
kurze Afterflosse beginnt unter der Basis des 4. Gliederstrahles der Rückenflosse, und endigt schon unter der des
11. Sie hat eine sichelförmige Gestalt durch Verlängerung ihres 2. und 3. Gliederstrahles, welche noch etwas
höher sind, als die höchsten Gliederstrahlen der Rückenflosse. Die drei Afterstacheln sind schwach und kurz,
jeder folgende ist mehr als doppelt so hoch, als der vorhergehende. Die Brustflossen eiförmig oder stumpfwinklig.
Sie reichen mit dem längsten Strahl, welcher der 6. ge-
gliederte Strahl ist, bis zur Hälfte der Bauchflossen. Die
Bauchflossen beginnen etwas hinter der Mitte der Brustflossen, sie sind sichelförmig zugespitzt, reichen nicht bis

unter den 10. Rückenstachel und lange nicht (bei den vorliegenden grossen Exemplaren) bis zum After. Schwanz-fiosse abgestutzt oder leicht ausgerandet.

Farbe: braun, mit hellen weissen gyrösen, unregel-mässigen, mehrfach in einander fliessenden, dunkle Stellen umsäumenden Flecken oder Streifen. Am Bauch ist die weisse Farbe vorherrschend und das Braune erscheint in Form gyröser Linien oder Flecken; zuweilen ist der Bauch ganz weiss. Weisse gyröse Linien zeigen sich auch am Kopf; an den Flossen sind sie nebelartig, ver-schwommen. Die Brust- und Bauchflossen zeigen solche Gyren nur an der Basis. Diese Art stimmt wohl zu der Beschreibung, welche Ellis gibt, namentlich auch betreffs der Farbe. Doch fragt es sich, ob Haplodact. arctidens Richards. verschieden ist. Bei dieser Art wird von Ri-chardson eine Spur von Gaumenzähnen angegeben, die Seitenlappen der Zähne sollen bei erwachsenen undeutlich sein, und die Färbung wird etwas verschieden angegeben, nämlich: dunkelbraun, graufleckig marmorirt, besonders deutlich am Bauch, wo die Hauptfarbe lichter ist.

Grösse 45 Cm. Port Philip, Hobson Bay.

Squamipinnes.

Histiopterus recurvirostris Rich.

Murray-River, Hobson's Bay, — Name: Butterfisch — 40 Cm.

Drepane punctata L. Gmel.

Port Philip. — 15 Cm.

Cirrhitidae.

Chilodactylus macropterus Forst.

Port Philip. 30 Cm.

Chilodactylus asper Klz.

R. br. 6, D. $^{17}/_{27}$, A. $^{3}/_{8}$, P. $^{8}/_{6}$, L. lat. 55, L. tr. $5^{1}/_{2}$. 16, Höhe $3^{1}/_{6}$, Kopf $4^{1}/_{6}$, Auge $4^{3}/_{4}$, Stirne $1^{1}/_{4}$: 1, Schnauze 2 : 1, Präorb. 1, 6. Rückenst. $3^{1}/_{4}$, höchste Rük-kenstrahlen $3^{3}/_{4}$, höchste Afterstrahlen 2, 4. Schwanzfl. 5.

Körper eiförmig elliptisch, Kopfprofil parabolisch, doch etwas geschwungen, indem die Stirne leicht vorragt und die Hinterhauptgegend etwas eingesenkt ist. Lippen sehr stark entwickelt. In beiden Kiefern eine Binde dichter, aufrechter nicht gebogener, conischer Zähne (keine am Gaumen). Der Oberkiefer reicht bis unter den vorderen Augenrand. An der Stirn jederseits am vorderen oberen Augenwinkel eine leichte höckerartige Vorragung. Am Kiemendeckel ein stumpfer Stachel und dahinter ein entwickelter Deckellappen. Hintere Augenhöhlenränder rauh knochig. Stirn, Schnauze, Präorbitalbein und Randtheil des Vordeckels unbeschuppt, Wangen mit kleinen, Kiemendeckel mit kaum grösseren, Schuppen besetzt. Stirnhaut rauh. Die Schuppen des Körpers und Kopfes ganzrandig, in ihrem hinteren Theil sehr rauh. Die Schuppen der Körperseiten ziemlich gross. Die Seitenlinie folgt der Rückenkrümmung. Die Figuren derselben sind kurz baumartig, sie liegen auf verhältnissmässig kleinen Schuppen. Rückenstacheln sehr kräftig, der 6. ist der höchste. Die Flosse ist ausgeschnitten, die Gliederstrahlen erheben sich aber nicht so hoch als die höchsten Stacheln und nehmen hinten allmählich an Höhe ab. Der 2. Afterstachel ist der dickste, der 3. der längste, aber dieser ist viel kürzer, als der 2. und 3. Gliederstrahl, welche auch höher sind, als die Rückenstrahlen und selbst die Rückenstacheln. Der Endrand dieser Flosse erscheint winklig oder schräg abgestutzt. Die Rücken- und Afterflosse haben eine Schuppenscheide. Brustflossen kaum länger als hoch (wenn ausgebreitet). Die einfachen Strahlen sind nur wenig über ihre Membran verlängert, der 2. ist ein wenig länger, als der 1., er ist etwa um $\frac{1}{6}$ oder $\frac{1}{8}$ länger, als die gespaltenen Strahlen, und reicht bis zur Afterhöhe. Die Bauchflossen beginnen unter der Mitte der Brustflossen und reichen bis zum After, sie sind stumpf. Schwanzflosse tief halbmondförmig ausgeschnitten, die äusseren Strahlen sind mehr, als um $\frac{1}{2}$ länger, als die mittleren, die Aussenwinkel sind stumpf gerundet.

Farbe: braungelb, Flossen ebenso; die Membran der Brust- und strahligen Rückenflosse heller gelb. Dekkellappen schwarz.

Grösse: 40 Cm.

Diese Art steht von den bekannten Arten dem Chilod. quadricornis Gth. am nächsten, unterscheidet sich aber durch die Kürze der einfachen Brustflossenstrahlen, die Länge des 6. Rückenstachels, das Fehlen der Stirn- und Schnauzenhörner, sowie durch Farbe.

Chilodactylus nebulosus Klz.

D. $^{16}/_{24}$, A. $^{3}/_{9}$—10, P. $^{8}/_{6}$, L. lat. 55, L. tr. $^{5}/_{12}$, Höhe $3^{2}/_{3}$, Kopf $4^{1}/_{2}$, Breite $2^{1}/_{2}$, Auge 4, Stirn 1, Schnauze $1^{1}/_{2}$: 1, 5.—7. Rückenst. $3^{1}/_{2}$, Schwanzfl. $5^{1}/_{2}$.

Körper elliptisch, Kopfprofil leicht parabolisch. In beiden Kiefern eine schmale Binde conischer Zähnchen. Der Oberkiefer reicht bis unter den vorderen Augenrand. Kopfschuppen klein, etwas lanzettlich, wie bei der vorigen Art vertheilt. Stirn ohne Vorragung. Körperschuppen kaum merklich rauh. Seitenlinie fast völlig gerade; ihre Figuren bilden einfache schräg aufsteigende Striche. Rückenstacheln mittelmässig, ziemlich nieder, nicht höher, als die Gliederstrahlen. Die Strahlen der Afterflosse ein wenig höher, als die der Rückenflosse, ihr Rand schräg, fast senkrecht abgeschnitten. Der 2. einfache Strahl der Brustflosse ist der längste, aber nur um etwa $^{1}/_{6}$ länger, als der längste gespaltene, und reicht nur bis zur Höhe der Spitze der Bauchflosse, welche unter der Mitte der Brustflosse beginnt, und den After nicht erreicht. Schwanzflosse tief ausgeschnitten, die äusseren Strahlen sind um $^{1}/_{2}$ länger, die Spitzen sind nicht sehr spitz.

Farbe: gelblich mit dunklen nebligen Querbinden, 8—9 an der Zahl, die breit vom Rücken beginnen, und meist etwas schräg nach vorn laufen; die 3., 4. und 5. biegt sich bogig oder winklig nach vorn um und bildet je einen mehr weniger zusammenhängenden Längsstreif, deren oberster dicht unter der Seitenlinie zum Auge, der 2. über der Brustflosse zum unteren Augenrand läuft, der 3. unvollkommenste und undeutlichste zieht sich eine Strecke über dem Bauche hin. Die strahlige Rücken- und die Schwanzflosse hat einige neblige dunkle Flecken, und sie sind gegen den Rand zu dunkler. Die Säume der Flossen, ausser der Brustflosse, weiss. Brustflosse grüngrau, Bauch- und Afterflosse dunkel.

Grösse: 16 Cm. Queens cliff.

Diese Art steht der vorigen nahe, unterscheidet sich aber durch Dimensionen, Strahlenzahlen, Farbe und vieles andere.

Latris hekateia Rich.

Hobson Bay. 40 Cm.

Triglidae.

Scorpaena panda Rich.

Port Philip. 30 Cm.

Scorpaena ambigua n. sp.

D. $12^{1}/_{8}$, A. $^{3}/_{5}$, P. 20, C. 15, L. lat. 67, L. tr. $^{8}/_{20}$, Höhe $3^{5}/_{6}$, Kopf $3^{1}/_{2}$, Auge 3, Stirne $1^{1}/_{5}$—$1^{1}/_{2}$, Schnauze 1, Präorb. 2, 3. Rückenst. $1^{1}/_{4}$, höchste Rückenstrahlen 2, Schwanzfl. $5^{1}/_{6}$.

Diese Art ist äussert ähnlich der Scorpaena pandus Rich., unterscheidet sich aber dadurch, dass die n a c k t e O c c i p i t a l g r u b e b l o s s e i t l i c h i s t, während die Mitte des Occiput nicht vertieft und wohl beschuppt ist, wodurch diese Art den Uebergang zu der Gattung Se- bastes, die also nicht streng abzuscheiden ist, bildet. Ferner hat diese Art viel k ü r z e r e B r u s t f l o s s e n, welche kaum bis zum Anfang der Afterflosse reichen (bei Sc. pandus reichen sie bis zur Mitte derselben). Endlich sind auch die K o p f s c h u p p e n o f f e n, nicht so von Haut bedeckt. Im Uebrigen ist kein Unterschied. Beide Arten haben viel Aehnlichkeit mit Pterois.

Farbe: bräunlich, dunkel gefleckt und marmorirt. Gegen unten sind die Seiten heller, ungefleckt. Flossen gräulich bis grünlich, Schwanzflosse hinten dunkler.

Hobson Bay. 40 Cm.

Sebastes percoïdes Rich.

? Port Philip. 35 Cm.

Pentaroge marmorata C. V.

? Port Philip. 20 Cm.

Platycephalus tasmanius Rich.

? Port Philip. 30 Cm.

Platycephalus speculator n. sp.

Höhe 14, Kopf 4, Kopfhöhe 3½ in seiner Länge,
Kopfbreite 1½ in seiner Länge, Auge 4½, Stirne
2, Präorb. 2, Schnauze 1½ : 1, 2. Rückenstachel 2 : 1,
Schwanzfl. 7, L. lat. 85, D. ½/7—12, A. 13, P. 17. Ist
sehr ähnlich dem Platyc. insidiator Fk., unterscheidet
sich aber durch viel grösseres Auge, daher engere Stirn
und niederes Präorbitalbein, sowie parallele Supraorbital-
leisten (bei jenen sind sie nach hinten convergirend).
Der Vorderrand der Zunge ist ferner hier lappig vorragend (dort spatelförmig abgestutzt). Es finden sich
12 Rückenstrahlen (dort 13), und die Anzahl der Schup-
penreihen entsprechend der Seitenlinie ist geringer. Sonst
kein Unterschied, die Stacheln am Vordeckel wie dort,
es sind 2, wovon der untere ein wenig länger.

Farbe ist ebenfalls ein wenig verschieden, die Flossen
sind hier mehr gleichmässig grün als grau, nicht braun gefleckt. Oberseite des Körpers röthlichbraun, unten weiss.
Grösse: 30 Cm. Hobson-Bay.

Trigla polyommata Rich.

Hobson Bay. 35 Cm.

Lepidotrigla vanessa Rich.

Hobson Bay. 20 Cm.

Trachinidae.

Kathetostoma laeve Bl. Schn.

Hobson Bay; ? Port Philip. 40 Cm.

Sillago punctata C. V.

Port Philip. 40 Cm.

Aphritis Urvillii C. V.

D. 7—8/₁₉, A. 24—25 (Nach C. V. blos 6 Rückenstacheln).　? Hobson Bay, Murray-River.　25 Cm.

Sphyraenidae.

Sphyraena novae Hollandiae Gth.

Queens cliff.　35 Cm.

D i n o l e s t e s n. gen. [1]).

Körper sehr c o m p r e s s, mässig lang.　Seitenlinie
nicht unterbrochen.　Mund ziemlich weit, mit starken
Zähnen.　Im Zwischenkiefer seitlich eine Reihe kleiner,
vorn gegen die Mitte zwei Paar starke Fangzähne hinter-
einander, im Unterkiefer eine Reihe conischer Zähne,
von denen jederseits die 2—3 hintersten sehr gross, und
entfernt stehend, sind.　Die letzteren und die vorderen
Zwischenkieferzähne haben zum Theil E r s a t z z ä h n e
neben sich.　Gaumenzähne klein, in schmaler Binde.
V o m e r　b e z a h n t, seine Zähne bilden eine jederseits
nach hinten in einen Schenkel verlängerte dreieckige
Gruppe.　Auch hier zwei Rückenflossen, wovon die 1.
schwachstachlige kurz, die 2. gliederstrahlige aber v i e l
länger ist.　N o c h　l ä n g e r, als diese, ist die A f t e r-
f l o s s e.　Die B a u c h f l o s s e n　w e i t　v o r n inserirt, gleich
hinter der Basis der Brustflossen.　S c h u p p e n　z i e m l i c h
g r o s s, cykloid, abfällig, die der Seitenlinie haften fester
an.　K o p f　ü b e r a l l　b e s h u p p t.　Schwanzflosse gablig.
7 Kiemenhautstrahlen.

　　Diese Gattung, die sich eng an Sphyraena anschliesst,
unterscheidet sich von dieser sehr wesentlich.　Die (von
G ü n t h e r　angegebene) Diagnose der Famile Sphyraenidae ist etwas zu ändern, damit diese Gattung auch hier
eingereiht werden kann.

---

1) Von δεινός schrecklich und λῃστής Seeräuber.

Dinolestes Mülleri [1]) Klz. (Tafel III.)

D. ⁴/₁₅, A. 25, P. 16, V. ¹/₅, C. 17, L. lat. c. 70, L. tr. c. ⁶/₁₂, Höhe 5³/₄, Kopf 4, Breite 2¹/₂, Auge 5, Stirne 1¹/₅, Schnauze 2¹/₃ : 1, Präorb. (am hintern Ende unter dem Auge) 4, 2. Rückenst. 4, 2. Rückenfl. vorn 2, Schwanzfl. 6.

Körper compress, Kopfprofil gerade, Unterkiefer stark vorstehend. Augen rund, ziemlich gross; Stirne und Schnauze in die Quere wenig gewölbt, ohne Längsleisten. Nasenlöcher dicht aneinander. Unterrand des wenig abgegrenzten (dreieckigen ?) Präorbitalbeines gerade. Oberkiefer hinten schräg gerundet, aber ohne Einschnitt, er reicht bis unter den vordern Augenrand, Vordeckelleiste deutlich, Kiemendeckel gegen oben rundlich lappig vorgezogen. Die Figuren der Seitenlinie bestehen in einem einfachen, ziemlich langen flachen Strich. Die 1. Rückenflosse kurz und nieder und schwach stachlig, die 2. ist davon um die doppelte Länge der 1. entfernt, und vorn mehr als doppelt so hoch als die 1., hinten wird sie allmählig niederer; die 1. Rückenflosse beginnt über dem hintern Drittel der Brustflosse, die 2. ziemlich gegenüber der Afterflosse, letztere ist ähnlich der 2. Rückenflosse, aber um mehr als die Hälfte länger. Die Brustflosse reicht bis zur Höhe der Mitte der 1. Rückenflosse, die Bauchflossen entspringen nur wenig hinter der Basis der Brustflossen und reichen fast soweit als die Brustflossen. Beide bleiben weit vom After entfernt. Schwanzfiosse gegabelt, die äusseren Strahlen fast doppelt so lang, als die mittleren.

Farbe: silbrig, oben schwärzlich. Flossen hell. Grösse 38 Cm. Hobson Bay.

Scombridae (et Carangidae).

Scomber janesaba Bleek.

Hobson Bay. 30 Cm.

---

[1]) Nach dem Freiherrn Dr. von Müller zu Melbourne, von dem die Sammlung herrührt.

Scomber tapeinocephalus Bleck.

Port Philip.　20 Cm.

Cyttus australis Rich.

?. Port Philip.　30 Cm.

Zeus japonicus Krusenst.

Fundort ?, 30 Cm.

Trachurus trachurus Linné.

Hobson Bay.　25 Cm.

Caranx georgianus C. Val.

Port Philip, Hobson Bay.　25 Cm.

Gobiidae.

Eleotris cyprinoides C. Val.

Murray-River.　5 Cm.

Callionymus calauropomus Rich.

Port Philip.　20 Cm.

Cristiceps tristis n. sp.

Br. 6, D. $^3/_{29}/_5$, A. $^2/_{24}$, P. 11, V. 3, C. 9, Höhe $5^1/_2$, Kopf $4^1/_2$, Breite $2^1/_2$, Auge 5, Schnauze $1^1/_2$: 1, Stirne $1^1/_4$, 1.—2. Rückenstr. (ohne Membran) 2, 1. Stachel der 2. Abtheilung der Rückenfl. 3, Gliederstrahlen $1^1/_2$, Schwanzfl. $6^1/_2$.

Körper länglich, stark zusammengedrückt, Kopfprofil fast gerade. Schnauze ziemlich lang, Lippen sehr entwickelt, beide Kiefer gleich lang. In beiden Kiefern und am Vomer eine Binde haarförmiger Zähnchen, die Binde besonders vorn am Zwischenkiefer breit. Der Oberkiefer reicht bis unter die Mitte des Auges oder noch etwas weiter. Orbitalcirrus über der Mitte des Auges inserirt, er ist etwas platt und hat einige kleine Seitenästchen oder Franzen, und ist so hoch oder etwas höher als das Auge. Nasencirrus klein, röhrig mit einem platten Lappen oben. Kopf und Nacken völlig

schuppenlos und glatt. Der vordere abgesetzte Theil der
Rückenflosse sitzt am Hinterhaupt über dem Vordeckel
und vordersten Theil des Kiemendeckels, er ist um ein
gutes höher, als der folgende, mit ihm durch die Membran verbundene Theil, der von ihm um die Länge des 1.
Abschnitts entfernt ist. Die Rückenstacheln sind ziemlich
kräftig und die Flossenmembran bildet je hinter ihrer
Spitze einen Lappen, besonders am 1. Abschnitt. Die
Flossenmembran zieht' sich vom hintersten Gliederstrahl
der Rückenflosse zur Basis der Schwanzflosse hin. Die
unter dem 9. Stachel des 2. Abschnitts der Rückenflosse
beginnende Afterflosse ist ein wenig niederer, als die
Rückenflosse; die Flossenmembran hinter ihrem letzten
Gliederstrahl ist nur klein und reicht lange nicht zur
Afterflosse. Die kurze, ziemlich hohe Brustflosse reicht
bis zur Afterflosse, ebenso der längste mittlere der drei
fadenförmigen Strahlen der Bauchflossen, der innerste
Strahl derselben ist nicht ganz halb so lang, als der mittlere. Körperschuppen sehr klein, aber deutlich, lederartig,
glänzend, ganzrandig, meist nicht dachziegelartig deckend.
Die Seitenlinie, welche aus einfachen Strichen besteht, die von Strecke zu Strecke sich folgen, steigt vom
obern Ende der Kiemenöffnung horizontal oder leicht
gesenkt geradlinig bis etwa unter den 8. Stachel der 2.
Rückenflosse, steigt dann steil herab und läuft von
der Höhe des 10.—11. Stachels an gerade horizontal in
der Körpermitte bis zum Schwanz. An dem absteigenden
Theil sind die Striche oft sehr undeutlich. Der Schwanz
ist sehr schlank, seine Höhe ist etwa $1/6$ der grössten
Körperhöhe — Schwanzflosse schmal, leicht gerundet.

Farbe: gleichmässig schwarzbraun, Grösse 16 Cm.
Murray-River.

Von dem ähnlichen Cr. argentatus unterscheidet
sich diese Art durch 5 Rückenstrahlen, etwas höheren
Körper (dort ist die Höhe 5), höheren Orbitalcirrus und
gleichmässige Färbung. Doch wäre es möglich, dass
diese beiden Formen identisch wären.

Clinus marmoratus n. sp.

R. br. 6, D. 44, A. 30, P. 13, V. 3, C. 10, Höhe 5
(vor dem After), Kopf 6, Breite 2, Auge 4, Stirn $1\frac{1}{2}$,
Schnauze 1, Präorb. 3, Rückenflosse vorn 5, hinten $2\frac{1}{2}$,
Schwanzfl. 8.

Körper lang gestreckt, compress. Kopfprofil parabolisch, vorn an der Schnauze etwas mehr gekrümmt.
Schnauze stumpf, kurz. Zähne in beiden Kiefern vorn
in einer Binde seitlich in einer Reihe, sehr kurz und
stumpf. Vomer, nicht Gaumenbeine, bezahnt. Der
Oberkiefer reicht unter die Augenmitte. Augen mittelmässig, mit einem winzigen einfachen Cirrus an
ihrem oberen Rande. Stirnbrücke schmäler, als das Auge.
Kopf sammt Hinterhaupt völlig schuppenlos. Der übrige
Körper mit kleinen, wenig deutlichen, sich nicht deckenden runden Schuppen. Von der Seitenlinie zeigt sich
nur der vorderste Theil, der bis zur Spitze der
Brustflosse gerade verläuft, dann die Tendenz zeigt, abwärts zu steigen, aber sofort verschwindet. Sie hat die
Form dicht aneinander gereihter Längskiele. Die Rük-
kenflosse beginnt schon über dem Kiemendeckel, die vordersten biegsamen Stacheln sind die kürzesten und von
den andern nicht abgesetzt, erst hinter der Mitte
werden die Stacheln merklich höher, besonders die
5 vorletzten, welche indess ebenfalls ungetheilt
bleiben, hinten ist sie mit der Schwanzflossen-
basis durch Membran verbunden. Afterflosse-ähnlich,
ebenfalls mit blos einfachen biegsamen Stacheln, sie beginnt etwa unter dem 14. Rückenstachel, die Membran
hinter ihrem letzten Stachel erreicht die Schwanzflosse nicht.
Brustflosse eiförmig, reicht nicht bis zum After. Bauchflosse mit drei ungetheilten Strahlen, von denen der mittlere längste bis zur Mitte der Brustflosse reicht, der
äussere wenig kürzer, der innerste sehr kurz ist. Ihre
Insertion ist jugalar, dicht hinter der Kiemenhaut. Schwanzflosse länglich gerundet.

Farbe: braun mit dunkleren Flecken marmorirt,
Kehle zuweilen weiss gesprenkelt. Flossen dicht schwärz-

lich gesprenkelt, marmorirt mit einigen helleren Stellen.
Brustflosse heller, dunkler gefleckt. Grösse 15 Cm. Port
Philip. Diese Art schliesst sich zunächst an an Clinus
cottoides C. V. und despicillatus Rich., ist aber verschieden.

Mugilidae.

Atherinichthys esox n. sp.

D. $7^1/_{11}$, A. $^1/_{12}$, P. 12, L. lat. 45, L. tr. 8, Höhe 7,
Kopf $3^3/_4$, Auge 4, Schnauze $1^1/_2 : 1$, Stirn 1, Präorb. 2,
2. Rückenst. $1^1/_2$, Schwanzfl. 8.

Körper gestreckt, lanzettlich, ziemlich compress.
Kopfprovil gerade. Schnauze sehr vorgestreckt,
spitz, Zwischenkiefer sehr vorstreckbar mit langer Apo-
physe, die bis zur Augenmitte reicht. Kopf oben sonst
flach. Mund sehr schräg. Die Mundspalte reicht blos
bis zur Mitte der Schnauze, der schmale, fast säbel-
artig gekrümmte Oberkiefer aber fast bis unter die Augenmitte. Eine schmale Binde kleiner, aber deutlicher, Zähnchen in beiden Kiefern, nicht weit nach hinten sich erstreckend. Der weit hinten gelegene Vomer ist gezähnt, nicht aber sind es die Gaumenbeine, Kopf beschuppt? (die Schuppen dann ausgefallen?). Schuppen
ziemlich gross, ohne deutliche Seitenlinie. Die 1. Rük-
kenflosse hat schwache, niedere Strahlen und beginnt
in der Körpermitte (abzüglich der Schwanzflosse),
die 2. Rückenflosse ist von der 1. um die doppelte Länge
dieser letzteren entfernt und hat dieselbe Höhe und Länge,
die Afterflosse ihr ähnlich und gegenüber liegend. Die Brustflosse reicht nicht ganz bis unter den
1. Rückenstachel, die Bauchflossen sind etwas vor der
Höhe der Spitze der Brustflosse inscrirt und reichen fast
bis unter den letzten Rückenstachel, aber lange nicht
bis zum After; sie sind etwa um $^1/_4$ kürzer, als die Brustflossen. Schwanzflosse gablig, die äusseren Strahlen derselben nicht ganz doppelt so lang, als die mittleren.

Farbe: oben dunkel, unten silbrig, mit breitem silbrig
blauen Längsband längs der Körpermitte. Grösse 14 Cm.
Port Philip.

Diese Art stimmt mit keiner der bekannten Arten, am nächsten noch steht ihr Atherinichthys jacksoniana Q. Gaim.

Agonostoma Forsteri Bl. Schn.

Port Philip. Hobson Bay. 40 Cm.

Mugil gelatinosus n. sp.

L. lat. 42, L. tr. 12, D. $4^1/_8$, A. $^2/_8$, P. 15, Höhe $5^1/_2$, Kopf 5, Breite $1^1/_2$, Auge 5, Stirn 2 : 1, Schnauze $1^1/_2$: 1, Präorb. $2^1/_4$, 2. Rückenst. $2^1/_5$, Schwanzfl. $4^1/_3$.

Körper länglich, ziemlich compress. Kopfprofil vorn an der Schnauze etwas convex, Stirne in der Quere wenig convex. Oberlippe mässig hoch, ihre Höhe vorn ist etwa $4^1/_2$mal im Auge enthalten, jede Hälfte desselben ist um $^1/_4$ länger, als das Auge, der Winkel, unter dem die Hälften der Ober- und Unterlippe zusammenstossen, ist ein stumpfer. An beiden Lippen eben noch mit blossem Auge wahrnehmbare Cilien. Unterkieferknoten einfach. Vomergrube tief. Präorbitalbein am Unterrand gerade, nicht ausgeschnitten. Oberkiefer hinten sehr schmal, nicht unter dem Präorbitalbeine versteckbar, er reicht nicht ganz unter den vorderen Augenrand. Auge mit sehr entwickeltem vorderen und hinteren Lid, und vor und hinter ihm eine gelatinöse Masse. Die Kehle zwischen den Schenkeln des Unterkiefers tritt als länglich lanzettliche Figur zu Tage. Deckelrand gleichmässig bogig. Körperschuppen ansehnlich, alle mit Längsstrichen, auch die Striche an den Seiten der Brust sind wenig schräg. Der 1. Stachel der 1. Rückenflosse liegt in der Körpermitte (abzüglich der Schwanzflosse), er ist kurz und stark, die andern schlank und biegsam. 2. Rückenflosse wie die Afterflosse von Höhe und Länge der 1. (wenn man die hinter dem letzten Stachel folgende Membran hinzurechnet) und tief ausgerandet, die Afterflosse ist der 2. Rückenflosse etwas vorgerückt. Brustflosse kurz, dreieckig, von $1^1/_2$ Kopflänge, sie reicht lange nicht bis unter die 1. Rückenflosse. Bauchflossen nur wenig kürzer, als die Brustflossen, sie beginnen vor

deren Spitze und reichen bis unter den 2. oder 3. Rückenstachel. Schwanzflosse tief gegabelt, die äusseren
Strahlen doppelt so lang, als die mittleren. Gabelspitzen
spitzig.

Farbe: wie gewöhnlich bei Mugil, oben grau, sonst
silbrig. Brustflosse gegen hinten schwärzlich, Hinterrand
aber hyalin. 2. Rücken- und Schwanzflosse gegen den
Rand dunkler. Grösse 45 Cm. ? Murray-River.

Am nächsten steht diese Art dem Mugil haemato-
chilus Schlgl., unterscheidet sich unter anderem durch
sein geradrandiges Präorbitalbein und seine tief gega-
belte Schwanzflosse.

Pomacentridae.

Heliastes lividus n. sp.

L. lat. 30, L. tr. $1^1/_2/12$, D. $^{13}/_{18}$, A. $^2/15$—16, P. 21,
Höhe $2^1/_2$, Kopf $4^1/_3$, Breite $2^3/_4$, Auge $3^1/_2$, Stirn $1^1/_2 : 1$,
Präorb. $1^1/_2$, Schnauze $1^1/_4 : 1$, 5.—7. Rückenstachel 4,
Schwanzfl. $4^1/_2$.

Körper eiförmig, Kopfprofil sehr convex. Mund
klein, wenig schräg; beide Kiefer mit einer Reihe kleiner
conischer oft etwas stumpfer Zähnchen besetzt. Der
Oberkiefer reicht kaum bis zum vorderen Augenrand.
Am Kopf ist nur die Schnauze, der vorderste Theil
des Präorbitalbeins und der Randtheil des Vordeckels nackt. Körperschuppen gross. Die Seitenlinie bildet einen Bogen, ist hinten dem Rücken näher
und hört unter der Mitte des gliederstrahligen Theiles der
Rückenflosse auf; die Figuren bestehen in leicht gewölbten
Längsstrichen, die in sehr kurze Zweige auslaufen. Die
Rückenstacheln mässig stark, von den Gliederstrahlen
sind die mittleren die höchsten, um $^1/_2$ höher, als
die höchsten Rückenstacheln. Afterflosse ähnlich, etwas
niederer, nur mit mehr gerundetem, nicht zugespitztem
Endrand. Beide Flossen sind hoch hinauf beschuppt.
Die Brustflossen reichen nicht ganz, die zugespitzten Bauchflossen gerade bis zum After. Schwanzflosse gegabelt,
die äusseren Strahlen doppelt so lang, als die mittleren.

Farbe: grünlichbraun. Oberer Winkel der Basis

der Brustflosse schwärzlich, Spitze der Bauchflossen dunkel. Grösse 21 Cm. Port Philip.

Diese Art unterscheidet sich von allen andern bekannten durch die grössere Anzahl der Gliederstrahlen in Rücken- und Afterflosse.

Labridae.

Labrichthys tetrica Richards.

Unsere Exemplare stimmen wohl mit der Beschreibung von Richardson überein. An den Wangen finde ich drei Reihen von Schuppen, gegen unten selbst noch die Spur einer vierten. Günther gibt nur zwei Reihen an, Richardson in der Voy. Ereb. u. terror drei, in den Proceedings zwei Reihen. Die Exemplare von Richardson waren verfärbt, wie auch bei einigen unserer Exemplare. Bei unsern frischen sieht man aber folgende Färbung: Körper rosa oder graulich, oft mit einem dunklen Fleck an jeder Schuppe, oder es sind deren Ränder dunkel. Hinter der Brustflosse zeigt sich am Körper ein breites schwärzliches, undeutlich umschriebenes Querband, welches den Körper wie in zwei Theile theilt. An weniger frischen Exemplaren ist dasselbe wenig wahrnehmbar. Brust- und Bauchflosse sind hoch gelb, orange, ungefleckt, erstere hat ihre ganze Basis schwarz gefärbt (bei nicht frischen Exemplaren ist auch das wenig mehr deutlich). Die übrigen Flossen sind orange roth und mit zerstreuten schwärzlichen Flecken getigert, an der Afterflosse sind die Flecken mehr verwischt. Einen schwarzen Endrand haben sie nicht. Ein grosses Exemplar zeigt mehr die von Günther angegebene Färbung, indem es sehr dunkle Rücken- und Afterflosse hat, ohne Fleckung; auch die Schwanzflosse ist ohne Fleckung. Offenbar sind das blosse Varietäten, von denen man die eine etwa *tigripinnis*, die andere *fuscipinnis* heissen kann.

Odax semifasciatus C. Val.

? Hobson Bay. 25 Cm.

Odax Hyrtlii Steindachn.

Murray-River. 20 Cm. Name: Stranger.

Odax balteatus C. Val.

Port Philip. 15 Cm.

Gadidae.

Physiculus palmatus n. sp.

R. br. 7, L. lat. c. 120, L. tr. (unterhalb der 1. Rük-
kenfl.) c. $^{15}/_{30}$, D. $^{9}/_{56}$ (?), A. c. 50, Höhe $4^{1}/_{2}$, Kopf $4^{1}/_{2}$,
Auge 4—5, Stirne $1—1^{1}/_{4}$: 1, Schnauze $1—1^{1}/_{2}$: 1, Präorb.
2, 1. Rückenfl. 2—3, Schwanzfl. 8.

Körper länglich elliptisch. Kopfprofil leicht parabolisch. Am Kopf ist nur der vorderste Theil der Schnauze
nackt, das Präorbitalbein und Stirn beschuppt. Unterkiefer
zurückstehend. Am Kinn ein spitzer Bartfaden, kürzer oder
etwas länger, als das Auge. Der Oberkiefer reicht bis
unter oder etwas hinter den Hinterrand des Auges. In
beiden Kiefern eine ziemlich breite Binde gleich grosser
haarförmiger Zähnchen, keine an Gaumen und Vomer.
Die 1. Rückenflosse beginnt gleich hinter der Basis der
Brustflosse, die 2. ist von der 1. nur durch einen sehr
kurzen Zwischenraum getrennt und beginnt gegenüber
der Afterflosse. Schwanzflosse völlig getrennt, Bauchflosse
etwa von halber Kopflänge, so lang als die Brustflosse.
Ihre Basis ist schmal, aber flach, nicht stielförmig.
Schwanzflosse gerundet.

Farbe: bräunlich, Rücken-, After- und Schwanzflosse
braun gerändert. — 50 Cm. Port Philip, Hobson Bay.

Diese Art hat äusserste Aehnlichkeit mit Pseudo-
phycis breviusculus Richards., unterscheidet sich aber
durch die von der Basis flachen Bauchflossen, sowie durch
grössere Zahl der Schuppen an Seitenlinie und Querlinie. Es ist indessen möglich, dass diese beiden Formen
doch gleich sind.

Gadopsidae.

Gadopsis marmoratus Rich.

Murray-River. 15 Cm.

Ophidiidae.

Genypterus tigerinus n. sp.

Höhe 8, Kopf 5, Auge 6$^1/_2$, Stirne 1, Schnauze 1$^1/_4$: 1, Präorb. c. 3, Höhe der Rückenflosse in der Körpermitte 2 in der dortigen Körperhöhe.

Körper schlank, lang gestreckt, hinten zugespitzt, Kopfprofil fast gerade, wenig gesenkt, vorn an der sehr stumpfen Schnauzenspitze fast senkrecht abfallend. Unterkiefer zurückstehend. Im Zwischenkiefer ist eine äussere Reihe stärkerer, etwas entfernt stehender Zähne, und ein inneres schmales Band haarförmiger. Im Unterkiefer befindet sich eine äussere Reihe grösserer und eine innere Reihe (nicht Binde) zerstreuter kleiner. Vomer mit einer Gruppe kleiner, Gaumenbeine mit einer Reihe ziemlich grosser Zähnehen. Der hinten hohe Oberkiefer reicht um halb Augenlänge hinter das Auge. Körper und der grösste Theil des Kopfes mit kleinen, von Haut bedeckten Schüppchen besetzt, die Schnauze, Kiefer, Präorbitalbein und der vordere Theil der Stirn von der Augenmitte an unbeschuppt. Die Seitenlinie ist furchenartig, nicht sehr deutlich, sie läuft fast gerade bis zur Körpermitte, biegt sich dann abwärts und hört auf. Am Kiemendeckel, der nur rudimentär beschuppt ist, zeigt sich hinten ein Dörnchen, der Deckellappen dahinter ist mit der Schulterhaut verwachsen und bildet damit eine Tasche. Die eine Rückenflosse beginnt über der Mitte der Brustflosse, sie ist hinter ihrer Mitte am höchsten, die Afterflosse beginnt etwas vor dem Ende ihres ersten Drittels. Schwanzflosse klein, gerundet, mit Rücken- und Afterflosse verbunden. Die am Glossohyalbein entspringenden Bauchflossen bilden je zwei bis nahe zur Basis getrennte Fäden, deren äusserer um $^1/_2$ länger ist, als der innere, etwas die Brustflosse an Länge übertrifft, und etwa $^1/_2$ so lang, als der Kopf ist.

Farbe: braun, mit ansehnlichen schwarzen Flekken zerstreut getigert, Bauch heller. Flossen ähnlich, fein hell gesäumt,

Diese Art steht dem Genypterus blacodes Forst., Müll., Tschudi sehr nahe, und ist vielleicht nicht davon zu sondern. Die Farbe ist indess etwas anders, sowie die Zähne, wie es scheint.

Pleuronectidae.

Pseudorhombus Mülleri n. sp.

D. 90, A. 73, V. 6, L. lat. 66, Höhe $2^3/_4$, Kopf 5, Auge 4, Schnauze 1, Rkfl. $4^1/_2$, Schwanzfl. $7^1/_2$.

Körper eiförmig elliptisch, Kopfprofil convex. Zähne nur in beiden Kiefern, in 1 Reihe, klein, ein wenig ungleich. Maul schräg, Kiefer vorn gleich lang, Oberkieferlänge 3 in der Kopflänge. Die Augen dicht über einander, die Stirne lineär, gräthig, das untere Auge liegt etwas vor. Der Durchmesser des vorderen Bogens der Seitenlinie $1^1/_3$ in der Kopflänge enthalten. Dieser ist nicht halbkreisförmig, sondern mehr rhomboidisch, winklig. Die Rückenflosse beginnt etwas vor dem Auge, die Strahlen sind etwa vom 10.—70. ziemlich gleich hoch. Schuppen mittelmässig, gewimpert. Brustflosse schmal, $1^1/_2$ in der Kopflänge enthalten, Bauchflossenlänge fast 3mal in der Kopflänge. Die Rücken- und Afterflosse nur durch einen kleinen Zwischenraum von der Schwanzflosse getrennt.

Farbe: gleichmässig düster, braun. 15 Cm. Hobson Bay.

Diese Art stimmt mit keiner der bekannten Arten, am nächsten steht sie dem Ps. Russellii Gray.

Rhombosolea monopus Gth.

Hobson Bay. 15 Cm.

Ammotretis rostratus Gth.

Port Philip, Hobson Bay. 20 Cm.

Siluridae.

Copidoglanis tandanus Mitchell.

Hobson Bay, Murray-River. 40 Cm. Name: Porcupine Fish.

Galaxidae.

Galaxias obtusus n. sp.

R. br. 6, D. 11, A. 14, P. 11, V. 7, Höhe 8, Kopf 7, Auge 4, Stirne $1^1/_2 : 1$, Schnauze 1, Präorb. 2, Rkfl. $1^1/_2$, Schwanzfl. $7^3/_4$.

' Körper schlank, compress, mit wenig gekrümmter Bauch- und fast gerader Rückenlinie. Kopf wenig länger, als der Körper hoch. Stirne breit, flach. Schnauze stumpf, Maul etwas schräg, Kiefer gleich lang. Eine Reihe kleiner Zähne in beiden Kiefern, an den Gaumenbeinen und zwei Reihen auf der Zunge. Der Oberkiefer reicht bis unter den vorderen Augenrand. Hinterrand des Kiemendeckels vertikal. Auge ziemlich gross. Der ganze Körper nackt. Die Rückenflosse entspringt gleich hinter dem Anfang des hinteren Gesammtkörperdrittels, gegenüber der Afterflosse, ist aber etwas kürzer und niederer, als diese. Beide Flossen leicht gerundet. Der freie Theil des Schwanzes ist von Länge der Afterflosse. Schwanzflosse leicht ausgerandet oder abgeschnitten. Die Bauchflossen stehen in der Mitte zwischen vorderem Augenrand und Basis der Schwanzflosse; die Brustflossen sind so lang, als sie, und viel kürzer, als die Hälfte des Abstandes zwischen Brust- und Bauchflosse.

Farbe: graugelb, gegen oben mit bogigen oder winkligen dunkleren Schattirungen, die unter der Loupe fein punktirt erscheinen. Grösse 12 Cm. Yarra Sagoon.

Am nächsten steht diese Art dem Galaxias maculatus Jen., aber die Dimensionen und Strahlenzahlen sind etwas anders.

Galaxias rostratus n. sp.

R. br. 6, D. 11, A. 14, P. 14, V. 7, Höhe $8^1/_2$, Kopf $5^1/_2$, Auge $4^1/_2$, Stirne $1^1/_2 : 1$, Schnauze $1^1/_2 : 1$, Präorb. 2, .Rkfl. $1^1/_5$, Schwanzfl. 8.

Körper sehr schlank, Kopf $1^3/_4$mal länger, als der Körper hoch. Stirne breit, flach. Kiefer gleich lang, mit je einer Reihe etwas hackiger Zähne, ebenso

Gaumenbeine, Zungenzähne in zwei Reihen. Auge kürzer, als die Schnauze. Oberkiefer reicht fast bis unter die Augenmitte. Körper und Kopf nackt. Die Rückenflosse entspringt im Anfang des hintern Körperdrittels, ein wenig vor der Afterflosse; sie ist etwas kürzer, doch nicht niederer, als diese. Der freie Theil des Schwanzes ist von der Länge der Afterflosse. Schwanzflosse leicht ausgerandet. Die Bauchflossen stehen in der Mitte zwischen der Basis der Schwanzflosse und dem vorderen Augenrand. Die Brustflossen so lang, als sie und viel kürzer, als die Hälfte des Abstandes zwischen Brust- und Bauchflosse.

Farbe: gleichförmig braungelb, Flossen hell. Ueber die Basis der Schwanzflosse läuft ein dunkler Querstreif oder Fleck. Grösse 13 Cm. Murray-River.

Diese Art steht den Galaxias scriba C. V. am nächsten, doch auch hier stimmen Strahlenzahlen und Dimensionen nicht ganz überein.

Scopelidae.

Aulopus purpurisatus Rich.

Murray-River. 50 Cm. Name: Gournard.

Scombresocidae.

Scombresox Forsteri C. Val.

Hobson Bay. 30 Cm.

Hemiramphus intermedius Cant.

Hobson Bay. 30 Cm.

Gonorrhynchidae.

Gonorrhynchus Greyi Rich.

Hobson Bay. 20 Cm.

Clupeidae.

Engraulis heterolobus Rüpp.

Hobson Bay. 10 Cm.

Chatoessus come Rich.

Murray-River. 30 Cm.

Symbranchidae.

Chilobranchus dorsalis Rich.

Murray-River. 8 Cm.

Muraenidae.

Anguilla australis Rich.

Hobson Bay. 65 Cm.

Muraenichthys macropterus Bleek.

Port Philip. 40 Cm.

Sclerodermi.

Monacanthus rudis Rich.

Port Philip. 20 Cm.

Monacanthus granulosus Rich.

Port Philip. 20 Cm.

Monacanthus convexirostris Günth.

Port Philip. Hobson Bay. 20 Cm.

Monacanthus maculatus Rich.

D. 30, A. 29. Unterscheidet sich von M. spilome-
lanurus blos durch gerades oder leicht concaves oberes
Kopfprofil, durch etwas grössere Körperhöhe und einfa-
chere fleckige Färbung.

Port Philip. 5 Cm.

Ostraciontinae.

Aracana aurita Shaw.

? Port Philip. 10 Cm.

Gymnodontes.

Diodon maculatus Lac.

Port Philip. Hobson Bay. 15 Cm.

Atopomycterus nychthemerus Cuv.

Murray-River. 15 Cm.

Tetrodon Richei Freminv.

Port Philip. 20 Cm.

Tetrodon Hamiltoni Rich.

Port Philip. Murray-River. 15 Cm.

Syngnathidae.

Solenognathus spinosissimus Günth.

Port Philip. 35 Cm.

Syngnathus modestus. Günth.

Port Philip. 10 Cm.

Hippocampus abdominalis Lesson.

Port Philip. 20 Cm.

Hippocampus breviceps Peters.

Port Philip. 4 Cm.

Leptoichthys fistularius Kaup.

Port Philip. 40 Cm.

Phyllopteryx foliatus Shaw.

Port Philip. 35 Cm.

Gastrotokeus gracilis n. sp.

D. 43, P. 13, Körperringe 19 + 60, Höhe 38, Kopf 5½, grösste Körperhöhe 1⅓ in der grössten Körperbreite, Rückenbreite 2 in der Bauchbreite, Schnauze 7 : 1 (und ½ der Kopflänge), Schwanz 2⅓mal länger, als der Rumpf ohne Kopf.

Körper äusserst schlank, vorn depress, hinten compress und allmählich fast fadenförmig ausgezogen. Schnauze lang, gerade, compress, etwa halb so hoch, als der Kopf in der Augengegend, vom Kopf ist er nicht abgesetzt. Die Stirne senkt sich allmählich gegen die Schnauze herab bis gegen das ziemlich grosse Nasenloch, von da an trägt der Schnabel oben eine Längsfirste. Auge gross, es nimmt fast die ganze Kopfhöhe ein. Stirne und Hinterhaupt fast flach, runzlig; seitliche Occipitalleiste wenig vortretend, aber einen verticalen Theil des Hinterhauptschildes abtrennend. Ein kleines fast q u a d r a t i s c h e s abgegrenztes N a c k e n s c h i l d c h e n macht sich oben bemerklich, und daneben je die nach oben offene Kiemenöffnung. Kiemendeckel d o p p e l t s o l a n g, a l s h o c h mit deutlicher L ä n g s l e i s t e, sonst r u n z l i g. Die Kanten und Längsleisten der Schilder am Rumpf treten sehr wenig vor, nur die Seitenschilder sind durch die Depression sehr schräg und haben eine vorstehende Leiste oder Seitenlinie, welche am vorderen Theil des Schwanzes allmählich sich verliert. Der Durchschnitt des Rumpfes ist etwa quer elliptisch, der des Schwanzes gegen hinten recht- und viereckig. Die Schilder sind runzlig bis netzig. R ü c k e n f l o s s e s e h r l a n g, sie beginnt am 11. Segment des Rumpfes und hört am 9. des Schwanzes auf. Die Bruttasche des Männchens reicht bis zum 17. Segment des Schwanzes.

Farbe: braun. Obere Seite mit kleinen schwarzen Punkten und Flecken. Untere Seite und der grösste Theil des Schwanzes einfarbig braun.

Port Philip. 12 Cm.

Petromyzontidae.

Mordacia mordax Rich.

Murray-River. 12 Cm.

Corchariidae.

Galeus canis Rondel.

Murray-River. 25 Cm. Name: Yung sherk.

Acanthias vulgaris Risso.

? Port Philip. 50 Cm.

Pristiophorus nudipinnis Günth.

Port Philip. 80 Cm.

Rajidae.

Raja Lamprieri Rich.

Murray-River.   40 Cm. (Gesammtlänge).

Raja dentata [1]) n. sp.

Breite 1¹/₂ in der Gesammtlänge, Länge der Scheibe
(bis zum Ende der Basis der Brustflossen) 1¹/₃ in der
Scheibenbreite, Schwanz fast so lang, als die Scheibe,
Auge 12 in der Scheibenlänge, Stirne 1, Schnauze 3 : 1.

Scheibe unregelmässig rhombisch, ihre Länge (wenn
bis zum hintern abgerundeten Ende der Brustflossen gemessen) nicht viel geringer, als die Breite. Der S c h n a u -
z e n w i n k e l ist s t u m p f und s t e h t n i c h t v o r. Die
vorderen Seiten der Brustflossen geradlinig, die hinteren
leicht gekrümmt mit a b g e r u n d è t e m S e i t e n - und
H i n t e r w i n k e l. Augen mittelmässig, ihr L ä n g s d u r c h -
m e s s e r g l e i c h t d e r B r e i t e d e r S t i r n e. Diese ist
c o n c a v. Der Schnauzenknorpel schmal (seine Breite 3
im Auge) hinten gegen die Stirn verbreitert er sich.
Der Abstand der Nasenlöcher von einander gleicht ihrer
Entfernung von der Schnauzenspitze. Der Scheibenrücken
ist ü b e r a l l r a u h durch sehr kleine Dörnchen. S t ä r -
k e r e D o r n e n finden sich folgende : eine Reihe längs
des S u p e r c i l i e n r a n d e s in einem Bogen, eine Reihe
i n d e r M i t t e l l i n i e des Scheibenrückens bis zum Schwanz,
wo sie dann in abwechselnder unregelmässiger Doppelreihe stehen. Auch zeigen sich grosse Dornen auch an
den Seiten des Schwanzes, besonders am Anfange desselben. Eine Gruppe mittelmässiger Dörnchen liegt am
Schnauzenknorpel. Alle diese Dornen stehen auf keiner
auffallenden Basalplatte. Die Mundzähne stehen in 42
L ä n g s r e i h e n, und haben eine nicht sehr scharfe Spitze.
Die Nasenklappen sind am freien Theil ihres Hinterrandes
gefranst. Die Bauchflossen lang, ihr Aussenrand gebuchtet,
der vordere Theil desselben mit vorstehenden Z a c k e n.
Schwanz sehr depress, seine Seitenränder mit einer leich-

---

1) Wegen der stark gezackten Bauchflossen.

ten Hautfalte. Schwanzspitze compress, ohne deutliche Schwanzflosse. Die beiden Rückenflossen, die dicht hinter einander kurz vor dem Schwanzende liegen, sind gleich lang, gleich hoch, gerundet. Der kurze Zwischenraum zwischen diesen beiden Flossen trägt einige Dornen gleich denen am übrigen Schwanzrücken.

Farbe: grau, unten weiss.

Port Philip. 50 Cm.

Diese Art stimmt mit keiner der bekannten Arten, am nächsten steht sie der R. Lampieri Rich.

Rhinidae.

Rhina squatina Linné.

Hobson Bay. 25 Cm.

Die Metamorphose von Rhyphus punctatus F. und Rhyphus fenestralis Scop.

Vom

Forstmeister Th. Beling
zu Seesen am Harz.

Der Ausspruch P. Fr. Bouché's in der Einleitung zu seiner Naturgeschichte der Insekten, Berlin 1834, „die Kenntniss der ersten Stände der Insekten liegt noch sehr im Dunkeln" gilt heute noch und es ist seitdem verhältnissmässig wenig zur Aufhellung solchen Dunkels geschehen. Insbesondere sind es auch die Zweiflügler, deren Metamorphose noch vieler Aufklärung bedarf und auffallender Weise kennt man von vielen dieser Insekten-Ordnung angehörigen Arten, selbst solchen, die überall häufig sind und mitunter massenweise auftreten, weder die Larve und deren Lebensweise, noch die Puppe. Es hat dies wohl seinen leicht erklärbaren Grund in dem Umstande, dass exakte Beobachtungen über das vielfach im Verborgenen dahinlaufende Leben und Treiben der Insekten nicht blos viel Zeit und unverdrossene Beharrlichkeit, sondern auch ein gut Theil Glück insofern erfordern, als es dem Beobachter gelingen muss, zur rechten Zeit am richtigen Orte einzutreffen.

Seit mehren Jahren beschäftige ich mich während meiner Waldbesuche und meiner dienstlichen Mussestunden eifrig und nicht ohne Erfolg mit Beobachtungen über das Leben der Insekten, und sind es, soweit die Zweiflügler dabei in Betracht kommen, auch vorzugsweise die Gattungen Sciara und Bibio, denen ich specielle Aufmerksamkeit zugewendet habe, so ist es mir nebenbei doch auch gelungen, die seither unbekannt gebliebenen früheren Stände verschiedener anderer Dipteren zu erkunden. Beseelt von dem Wunsche zur Aufklärung der so höchst interessanten Lebens- und Verwandelungs-Vorgänge in der Insektenwelt nach Kräften beizutragen, beginne ich hier die Veröffentlichung einer Reihe von Beobachtungen mit dem Bemerken, dass sich die Mittheilungen nur über meines Wissens Neuerforschtes oder über Vervollständigung und Berichtigung älterer Beobachtungsresultate, wo solche nöthig scheint, erstrecken, und selbstverständlich der grössesten Sorgfalt und Zuverlässigkeit sich befleissigen werden.

1. *Rhyphus punctatus* Fabr.

Larve: 13 Mm. lang, 1 Mm. dick, elfgliederig, fusslos, rund, nach beiden Enden hin etwas verdünnt, hart, glatt, glänzend, weiss, jedes Glied mit einem breiten, gebräunten, nur die Gliedereinschnitte verhältnissmässig schmal freilassenden Bande rings umgeben, innerhalb dessen unbestimmte heller und dunkler braune, meist in die Länge gedehnte Zeichnungen wechseln. Die braunen Zeichnungen innerhalb der gedachten Bänder der ersten drei Glieder sind anfänglich erheblich dunkler, als diejenigen in den Bändern der übrigen Glieder; je näher die Zeit der Verpuppung heranrückt, desto mehr gleicht sich dieser Unterschied in der Färbung aber aus. Innerhalb der gebräunten Bänder der ersten drei Glieder treten übrigens auch ziemlich grosse kreisrunde ungefärbte Partieen als helle Flecken hervor. Kopfschild gelbbraun, glänzend, vierseitig, nach vorn verschmälert, etwas vor der Mitte an jeder Seite mit einem kleinen schwarzen länglichen augenförmigen Flecken, oben auf mit zwei braunen, nach hinten convergirenden und schliesslich ganz nahe zusammentretenden, den Hinterrand nicht ganz erreichenden schmalen Streifen oder Linien; unterhalb am Hinterrande jederseits mit einem halbovalen, schwarzbraunen Flecke.

Ende des letzten oder Aftergliedes mit fünf in ein Fünfeck gestellten sehr stumpfen häutigen Spitzen oder Zähn-
ehen endend und innerhalb derselben nach oben hin mit
zwei kleinen in einer Horizontallinie stehenden punktförmigen schwarzen Stigmen.

Puppe: 7—8 Mm. lang, am verdickten und buckelig
hervorgehobenen Thorax 1,5 Mm., gleich hinter demselben
1 Mm. dick, rund, schlank, nach hinten allmählich verdünnt, etwas glänzend, bräunlich gelb. Thorax mehr
oder weniger dunkel schwarzbraun verwischt gezeichnet,
resp. gefleckt, auf der Mitte der Oberseite unfern der
etwas erhabenen Mittelnaht jederseits mit drei in einem
Dreieck stehenden Härchen, dahinter in einiger Entfernung mit je einem stark nach hinterwärts gebogenen
Härchen; seitwärts am Thorax weit nach vorn hin noch
je ein Härchen und vor der durch eine erhabene Querlinie zwischen den beiden Augen gebildeten Stirnleiste
zwei von unten nach oben divergirende, an der Spitze
in der Regel nach auswärts gekrümmte Härchen. Hinterleib neunringelig, jeder Leibesringel mit Ausschluss der
ersten beiden und der letzten zwei mit je zwei Kränzen
kurzer, wie der Hinterleib bräunlich gelb gefärbten,
Dornen oder Stacheln umgeben, deren erster oder
vorderer jedoch nur halb an der Unterseite vorhanden
ist, während die Fortsetzung an der oberen Seite fehlt
und daselbst durch sechs Stacheln vertreten wird, welche
dergestalt ungleich vertheilt sind, dass die äusseren
zwei an jeder Seite näher bei einander stehen, als die
übrigen. Innerhalb der Stachelkränze enden einzelne
Stacheln mit nach rückwärts gerichteten, fast anliegenden
Wimperhaaren. Vorletzter Leibesring mit sechs Stacheln
an der Unterseite, von denen die äusseren die längsten
und stärksten sind. Letzter Leibesring an jeder Seite
nach vorn hin mit einem Stachel, am Ende mit vier in
einem Viereck stehenden Stacheln und innerhalb dieses
Vierecks mit vier kleinen gleichfalls in ein Viereck gestellten Zähnchen. Bei der frisch ausgekommenen Puppe
jeder Leibesring auf der Mitte des Rückens mit ge-
schwärzter, nach vorn hin zugespitzter, den Vorderrand

des Ringes nicht ganz erreichender Längslinie ; ausserdem
sind an den Gliedern oder Leibesringen noch dunkle,
mehr oder weniger deutliche, mitunter kaum in die Augen
fallende Längszeichnungen vorhanden, welche den Leibes-
zeichnungen der Larve entsprechen. Späterhin wird die
Puppe im Allgemeinen dunkler und mehr gleichförmig
braun, die Zeichnungen verschwinden bis auf die immer
deutlich hervortretende schwarzbraune Färbung des Thorax. Von dem Kuhdung, in welchem die Larve lebt und
die Puppe sich ausbildet, bleiben immer mehr oder weniger zahlreiche feine Theilchen an derselben haften, so
dass dieselbe fast nie ganz rein erscheint.

Die Larven wurden von mir zuerst am 20. November
1870 in einem noch ziemlich frischen Kuhfladen auf einer
Angerweide in der Nähe der hiesigen Stadt gefunden
und waren damals noch nicht ganz ausgewachsen, mit
fast der ganzen Länge nach schwarzbraun durchscheinen-
dem Darminhalte. Im Frühjahre 1871 fanden sich die
Larven noch an mehreren anderen Stellen und mitunter
sehr zahlreich im Kuhdung des vorangegangenen Herbstes
auf dem Felde und auch im Walde. Am 19. April 1871
wurden in einem vorjährigen Kuhfladen innerhalb eines älteren Fichten- oder Rothtannen-Bestandes die ersten Puppen
gefunden, aus denen, mit nach Haus genommen und in einem
kühlen Zimmer aufbewahrt, vom 24. desselben Monats an die
fertigen Insekten hervorgingen, während die im Monat März
nach Haus getragenen, in demselben Zimmer in ihrem Nah-
rungsmittel aufbewahrten Larven schon vom Beginne des
Monats April an fertige Insekten geliefert hatten. Zu Ende
des Monats Mai und im Anfange des Monats Juni, wo
es im Freien noch immer Larven im Kuhdung gab, dauerte
bei kühler Sommerwitterung den angestellten sorgfältigen
Beobachtungen zufolge die Puppenruhe 8—10 Tage.

Bis jetzt ist meines Wissens über die Metamorphose
von Rh. punctatus nichts veröffentlicht worden.

2. *Rhyphus fenestralis* Scop.

L a r v e : 15—17 Mm. lang, in der Mitte 1,2 Mm.
dick, walzig fadenförmig, nach dem Kopfende hin etwas,

nach dem Afterende hin stärker spindelförmig verdünnt,
also in der Mitte am dicksten, vierzehngliederig, hart-
häutig, fusslos, nackt, glänzend, wasserhell, durchscheinend, die letzten drei Glieder kürzer und erheblich dünner als die vorhergehenden, am Afterende mit einem
Kranze von fünf kleinen, weissen, häutigen, nach auswärts
gespreizten Zähnen versehen. Die Leibesglieder mit
breiten, mehr oder weniger intensiv rothbraunen Querbän-
dern rund umgeben, welche nur wenig von der weissen
Grundfarbe in einem schmalen Saume zunächst den Glie-
dereinschnitten frei lassen. Innerhalb dieser Bänder der
vorderen drei Leibesringe tritt die rothbraune Färbung
am dunkelsten in verschiedenen unbestimmten Zeichnungen auf; in den blasseren Binden der übrigen Leibesringe machen sich dunklere Längsstreifen bemerkbar.
Noch nicht ausgewachsene oder zur Verpuppung noch
nicht fertige Larven sind in der Regel bis auf die dunkler
gezeichneten vorderen drei Leibesringe gelblich oder
schmutzig fleischfarben. Kopfschild vierseitig, nach vorn
verschmälert, hinten gerade abgestutzt, hornig, schmutzig
gelb, glänzend, am Hinterrande fein schwarz gesäumt,
etwas vor der Mitte an jeder Seite mit einem kleinen
punktförmigen, augenähnlichen schwarzen Flecke.

Puppe: 8 Mm. lang, am Thorax 1,8 Mm., hinter
demselben 1,3 Mm. dick, neungliederig, nach hinten etwas
spindelförmig verdünnt, gelbbraun. Scheiden etwas heller,
bis zum Ende des dritten Gliedes reichend. Kopfende
schräg von oben nach unten abgestutzt. Rückenschild
etwas buckelig hervorgehoben, vorn an jeder Seite mit
einer seichten Grube und unterhalb dieser mit einem ohr-
förmigen Vorsprunge, in der Mitte, resp. der hinteren
Hälfte mit einigen (meist vier) nach rückwärts gerichteten,
mitunter fast anliegenden Haaren an jeder Seite neben
der als eine erhabene Linie hervortretenden Rückennaht;
in der Mitte der oberhalb der Augen sich scharf markir-
renden horizontalen Stirnkante mit zwei längeren, nach
oben hin divergirenden Haaren. Dritter bis achter Leibesring am hinteren Rande auf erhabener Linie mit einem
zierlichen Stachelkranze umgeben, innerhalb dessen ein-

zelne Stacheln stärker hervortreten; am vorderen Rande
der Leibesringe auf der Bauchseite sechs in einer Reihe
stehende kurze Dornen oder Stacheln, von denen die
äussersten zwei an jeder Seite die stärksten und unter
sich durch kleinere Zwischenräume getrennt sind als der
zweite vom dritten, der dritte vom vierten und der vierte
vom fünften Dorne, deren Entfernungen der angeführten
Reihenfolge nach sich ziemlich gleichen. Letzter Leibesring mit vier starken, rundum gestellten Dornen und
innerhalb dieser am After mit vier schwächeren, in einem
Viereck stehenden Dornen, von denen die oberen zwei
kürzer sind als die unteren beiden.

Larven und Puppen fand ich am 17. September 1870
an und in faulen Steckrüben und Kartoffeln, welche
einige Wochen zuvor aus dem Keller geholt und auf die
Miststätte geworfen waren. Am 3. Oktober sass an den
Rüben auch ein Imago von Rhyphus fenestralis und führte
sofort auf die Vermuthung, dass die vorhin beschriebenen
Larven und Puppen dieser Mücke angehörten, was sich
denn auch später bestätigte, indem sich aus den in Ver-
wahrung genommenen Puppen noch viele Mücken der
genannten Art entwickelten.

Am 8. Mai 1871 wurden in einem kleinen Fasse
mit angefaulten Kartoffeln, welches den vorangegangenen
Winter hindurch im Keller gestanden hatte, wiederum
ausgewachsene Larven und Puppen, so wie auch Puppen-
hüllen, denen die Imagines im Frühjahre bereits ent-
schlüpft waren, gefunden. Ein Theil dieser Kartoffeln
wurde den Sommer hindurch in einem grossen Blumen-
topfe unter Gesträuch im Garten aufbewahrt. Um die
Mitte des Monats August waren in den Kartoffeln viele
ausgewachsene Larven und auch einzelne Puppen vorhanden. Von da bis zum Schlusse des gedachten Monats
angestellte vielfache und sorgfältige Beobachtungen er-
gaben die Dauer der Puppenruhe zu 6—10 Tagen. Die
Generation ist unzweifelhaft eine mehrfache und mindestens eine doppelte.

Die Larven des Rhyphus fenestralis unterscheiden
sich sogleich von denen des Rhyphus punctatus durch die

bei letzterem um drei grössere Anzahl der Körperab-
schnitte oder Glieder und durch den bei diesem nach
hinten hin in den letzten drei Gliedern stark verschmä-
lerten Leib. Die Angabe Bouché's in seiner Naturgeschichte der Insekten, 1. Lieferung, Seite 43, dass das
Aftersegment bei der Larve von Rh. fenestralis mit zwei
kurzen Fleischspitzen ende, ist nicht zutreffend, auch ist
die von der Larve gegebene Abbildung auf Taf. III,
Fig. 20 insofern nicht richtig, als dieselbe ausser dem
Kopfe zwölf Leibesabschnitte zeigt, während in Wirklichkeit deren vierzehn vorhanden sind.

Weitere Unterscheidungszeichen der Larven sind
die im Allgemeinen rothbraune Zeichnung und Färbung
bei Rh. fenestralis und die mehr schwärzlichbraune bei
Rh. punctatus.

Sechs neue Taenien.

Von

Dr. 0. von Linstow
in Ratzeburg.

Hierzu Tafel III.

---

1. *Taenia pachycephala* n. sp.

In Anas histrionica fand sich diese Art, einer Ente die nur höchst selten im Winter auf dem hiesigen See vorkommt; ein Mal nur habe ich dieselbe von Fischern erhalten, die das Exemplar todt auf dem Eise gefunden hatten. Die Taenie ist sehr zart und klein, 10—12 Mm. lang, grösste Breite 0,5 Mm. Der Scolex ist beträchtlich verbreitert, von dreieckiger Form, und schon mit blossem Auge als punktförmiger Körper sichtbar; das Rostellum ist in einen langen Hals ausgezogen und die Saugnäpfe sind scheibenförmig und auffallend gross. Die Cirren, 0,2 Mm. lang und mit nach der Basis gerichteten Borsten besetzt, stehen einseitig, und sind im Verhältniss zur Grösse des ganzen Thieres von so bedeutenden Dimensionen, dass die Taenie schon dem unbewaffneten Auge einen gleichsam rauhen Eindruck macht. die Zahl der Haken ist 10, ihre Länge beträgt 0,049 Mm., und haben dieselben in Form und Grösse Aehnlichkeit mit denen der Taenia sinuosa Zeder (Krabbe [1]) tab. VII, fig. 152), welche auch 10 Haken und lange Cirren besitzt, welche letzteren aber (ibid. fig. 153) von denen unserer Art durchaus verschieden sind, wie auch bei jener Art der Scolex ganz anders gebaut ist.

---

[1] Krabbe, Bidrag til Kundskab om Fuglenes Baendelorme

2. *Taenia puncta* n. sp.

In ungeheurer Menge fand ich diese Taenie bei Corvus corone und in einzelnen Exemplaren bei Corvus nebula, die wohl nur eine Varietät ersterer ist. Der Scolex ist queroval, ebenso die Saugnäpfe, und ist jener nur wenig breiter als der folgende Proglottidenkörper, so dass ein sogenannter Hals fehlt. Die Länge der glänzend weissen Taenie beträgt bis zu 60 Mm., die grösste Breite 2 Mm.. Die Zahl der Haken ist 20, und zwar finden sich 2 Reihen von je 10 von verschiedener Grösse und Form; die kleineren messen 0,034 Mm., die grösseren 0,04 Mm. Die Geschlechtsöffnungen stehen abwechselnd, jedoch nicht ganz regelmässig, so dass mitunter 2 auf einander folgende nach derselben Seite sehen. Der Cirrusbeutel ist eiförmig, und ist ohne Vergrösserung als weisser Punkt in den Proglottiden abwechselnd links und rechts sichtbar.

3. *Taenia pigmentata* n. sp.

Der Wirth dieser grossen, bis 250 Mm. langen und 1 Mm. breiten Taenie ist Anas marila. Der Scolex hat an seiner Basis keine Einschnürung, aber etwas weiter nach hinten verschmälert sich der Körper, um dann wieder ganz allmählich an Breite zuzunehmen. Der innere Rand der Saugnäpfe ist mit schwarzem Pigment versehen, was ihnen ein charactcristisches Aussehen giebt. Die Haken, 10 an der Zahl und 0,047 Mm. lang, sitzen auf einem an der Spitze knopfförmig angeschwollenen Rostellum, und sind von schlanker, grader Form, fast ohne Hebelast.

4. *Taenia cuneata* n. sp.

In Gallus domesticus findet sich diese eigenthümliche Species, die nur 2 Mm. lang und 1 Mm. breit ist, worin sie mit der Taenia proglottina Davaine, die auch im Haushuhn lebt, verwandt ist, deren Länge nur 1 Mm. beträgt. Während diese Art aber 80 Haken führt, zeigt unsere deren nur 12, die von sehr graziöser Form sind und eine Länge von 0,032 Mm. haben. Der Körper der Taenie ist, da die Proglottiden nach hinten beständig an

Breite zunehmen, keilförmig, und findet man ziemlich constant die Zahl von 12 Proglottiden; im letzten Gliede sind die Eier als reif zu erkennen, während am 6—10. Gliede die sehr kleinen, etwa 0,01 Mm. langen, abwechselnd rechts und links gestellten Cirren sich zeigen, die am vorderen Rande des Gliedes stehen, das an der betreffenden Stelle etwas vorgewölbt ist. Der Scolex ist wenig aufgetrieben, und die Saugnäpfe sind längsoval.

5. *Taenia parviceps* n. sp.

In Mergus serrator lebt diese 110 Mm. lange und 2 Mm. breite Taenie. Der sehr kleine Scolex ist queroval, ebenso die Saugnäpfe. Die winzigen Häkchen sind 0,012 Mm. lang, und erreicht der Hebelast die Länge des Hakenastes, während der Wurzelast sehr klein und schmal ist. Die Haken sind so klein, dass man sie bei schwachen Vergrösserungen, während der Scolex unverletzt ist, leicht übersieht. Die Geschlechtsöffnugen sind einseitig, an's Vorderende jedes Gliedes gestellt.

Hieran darf ich eine Beschreibung von

Taenia naja Dujardin

aus Sitta europaea fügen, weil diese Art in Krabbe's vorzüglichem Werke fehlt, und aus den Diesing'schen Diagnosen nicht viel zu machen ist. Die schön gedornten einseitig gestellten Cirren erwähnt bereits Dujardin[1]); die Form der Haken, deren Zahl ich nicht angeben kann, weil das Rostellum unvollständig besetzt war, doch vermuthe ich, dass es 10 sein werden, ist eine eigenthümlich langgestreckte, und zwar ist es der Wurzelast, der so verlängert ist; die Länge des ganzen Hakens beträgt 0,052 Mm.

6. *Taenia hepatica* n. sp.

In der Leber eines Warmblüters ist bisher noch keine Taenie gefunden worden, um so interessanter war es mir daher, aus Cysten der Leber von Mus decumanus

---

1) Histoire natur. d. Helm. 570, tab. IX, 1. 2.

einige bis 56 Mm. lange und 4 Mm. breite Bandwürmer
herauszubefördern, die im äusseren Habitus etwas der
Taenia crassicollis gleichen. Sie haben einen doppelten
Hakenkranz von je 17 Haken, die 0,278 und resp. 0,389
Mm. lang sind; diese 34 Haken sind sehr gedrungen,
und ist das Ende des Hakenastes auffallend stumpf.
Beiderseits geht durch alle Glieder ein Längsgefäss von
grossem Lumen, dessen Wandungen weisslich durchscheinend schon mit blossem Auge gesehen werden.
Trotz der Körpergrösse zeigt sich von einer Geschlechtsentwicklung keine Spur, die hier auch unnütz wäre, da
die Eier doch nicht nach aussen kommen könnten, und
halte ich die Thiere für Taenienlarven, also für Formen,
die in ihrer Entwicklung den Cysticerken entsprechen,
woran, wenn auch diese Art der Entwicklung speciell
für Taenien bisher noch etwas Unerhörtes ist, doch zu
denken wohl erlaubt ist, besonders in Hinblick auf die
verwandte Art Triaenophorus nodulosus, deren Larven
sich in ähnlicher Form, in genau solchen Cysten und in
derselben Entwicklung in der Leber des Barsches, des
Stichlings u. s. w. finden. Den Namen Taenia hepatica
schlage ich daher nur als einen provisorischen vor, da
die entwickelte Taenie wahrscheinlich in der Katze, dem
Hunde, dem Iltis, Wiesel u. s. w. zu suchen sein wird.

Erklärung der Abbildungen.

Fig. 1. Vergrösserung 90. Haken von Taenia hepatica.
» 2. Vergr. 90. Cirren von Taenia pachycephala.
» 3. Vergr. 90. Scolex von derselben.
» 4. Vergr. 500. Haken von derselben.
» 5. Vergr. 90. Scolex von Taenia puncta.
» 6. Vergr. 50. Haken von derselben.
» 7. Vergr. 90. Scolex von Taenia pigmentata.
» 8. Vergr. 500. Haken von derselben.
» 9. Vergr. 90. Scolex von Taenia cuneata.
» 9a. Natürliche Grösse derselben Tänie.
» 10. Vergr. 500. Haken von derselben.
» 11. Vergr. 90. Scolex von Taenia parviceps.
» 12. Vergr. 500. Haken von derselben.
» 13. Vergr. 90. Scolex von Taenia naja.
» 14. Vergr. 500. Haken von derselben.

Ueber die Fortpflanzungsorgane der Aale.

Von

G. Balsamo Crivelli und L. Maggi.

Uebersetzt aus den Memorie del R. Istituto Lombardo di scienze
e lettere Vol. XII, p. 229. Milano 1872.

———

Aristoteles war der erste, welcher behauptete, dass
sich die Aale aus dem Schlamm erzeugen; Andere meinten,
sie erzeugen sich aus der Verwesung von Leichen, oder
aus dem Detritus ihrer Haut, die sie durch das Reiben
gegen die Felsen abgestossen haben.   Einige meinten,
da sie in verschiedenen oviparen Fischen kleine fadenförmige Würmer beobachtet hatten, aus diesen entständen
die Aale.   Diese Meinung scheint sehr verbreitet zu sein,
und ist noch die im Volke herrschende.   Fast alle einheimischen Fischer halten daran fest, dass je nach dem
Fisch, aus welchem die Aale hervorgehen, deren Varietät
entstehe, mit eigenen unterscheidenden Charakteren. Nicht
allein die Fischer des Sees von Orta, der durch die
Menge der Aale berühmt ist, sondern auch die von anderen Gegenden, meinen, dass die Fische, aus denen die
Aale entstehen, seien: die Forelle, die Schleihe, Piota
oder Scardola.   Sie versichern, dass aus der Forelle die
Aale hervorgehen, welche eine grössere Dicke erreichen, und bei denen der Bauch weiss ist, wogegen die
aus der Schleihe entstehenden eine gelbe, und die aus
der Scardola eine weissliche Unterseite haben.

Viele andere Autoren schliessen aus der Beobachtung, dass sich in dem Körper der Aale häufig kleine

Würmer finden, das die Aale vivipar seien, ohne dass sie sich jedoch der Mühe unterzogen hätten, das Organ anzuzeigen, in welchem solche Junge sich gebildet haben könnten, zumal da es schon bekannt war, dass im Abdomen der Aale Parasiten häufig sind, und besonders Ascaris labiata.

Der erste Schriftsteller, welcher die Geschlechtsorgane des Aales beobachtet zu haben glaubte, war Leuwenhoek, und er veröffentlichte seine vermeintliche Entdeckung in seinem Werke: Arcana naturae. Aber nach genauer Prüfung kann man sich überzeugen, dass das von Leuwenhoek für das Ovarium gehaltene Organ, nach der von ihm selbst angegebenen Lage, nichts anderes ist, als die Schwimmblase. In diesem Organe sah Leuwenhoek kleine fadenförmige Wesen von der Dicke eines Haares, welche er für die Jungen des Aales hielt. Aber nicht Leuwenhoek allein war es, der die Parasiten für junge Aale nahm, wir nennen unter andern Eudes Des Longchamps und Joannis.

Nach Leuwenhoek behauptete Vallisnieri die weiblichen Geschlechtsorgane des Aales gefunden zu haben. Seine vorgebliche Entdeckung wurde zuerst der Academie zu Bologna im Jahre 1710 mitgetheilt, und im Jahre 1712 in den Ephemeriden der Leopoldinischen Academie der Naturforscher veröffentlicht. Die Bologneser Anatomen zweifelten an der Richtigkeit der Entdeckung des Vallisnieri, und Valsalva meinte, dass der vermeintliche Uterus die krankhaft afficirte Schwimmblase sein möchte, welche den Anschein gewähre, als wenn sie Eier enthielte.

Die Bologneser Professoren Monti und Mondini hatten im Jahre 1783 Gelegenheit, einen Aal zu untersuchen, der dieselbe Erscheinung zeigte wie sie von Vallisnieri beobochtet war, und publicirten ihre Beobachtung in den Atti dell' Academia di Bologna. Monti veröffentlichte in diesen Atti seine Abhandlung De anguillarum ortu et propagatione, und erörterte, was seit Aristoteles bis auf seine Zeit veröffentlicht war; und derselbe Monti veranlasste den Professor Mondini, den oben erwähnten Aal zu untersuchen. Mondini that dar,

dass das vorgebliche Ovarium, beschrieben von Vallisnieri, nichts anderes war, als die Schwimmblase in
einem pathologischen Zustande. Durch die Untersuchung
des in Rede stehenden Aales wurde Mondini angeregt,
die Anatomie des Aales genau zu studiren. In seiner
Abhandlung De anguillae ovariis ist die anatomische Beschreibung, welche er davon gab, sehr genau und von
guten Abbildungen begleitet. Obgleich Siebold behauptet, der erste, welcher die weiblichen Geschlechtsorgane des Aales richtig beschrieben habe, sei O. F.
Müller gewesen, ist die Beschreibung von Müller
doch unvollkommen, und Mondini konnte nicht die
Abhandlung von Müller gekannt haben, der sich besonders mit Eingeweidewürmern beschäftigte. Die Abhandlung des Professor Mondini ist lateinisch geschrieben, und in den Acten einer sehr renommirten Academie
veröffentlicht; trotzdem wird sie niemals von den Autoren citirt, die über denselben Gegenstand geschrieben
haben. In der That bemerken wir, dass die Autoren,
welche über den Aal geschrieben haben, noch in der
jüngsten Zeit, Rathke die Entdeckung der weiblichen
Geschlechtsorgane zuschreiben, obgleich das was Rathke
beschrieb, vollkommen mit dem übereinstimmt, was Mondini vierzig Jahre früher publicirt hatte.

Der Autor, welcher sich nächst Mondini mit der
Naturgeschichte der Aale ausführlich beschäftigt hat,
war Spallanzani. Er hat zwei Arbeiten über die Aale
1792 veröffentlicht, etwa 10 Jahre nach der Publication
von Mondini.

In der ersten Schrift beschreibt Spallanzani die
Thäler des Comacchio und deutet die klimatischen, den
Aalen schädlichen Umstände an; und da er von den
Vögeln spricht, die sie sich zur Beute machen, wirft er
die Frage auf, ob es mehrere Species von Aalen giebt;
und schliesst damit, dass er es einem erfahrenen und
selbst prüfenden Naturforscher überlässt, die Frage zu
beantworten. Hierauf versichert er, dass nach eingezogenen Erkundigungen niemals Aale gefunden werden,
die mit Eiern versehen sind oder Foetus enthielten.

In der zweiten Schrift beschäftigt sich Spallanzani mit der Frage: „ob die Aale sich im süssen Wasser
oder im Meere fortpflanzen," und bleibt durchaus dabei,
dass ihre Fortpflanzung im Meere stattfinde. Bei Behandlung der Frage, „ob die Aale ovipar oder vivipar
seien," deutet er auf die vermeintliche Entdeckung von
Leuwenhoek und von Vallisnieri hin, und kommt
dann auf die Abhandlung von Mondini zu sprechen,
und sucht die Beobachtungen des Professors von Bologna
zu bestreiten, die sich auf die Entdeckung der Reproductionsorgane der Aale beziehen. Die in dieser Ab-
sicht von Spallanzani gemachten Bemerkungen sind
jedoch nicht der Art, um Mondini das Verdienst zu
nehmen, in den Franzen, welche er beschreibt, die wahren
Ovarien erkannt zu haben, und in der That bestätigen
die neueren Entdeckungen die des Mondini.

Weiter setzt Spallanzani, nachdem er über die
Meinung von Redi berichtet hat, nämlich dass die Aale
niedersteigen, um sich ihres Samens im Meerwasser zu
entledigen, seine eigene Ansicht auseinander, mit folgenden
Worten: „Wenn ein süsses Gewässer, sei es ein Graben,
ein Sumpf, ein Teich nicht unmittelbar oder vermittels
irgend eines Flusses mit dem Meere communicirt, dann
ist es gewiss, dass es niemals von Aalen bewohnt wird,
und dass wenn man einige hinein setzt, sie wohl an
Volumen und Gewicht zunehmen, aber ohne sich jemals
zu vermehren."

Im Jahre 1803 veröffentlichte Carlo Amoretti seine
Beobachtungen über Aale, bei Gelegenheit des Fanges
eines Aales in einem Kanale der Wiesen von Desio. Amoretti kannte die Abhandlungen von Mondini und Spallanzani, und machte in Folge der Versicherung des
Letzteren, dass Mondini sich in der Deutung der weiblichen Organe geirrt haben würde, die Anatomie. Amoretti kündigt an, dass er einen weissen, mehr als einen
Zoll langen und etwa zwei Linien breiten Körper gefunden habe, welcher an der Oberfläche mit Kügelchen
bestreut war; diese hält er für Eier. Er giebt eine Abbildung von diesem Organ. Aber sowohl aus der Be-

schreibung wie aus der Figur kann man nicht wohl er-
sehen, welches Organ er zu beschreiben beabsichtigt, und
vielleicht hat auch er, wie Vallisnieri, eine krankhafte
Erscheinung unter den Augen gehabt.

Amoretti beschäftigt sich auch mit der Frage, ob
alle Aale wegen der Fortpflanzung ins Meer wandern.
Er untersucht die Verhältnisse des Ausflusses sowohl des
Sees von Orta, wie des Sees von Civote, und des Sees von
Oggionno, Verhältnisse durch welche die Aale nicht durch
die Ausflüsse zum See aufsteigen können, und ist geneigt
anzunehmen, dass die Aale sich in den genannten Seen
fortpflanzen. Die Meinung Amoretti's, dass die Aale
sich nicht immer zur Fortpflanzung ins Meer begeben,
verdient bestätigt zu werden.

Es ist gewiss, dass viele unserer kleinen Seen, welche
doch Aale enthalten, Ausflüsse haben, durch welche das
Aufsteigen dahin schwierig ist. Zu denen, von welchen wir
wissen, dass das Aufsteigen der Aale Schwierigkeit dar-
bietet, obgleich sie Aale in Menge enthalten, gehören
ausser den von Amoretti citirten noch die von Sarti-
rana bei Merate und von Brinzio in Valcuvia.

Von 1803 bis 1824 ist nichts von einer Publication
über die Reproduction der Aale bekannt geworden.
Rathke in seinem Werke „Beiträge zur Naturgeschichte
des Thierreichs" hatte schon viele Rücksicht auf den
weiblichen Geschlechtsapparat der Aale genommen. Die
Richtigkeit seiner Beobachtungen wurde durch neue
Studien im Jahre 1838 vollkommen bestätigt. In dieser
Abhandlung bestätigt er seine Ansicht, die beiden langen
gefranzten seitlichen Körper seien die Eierstöcke der
Aale. Seine Beschreibung dieser Organe stimmt vollständig mit dem überein, was Mondini in seiner Abhandlung sagt und abbildet. Die Bestätigung, dass die
gefranzten Körper die Ovarien seien, erhärtete Rathke
von neuem in einer Note 1850 in Müller's Archiv für
Anatomie.

Die Ansichten und die Beobachtungen von Rathke
waren schon seit 1842 durch Hohnbaum-Hornschuch
bestätigt, der eine gute Figur der genannten gefranzten

Körper gab, in welchen er deutlich die Eier beobachtete.
Derselbe behauptete, dass zusammen mit den'Eiern, in
den gefranzten Körpern Nuclei und Nucleoli vorkämen,
von denen er glaubte, dass sie den Hoden repräsentirten.
Eine ähnliche Meinung hatte auch 1848 Schleusser
geäussert, der jedoch erklärte, er könne noch nicht mit
Bestimmtheit die Existenz eines männlichen Apparates
bei den Aalen behaupten. Andere Autoren, unter denen
Owen, hielten es für möglich, dass die Aale zwitterig
sein könnten, eine Meinung, die mit Zweifel auch schon
von Spallanzani geäussert war. Siebold scheint
ferner geneigt anzunehmen, es könne bei den Aalen eine
Vermehrung durch Parthenogenesis stattfinden; aber dafür
fehlt der Beweis.

Aus allem dem Vorhergehenden geht also hervor,
dass, wenngleich bis jetzt die weiblichen Geschlechtsorgane
der Aale wohl erkannt sind, es doch Niemandem gelang
die männlichen Geschlechtsorgane nachzuweisen. Das ist
jetzt der Zweck unserer Studien.

Die Wichtigkeit eines Organes ist durch seine Be-
ständigkeit angezeigt. In einer grossen Zahl von Aalen
aus dem Ficinus, über fünfzig, von verschiedenen Grössen
und Farben, liess sich beständig ein Organ beobachten,
worin wir sogleich seine Wichtigkeit erkannten; und
durch seine Lage, durch seine Gestalt, durch seinen
Bau, durch seinen Inhalt konnten wir es als ein wirklich
männliches Geschlechtsorgan bestimmen, und daher eine
sichere Kenntniss der Reproductionsorgane der Aale bei-
bringen. In der That ist die Lage dieses Organs dieselbe, welche bei den übrigen Fischen durch die wahren
Hoden oder Milch eingenommen wird, d. h. seitlich vom
Darmkanal und unabhängig von ihm. Seine Gestalt,
nämlich die eines ausgezackten Bandes, mit langen
Säumen in einigen Individuen, ähnelt der der gelben
Körper des männlichen Frosches, in welchen wir schon
die Spermatozoen gesehen haben. Es war sogar dieses
Criterium, welches sogleich bei der Untersuchung den
Weg zeigte.

Sein Bau, bestehend aus einer Hülle, aus einem Inhalt,

und aus Arterien und Venen, unterscheidet sich in nichts von dem sogenannten Milch der Fische.

Der Inhalt ferner erweist sich als eine Flüssigkeit, in der sich die Spermatozoen bewegen, was genügt, um das Organ, welches wir beständig in den Aalen gefunden haben für einen wirklichen Hoden zu erklären. Hiernach wenden wir uns jetzt zu der Beschreibung der Reproductionsorgane, wobei wir sowohl unsere eigenen Untersuchungen, wie die Anderer, soweit sie neuerlich von uns bestätigt sind, benutzen, und sprechen dann von ihrer Fortpflanzungsweise.

Beschreibung der Fortpflanzungsorgane.

Die Fortpflanzungsorgane der Aale sind in weibliche und männliche geschieden.

Weibliche Organe.

Die weiblichen Geschlechtsorgane der Aale bestehen aus den Ovarien, welche ihrerseits die Eier enthalten.

Ovarium. Beim Aal wie bei Petromyzon haben die Ovarien keinen Eileiter, und sind daher geschlossene Organe, oder vielmehr Organe von bekannter Secretion, die zu den geschlossenen Drüsen gehören. Sie sind constand an Zahl, Lage und Ausdehnung, und lassen sich leicht auch an ihrer Gestalt, Structur und Farbe erkennen. Sie haben ihren eigenen Gefässapparat, eigene Nerven, und unveränderliche Beziehungen zu den übrigen Theilen.

Die Ovarien sind immer in doppelter Zahl vorhanden. Sie liegen eins jederseits von der Wirbelsäule, rechts und links, in der Bauchhöhle.

Sie beginnen seitlich von der Leber, durchlaufen die ganze Bauchhöhle, halten sich unter und hinter der Schwimmblase, wo sie sich dann in einen einzigen Körper vereinigen, um sich eine kurze Strecke in den oberen Theil des Schwanzes fortzusetzen.

Sie haben die Gestalt eines dünnen Bandes, schmal an seinen Enden, in der Mitte verbreitert, quergefaltet, mit viel stärkeren Falten am oberen hinteren Rande,

weniger am unteren vorderen Rande, so dass einige
Falten die Gestalt eines Fächers annehmen; und die
Ovarien bestehen aus einer Vereinigung vieler Fächer,
quer auf den Körper des Thieres gestellt, und stark vereinigt an ihrem schmaleren Theile, so ihren dorsalen Rand
bildend, mit dem sie sich an dem Rücken des Thieres
befestigen; leicht vereinigt an dem breiteren Theile des
Fächers bilden sie einen freien Rand, der in die Bauchhöhle herabhängt und daher auch der ventrale Rand ist.
Die Ovarien zeigen andererseits zwei Seiten, eine äussere
und eine innere; die erstere sieht nach innen und unten,
die andere nach aussen und oben.

Die Ovarien bestehen aus einer häutigen Hülle und
einem Inhalt. Die häutige Hülle ist aus Bindegewebe
gebildet, aus deren innerer Wandung sich Sepimente
erheben, die ebensoviele geschlossene Kammern bilden,
die alle einen eigenen Inhalt haben. Der Inhalt ist aus
Fettkügelchen, welche aus dem Stroma entstehen, und
aus der Ovula zusammengesetzt.

Die Farbe der Ovarien ist im Allgemeinen, wenn
die Aale jung sind, von glänzendem Weiss, aber wenn
sie sich der Geschlechtsreife nähern, werden sie weiss-
rosenroth.

Die sehr zahlreichen Arterien, welche beiderseits
von der Aorta ausgehen, richten sich quer zum Körper
des Aales, und verbreiten sich mit ihren zahlreichen
Zweigen in die Ovarialmasse. Diese Arterien können
Ovarial-Arterien heissen. Den Ovarial-Arterien entsprechen die Ovarial-Venen, die nachher zu dem grossen
Plexus venosus ventralis zusammen fliessen.

Die zu den Ovarien gehenden Nerven werden vom
intercostalis abgegeben.

Die Ovarien sind mit ihrem dorsalen Rande vermittels
einer schwachen Falte des Peritoneums an dem dorsalen
Theil des Körpers befestigt. Ihr oberes Ende liegt eine
gewisse Strecke neben der Leber, darauf der linke Eierstock neben dem Magen, der rechte neben dem Darm,
ihr mittlerer Theil verläuft dann längs der Schwimmblase; ihr unteres Ende wendet sich dann zur Seite der

Niere und zur Harnblase, dann vereinigen sie sich mit einander.

Was die Eier betrifft, so haben wir bestätigt, was bereits Rathke beobachtete. Die Eier sind in grösster Menge vorhanden, und finden sich zu allen Jahreszeiten, aber variiren nach den Monaten in der Entwicklung. Die grössten, sagt Rathke, welche ich im Mai und Juni gemessen habe, hatten einen Durchmesser von etwa $^1/_{15}$ Linie. Solange das Ei klein ist, und wenn man es von dem umgebenden Fett befreit hat, zeigt es sich im Allgemeinen sehr durchsichtig und farblos, und lässt leicht in seinem Innern das Purkinje'sche Bläschen wahrnehmen. Später ist das Ei dicker, und daher mehr in der Entwicklung vorgeschritten, verliert ein wenig von seiner ursprünglichen Durchsichtigkeit, und nimmt im Allgemeinen eine weisse Farbe an; und in seinem Innern bemerkt man gewöhnlich viele Eiweisskörnchen und Fettkügelchen, welche den Dotter bilden. Wenn diese Eier sich lange Zeit im Wasser befinden, dann werden sie undurchsichtig in Folge der Coagulation ihres Inhaltes.

Männliche Organe.

Die männlichen Geschlechtsorgane des Aales bestehen aus den Hoden, in denen wiederum das Sperma enthalten ist.

Die Hoden sind Organe von bekannter Secretion, aber ohne Ausführungsgang.

Die Aale haben einen einzigen Hoden; indessen in gewissen Fällen konnten wir einen Anfang eines zweiten Hodens an der linken Seite des Darmes anzeichnen, gleichsam an Lage gleich dem unteren Ende des ersten, so dass man die Existenz zweier Hoden annehmen könnte, von denen einer rudimentär bliebe. Es ist auch besonders zu beachten, dass der entwickelte Hoden immer an der rechten, der rudimentäre an der linken Seite liegt, und dass der erstere sich constant nicht nur bei alten, sondern auch bei jungen Individuen findet, während der rudimentäre sich mit Sicherheit nur bei alten zeigt. Aus diesem

Grunde beschäftigen wir uns für jetzt nur mit dem entwickelten Hoden, und überlassen die Entzifferung des
zweiten künftigen Untersuchungen.

Die Lage des Hodens ist constant in allen Individuen,
welches auch ihr Alter sein möge. Er liegt immer rechts
vom Darme, und hängt an der Innenseite des Peritoneums,
welches sich an die Schwimmblase anlehnt.

Der Hoden beginnt in manchen Individuen fünf bis
sechs Millimeter hinter der Gallenblase, in anderen viel
weiter hinten. Er erstreckt sich bis in die Nähe der
Cloake, oder endigt unter der Niere.

Der Hoden steht in Verbindung mit der über ihm
liegenden Schwimmblase; zur rechten liegt das rechte
Ovarium, zu seiner linken der Darmkanal; unter ihm die
Bauchwand. Sein oberer Rand hängt mittels des Peritoneums an der Schwimmblase, übrigens hängt er frei
in die Bauchhöhle hinab.

Im Allgemeinen ist er von milchweisser Farbe;
bei jungen Individuen ist er glänzend weiss. Zuweilen
ist er durch die Menge Fett, welche er enthält, blassgelb,
und dann kann man mit der Lupe die Fetttröpfchen
bemerken.

Die Gestalt des Hodens ist im Allgemeinen die
eines zarten an seinem oberen Rande schmalen Bandes,
welches sich verlängert und verdickt, insofern es der
unteren Hälfte der Bauchhöhle entspricht, wo es auch
beginnt sich an seinem freien Rande verschiedentlich mit
Franzen zu besetzen; und von solcher Gestalt ist der ganze
untere Rest des Hodens. So kann man an dem Hoden
des Aales einen zarten und schmalen Theil unterscheiden,
der das vordere Drittel der Länge des Organes einnimmt,
und einen dicken und breiten Theil, der die beiden hinteren
Drittel bildet. Ferner kann man zwei freie Blätter bemerken, ein rechtes nach dem rechten Eierstock gerichtetes, und ein linkes nach dem Darmkanale zu gelegenes;
einen oberen geraden, wie bereits gesagt, mittels des
Peritoneums an der Schwimmblase anhängenden Rand,
und einen unteren in der Leibeshöhle freien Rand. Dieser
letztere ist gefranzt; er kann vielmehr ausgezackt, zungen-

förmig oder gesäumt genannt werden, oder das eine und das andere zugleich, jenachdem die Fortsätze Zacken, Zungen oder Säume sind, welche von diesem Rande ausgehen, quer auf die Richtung des Darmkanals, um frei in der Leibeshöhle zu flottiren. Aber nicht allein die Bildung dieser Fortsätze variirt, wie es schon durch die verschiedenen Namen angedeutet ist, sondern auch ihre Länge und ihre Zahl zeigt Verschiedenheiten bei verschiedenen Individuen und je nach dem Lebensalter. Sie sind lang in sehr entwickelten Aalen, und zuweilen sind einige so lang, dass sie über den Darm gebogen bis auf den linken Eierstock reichen. Nicht so ist es bei jungen Aalen. Was ihre Zahl betrifft, so entspricht sie ihrer Länge, und daher dem Alter. Sie sind bei wenig entwickelten Aalen wenig zahlreich, zahlreich dagegen bei sehr entwickelten, und wir zählten bis zwölf.

Der Hoden besteht aus einer häutigen Hülle und aus einem Inhalt. Die häutige Hülle wird durch das Peritoneum gebildet, unter welchem ein Bindegewebe liegt, welches in den Franzenfortsätzen Scheidewände abgiebt, welche Kammern bilden, deren jede einen eigenen Inhalt hat. Der Inhalt variirt nach dem Alter der Individuen; er besteht bei den Jungen aus Fetttröpfchen, und bei den Geschlechtsreifen aus einer mit Fetttröpfchen gemischten Flüssigkeit, welche wir im Vergleich mit anderen Fischen für das Sperma halten.

Die Arterien, welche zum Hoden gehen, sind zahlreich. Gleichzeitig mit den Querästen, welche von der Aorta zur Ovarialmasse abgehen, treten zum Hoden ebensoviele Gefässchen, die sich, kaum eingetreten in das Organ, in grössere und kleinere Aeste zertheilen, und mehr oder weniger entwickelt bis in das Ende jedes Testicular-Astes oder Raumes vordringen. Den Acterien entsprechen ebensoviele Venen, welche sich dann in den Plexus venosus ventralis ergiessen, parallel den venösen Aesten des Eierstocks.

Die Nerven kommen vom intercostalis.

Das Sperma ist eine weissliche Flüssigkeit, mit Fetttröpfchen gemischt und enthält bei völliger Reife

die Spermatozoen. Im Allgemeinen sind die Samenthier-
chen der Aale sehr klein, und ihre Bewegung ist meist
schnell und dauernd, wenn sie in einer indifferenten
Flüssigkeit untersucht werden. Sie haben einen verdickten Theil, den Körper des Samenfadens, und einen
fädenförmigen Anhang, eine Art Schwanz. Der Körper,
von Gestalt eines sehr verlängerten Ellipsoides, von zier-
lichem Umriss, ist stark lichtbrechend, und misst, bei einer
Vergrösserung des Hartnack'schen Mikroskopes gemessen, etwa 0,0012 Mm. im Querdurchmesser, der durch
den Längsdurchmesser drei bis vier Mal übertroffen wird.
Der Schwanz nimmt von seiner Insertion schnell an Dicke
ab, und wird ein so zarter Faden, dass man seine Länge
nicht ganz verfolgen kann. Diese Spermatozoen ähneln
gewissermassen denen von Petromyzon fluviatilis.

Bei einigen Aalen haben wir noch den Körper der
Spermatozoen zur Kugelform anschwellen sehen, und an
ihm in der Lage des Schwanzes eine Art Schwanzstummel,
sehr dick im Vergleich zu dem fadenförmigen Anhange;
identisch denen, welche Dufossé bei Serranus beobachtet,
und für eine Spermatozoenform in rückschreitendem Stadium erklärt hat. Dass auch bei den Aalen, wie bei
Serranus, wenn solche Korper vorkommen, vorauszusetzen
sei, dass da schon wahre Spermatozoen angenommen
werden müssten, können wir noch nicht entscheiden;
was wir beobachtet haben ist, dass auch unter ähnlicher
Bedingung die Samenfäden eigenthümliche Bewegungen
haben, unter welchen Purzelbäume und Wendungen.
Ausserdem lassen einige dieser eigenthümlichen Formen
der Spermatozoen beim Heben und Senken der Linse
unter dem Mikroskop einen centralen ziemlich dunklen
Kern wahrnehmen.

Unter den zur Beobachtung der Spermatozoen des
Aales günstigen Bedingungen können wir für jetzt die
folgenden nennen: Vor Allem ist es nöthig, dass das
Sperma von einem reifen und noch lebenden Individuum
genommen wird. Wir untersuchten es von grossen Aalen,
und unter diesen von solchen mit sehr entwickeltem
Hoden, mit sehr langen Zacken und von milchweisser

Farbe. Zweitens ist es nützlich eine indifferente Flüssigkeit anzuwenden, als welches wir Salzwasser benutzten.

Was die Jahreszeit betrifft, so können wir nur sagen, das wir es im Herbst 1870 und im März 1871 sahen. Es erfordert jedoch weitere Prüfung, welche Jahreszeit die günstigste sei.

Art der Fortpflanzung.

Da die Aale Eierstock und Hoden in einem und demselben Individuum vereinigt haben, haben wir sie Hermaphroditen genannt; und sie sind von einem vollkommenen Hermaphroditismus, da ihnen nicht nur ein Ausführungsgang des Hodens fehlt, sondern auch jedes Communicationsmittel aus dem Innern in das Aeussere, durch welches das Sperma ausgeworfen werden könnte. Deshalb kann der Same allein die Eier befruchten, welche er innerhalb der Leibeshöhle desselben Individuums findet.

Dazu kommt noch, dass wir verschiedene Male an dem männlichen gefranzten Körper der Aale eine Art Kapsel beobachtet haben, welche Spermatozoen enthielt, an dem Ende eines Hodenlappens lag und mit dem übrigen Theil des Organes nur mittels eines Blutgefässes zusammenhing, welches sich in einigen Individuen schon atrophisch zeigte, so dass sich voraussetzen lässt, dass diese Kapsel sich später ablösen, und, nach Art einer in der Leibeshöhle umher schweifenden Spermatophore, sich später über die Eier entleeren werde.

Bei den Aalen werden die Eier jedenfalls in der Bauchhöhle befruchtet, wie bei den Salmonen, bei den Stören und bei Petromyzon. Wie sich die Eier nach der Befruchtung verhalten, ob sie in der Leibeshöhle bleiben, oder abgelegt werden; mit anderen Worten, ob die Aale lebendig gebärend oder Eier legend sind, diese Frage beantworten wir dahin, dass wir sie aus verschiedenen Gründen unter die eierlegenden Thiere bringen.

Weder wir, noch irgend Jemand vor uns, konnte die wirklichen Jungen im Innern der Aale wahrnehmen. Dann haben wir unter den Eingeweiden der Aale bisher kein Organ gefunden, welches für die Aufnahme der

Jungen bestimmt sein könnte, sei es ein Uterus, oder ein Oviduct, oder ein Aequivalent desselben, wie es allgemein bei den Viviparen der Fall ist. Ferner, weil, wie aus der folgenden Beschreibung hervorgehen wird, eine Beziehung der Entwicklung zwischen den männlichen und weiblichen Reproductionsorganen der Aale, und ihrem excretorischen Genito-urinar-Apparat stattfindet; verschieden von der der viviparen Thiere, weil bei diesen vielmehr eine Beziehung zwischen der Entwicklung des Genito-urinar-Apparats und der der Embryonen, als zwischen jenem und den Reproductionsorganen besteht. Nun, die Gleichzeitigkeit der angegebenen Organe der Aale kann nur die Nothwendigkeit eines wohlentwickelten Apparates zur Ausscheidung der Eier bald nach ihrer Befruchtung darthun, und führt zu der Vermuthung ihrer Oviparität.

Anatomie des excretorischen Genito-Urinar-Apparates der Aale.

An die Bestimmung der Fortpflanzungsweise der Aale schliessen sich sogleich die Untersuchungen über den Weg, welchen die befruchteten Eier aus dem Innern des Mutterthieres nehmen, um nach aussen zu gelangen.

Rathke sagt, er habe anfänglich vergebens nach einem solchen Wege gesucht; aber endlich, als er jede Seitenhälfte des Körpers in der Nähe des Ortes, wo der obere Theil des Darmes sich dicht an die grosse und zarte häutige Urinblase mittels der Bauchwand der Körperhöhle anheftet, habe er zwischen diesen beiden Organen, an der inneren Seite der Bauchwand, eine seichte und überaus kleine Furche gefunden, welche nach beendeter Leichenstarre eine kleine Sonde durchliess. Daraus schloss Rathke, dass die Aale zwei besondere ausserordentlich enge Oeffnungen an der Bauchwand besässen, welche aus der Bauchhöhle nach aussen führen. Eigentlich sind diese Oeffnungen zwei kurze trichterförmige Kanäle, welche nach aussen, in geringer Entfernung hinter dem After, in eine enge Grube innerhalb der Hautbedeckung convergiren; eine Grube, welche den Ausgang für die Producte des Harnorganes bildet.

Rathke meinte auch, dass ihre grosse Enge dazu diene, den Eintritt des Wassers von aussen in das Innere der Leibeshöhle zu verhindern, aber dass wahrscheinlich diese Oeffnung sich erweitere, wenn das Product der Ovarien nach aussen entleert werden solle; jedoch diese Erweiterung ist schwer zu erkennen.

Als wir es unternahmen, diese Art von Genito-urinar-Apparat wie er von Rathke bei den Aalen beschrieben ist, nachzuuntersuchen, haben wir ihn sehr deutlich gefunden, und leicht wieder erkennbar, wenn man unserer Anweisung folgen wird.

Bei vielen Aalen haben wir die Uretral-Oeffnung, welche sich in die Kloake unter dem After öffnet, sehr weit gefunden, so dass sie nicht nur eine Schweinsborste, sondern auch eine mässige Sonde durchliess. Wenn wir dann die Uretra der Länge nach von aussen nach innen spalteten, indem wir die untere Wand durchschnitten, sahen wir an der oberen Wand etwa 4 bis 5 Mm. unter dem Harngange eine Oeffnung, die in einen quer zwischen der Blase und der Niere liegenden Kanal führt, welcher mittels zweier weiten Seitenöffnungen, rechts und links, die durch die äussere Wand der Blase und der Niere gebildet werden, in die Bauchhöhle führt.

Schreiten wir nun zu der Bestimmung dieser einzelnen Theile, mit Rücksicht auf ihre Lage und ihre Function, so ist, unseres Erachtens, die Oeffnung an der oberen Wand der Uretra Uretro-Vaginal-Oeffnung zu nennen; der Querkanal zwischen Blase und Niere, in welchen obige Oeffnung einführt, der Vaginal-Kanal; und die beiden seitlichen inneren Oeffnungen, die auch durch die äussere Wand der Blase und der Niere gebildet werden, und sich in die Bauchhöhle münden, müssen folglich Abdominal-Vaginal-Oeffnungen genannt werden, oder Utero-Vaginal-Oeffnung, wenn man die Bauchhöhle der Aale während ihrer Fruchtbarkeit gleichbedeutend mit dem Uterus anderer Thiere betrachten will.

Es ist indessen zu bemerken, dass die Abdominal-
Vaginal-Oeffnungen sich im Allgemeinen nur bei Aalen
mit entwickeltem Eierstock und Hoden zeigen. In solchen
sind sie sichtbar mit blossem Auge und zeigen einen vorspringenden Saum. Bei jungen Aalen sieht man sie nicht.
Als grössten Durchmesser dieser Oeffnungen haben wir
2 bis 3 Millimeter gefunden.

Auch die Uretro-Vaginal-Oeffnung ist nur bei entwickelten Aalen bemerkbar, und nur in denen, in welchen
man den Vaginal-Kanal beobachten kann. Deswegen
nennen wir die Aale reif, welche bei der anatomischen
Untersuchung, ausser den von der Entwicklung der Geschlechtsorgane entlehnten Charakteren, auch die der excretorischen Organe des Genito-Urinar-Apparates zeigen,
wie wir sie angetroffen haben.

Ueber die Form des Darmes der Aale als Merkmal für die Unterscheidung unserer Arten.

Einige Autoren nehmen mehrere Arten auch unter
unsern Aalen an. Wir haben schon angegeben, dass
unsere Fischer, und namentlich die des Sees von Orta
mehrere Arten zu bezeichnen pflegen, je nachdem sie
nach ihrer Meinung, von verschiedenen Fischarten her-
stammen. Die, welche aus der Forelle entstehen sollen,
sind weiss am Bauche und blau am Rücken; die aus der
Schleihe haben einen blassgelben Bauch, und die aus der
Piota sind weisslich am Bauch und von grüner Farbe
am Rücken. Es ist auffallend, dass sich diese Meinung
über die Abstammung von anderen Fischen unter allen
Fischern verbreitet findet.

Lassen wir diese vulgäre Auffassung bei Seite, und
wenden uns zur Prüfung der Ansichten der Naturforscher,
so finden wir, dass einige annehmen, es gebe unter unseren
Aalen die beiden von Yarrell aufgestellten Arten, Anguilla acutirostris und Anguilla latirostris. Indessen sowohl De Filippi wie Canestrini sind der Ansicht, dass
die beiden von Yarrell aufgestellten Arten nur einfache
Varietäten sind, und auch wir können nach allen unseren
Beobachtungen uns nicht für die Annahme dieser beiden

Formen als Species entscheiden. In Hinsicht auf die neue Art aus Dalmatien, die Anguilla euryccra genannt ist, stimmen wir vollkommen mit Canestrini überein, dass die Merkmale des einzigen Exemplares aus Dalmatien nicht entscheidend für die Aufstellung einer neuen Art seien.

Wir ziehen aus unseren Beobachtungen das Resultat, dass in der That unter den einheimischen Aalen zwei Formen vorkommen, die man für zwei verschiedene Species zu halten berechtigt ist, und die sich dadurch unterscheiden, dass die eine einen graden Darm hat, die wir *Anguilla orthoentera* genannt haben, die andre einen gewundenen Darm, welche *Anguilla anacamptoentera* genannt werden mng. Diese Verschiedenheit des Darmes lässt sich auch an äusseren Charakteren erkennen. Wir haben uns in der That überzeugt, als Maasseinheit die Entfernung des Mundes von dem Anfang der Flosse genommen, dass, wenn die Afteröffnung näher dem vorderen Drittel liegt, der Darm gewunden ist; dass dagegen, wenn die Afteröffnung näher der Mitte des Körpers liegt, als dem vorderen Drittel, der Darm gerade ist.

Litteratur.

Jacobaeus, Oliger, De Anguilla, in Bartholini Acta Hafniens. Vol. V. 1680 p. 261—262.

Leuwenhoek, Arcana Naturae. Epist LXXV, 1692.

Allen, Benj., On the generation of Eels, in Philos. Transact. Vol. XIX, 1697.

Dale, An account of a very long Eel lately caught at Maldon in Essex, with some considerations about the generation of Eels, in Philos. Transact. Vol. XX, 1698 No. 238, p. 90—97.

Vallisneri, De ovario anguillarum, in Ephemerid. Acad. Natur. Curios. Cent. 1, 2, 1712, p. 153—165.

O. F. Müller, Unterbrochene Bemühungen bei den Intestinal-Würmern, in den Schriften der berlinischen Ges. Naturforschender Freunde Bd. I. 1780.

Monti, Cajet, De Anguillarum ortu et propagatione, in Comment. Acad. Bonon. Tom. VI, 1783 p. 392—405.

Mondini, Carol., De Anguillae ovariis, in Comment. Acad. Bonon. Tom. VI, 1783 p. 406—418.

Spallanzani, Opuscule due, Sulle Anguille. — Viag. alle due Sicilie Tom. VI, p. 193, 1792.

Amoretti, Carlo, Osservazioni sulle Anguille, in Mem. di matematica e fisica della Soc. Italiana delle scienze. Tom. X, 1803.

Carr, John, On the generation and other obscure facts in the natural history of the common Eel, in Philosoph. Magaz. Vol. 34, 1809, p. 272—277.

Carlisle, Anth., On the breeding of Eels, in Philosoph. Magaz. Vol. 59, 1822, p. 109.

Rathke, Beiträge zur Geschichte der Thierwelt. Theil. II. Halle 1824.

Yarrell, Will., On the generation of Eels and Lampreys. Proceed. zool. soc. I. 1831 p. 132—134.

Yarrell, Will., On the production of the Eel, in Report Brit. Assoc. Adv. of sc. 1833 p. 446.

Drewsen, Chst., Om de unge Aals vandringer, in Kroyer's naturhist. Tidskr. I. 1837 p. 21.

Des Longschamps, Eudes, Sur le mode de propagation des Anguilles, in Institut VI. No. 226 Suppl. 1838 p. 133.

Rathke, Ueber die weiblichen Geschlechtswerkzeuge des Aales, in Wiegmann Archiv für Naturgesch. IV. 1838 Bd. I. p. 299.

De Joannis, Notice sur la generation des Anguilles, in Comptes rendus Acad. de Paris. 8. 1839. (auch Institut 1839 p. 67 und Revue zoolog. 1839 p. 48).

Creplin, Ueber die Fortpflanzungsweise des Aals. Archiv für Naturgesch. VII. 1841. 1. Bd. p. 230.

Trevelyan, Sur quelques anguilles privées. Institut. 1841 p. 405.

Hornschuch, De Anguillarum sexu ac generatione. Gryphiae 1842.

Young, Ueber die Fortpflanzung des Aals. Froriep's Notizen Bd. 31. 1844. p. 295.

Schluesser, Guil., De Petromyzontum et Anguillarum sexu. Diss. inaug. Dorpati 1848.

Rathke, Bemerkungen über einen hochträchtigen Aal. Müller's Archiv für Anatomie 1850.

Kaup, Uebersicht der Aale in Archiv für Naturgeschichte. XXII. Bd. 1. 1856.

Ueber Cubanische Crustaceen

nach den Sammlungen Dr. J. Gundlach's.

Von

E. v. Martens.

(Hierzu Taf. IV—V.)

———

Dr. Joh. Gundlach, durch verschiedene naturhistorische Forschungen im Gebiet seiner Adoptiv-Heimat Cuba längst rühmlichst bekannt, hat vor einiger Zeit dem zoologischen Museum in Berlin eine Sammlung von Crustaceen übergeben, welche theilweise von D. Felipe Poey zusammengebracht war und auch auf der grossen Pariser Ausstellung figurirt hatte; grossentheils getrocknete Stücke aus den höhern Abtheilungen enthaltend, doch auch manche Spiritusexemplare, gewährte sie bei der speziellen Untersuchung und Bestimmung behufs der Einreihung in die allgemeine Sammlung mir hinreichend viel Interesse, so dass ich dem Wunsche des Gebers, etwas darüber zu veröffentlichen, gerne nachkomme. Seitdem hat derselbe noch eine zweite Sendung von Spiritusexemplaren geschickt und denselben auch speciellere Angaben über das Vorkommen derselben, namentlich solcher aus dem süssen Wasser, beigefügt, Angaben, deren Mangel ich früher lebhaft bedauert habe. So möge die Arbeit sich denn in dieser Hinsicht an einige frühere in den Jahrgängen 1868 und 1869 dieses Archivs anschliessen.

Manche der grösseren und auffallendern Crustaceen

von Cuba hat schon gegen Ende des vorigen Jahrhunderts
D. Antonio Parra in einer hauptsächlich die Fische
behandelnden Schrift Descripcion de diferentes piezas de
historia natural, Havana 1787. 4. mit 72 illuminirten Kupfer-
tafeln, kennbar beschrieben und abgebildet; in neuerer Zeit
hat Saussure im ersten Theil seiner Mémoires sur l'histoire
naturelle de Mexique, 1858, 4. neben mexikanischen auch
manche Crustaceen aus Cuba beschrieben und abgebildet,
sowie Guérin in Ramen de la Sagra's historia fisica, politica y natural de la isla de Cuba (es existirt davon auch
eine Ausgabe in französischer Sprache) 1856 ein Verzeichniss der ihm aus Cuba bekannten Crustaceen mit
Beschreibung und Abbildung mehrerer neuer Arten gegeben. Diese drei Originalquellen sind im Folgenden
regelmässig angeführt, auch wenn Guérin die Art nur
einfach nennt, dagegen andere Werke nur dann, wenn
sie Beschreibungen enthalten, die zur Bestimmung der
vorliegenden Stücke gedient haben, so namentlich die un-
entbehrlichen systematischen Werke von Herbst und
Milne-Edwards; in Beziehung auf Herbst konnten
glücklicher Weise die Originalstücke Herbst's im Berliner Museum grösstentheils noch herausgefunden werden
und haben zu mehreren Bemerkungen Anlass gegeben.

Ich hoffe in einem bald folgenden Theile auch noch
mehrere neue Isopoden derselben Sammlung beschreiben
und auf die geographische Verbreitung der hier angeführten Arten etwas näher eingehen zu können; auch hat Dr.
J. Gundlach selbst seine Forschungen über die Crustaceen Cuba's fortzusetzen in Aussicht gestellt.

Die im Folgenden aufgeführten Arten sind eben
nur diejenigen, welche das Berliner Museum von demselben bereits erhalten hat und sie stellen allerdings den
grössern Theil der bis jetzt von da bekannten dar; auf
die übrigen von Guérin oder Andern aus Cuba angeführten ist hier nicht eingegangen, da ich ihren Angaben
nichts hätte hinzufügen können.

Decapoda.

Brachyura.

Oxyrhyncha.

Leptopodia sagittaria F. Parra 56, 3 aranna. Herbst
III 55, 2. Leach zool. miscell. II pl. 67. Desm. 16, 2. Guérin
iconogr. 11, 4.; cub. p. XII. M. E. I. p. 276. Ein Männchen. Auch von Guadeloupe (Herbst III S. 28), dem mexikanischen Meerbusen (ME), ferner von Madeira und den
kanarischen Inseln angegeben; von Brasilien ist weder
diese noch eine andere Art der Gattung bekannt. Eine
zweite Art, L. ornata Guilding Transat. Linn. soc. XIV.
1823, Guérin cub. p. XIII in St. Vincent und Cuba, eine
dritte, L. calcarata Say, in Südkarolina. Nach Milne-
Edwards und Lucas in Orbigny's voyage dans l'Amérique
méridionale soll L. sagittaria sogar in Chile vorkommen;
ihre Abbildung Taf. 4 Fig. 3 zeigt aber keine Dornen
an den Scheeren und Füssen.

2. *Libinia distincta* Guérin cub. p. XII. — Parra
Taf. 50 Fig. 1 Cangrejo peludo. Ein Männchen und ein
Weibchen; bei ersterem überragt die äussere dornartige
Ecke des Basalgliedes der äussern Fühler bedeutend (etwa
um 2. Mill.) die innere, welche knotenförmig abgerundet
ist; beim Weibchen tritt die äussere nicht weiter nach
vorn vor, als die innere, ist aber auch spitzig Taf. IV Fig.
1a 1b; Spalte des Unteraugenhöhlenrandes ganz eng.
Sechs Stacheln in der Mittellinie des Cephalothorax, nämlich zwei in der Magengegend, ziemlich weit auseinander,
drei in der Herzgegend, wovon der erste schwächer,
Einer in der Enddarmgegend. Seitlich je zwei in der
Magengegend, der innere schwächer, beide nahe dem
ersten der Mittellinie, und je zwei in der Mitte der Kiemengegend; je ein Stachel in der obern Mitte des Augenhöhlenrandes; hinter dem Auge zieht sich eine Reihe von je
4 Stacheln nach hinten und aussen nahe dem Seitenrande in ungefähr gleichen Abständen von einander, die
drei hintern derselben auf der Kiemengegend, die beiden

letzteren, mit den zwei einwärts davon stehenden derselben
Gegend ein gleichseitiges Viereck bildend; zwischen dem
ersten und vierten der genannten Reihe läuft eine zweite
Reihe von je 4 Stacheln in einem nach aussen und unten
gerichteten schwachen Bogen noch näher dem Scitenrande
der Kiemenregion, welcher selbst unbewaffnet ist; zwei
einander nahe Stacheln am Rand der Pterygostomgegend;
ein Stachel zwischen Mundviereck und Augenhöhle, einer,
in der Mitte des Unterrandes der letztern, nach innen
von der Unteraugenhöhlenspalte. Keine Stacheln auf den
Postabdominalsegmenten. Diese Anordnung der Stacheln
bei beiden Exemplaren gleich. Schnabel (Rostrum) ziemlich schlank, mit einer schmaldreiseitigen Vertiefung
zwischen und vor den Augenhöhlen, die Stiele der äussern
Fühler bedeutend überragend und am Ende in zwei stark
divergirende Spitzen getrennt. Das erste Fusspaar beim
Männchen nur wenig (etwa $1/7$) kürzer als das zweite, seine
Scheere gekörnelt, die Finger, mit ungefähr 20 stumpfen
Zähnen, in ihrer hintern Hälfte klaffend; beim Weibchen
das erste Fusspaar verhältnissmässig kleiner, die Scheeren
glatt, die Finger nicht gezähnelt. Da übrigens das vorliegende weibliche Exemplar zugleich nur halb so gross
als das männliche ist, so muss unentschieden bleiben, ob
diese Unterschiede mehr dem Geschlecht oder mehr dem
Alter angehören. Cephalothorax beim Männchen 96 Mill.
lang, 76 breit, zweites Fusspaar 166 Mill. lang; beim Weibchen beziehungsweise 66, 50 und 94. Guerin kannte auch
nur das Weibchen; er stellte die Art daher unbedenklich
in die erste der beiden von Milne Edwards unterschiedenen
Abtheilungen der Gattung Libinia; das vorliegende Männchen scheint zu zeigen, dass die Enge oder Weite der
Untenaugenhöhlenspalte ein zuverlässigerer Charakter ist,
als das Vorstehen der äussern Ecke des Basalgliedes
der Fühler.

3. *Chorinus heros* Herbst. I. 18, 102 und II. 52, 1.
M. E. I. S. 315. Guerin cub. p. XI. (Taf. IV Fig. 2).
Ein Schild, doppelt so klein als der von Herbst Fig. 102
abgebildete, dessen Original sich im Berliner zoologischen
Museum (No. 3037) findet. Dasselbe zeigt jederseits

zwischen dem ersten grossen Stachel über dem Auge und den beiden grössern der andern Seitenränder zwei kleine stumpfe Stacheln, während die Herbst'sche Abbildung nur links zwei, rechts Einen darstellt. Das cubanische stimmt damit überein; die Hörner des Schnabels zeigen bei dem Herbst'schen Exemplar zwei dichte Reihen von Haaren, die eine an der Innen-, die andere an der Unterseite. Die äussern Kieferfüsse sind an dem cubanischen Exemplar erhalten und zeigen am dritten Glied eine schief nach vorn und innen laufende kielartige Anschwellung, welche in der illustrirten Ausgabe von Cuvier's règne animal, Crustacés pl. 29. fig. 2b nicht dargestellt ist. Die ebenda gegebene Darstellung des ganzen Thieres unterscheidet sich ferner von dem Herbst'chen, wie von dem Gundlach'schen Exemplar erstlich dadurch. dass die Schale nach hinten etwas breiter wird und zweitens dass die Hörner des Schnabels etwas convergiren. Auch aus Key West bei Florida kennt Gibbes nur zollgrosse Exemplare und zweifelt ob sie jung oder eine eigene Art seien (Proc. Am. Assoc. 1850 S. 172).

4. *Mithrax spinosissimus Lam.* M. Edw. in Guérin's Magasin de Zoologie 1831, pl. 7. von Martinique, hist. nat. crust. I. p. 321. Guérin cub. p. X.

Rückenschild, Oberrand der Scheeren und Füsse bestachelt, keine Körnelung auf dem Rückenschild.

Ein grosses Männchen 184 Mill. lang, 189 breit,
        Scheeren 215 „ lang, 83 hoch.
Ein Weibchen   126 „ lang, 128 breit,
        Scheeren 85 „ lang, 20 hoch.
Ein Männchen   103 „ lang, 106 breit,
        Scheeren 77 „ lang, 22 hoch,
Beide getrocknet ziegelroth, der Schild rein.

5. *Mithrax aculeatus* Herbst I, 19, 104. M. E. I p. 321; Cuv. ed. ill., crust. 27, 1, — Parra 51, 1. Congrejo denton.

Rückenschild und Füsse bestachelt; ersterer dabei dicht gekörnt; Scheeren glatt mit nur wenigen stumpfen Stacheln am hintern Ende ihres Oberrandes, beim Männchen stark.

Ein Männchen 104 Mill. lang, 113 breit,
Scheeren 114 „ lang, 35 hoch.

Getrocknet grau, öfters mit rothen Flecken von
Polytrema besetzt, ebenso Exemplare aus Caracas, von
Gollmer gesammelt. Herbst's Originalexemplar (Berl.
zool. Mus. 2040) ist ein Weibchen, ebenso den Scheeren
nach zu urtheilen das bei Parra und Cuvier l. c. abgebildete. Mithrax verrucosus M. Edw. l. c. pl. 4, ebenfalls
von Martinique, scheint mir davon kaum verschieden; die
Abbildung stellt ein Männchen dar, die Scheeren sind
ganz ohne Dornen, die Hörner des Schnabels noch kürzer.

6. *Mithrax hispidus* Herbst. I. 18, 100 (Weibchen).
M. Edw. I p. 332; Saussure p. 7 (von Guadeloupe); M.
spinicinctus Lam., Desm. 23, 1. 2; Guérin iconogr., crust.
7, 5 (Weibchen). Parra 44, Cangrejo Santoya (Männchen).

Oberseite des Schildes, Scheeren und Füsse ohne Dornen
und ohne Körnelung; nur die Arme mit starken stumpfen
Dornen, aber schon das Handwurzelglied glatt. Scheeren
beim Männchen stark. Gesammtumriss des Rückenschildes
mehr dreiseitig.

Ein Männchen   80 Mill. lang, 92 breit,
Scheeren   86 „ lang, 34 hoch.
Ein junges Männchen   27 „ lang, 24 breit,
Getrocknet blassbraun.

An den vorliegenden Exemplaren nur 12—14 Zähne
in der Scheere; Milne Edwards gibt „ungefähr 20" an;
bei dieser und den beiden vorhergehenden Arten klaffen die
Scheeren des erwachsenen Männchens stark und hat der
bewegliche Finger nur einen oder zwei starke stumpfe
Zähne, während die zusammenhängende Reihe von Zähnelungen an beiden Fingern erst mit der löffelförmigen Aushöhlung beginnt; der unbewegliche Finger zeigt jenen
grossen Zähnen gegenüber mehrere kleinere. Die Abbildung bei Herbst I Taf. 18 Fig. B stimmt recht gut mit
der Scheere von M. aculeatus und scheint mir viel mehr
diese darzustellen als die von Herbstia condyliata, wozu
sie im Text citirt wird. Ein kleiner Haarbüschel am
Beginn der Aushöhlung ist an beiden Fingern bei ältern
und jüngern Männchen vorhanden, während Milne Edwards

ihn dieser Art abspricht. Mithrax cornutus Saussure von den Antillen ist mir nicht bekannt und scheint bedeutend verschieden.

7. *Mithrax sculptus* M. Edw. Mag. Zool. 1831 pl. 5 (Martinique); his. nat. ernst. I. p. 322. Guérin cub. p. XI. M. minutus. Saussure crust. Antill. p. 9. pl. 1. Fig. 1. — Petiver pterigr. Americ. 20, 6; Cancer coronatus Herbst I, 11, 63 (ziemlich gross), Mithraculus coronatus White cat. crust. Brit. Mus. 1847. S. 7. Mithraculus sculptus Stimpson not. N. Am. Crust. p. 117.

Zahlreich; die Sculptur etwas variabel, in der Regel sind die Erhabenheiten des Rückenschildes mehr in die Länge gezogen und stimmen daher besser zu der Abbildung bei Saussure als zu derjenigen bei Milne Edwards; ersterer will seine Art dadurch unterscheiden, dass der Rückenschild vorn glatt sei; dieses zeigt sich aber in demselben Grade an der Abbildung des M. sculptus von Milne Edwards. Bei jüngern Exemplaren ist derselbe allerdings auch vorn mehr höckerig. Auch von Surinam und Venezuela (Caracas) im Berliner Museum.

8. *Othonia anisodon*, sp. n. Taf. IV Fig. 3. Zwei unvollständige Exemplare in Spiritus; die Seitenränder des Rückenschildes sind mehr gerade, als bei O. mirabilis Herbst (Gerstäcker in Troschels Archiv für Naturgesch. 1856) so dass der Gesammtumriss demjenigen von Micippe cristata ähnlich wird, und von den sechs Zähnen dieses Randes (denjenigen der die äussere Augenecke bildet, mit eingerechnet) sind der zweite und vierte besonders stark, der dritte aber viel schwächer. Der zweispitzige Schnabel ist verhältnissmässig etwas grösser als bei mirabilis; die Augenhöhle übereinstimmend; die Kiemengegend ebenfalls mit runden Körnern besetzt. Scheeren und Füsse (beim Weibchen) unbewaffnet und schwach.

	I.	II.
Breite des Rückenschildes am Vorderrand	10	7½ Mill.
Grösste Breite desselben in der hintern Hälfte	12½	9
Länge desselben	?	10½ „

Bell hat diese Gattung nach Exemplaren von den

Gallapagos aufgestellt. White catal. Crust. Brit. Mus. gibt
dagegen für dieselben Arten Westindien nach der Sammlung
Scrivener als Vaterland an. Ihre Entdeckung in Cuba gibt
ein neues Beispiel des Vorkommens verwandter Arten von
diesseits und jenseits der Landenge von Panama. Othonia
aculeata Gibbes (als Hyas), Proc. Am. Associat. advanc.
scienc. III 1850 p. 171 von Florida scheint ähnlich, doch ist die
eigenthümliche Kleinheit des dritten Zahns nicht erwähnt.

9. *Pericera cornuta* (Herbst), M. Edw. I p. 335, pl. 14
bis Fig. 5; Cuv. ed. ill. 30, 1 (Männchen); Hughes nat. hist.
of Barbadoes, 25, 3. horned crab. Parra 50, 2 (Männchen)
und 3 (Weibchen) Cangrejo cornudo. — Cancer cornudo
Herbst III. 59. 6 (Weibchen); Maja taurus Lam.

Das Weibchen hat nicht nur weit schwächere Scheeren,
sondern auch nach dem Originalexemplar Herbst's (Berl.
zool. Mus. 70) zu schliessen, stärker divergirende Hörner
und einen reineren Rückenschild. In allen drei Rücksichten
stimmt Parra's Figur 3 damit überein.

P. spinosissima Saussure von Guadeloupe findet
sich nicht unter unsern Exemplaren.

10. *Pericera trispinosa* Latr.; Guérin iconogr. 8, 3;
M. Edw. I p. 336; Saussure p. 10; — Browne hist. of
Jamaica 482. (Taf. IV Fig. 4a und 4b).

Zwei männliche und drei weibliche Exemplare, bei
den beiden männlichen (4a) ist der hintere Seitendorn
stärker und mehr abgeflacht, auch derjenige in der Mitte
des Hinterrandes stärker; bei einem der Weibchen (4b) sind
die genannten Seitendornen kürzer, mehr vertikal zusammengedrückt und enden zweispitzig. Die Hörner des Schnabels
divergiren beim Weibchen weit stärker; endlich ist die
äussere Ecke des Basalgliedes der äussern Fühler beim
Männchen in einen stärkern, die innere Augenhöhlenecke
weit überragenden Dorn ausgezogen, beim Weibchen zwar
auch dornförmig, aber viel schwächer, kaum von oben
sichtbar und nicht weiter nach vorn ragend als die innere
Augenhöhlenecke. Das zweite Weibchen gleicht in den
stark divergirenden Hörnern noch dem ersten, das dritte
hat die Hörner ganz wie die Männchen und beide treten
in den zwei andern Charakteren auch näher an das Männchen

heran, so dass die anfänglich geboten scheinende Trennung in 2 Arten unmöglich wird. Die erwähnte Abbildung bei Guérin steht in allen drei Charakteren zwischen den vorliegenden Exemplaren ungefähr in der Mitte.

11. *Pericera bicornuta* Latr.; M. Edw. I, p. 337; Guérin cub. p. XII. (bicornuta); Saussure pl. 1. Fig. 3 (Taf. IV Fig. 5) Milnia bicornuta Stimpson nat. Am. Crust. p. 59; Crust. of the Golfstream p. 111.

3 Weibchen, trocken, Rückenschild nur 20 Mill. lang und 15 breit, Scheeren schwach und glatt, Hörner verhältnissmässig kürzer als in Saussure's Abbildung eines grössern Exemplars, nämlich nur $^1/_6$ der ganzen Länge des Rückenschildes einnehmend. Bei dieser Art bildet, wie Saussure richtig bemerkt, die äussere Ecke des Basalgliedes der äusseren Fühler zugleich die innere Augenhöhlenecke. Das hiesige zoologische Museum hat dieselbe Art auch aus Surinam erhalten. Ein männliches Exemplar, ebenfalls aus Westindien, zeigt grosse rothfleckige Scheeren mit Einem grossen stumpfen Zahn am beweglichen Finger, ähnlich denen von Mithrax.

12. *Acanthenyx Petiverii* M. Edw. I, p. 343; Guérin cub. p. XI. — Petiver pterigr. Americ. 20, 8.

Zahlreiche trockne Exemplare, Männchen und Weibchen; Rückenschild der grössten 15 Mill. lang und 10 breit; Scheeren eines Männchens dieser Grösse 11 Mill. lang und 4 hoch, eines Weibchens gleicher Grösse nur 5 Mill. lang und $2^1/_2$ hoch. Ein ebenfalls getrocknetes Exemplar von Matanzas ist auf dem Rücken roth marmorirt, an den Beinen rothgefleckt. Im Allgemeinen hat diese Art viel Aehnlichkeit mit der des Mittelmeers, lunulatus Risso. Der Schnabel ist bei manchen Exemplaren verstümmelt und unvollkommen restaurirt, bald stärker abwärtsgebogen, bald am Ende ausgeschnitten.

13. *Lambrus crenulatus* Saussure l. c. pl. 1. Fig. 4.

Ein Männchen, gut mit Saussure's Abbildung übereinstimmend, aber grösser, Rückenschild 21 Mill. lang, ohne die Seitenstacheln 24 breit, Armglied $24^1/_2$ lang, Scheere 29; die Finger roth, an der Spitze schwärzlich. Verwandt mit L. angulifrons Latr. aus dem Mittelmeer.

White, catal. erust. Brit. Mus. 1847 erwähnt zweier
Lambrusarten von Westindien, L. crenatus und lupoides,
die er aber meines Wissens nirgends beschrieben hat.

NB. Für Parthenope horrida L. wird von Milne
Edwards als Vaterland neben dem indischen auch der
atlantische Ocean angegeben und die „lazy crab" von
G. Hughes, natural history of Barbadoes 1750, pl. 25.
Fig. 1 dazu citirt; diese Abbildung hat freilich auf den
ersten Anblick einige Aehnlichkeit mit Parthenope; vergleicht man aber die Beschreibung S. 262, so findet man
die schiefe Aushöhlung und Zähnelung der Scheerenspitzen, wie sie für die Gattung Mithrax bezeichnend
ist, hervorgehoben und in der Figur lässt sich denn auch
ein grosses Männchen von Mithrax spinosissimus erkennen.
Parthenope kommt unseres Wissens nur in Ostafrika und
Indien vor.

Cyclometopa.

14. *Carpilius corallinus* L.; Herbst I, 5, 40; M. E. I,
p. 381; Guérin cub. p. VI; Alph. M. E. Canecriens (Nouv.
Arch. Mus. 1866) p. 71 f. — Parra 45, 2 Cangrejo moro
colorado.

Ein Männchen, getrocknet, Rückenschild 154 Mill.
breit, 128 lang, grössere (rechte) Scheere 104 lang, 62
hoch, mit starken stumpfen Zähnen. Die ziegelrothe Farbe
nimmt den grössten Theil des Rückenschildes ein und
endigt nach hinten auf demselben in drei Lappen, wie
es bei den erwähnten Abbildungen angedeutet ist; etwas
blasser roth sind die obern Parthieen der Scheeren und
Füsse, die übrigen Theile sind blassgelb, nicht weiss, und
namentlich gilt das auch von den kleinen theils länglichen
theils runden Flecken auf dem Rückenschild, welche
sich auch in der Magengegend nicht so in zwei Gruppen
sondern, wie an dem Herbst'schen.

Naeh Parra l. c. scheint während des Lebens die
Farbe dieser Flecken in der That gelb zu sein. Das
hiesige zoologische Museum besitzt auch ein getrocknetes
etwas dunkler gefärbtes Exemplar dieser Art von Puerto
Cabello in Venezuela.

15. *Actaea setigera* (Xantho) M. E. I, p. 390; Alph.
M. E. Cancériens p. 271. pl. 18, Fig. 2.

Zwei kleine getrocknete Männchen. a) Rückenschild
12 Mill. breit, 8½ lang; b) Rückenschild 18 Mill. breit,
12 lang.

16. *Menippe ocellata* (Pseudocarcinus) M. E. I.
p. 409. — Parra 45, 1. Cangrejo moro.

Zwei Männchen.	I.	II.
Breite des Rückenschildes	138	73
Länge „ „ . . .	97	55½
Länge der Scheere	145	70
Höhe „ „	75	36

Die Scheeren ungefähr gleich, bei dem grössern die
linke, bei dem kleinern die rechte etwas grösser. Es ergibt sich aus den obigen Maassen, dass auch bei dieser
Art wie bei einigen Palaemon (Arch. f. Naturgesch. 1868
S. 32) und vermuthlich bei vielen andern Crustaceen die
relative Grösse der Scheeren mit der absoluten Grösse
des Individuums zunimmt, indem hier bei dem grössern
die Scheerenlänge die Körperbreite etwas übertrifft, bei
dem kleinern hinter derselben etwas zurücksteht. Die
beiden Scheerenfinger zeigen bei dem kleinern jederseits
eine gut ausgeprägte Seitenfurche, bei dem grössern ist
diese Furche am beweglichen Finger auf eine Punktreihe
reduzirt. An beiden sind beide Stirnlappen etwas eingeschnitten, sodass die Stirne eigentlich vierlappig ist.
Das vorletzte Fussglied ist immer dicht behaart, an
dem kleinern Exemplar auch die 'Enden der zwei vorhergehenden Glieder auf der Oberseite. Zahlreiche kleine
runde röthliche Flecken bedecken den ganzen Rückenschild
sowie Carpus und Palma des grössern, zeigen sich dagegen beim kleineren nur spärlicher auf der vorderen Hälfte
des Rückenschildes.

Bei dieser Gelegenheit mögen einige andere Bemer-
kungen über Arten derselben Gattung beigefügt werden:
M. Panope Herbst (Cancer) Bd. III. S. 40 Taf. 54
Fig. 5. = M. granulosa Strahl Troschel's Archiv 1861 S.
164, 165 ist von M. ocellata sehr verschieden durch die
Körner auf den vordern seitlichen Parthieen des Rücken-

schildes, sowie der Aussenseite von Carpus und Scheere. Diese Körner sind scharf begränzt und stehen etwas weit auseinander, an Carpus und Scheere sind sic grösser als auf der Hand und zeigen am Originalexemplar im Berliner zool. Museum (Nro. 2298) noch Spuren der rothen Färbung, welche Herbst erwähnt. Der Rückenschild ist 20 Mill. breit, 15 lang, die Scheeren 14 lang, 10 hoch; Herbst's Abbildung ist wie die mancher anderer Arten in demselben Theile seines Werkes vergrössert (S. 23). Der Fundort ist nach einer älteren Etikette im Berliner Museum Tranquebar und das Exemplar ursprünglich von Daldorf stammend.

Menippe Rumphii. Das Original zu Herbst's Cancer Rumphii, Bd. III. S. 63. Taf. 49. Fig. 2 im Berliner zoologischen Museum (Nro 149), mit seiner Beschreibung genau übereinstimmend, während die Abbildung manches zu wünschen übrig lässt, ist allerdings eine Art dieser Gattung, aber nicht die von Milne Edwards als Pseudocarcinus Rumphii beschriebene, sondern soweit sich aus seiner Beschreibung schliessen lässt, dessen Ps. Belangeri; denn die Seitenzähne sind, wie Herbst selbst auch angibt, stumpf und schwach; die Höcker 2 F. und 1 M. nach Dana's Terminologie sind stark entwickelt, 2 M. schwächer und jederseits aus zwei Anschwellungen nebeneinander bestehend, worin die innere gerade hinter 1 M. liegt. Die Gegend des vorderen Seitenrandes ist chagrinartig rauh und mit vielen kleinen runden Vertiefungen versehen. Der letzte Seitenzahn setzt sich, wie allgemein in dieser Gattung, als Kante eine Strecke auf dem Rückenschild fort und von deren innerem Ende läuft die schon von Herbst erwähnte übrigens sehr seichte Furche, eine Reihe runder Vertiefungen enthaltend, in nach aussen und vorn convexem Bogen gegen 2 M. zu. Grösse des Herbst'schen Exemplars: Rückenschild 33 Mill. breit, 23 lang; Scheere 24 lang, 14 hoch. Nach Herbst's Angabe soll das Vaterland Ostindien sein. Es scheint mir das aber etwas zweifelhaft, da ich sein Originalexemplar nicht als Art von drei theils kleineren theils grösseren Exemplaren unterscheiden möchte, welche Fr. Sello im südlichen Brasilien gesammelt hat (Berl. zool. Mus. 148, 2303 und 2304) und welche wiederum mit Dana's Beschreibung seiner M. Rumphii von Rio Janeiro, Crust. S. 179, vortrefflich stimmen. Der einzige Unterschied ist, dass bei allen drei Brasilischen die chagrinartige Rauhigkeit der Gegend des vordern Seitenrandes auf ein Minimum reduzirt ist. Bei Herbst's Exemplar zeigt sich diese Chagrinirung namentlich an 2, Dana's 2 L. und 3 L. entsprechenden Stellen, auffällig stärker, aber auch nur in der rechten Seitenhälfte, während in der linken dieselbe gleichmässig ist; an den brasilischen Exemplaren sind dieselben Stellen als leichte Anschwellungen beiderseits markirt, aber ohne stärkere Rauhigkeit.

Milne Edwards betrachtete seine Gattung Pseudocarcinus (= Menippe De Haan) als dem indischen Ocean angehörig und gab für M. ocellata „Patrie inconnue" an; Dana zweifelte auch noch an der brasilischen Herkunft seiner Menippe und S. J. Smith, der an den amerikanischen Fundorten nicht mehr zweifeln konnte, vermuthet doch, die dortige Art möchte verschieden von der ächten indischen Rumphii sein. Die Exemplare des Berliner Museums weisen nun auch für M. ocellata die amerikanische Heimat sicher nach. Was die von Milne Edwards beschriebene Rumphii sei, bleibt mir zweifelhaft; die 4 Höcker nahe der Stirne sprechen für unsere brasilische Art, die bedeutende Grösse der Scheeren (pattes antériennes extrêmement grosses) und die Vaterlandsangabe „ocean Indien" stimmt mehr mit einer ähnlichen aus Ostafrika als Pseudozius erhaltene Art, doch dürften auch bei der Brasilianerin alte Männchen sehr grosse Scheeren haben, so gut wie bei M. ocellata.

17. *Panopeus Herbstii* M. Edw. I, p. 403; Sidney Smith Proc. Bost. Soc. nat. hist. XII. 1869. p. 276.

a) Rückenschild 34 Mill. lang, 50 breit, Scheere 36 lang, 19 hoch. Altes Männchen.

b) Rückenschild 27 Mill. lang, 37 breit, Scheere 25 lang, 12 hoch. Jüngeres Weibchen.

Bei allen vorliegenden Exemplaren ist die Stirne deutlich gekörnt und die Aussenseite des Carpus gerun-

zelt, doch letzteres bald mehr, bald weniger. Die Convexität und das Breitenverhältniss des Rückenschilds vari-
ren ein wenig; die Seitenzähne sind auch bei den jüngsten Exemplaren, deren Rückenschild nur erst 11½ Mill.
breit ist, verhältnissmässig ebenso scharf als bei den alten.
P. occidentalis Saussure von Guadeloupe, l. c. pl. 1.
Fig. 6, wovon ein kleineres Exemplar aus den Händen des
Autors im Berliner zoologischen Museum vorhanden, ist
allerdings nahe verwandt, aber weicht doch ab 1) durch
den Mangel der Granulation an der Stirne und 2) durch
die Spur eines zweiten Höckers am Carpus über der
Einfügung des Scheerenrückens. Hierin mit P. Herbstii
d. h. unsern cubanischen Exemplaren übereinstimmende
finden sich im Berliner zoologischen Museum auch von
der Küste Venezuela's, Puerto Cabello, von J. Appun
eingesandt.

P. serratus Saussure, l. c. 1, 7 ebenfalls von Guadeloupe, steht wieder diesem Occidentalis sehr nahe, zeichnet
sich aber durch erhabene Querfalten in der vorderen
Hälfte des Rückenschildes aus. Das Berliner zoologische
Museum besitzt aus dem südlichen Brasilien durch Sello
und von Olfers ähnliche Exemplare, welche wohl dieser
Art zugerechnet werden dürfen; die Querfalten sind
meist gekörnt, übrigens sehr variabel, die Stirne nicht
deutlich gekörnt, der Rückenschild etwas weniger breit,
die Seitenzähne durchschnittlich kürzer, die Scheeren
stärker, der Carpus mehr oder weniger runzlig, meist
ohne Spur eines zweiten Höckers, die Grösse bedeutender
als bei Saussure, Rückenschild 26 Mill. lang, 34 breit,
Scheeren 29 lang, 16 hoch.

P. Americanus Saussure, l. c. l. 8. (ein unpassender
Name, da alle Arten aus Amerika), auch von Guadeloupe,
ist kleiner, ebenfalls weniger breit und hat stumpfe abgerundete Zähne; da auch die kleinsten cubanischen spitzige Zähne
haben, so war ich geneigt, dieses für ein haltbares Artkennzeichen zu halten, finde aber unter denen von Puerto Cabello
nun auch ein ganz kleines Exemplar mit stumpfen lappenför-
migen Zähnen, das aber desshalb nicht mit Americanus ganz
zusammenfällt, weil sein Rückenschild die breite Form

des P. Herbstii hat, 9 Mill. Länge auf 13$\frac{1}{2}$ Breite. Sidney Smith spricht und beschreibt am angeführten Ort noch mehrere Arten.

Es ist hier schwer zu entscheiden, ob man Eine Art mit manchfältigen, namentlich auch lokalen Variationen, oder mehrere mit nur schwachen und sich verschieden kombinirenden Unterschieden annehmen soll. Jedenfalls sind all diese genannten unter sich weit näher verwandt, als mit P. limosus Say.

Die Farbe ist an der getrockneten mehr oder weniger röthlich, oft namentlich auf den Scheeren dicht roth punktirt oder ein rothes Maschenwerk. Auch bei dieser Art zeigen die jungen Exemplare eine oder zwei deutliche Furchen auf dem beweglichen Finger, die aber bei älteren zu Punktreihen werden oder ganz schwinden. Ich glaube, dass auch bei den europäischen Xantho-arten ein ähnlicher Wechsel eintritt und daher die Anwesenheit der Furchen mit Unrecht als Artunterschied zwischen X. tuberculata und florida geltend gemacht worden ist.

Die Gattung Chlorodius, auf Cuba nach Guérin durch Chl. longimanus M. E. vertreten, fehlt in der Gundlach'schen Sammlung. Die genannte Art lebt nach Milne Edwards auch an den Küsten von Portorico und eine zweite, Chl. Floridanus Gibbes = Americanus Saussure ist von Florida über Haiti bis Aspinwall (Bradley) bekannt, also auch auf Cuba zu erwarten.

18. *Pilumnus* an ? *aculeatus Say* Journ. Acad. Philad. Guérin iconogr. pl. 3 Fig. 2. M. E. I, p. 420 (Taf. V Fig. 6) nat. hist. I, p, 449. M. E. I.

Nur ein Rückenschild ohne Kieferfüsse und Postabdomen vorhanden, allem Anscheine nach dieser Gattung angehörig, und zu keiner der mir bekannten Artbeschreibungen passend. Stirne zweilappig und jeder Lappen mit 5 spitzigen Zähnen besetzt; die äussere Hälfte des obern Randes der Augenhöhle ist mit drei, die innere und die äussere Ecke derselben mit je einem spitzen Zahn versehen. Am vordern Seitenrand stehen ferner vier noch stärkere, auch spitzige Zähne, von denen der erste und zweite sich sehr nahe und auf einer gemein-

schaftlichen Anschwellung stehen. Die Oberseite des Rückenschildes trägt zahlreiche ziemlich lange,
grade und steife, braungelbe Haare, welche übrigens
doch so weit voneinander abstehen, dass sie die Skulptur
des Rückenschildes nirgends verdecken. Diese besteht auf
den vordern seitlichen Parthieen (Hepaticalgegend) aus
mehreren spitzigen Stacheln, kürzer als die Seitenstacheln,
zwei solche auf dem Felde 2 L, zwei (links) oder drei
(rechts) auf 1 L nahe dem Doppelzahn des Randes, einer
auf 3 L und drei auf 4 L. Die Felder 2 M und 3 M,
letzteres mit der gewöhnlichen schmalen Spitze nach vorn,
sind durch seichte Furchen deutlich bezeichnet und fast
glatt, nur mit einzelnen ganz kleinen Höckerchen. Der
grösste Theil der hintern Hälfte des Rückenschildes' ist
mit zahlreichen, stumpfen Höckerchen besetzt, nur die
dem hinteren Seitenrand nächsten Parthieen glatt. Der
untere Augenhöhlenrand trägt an seiner innern Hälfte
zwei grössere, nach aussen kleinere spitze Zähne. Die
Gegend unter dem vorderen Seitenrand ist mit Höckerchen besetzt, woran einzelne spitzig, dornförmig werden.
Die Farbe des Schildes und all seiner Stacheln und
Zähne an dem offenbar verbleichten Exemplare weiss.
Länge des Rückenschildes 15, Breite 19 Mill.

Die Abbildung bei Guérin und die Beschreibung
bei Milne Edwards gibt weniger Zähne und Stacheln
und ist namentlich die Stirne nach der Abbildung bei
Guérin abweichend. Say's Beschreibung passt besser,
doch nennt er die Seitenzähne schwarz und erwähnt
auch des Doppelstachels an der Seite nicht.

19. *Eriphia gonagra* Fahr. M. E. I, p. 426 pl. 16
Fig. 16. 17. Cancer g. Bosc. hist. nat. d. Crust. ed. 2. 1828
pl. 2. fig. 3.

Ein Weibchen, getrocknet, röthlich gelb, fleckig,
die Finger roth. Schon von Fabricius aus Jamaica
angegeben, von Petiver pterigraphica Americ. 20, 4 von
Barbados, auf Key West bei Florida von Dr. Wuster-
mann, in Carolina von Bosc gesammelt, nach Süden bis
Rio Janeiro bekannt.

20. *Lupa (Neptunus) diacantha* Latr. M. E. I, p. 451.

Dana p. 272. Saussure p. 18 Alph. M. E. Arch. Mus. X. p. 316. pl. 30 Fig. 1. Parra 49, 1 Cangrejo Xaiva.

Männchen und Weibchen verschiedenen Alters; die Curve des vordern Seitenrandes bei kleinern Exemplaren durchschnittlich etwas stärker gebogen- als bei grössern, die mittelsten Stirnzähne bei den grössten am meisten verkümmert, das Ueberwiegen des letzten (neunten) Seiten-zahnes über die vorhergehenden bei grösseren Individuen stärker als bei kleineren, und ebenso die relative Grösse der Scheeren, indem deren Länge bei grössern, Weibchen sowohl als Männchen, die halbe Breite des Rückenschildes, den grossen Seitenzahn nicht eingerechnet, übertrifft, bei ganz kleinen, z. B. einem Männchen mit 50 Mill. breitem Rückenschild, dahinter zurückbleibt. Die grössten Gund-lach'schen Exemplare haben den Rückenschild 71 Mill. lang und (ohne Seitenzähne) 133 breit.

Sogenannte sterile Weibchen mit dreieckigem Post-abdomen, dessen Breite zwischen der des normalen Weib-chens und des Männchens in der Mitte steht, kommen mehrfach vor.

Auch von Puerto Cabello (Venezuela) durch Appun im Berliner zoologishen Museum vertreten; ferner Haiti, Mexiko und bekanntlich an der brasilianischen Küste bis Rio Janeiro zu Haus.

21. *Lupa (Arenaeus) cribraria* Lam. M. E. I, p. 452. pl. 17. Fig. 1. Dana 18. 2.

Scheint seltener zu sein, da nur Ein kleines Exemplar (Männchen) eingeschickt worden. Rückenschild 62 Mill. breit (ohne Seitenzahn), 37 lang. Ebenfalls auch in Rio Janeiro, wo ich selbst sie bekomme. Im Pariser Museum auch von Veracruz und Guadeloupe.

22. *Lupa (Achelous) spinimana* Latr. M. E. I, p. 452. Dana I, p. 273. Alph. M. Edw. Arch. Mus. X. p. 341. pl. 32. — Parra 49. 3.

Der Rückenschild ist mit Ausnahme der erhabenen meist granulirten Stellen von einem dichten kurzen Haar-filz bedeckt, was auch schon Parra angibt. Von den acht Stirnzähnen, welche dieser Art zugeschrieben werden, stehen die äussersten schon auf dem obern Augenhöhlen-

rand, die nächst innern bilden die innere Augenhöhlenecke und nur 4 stehen im Stirnrand unabhängig von der
Augenhöhle; von diesen letztern sind bei einem grossen
männlichen Exemplar die beiden der linken Seite nicht
vorhanden.

Rückenschild 86$\frac{1}{2}$ Mill. breit, 53$\frac{1}{2}$ lang.

Auch von Martinique im Pariser Museum; ferner in
Südkarolina und Brasilien beobachtet. Bosc, der diese
Art unter dem Namen Portanus hastatus zu verstehen
scheint, sagte, sie gehe ebensoviel als sie schwimme, ent-
fliehe aber schwimmend, und sie finde sich auch in Flüssen,
soweit das Salzwasser hinauf gehe, ja selbst in ganz
süssem Wasser (hist. nat. d. Crust. ed. 2. 1828 S. 227
und 234).

23. *Lupa (Achelous) rubra* Lam. M. E. I, p. 454. Alph.
M. E. Arch. Mus. X. p. 345 pl. 33. Fig. 1.

Der vorigen ziemlich ähnlich, der Rückenschild auch
grossentheils behaart, (die Haare sind bei den getrockneten
regelmässig nach vorn gelegt), aber die vordern Seitenränder biegen sich viel stärker nach hinten, so dass der
Rückenschild die sechsseitige Gestalt der Thalamiten erhält, die Seitenzähne sind abwechselnd kleiner und grösser
und das Schenkelglied (femur) der Schwimmfüsse endigt an seinem untern Rande mit einem Zahn. Es befinden sieh in der Gundlach'schen Sammlung nur zwei
kleine Weibchen, beim grösseren der Rückenschild 24$\frac{1}{2}$
Mill. breit und lang. Bei beiden sind die vier mittlern
Stirnzähne stumpf abgerundet, die beiden äussern kaum von
dem vorhergehenden getrennt; von den Seitenzähnen, namentlich der sechste und achte sehr klein, so dass, wenn sie
von den Haaren etwas verhüllt sind, sie beim Zählen
übersehen werden können; denkt man dieselben ganz weg,
so hat man genau die Zähne von Thalamita erythrodac-
tylus Lam., wie auch schon Alph. Milne Edwards andeutet; bei andern Thalamiten werden noch mehr Zähne
redimentär, so dass man eine vollständige Reihe von den
regelmässigen neunzähnigen Lupen mit starkem letzten
Seitenzahn bis zu der vierzähnigen Th. Admete Herbst
durch Schwinden oder umgekehrt von dieser zu jener

durch Einschalten kleiner Zähne und Grösserwerden der eingeschalteten mit Beispielen belegen kann. Bei unsern Exemplaren ist der zweite Zahn kaum kleiner als der erste. Der Zahn am Unterrand des Schenkelglieds der Schwimmfüsse ist bei diesen kleinen Exemplaren sehr schwach.

24. *Lupa forceps* Fabr. Leach zool. miscell. I, pl. 54 M. E. I, p. 456. Guérin cub. p. VII. Alph. M. E. Arch. Mus. X. p. 352. pl. 28. Fig. 1. — Parra 51. 3. Xaiva de horquilla, kopirt bei Herbst III 55. 4.

Vier Männchen von der Grösse des bei Parra abgebildeten und zahlreichere junge Exemplare in Spiritus.

Saussure l. c. S. 18 hat eine neue Art aus Cuba, *Lupa anceps,* Fig. 11 aufgestellt, von der er übrigens selbst sagt, sie repräsentire vielleicht den Jungenzustand von L. forceps; doch seien die Scheeren um so viel kürzer dass eine völlige Umänderung der Form anzunehmen wäre, wenn man sie nicht für verschieden halten wolle. Es ist nun allgemeine Regel bei den Decapoden und hier auch schon wiederholt bemerkt, dass die Grösse der Scheeren mit der Grösse der Individuen unverhältnissmässig zunimmt; aber nicht nur die Grösse, sondern auch die artliche Eigenthümlichkeit ihrer Gestalt tritt bei grössern (ältern) Individuen greller hervor, so habe ich es an Palaemon bemerkt (dieses Archiv 1868 S. 32, 1869 S. 23) und diese Lupa gibt ein weiteres Beispiel. Unter den Gundlach'schen Exemplaren finden sich Exemplare, welche ganz gut mit Saussure's Abbildung seiner anceps stimmen, bei allen ragen die äussern Kieferfüsse weiter nach vorn vor, als der Stirnrand, was für forceps charakteristisch ist und von Alph. Milne Edwards sogar als Gattungscharakter benutzt wurde, um diese Lupa von allen andern zu trennen. Bei den kleinsten männlichen Exemplaren (A) sind die Finger kürzer als der Palmartheil und die ganze Scheere nicht länger als der Rückenschild von vorn nach hinten; bei etwas grössern, dem von Saussure abgebildeten Exemplar ungefähr entsprechend, B und C, sind die Finger immer noch kürzer als der Palmartheil der Scheere, aber die Länge der

ganzen Scheere schon der Breite des Rückenschildes fast
oder ganz gleich; endlich bei noch etwas grössern, D,
sind die Scheeren ebenfalls so lang als der Rückenschild
breit, aber die Finger doch schon länger als der Palmartheil. E endlich ist die ausgebildete Lupa forceps, die
Scheeren länger als der Rückenschild breit und die Finger
viel länger als der Palmarthèil.

Exemplare	Rückenschild lang	breit	Scheere lang	Davon auf die Finger
		ohne Seitenzähne		
A	9	12	9	4
B	11	17¹/₂	16	6
C	12	18	18	8
D	14	20¹/₂	19	11
E	25	42	52	38

Die Kanten des Palmartheils sind bei den jüngern
auch verhältnissmässig stärker und werden schwächer,
je mehr der Palmartheil gegen die Finger zurücktritt;
die Furchen an den Fingern sind bei den kleinsten, A,
noch sehr stark, bei den grössern schwächer und fehlen
schon bei D. Ebenso wird der vorderste Stachel des
Palmartheils an der Einlenkung des beweglichen Fingers
successive schwächer, während der benachbarte seitliche
auch bei der erwachsenen forceps gross bleibt. Die Lage
der Kanten und Zähne an den Scheeren, sowie die
Charaktere der Stirne und des Seitenrandes sind bei
jungen und alten, anceps und forceps, dieselben. Die
Maasse sind alle von Männchen genommen, doch sehe
ich keinen bedeutenden Unterschied zwischen Männchen
und Weibchen.

Die Scheeren der jungen sind demnach denen der
übrigen Lupa-Arten, erwachsen oder jung, ähnlicher, als
diejenigen der erwachsenen, und die auf der Scheere
beruhende Arteigenthümlichkeit tritt im Lebenslaufe des
Individuums später hervor als die auf der Länge der
Kieferfüsse beruhende.

Catometopa.

25. *Epilobocera Cubensis*, Stimpson Ann. Lyc. nat. hist.
N.-York. VII. 1862 p. 234 (Taf. IV Fig. 7 a b).

Drittes Glied des äussern Kieferfusses (meroite du hectognathe Alph. Milne Edwards) breiter als lang (Verhältniss von 10 zu 7), sein Innenrand gerade, nicht nach aussen zurückweichend, sondern die Linie des Innenrandes des vorhergehenden Gliedes unmittelbar fortsetzend, kürzer als der Aussenrand, die innere Hälfte des Vorderrandes zur Aufnahme des folgenden Gliedes seicht ausgeschnitten; Palpe dieses Kieferfusses das zweite Glied etwas überragend. Rückenschild ganz glatt, mediane Längsfurche auf der Stirne sehr schwach; Protogastralhöcker nur schwach, glatt, beide Querleisten der Stirne nicht gekerbt, die obere schwächer. Vordere Seitenränder mit zahlreichen kleinen stumpfen Zähnen. An der Innenseite des Carpalglieds zwei kleinere und ein grosser Zahn.

Zwei Exemplare, ein Weibchen, trocken, und ein junges unvollkommen erhaltenes Männchen in Spiritus, alle aus süssem Wasser; Rückenschild des erstern 39 Mill. breit, 25 lang. Der Gesammthabitus, das Epistom, die Scheeren uud Füsse ganz wie bei den andern Arten von Boscia, so dass diese neue Art nicht wohl als Gattung getrennt werden kann, obwohl die Form der Kieferfüsse (Fig. 7 b) sie, wenn wir nach Milne Edwards bestimmen, zu den Thelphusen und nicht zu den Boscien verweisen würde. Die Form des dritten Gliedes der äussern Kieferfüsse ist allerdings bei B. Cubensis ähnlich derjenigen bei Thelphusa, aber auch bei der typischen Art der Boscien, dentata Latr., nicht eigentlich länger als breit (Milne Edwards hist. nat. crust. pl. 18. Fig. 16.), nur nach vorn sich gleichmässig verschmälernd und daher den Eindruck des Länglichen machend. Am ähnlichsten unserer Art ist B. Americana Saussure, l. c. pl. 2. Fig. 12, von Haiti, dessen betreffendes Kieferfussglied (Fig 7 c) nach der Abbildung 12 a einen nach aussen zurückweichenden Innenrand zeigt und daher die halbeiförmige Form des Typus treuer beibehält, während sie bei dem unsrigen ungleichseitig viereckig ist. Der Palpus dieses Kieferfusses reicht bei B. dentata nach Exemplaren des Berliner Museums aus Caracas (2122) weit nicht zur Hälfte, in der Abbildung bei Milne Edwards, Fig. 16, ungefähr bis

zur Hälfte der Länge des zweiten Kieferfussgliedes, bei
B. Americana nach Saussure's Abbildung bis nahe an
dessen Ende, bei unsern B. Cubensis, bis über dasselbe
hinaus, ebenso bei Thelphusa.

Der Umriss des Rückenschildes und die Form der
Scheeren der B. Americana passt sehr gut zur unsrigen,
nur scheint die Stirne mehr zweilappig und die Längsfurche derselben nach der Abbildung tiefer zu sein,
während sie im Text rudimentär genannt wird. Ebenso
sind die Seitenränder nach dem Text nur fein gekörnt,
nach der Abbildung ebenso gezähnelt wie bei unserer
Cubensis. Wenn Saussure sagt, seine Art habe nicht
4, sondern 5 Stachelreihen an den letzten Fussgliedern,
drei vordere und zwei hintere, so passt dieses allerdings auch auf B. Cubensis, aber überhaupt auf alle mir
bekannte Boscien, während die Thelphusen nur 4 haben,
statt der fünften (vordern untern) nur eine glatte, auf
die Mitte der Unterseite gerückte Leiste. Cardisoma hat
nur die 4 Stachelreihen ohne fünfte Leiste, dagegen Gecarcinus (ruricola) sogar sechs.

Zwei mit Saussure's Abbildung und Beschreibung
von Americana recht gut passende weibliche Exemplare
erhielt das Berliner zoologische Museum duch Hrn. Ber-
kenbasch aus Mexiko, vielleicht Puebla; sie zeigen allerdings in den kaum vorhandenen Spuren von Zähnelung
am Seitenrand, der tiefer gefurchten zweilappigen Stirn
und der mehr dreieckigen Gestalt des dritten Glieds der
äussern Kieferfüsse sich von unserer Cubensis verschieden.

Nach einer schriftlichen Mittheilung von Hrn. Gundlach fand derselbe diese Süsswasserkrabbe in dem Ya-
terasflüsse im Regierungsbezirk Guantánamo im östlichen
Theil Cuba's. Sie wird jaiva de Santa Maria genannt,
wegen einer hellen Zeichnung auf dem Rückenschild, in
welcher man die heilige Jungfrau erkennen will. Neben
ihr und häufiger findet sich nach demselben auch die
bekanntere centralamerikanische Süsswasserkrabbe Boscia
(Pseudothelphusa, Potamia) dentata Latr., jaiva de aqua
dolce oder jaiva de rio genannt, in Bergflüssen des west-

lichen Theils der Insel und auch im Flachland im Almendaresfluss bei Habana.

26. *Gecarcinus ruricola* L. Sloane voy. I, pl. 2. Herbst I, 3, 36; III. 49, 1. Desm. 12, 2. M. E. I, p. 26; Cuv. ed. ill. pl. 21; Ann. sc. nat. c. XX. pl. 202. pl. 8. Fig. 1. — Guérin cub. p. VIII. Parra Taf. 58 Cangrejos Ajaes terrestres.

Rückenschild herzförmig, in der Mitte etwas vertieft bis 116 Mill. breit und 80 lang, getrocknet schön amaranthroth, mit mehr oder weniger blassgelb gemischt; drei der 4 vorliegenden Rückenschilde gleichen in den meisten Details der Herbst'schen Abbildung, nur hat einer derselben noch je einen grössern Flecken auf jeder Seite der Magengegend; bei dem vierten sind umgekehrt die seitlichen Parthieen roth, und die Magengegend blassröthlich gelb. Ein Theil des Hinterrandes zu beiden Seiten nach innen von den Hinterfüssen ist bei allen vier blassgelb, bei dreien unter den einen auch der grösste Theil des abwärts gebogenen Theils der Stirne.

Ein kleineres Exemplar, fast ganz kirschroth, nur mit je zwei blassgelben Flecken jederseits in der hintern Hälfte des Rückenschildes, dieser 50 Mill. lang, 37 breit, zeigt die Stacheln in der obern und untern Reihe der Endglieder der Füsse bedeutend schwächer als in den beiden vordern und den beiden hintern; in der Form des dritten Glieds der äussern Kieferfüsse zeigt sich keine Annäherung an die mehr kreisähnliche Curve bei dem noch kleineren G. depressus Saussure aus Haiti, l. c. pl. 2. Fig. 14, doch macht dieses Exemplar nicht ganz unwahrscheinlich, dass die folgende Art der Jugendzustand von ruricola sei.

27. *Gecarcinus lateralis* Fremino. Guérin iconogr. 5. 1, cub. p. VIII. — M. E. II. 27 pl. 18. Fig. 1—6.

Bleibt bedeutend kleiner, das grösste der vier vorliegenden Männchen zeigt nur 42 Mill. in der Breite und 33 in der Länge des Rückenschildes; an den Endgliedern der Füsse ist an der Stelle der obern und untern Dornreihe nur eine glatte Leiste vorhanden. Der vordere Seitenrand ist etwas stärker ausgeprägt. Die Färbung scheint

etwas constanter: die vordern $^2/_3$ des. Rückenschildes sind
constant dunkelkirschroth (bei getrockneten Exemplaren),
zuweilen mit vereinzelten kleinen hellen Flecken; nur
an den Seitenrändern und im hintern. Drittel tritt die
hellere Färbung bald mehr bald weniger zusammenhän-
gend auf.

Gec. ruricola lebt nach Gundlach's brieflicher
Mittheilung in Wäldern in selbstgegrabenen Erdlöchern,
unter grossen Steinen. Er wird nicht gegessen, da sein
Genuss die. Krankheit „Cigantera" bewirken soll, die
bisweilen tödtlich wird. In Santiago de Cuba sucht man
dessen ungeachtet im Frühjahr die Weibchen auf, reisst
dass Rückenschild ab und nimmt die Eierstöcke heraus,
welche dann selbst auf den Märkten unter dem Namen
„caro" verkauft und ohne Schaden gegessen werden.
G. lateralis lebt nach demselben ebenfalls unter Steinen
in den Wäldern, und auch er hält es für möglich, dass
es nur der Jugendzustand von ruricola sei.

28. *Cardisoma guanhumi* Latr. M. E. II p. 24, Ann. sc.
nat. c. XX. p. 204; Guerin cub. p. VIII; Saussure p. 21. —
Parra 57, Cangrejos terrestres. Vgl. die folgende Art.

29. *Cardisema quadratum* Saussure l. c. p. 22. pl. 2.
Fig. 13; Sidney Smith in den Transact. Connect. Acad.
II 1869. p. 16.

Ein trocknes Männchen, die Form des Rückenschildes sehr mit carnifex übereinstimmend, nur wenig
breiter (59 Mill.) als lang (52), der vordere Seitenrand
ist als scharfe, etwas erhabene Linie ausgeprägt und
bildet bis nach vorn zur Augenhöhle eine entschiedene
Gränze, von der auswärts die Seitengegend, wenn auch
gewölbt, doch entschieden nach unten abfällt; ein kleiner
Zahn steht hinter der äussern Augenhöhlenecke, welche
selbst eine grössere bildet; die Oberfläche des Rückenschildes ist von rechts nach links fast eben, nur nahe am
Seitenrand etwas sich senkend. All das passt besser auf
carnifex als auf guanhumi. Dagegen sind die Armglieder
an den beiden vorstehenden Kanten der etwas ausgehöhlten untern Fläche gezähnelt wie bei guanhumi,
während bei carnifex die innere vordere Kante glatt ist.

Ferner ist allerdings die obere Kante des Palmartheils
der Scheeren und der abgerundete·Rücken des beweglichen Körpers mit etwas spitzigen kleinen Höckern be-
besetzt, wie bei guanhumi, während bei carnifex (nach
den Exemplaren des Berliner Museums) kaum Spuren
davon vorhanden sind. Auch scheinen die Füsse nicht
so stark behaart gewesen zu sein, wie bei carnifex. Das
Basalglied der äussern Fühler ist etwas weniger als bei
den andern Exemplaren von guanhumi und carnifex, doch
immer noch breiter als lang. Die Protogastralhöcker
der Stirne springen nicht mehr vor als bei diesen
beiden Arten. Die grössere (linke) Scheere klafft bei
weitem nicht so sehr, wie bei guanhumi.

Saussure l. c. vermuthet in dieser Art den Jugendzustand von guanhumi, auf seine Beobachtung des Vorkommens und des Mangels kleiner Exemplare von charakteristischen guanhumi gestützt; unser Exemplar ist nun
allerdings schon merklich grösser als das von ihm beschriebene, ohne dass es sich merklich mehr dem normalen
guanhumi näherte, doch immer noch kleiner als guanhumi.
Auch S. Smith hält sie nicht für Jugendzustand.

Nach Gundlach's brieflichen Mittheilungen lebt
Cardisoma guanhumi das ganze Jahr hindurch in selbstgegrabenen Löchern an sumpfigen und mehr oder weniger
salzigen, mit Mangle (Rhizophora) bewachsenen Stellen
der Küste. Beim Beginn der Regenzeit zieht diese Krabbe
in ungeheurer Menge landeinwärts, doch selten weiter
als eine Meile; er hat die Wege fast bedeckt von ihnen
gesehen. Sie wandert aber nicht allein zu sumpfigen
Gegenden und Gruben süssen Wassers, sondern selbst
in Wälder, Gärten und Gebäude. Auch thut sie als-
dann Schaden im Felde, indem sie die noch weichen
Maisähren zerstört und die Körner frisst. In Hühner-
ställen zerbricht und frisst sie die Eier, und tödtet selbst
junge Hühnchen, um sie zu verzehren. In den Häusern
steigt sie an den offenen Thüren in die Höfe und klettert
auf Stühle, Tische u. s. w. Dagegen wird sie auch von
den Menschen gegessen und bisweilen zuvor mit Mais-
körnern, Palmsamen und dgl. gemästet. Es ist sonderbar,

dass man nie kleine Krabben dieser Art findet, da doch
die Weibchen mit Eiern unter dem Schwanz landeinwärts wandern. Die Farbe dieser Art ändert sehr ab.
Die Männchen haben grössere Scheeren als die Weibchen, und bald ist die rechte; bald die linke grösser.
C. quadratum lebt an gleichen Stellen wie guanhumi,
wandert aber nicht.

30. *Uca una* (Marcgrave) Latr. Seba III 20, 4., kopirt
bei Herbst I, 6, 38 als Cancer cordatus, schlecht. Cangrejos Ajaes de Mangliar Parra Taf. 69. Fig. 1 Männchen,
Fig. 2 Weibchen. — Uca una Latr. Guérin icon. 5, 5
(Weibchen). Uca una (Weibchen) und U. laevis (Männchen)
M. Edw. II p. 22; Ann. sc. nat. c. XX p. 206, ersteres
ebenda pl. 10. Fig. 1 abgebildet und letzteres Arch. Mus.
d'hist. nat. VII pl. 16. Fig. 1 abgebildet. Cuv. ed. ill.
pl. 19 Fig 2. Gerstäcker Troschel's Archiv für Naturgeschichte XXII 1856 S. 145. U. laevis Guérin cub. p. VII.
U. una Latr., Martens in Troschel's Arch. XXXV 1869
S. 12. U. cordata (L.) Smith Transact. Connect. Acad. II
1869 p. 15 (Männchen).

Die zwei Gundlachischen Exemplare, ein Männchen und ein Weibchen, bestätigen, was schon Gerstäcker nachgewiesen, dass die früher als artlich betrach-
teten Unterschiede geschlechtliche sind: das Männchen
hat ungleiche Scheeren, starke behaarte Füsse, einen breiteren Rückenschild mit sehr stumpfem vordern Seitenrand und die Gegend unterhalb desselben glatt; das Weibchen gleiche, kleine Scheeren, einen schmäleren Rückenschild mit schärferem vorderem Seitenrand und unterhalb
desselben granulirt. Mit Ausnahme des letzten sind die Unterschiede des Männchens solche, welche auf weiterer Entwicklung und Differenzirung beruhen, und daher vermuthlich
in der Jugend noch nicht oder nur in minderem Grade
vorhanden. Die Granulation der unteren Seitengegend
ist dagegen als Geschlechtscharakter und zwar weiblicher
unerwartet, meines Wissens ohne ähnliches Seitenstück
bei andern Crustaceen, und es wäre interessant zu erfahren, ob dieselbe auch schon in der Jugend vorhanden ist.
Smiths ausführliche Beschreibung unterscheidet sich

nur dadurch von unserem Männchen, dass er den Einschnitt am Uebergang des Stirnrands in den obern Augenhöhlenrand nicht erwähnt hat, und die äussere Ecke des letztgenannten abgerundet nennt, während sie bei allen mir vorliegenden eckig ist.

Lebt nach Gundlach's Mittheilung in Erdlöchern an sumpfigen, mit Mangle (Rhizophora) bewachsenen Stellen am Gestade; das Wasser ist daselbst oft mit Süsswasser gemischt. Diese Angabe bestätigt meine im Jahrgang 1869 dieses Archivs S. 13 ausgesprochene Auffassung, dass Uca mehr zu den Brackwasserkrabben als zu den eigentlichen Süsswassercrustaceen gehöre.

31. *Ocypode arenaria* Say, M. Edw. Ann. sc. nat. b) XVIII p. 143.; Guérin cub. p. VII. O. albicans Bosc hist. nat. crust. ed. 1828 p. 244 und 249 pl. I Fig. 1.; Catesby II pl. 35.

Ein trocknes Männchen, Rückenschild breiter (34 Mill.) als lang (26), Seitenränder sehr fein gezähnelt, beide Flächen der Scheeren mit runden körnerförmigen, nicht spitzigen Höckerchen besetzt, Palmartheil der grössern (linken) Scheere so hoch wie lang; eine gut ausgeprägte erhabene gekörnte Leiste an der Innenfläche desselben, nahe der Basis des beweglichen Fingers, analog der von O. Fabricii (Hilgendorf in v. d. Decken's Reisen in Ostafrika Bd. III, Crustaceen Taf. 3 Fig. 1.), aber mehr nach oben gerückt. Die obern Ränder der Schenkelglieder der Gangfüsse durch den Ansatz von Haarbüscheln etwas gekerbt, doch nicht förmlich gezähnt, die beiden untern Ränder derselben, sowie die obern und untern der folgenden Glieder kontinuirlich behaart; die Endglieder gegen ihre Spitze hin lanzettförmig verbreitet.

Nach den in der oben citirten späteren Monographie von Milne Edwards angegebenen Kennzeichen hat die Bestimmung als arenaria keinen Zweifel; die ausführlichere Beschreibung in dessen früherem Werke jedoch, hist. nat. d. Crust. II p. 44, enthält einige auf unser obiges Exemplar nicht passende Angaben, so ragen bei letzterem die äussern Augenhöhlenecken nicht mehr nach vorn vor, als der mittlere auch vorgebogene Theil des

obern Augenhöhlenrandes; der äussere Aubschnitt des
untern Augenhöhlenrandes ist kaum als solcher vorhanden,
die Scheerenflächen haben keine stachelförmigen Zähne,
und namentlich zeigt die Abbildung Taf. 19 Fig. 13 eine
bedeutend schmälere, ziemlich quadratische Form des
Rückenschildes. Aber in seiner zweiten Arbeit citirt er
selbst diese seine eigene Abbildung nicht mehr und nennt
den Rückenschild „assez large."

Guérin nennt sowohl O. arenaria, als rhombea von
Cuba; die Beschreibung der letztern in Milne Edwards'
erstem Werk passt in einigen Charakteren besser auf
unser Exemplar, die in der zweiten Arbeit gar nicht.
Nach Bosc lebt diese Art in Carolina „sur les berds de
la mer ou des rivières où remonte la marée;" nach Say
an sandigen Gestaden.

32. *Gelasimus vocater* Herbst III 59, 1, vgl. dieses
Archiv XXXV 1869 S. 6. G. vocans M. E. II pr. 54
Cuv. ed. ill. 18, 1. G. palustris M. Edw. Ann. sc. nat.
c. XVIII, 4, 13. — Gelasimus sp. Saussure l. c. p. 24.

Zahlreiche Exemplare in Spiritus und trocken;
Saussure bemerkt, dass bei jüngeren Exemplaren der
untere Augenhöhlenrand mehr gebogen sei, dass die
jungen Weibchen nur kleine Scheeren, die jungen Männchen schon eine grosse haben. Gundlach's Exemplare
bestätigen dieses und ein weibliches Exemplar, dessen
Rückenschild 22½ Mill. breit 16 Mill. lang ist, zeigt, dass
auch alte Weibchen nur kleine, gleiche Scheeren haben;
die Stirne dieses Weibchen ist merklich schmäler als die
gleich grossen Männchen. Der unbewegliche Finger der
grossen Scheere trägt nahe seiner Spitze zuweilen einen
zweiten grössern Zahn, in der Regel nicht, und die letzten
2—3 Zähnchen bilden eine bald mehr bald minder schief
von den andern zurückweichende Reihe; bei einem Exemplar sind die Zähnchen der grossen Scheere fast ganz verkümmert. Diese Art lebt ohne Zweifel im Brackwasser,
so ist sie wenigstens in Brasilien gefunden worden und
auch von der sehr nahe stehenden G. pugilator sagt Bosc:
sur les bords de la mer ou des rivières dans lesquelles
il remonte la marée.

33. *Pinnateres Guerini* M. Edw. Ann. sc. nat. c) XX
p. 219. pl. 11. Fig. 9.

Mehrere Weibchen in Spiritus. Kieferfüsse und
Scheeren, wie M. Edw. sie beschreibt. Die Form des
weichen Rückenschildes, nahezu anderthalbmal breiter als
lang, ist dieselbe wie bei P. ostreae Say Journ. Acad. nat.
Sc. Philad. I p. 64. pl. 4. Fig. 5, welcher nach L. Gibbes
auch bei Florida vorkommt (Proceed. Am. Associat. adv.
scienc. III 1850 p. 179), nach Say's Beschreibung aber
behaarte Scheeren hat; seine Kieferfüsse sind noch nicht
untersucht. P. pinnophylax Bosc hist. nat. d. Crust. p.
294 pl. 6. Fig. 3. aus Chama Lazarus von den amerikanischen Küsten scheint auch mit unserer Art überein-
zustimmen.

34. *Grapsus (Goniopsis) cruentatus* Latr. M. E. II
p. 85. Ann. sc. nat. c) XX. p. 164 pl. 7. Fig. 2. Guérin
cub. p. VIII. Goniopsis ruricola (Degeer) Saussure p. 30.
pl. 2 fig. 18.

Ein Männchen, Rückenschild 55 Mill. breit, 44 lang,
Stirn zwischen den Augen 27, an ihrem untern Rande
26 Mill. breit. Rückenschild (getrocknet) dunkelpurpur-
roth, nach hinten heller, mit blassgelben Punkten und
kleinen Strichen, welche namentlich auf der Kiemengegend zahlreicher werden. Arme und Füsse mehr ziegelroth, die Hand nur an ihrer Oberseite noch röthlich,
sonst blass gelb, auf den Schenkelgliedern runde blass-
gelbe Flecken.

Die von Saussure l. c. S. 31 angegebenen Unterschiede
zwischen seinen Exemplaren von Cuba und zweien von
Mexiko scheinen nicht konstant zu sein, denn auch unser
cubanisches zeigt an den seitlichen Stirnlappen nicht mehrere,
sondern nur eine gekörnte Leiste, der äussere Ausschnitt
des Unteraugenhöhlenrandes ist dreieckig, nicht quadratisch,
und am innern Ausschnitt desselben berühren sich beide
Lappen, lauter Unterschiede, welche Saussure für den mexikanischen gegen den cubanischen anführt; dagegen stimmt
es in der Breite der Stirne, der Länge der Augenstiele
und der gefleckten Färbung des Rückenschildes zu den
cubanischen gegen die mexikanischen. Die Scheeren

tragen an ihrer Aussenseite nur oben, an der Innenseite
überall einzelne Höcker, ihr unterer Rand ist mit grösseren
Höckern besetzt.

Das Berliner zoologische Museum besitzt ausserdem
ein Exemplar dieser Art von Caracas (Venezuela) durch
Herrn Gollmer, und zwei von Liberia, Westafrika, beide
kleiner. Bei keinem sehe ich wesentliche Differenzen
von den westindischen; der äussere Einschnitt des untern
Augenhöhlenrandes ist bei demjenigen von Caracas
seichter und mehr abgerundet, die Färbung fast einfarbig;
bei jenen aus Liberia ist der innere Einschnitt jenes
Randes etwas weiter, die Höcker auf dem niedergebogenen
Theil der Stirne fliessen in Querlinien zusammen, der
mittlere eingebogene Theil des Stirnrandes ist glatt und
die Färbung des Rückenschildes mehr kleinfleckig; andere
wesentliche Unterschiede finde ich nicht und stehe an
die genannten für spezifisch zu halten.

Bei allen mir vorliegenden Exemplaren ist der Lappen
des untern Augenhöhlenrandes, welcher den innern Einschnitt nach innen begrenzt, blass gefärbt, wie der übrige
Theil desselben Randes.

35. *Grapsus pictus* Latr. Desmarest 16, 1. M. E. II,
86. Cuv. ed. ill. 22, 1. Guérin cub. p. VIII. G. maculatus
(Catesby) M. E. Ann. sc. nat. c) XX p. 167 pl. 6 Fig. 1.
Saussure l. c. p. 32. — Parra 48, 3. Cangrejo de Arrecife. —

In der ausführlichen Beschreibung, welche Saussure
gibt, findet sich nur wenig, was auf das von Gundlach
eingesandte männliche getrocknete Exemplar nicht passt;
bei diesem ist der Rückenschild 54 Mill. lang, in seiner
Mitte 59 breit, zwischen den äussern Augenhöhlenecken
43, die Stirne (zwischen den innern Augenhöhlenecken) 24.
Der Rückenschild ist also nicht besonders breit zu nennen.
Die Falten der Kiemenregion sind einigermassen erhaben,
die beiden mittlern Stirnlappen bilden eine in einer geraden Linie laufende mit Höckern besetzte Querkante,
aber die äussern sind etwas weiter nach vorn gerückt.
Die obere Kante des Armgliedes ist mit zwei Stacheln
bewaffnet, beide nahe dem vordern Ende und der vorderste
grösser, die untere Kante mit vier, welche auf deren

ganze Länge vertheilt sind, die beiden vordern grösser und zwischen ihnen ein rudimentärer fünfter. An den Fingern liegen die Höcker am äussern Rande der einander zugewandten schiefen Flächen, welche in die löffelförmige Aushöhlung endigen.

Catesby hat noch keine regelmässige binäre Nomenclatur und daher sein von Milne Edwards wieder eingeführter Name maculatus kein Prioritätsrecht. Herbst's Cancer tenuicrustatus. Bd. I S. 113 Taf. 3 Fig. 33, 34 ist nach den Originalexemplaren im Berliner zoologichen Museum (Nro. 555 und 557) nicht diese westindische Art, sondern eine nahe verwandte ostindische, G. rudis M. Edw.; in der That kommt eines seiner Exemplare nach der Etikette im Museum auch von Tranquebar.

Guérin führt noch Grapsus lividus M. Ed. II. p. 85 aus Cuba an. Derselbe ist sonst auch von Martinique und Florida (Bartlett bei Gibbes) bekannt und unterscheidet sich von pictus, rugulosus und cruentatus durch den Mangel des Dorns am vordern Ende der Schenkelglieder, von rugulosus, mit welchem er in Färbung und Form des Rückenschildes Aehnlichkeit hat, ferner auch durch die längliche Gestalt des dritten Glieds der äussern Kieferfüsse und die nicht löffelförmig ausgehöhlten Scheerenspitzen.

36. *Grapsus* (Leptograpsus) corrugatus, sp. n. (Taf. V Fig. 8.

Rückenschild nahezu quadratisch, (12 Mill. lang, 14 breit) mit geraden Seitenrändern und ziemlich stark, doch allmählig abwärtsgebogener Stirne, Stirnrand fast gradlinig, vom Lappen des untern Augenhöhlenrandes weiter entfernt bleibend, als beim vorigen. Am Seitenrand hinter der zahnförmigen äussern Augenhöhlenecke kein zweiter Zahn (im Gegensatz zu allen andern Grapsusarten Westindiens). Rückenschild, Arme und Scheeren, sowie Schenkelglieder der Füsse mit zahlreichen erhabenen scharfen Runzeln besetzt, dieselben laufen auf dem Rückenschild, einige über die ganze Breite desselben von links nach rechts und dann an beiden Seiten etwas nach vorn sich wendend, andere kürzere dazwischen eingeschaltet, an den Schenkelgliedern in schiefer Richtung, so dass wenn dieselben an die Seite des Körpers angeschmiegt werden, sie ungefähr quer laufen, und die Verlängerung der Runzeln des Rückens bilden, indem dann die seitlichen Parthieen, an denen die Rückenrunzeln sich nach vorn wenden, von den Schenkelgliedern verdeckt werden; ähnlich verhält es sich mit dem Armglied. Carpus granulirt mit einem Dorn an der Innenseite. Drei längere und einige kürzere Längskiele an der Aussenfläche der Scheeren; ihre Innenfläche glatt, Finger klaffend, stark gezähnt, ihre Spitzen löffelförmig ausgehöhlt. Oberrand der Schenkelglieder mit einzelnen starken kurzen Haaren und nahe seinem Ende mit einem mässigen oder schwachen Zahn, Unterrand derselben glatt, an seinem Ende nur ganz unregelmässig und schwach gezähnelt. Oberrand der zwei folgenden Fussglieder mit einzelnen langen Haaren wie bei Grapsus crinipes Dana. Endglieder mit starken Dornen, die äussersten stärker, etwas gekrümmt, an der Spitze bernsteingelb.

37. *Grapsus (Leptograpsus) rugulosus* M. Edw. Ann. sc. nat. c) XX p. 172. von Brasilien. Metopograpsus dubius Saussure l. c. p. 29. pl. 2. Fig. 16 von St. Thomas.

Aus Cuba von Gundlach liegen mir nur kleinere männliche Exemplare vor, Rückenschild 14½ Mill. breit, 11 lang, Stirn 8 breit; in Rio Janeiro habe ich selbst grössere gesammelt, Rückenschild 18 Mill. breit, 13 lang, Stirn 11 breit. Der Habitus ist der des europäischen G. varius Fabr., aber hinter der zahnförmigen äussern Augenhöhlenecke steht nur noch ein zweiter, kein dritter Seitenzahn. Der ganze Rückenschild ist quergerunzelt, die Stirn wenig gesenkt, mit leicht welligem glattem Rand, die 4 Stirnhöcker der Protogastralregion schwach ausgeprägt. Die Scheeren, an beiden Flächen, sowie am obern abgerundeten und untern Rande glatt, nur an der Aussenfläche nach innen zu eine scharfe glatte Kante, von der Gegend des Carpalgelenkes nahe dem Unterrand bis fast zur Spitze des unbeweglichen Fingers verlaufend; die Scheerenspitzen löffelförmig. Die Schenkelglieder der Füsse an ihrem Ende oben mit einem, unten mit mehreren

Zähnen besetzt, ihr unterer Rand, sowie der obere und untere der folgenden Fussglieder mit einzelnen langen Haaren besetzt. Färbung blassgelb mit zahlreichen dunkelrothen den Falten entsprechenden Querlinien auf dem Rückenschild; mehrere der brasilischen Spiritus-Exemplare sind in der vordern Hälfte dunkler braun, und alle haben den Rücken der Scheeren und einen verhältnissmässig grossen Flecken der Aussenseite an der Basis des unbeweglichen Fingers braun. Bei den cubanischen (getrockneten) ist diese braune Färbung nicht (mehr?) zu erkennen.

Es ist mir wahrscheinlich, dass Saussure's Metopograpsus dubius, l. c. pl. 2 Fig. 16 dieselbe Art ist, Beschreibung und Abbildung passt, auch, was er selbst von der Gattung aussagt, widerspricht nicht, nur bleibt es räthselhaft, wie er sie Metopograpsus nennen konnte, da diese durch die Vereinigung des Stirnrandes mit dem untern Augenhöhlenrand charakterisirt ist, was bei unsern Leptograpsus nicht zutrifft, von Saussure aber für seine Art weder positiv noch negativ erwähnt wird.

38. *Grapsus* (*Leptograpsus*) *miniatus* Saussure (als Metopograpsus) l. c. p. 28 pl. 1 Fig. 17 von St. Thomas.

Sehr ähnlich dem vorigen, aber Seitenränder mehr convex, daher die Stirne weniger breit (3 Mill.) als die Hälfte der Breite des Rückenschildes (8 Mill.); Füsse lang und schlank. Zwei Männchen.

39. *Grapsus* (*Leptograpsus*) *gracilis* Saussure (als Metopograpsus) l. c. p. 27 pl. 2. Fig. 15 von St. Thomas.

Sehr ähnlich dem vorhergehenden, aber von den Stirnhöckern (lobes protogastriques) fehlen die zwei äussern und der bewegliche Finger der Scheeren trägt auf seinem Rücken eine Reihe kleiner Höcker. Unter den vorliegenden trockenen Exemplaren von Cuba, Männchen und Weibchen, finden sich grössere, als bei der vorhergehenden Art, Rückenschild bis 19 Mill. breit, 14 lang, Stirne 11 breit. Die Färbung ist auch bei den getrockneten in der vordern Hälfte des Rückenschildes dunkler, im Uebrigen übereinstimmend.

Es ist räthselhaft, wie Saussure diese Arten zu

Metopograpsus stellen konnte, welche Gattung durch die
Verbindung des Stirnrandes mit dem untern Augenhöhlenrande, die bei den vorliegenden Exemplaren nicht Statt
findet, charakterisirt ist. Da er übrigens dieses wesentlichen Charakters gar nicht erwähnt, dagegen Alles, was
er im Text sagt und was in der Abbildung zu sehen ist,
auf die vorliegenden ebenfalls westindischen Exemplare
passt, so stehe ich nicht an, auch die Saussure'schen für
Leptograpsus zu halten. Derselbe unterscheidet drei Arten,
konnte aber von gracilis und dubius, wie es scheint, nur
Weibchen, von miniatus nur Männchen erhalten. Die mir
vorliegenden Exemplare zeigen von gracilis aus Cuba,
wie von rugulosus aus Rio Janeiro Männchen und Weibchen, sein miniatus ist mir noch nicht vorgekommen.

40. *Sesarma Ricordi* M. Edw. Ann. sc. nat. c) XX.
p. 183. S. cinerea (Bosc.) Guérin cub. p. VIII.

Männchen und Weibchen, zahlreich, bei dem grössten,
einem Weibchen, Rückenschild 20 Mill. lang, 21 breit,
Stirne 11 breit, die Scheeren nur $11^1/_2$ lang. Beim grössten
Männchen sind die Dimensionen des Rückenschildes
beziehungsweise $18^1/_2$, und 10, die Scheeren aber 13 lang.

Diese Art scheint nahe verwandt mit cinerea Bosc,
wovon mir übrigens kein sicher bestimmtes Exemplar vorliegt, und früher nicht von ihr unterschieden worden zu
sein; sie hat mit ihr gemeinsam den Mangel eines zweiten
Seitenzahns, die kleinen Höcker auf dem Epistom, die
kurzen, steifen, nicht sehr zahlreichen Haare an den
Füssen, aber die Scheeren sind an beiden Flächen glatt,
nur der breite Rücken des beweglichen Fingers durch
seichte Vertiefungen und Erhöhungen etwas rauh, während
sie bei S. cinerea nach Milne Edwards l. c. ziemlich
stark granulirt sein sollen, und der Rückenschild ist etwas
gewölbt. Die Mittelfurche der Stirn zwischen den zwei
mittlern Höckern ist wohl ausgebildet, dagegen diejenige
zwischen den mittlern und äussern, schwach und nur ganz
kurz angedeutet; vor den Höckern ist die Stirne vertikal
und granulirt, ihr Rand in der Mitte merklich eingebuchtet,
an den Seiten ist er scharf und horizontal, und an den Ecken
verlängert. Carpus stark gerunzelt, mit einem eckigen

Vorsprung an der Innenseite. Sckenkelglieder der Füsse
mit schuppenförmigen Erhöhungen auf ihrer obern Fläche;
die nächsten Glieder (tibia) mit zwei erhabenen Längslinien
daselbst, welche sich aber nicht auf das folgende Glied.
(tarsus) fortsetzen. (Ebenso ist es bei andern Arten dieser
Gattung.) Auf dem Rückenschild ziemlich zahlreiche aufrechte kurze Haare zerstreut. Dr. Hilgendorf hat das
Vorhandensein einer gekerbten Längsleiste auf dem Rücken
des beweglichen Fingers als Artkennzeichen bei den Sesarmen eingeführt (v. d. Decken, ostafrikanische Reisen,
Band III, Crustaceen Taf. 3. Fig. 3 a. d.); eine solche
fehlt Männchen und Weibchen unserer Art. Die Färbung
der getrockneten Exemplare ist blassgelb mit kleinen un-
gleichmässigen rothen .Flecken, welche in der Regel
wenig zahlreich sind, bei einigen Exemplaren aber doch
so zahlreich, dass dieselben eher roth mit blassgelben
Flecken zu nennen sind. S. cinerea lebt nach Bosc sur le
bord et dans les eaux saumâtres de la Caroline, und
unter Baumstämmen, ist also eine Brackwasserkrabbe, wie
so viele Sesarmen, und so dürfte auch S. Ricordi in ähnlichen Verhältnissen leben. Saussure's S. miniata von
St. Thomas ist vielleicht dieselbe Art, nur gibt er die Stirne
etwas schmäler an.

41. *Sesarma (Aratus) Pisonis* M. Edw. II p.76. pl. 19 Fig.
14 15; Ann. sc. nat. c) XX. p. 187. Guérin cub. p. IX. Martens
Trosch. Arch. XXXV 1869. S. 19 Taf. 1. Fig. 4 (Scheere).

Mehrfach, trocken und in Spiritus, bei einem die
Fundortsangabe: Cuasa bacoa en los mangles, also in den
Rhizophorasümpfen, wie Uca und demnach beide auch
hier Brackwasser- oder submarine Arten, wie ich es l. c.
schon in Bezug auf Brasilien ausgesprochen.

Grösstes Exemplar, ein Weibchen: Rückenschild
21 lang, zwischen den äussern Augenhöhlen 22, über dem
dritten Fusspaar aber nur 17 Mill. breit, Scheeren 14 lang,
mit schönen schwarzen Haarbüscheln an der Aussenfläche.
Einige der getrockneten glänzend dunkelbraun, etwas
marmorirt, andere matt weiss. Alle vorliegenden Exemplare sind Weibchen; das Glied des Postabdomens ist in
das verletzte eingekeilt, wie bei den andern Sesarmen.

42. *Plagusia squamosa* Herbst I 20, 113. M. E. II
p. 94. Ann. sc. nat. c) XX. p. 178. Dana I p. 368.
Pl. depressus (sic). Say Journ. Ac. Philadelph. I. p. 100.
Pl. Sayi De Kay.

Drei Männchen und ein junges Weibchen.

Es ist mir nicht möglich zwischen diesen von Cuba,
zwei von Brasilien, einigen von Madeira, lauter Männchen,
und einem Weibchen und Männchen aus dem rothen
Meer, von Ehrenberg gesammelt, konstante Unterschiede
zu finden. Herbst's Originalexemplar scheint nicht mehr
vorhanden zu sein, in seiner Figur fällt die Breite des
Rückenschildes auf, welche dessen Länge beträchtlich
übertrifft, etwas mehr als bei den vorliegenden Exemplaren,
bei denen übrigens hierin auch kleine Schwankungen
vorkommen; bei den jungen Weibchen sind beide gleich
(16 Mill.); Exemplare aus der Südsee (Pl. Orientalis
Stimps.) konnte ich nicht vergleichen.

Oxystoma.

43. *Calappa marmorata* Fabr. M. E. I, 104; Guérin
cub. p. XIII.

Parra 47, 2. 3, Cangrejo gallo. — Herbst II 40, 2
Cancer flammens. Die Zeichnung der vorliegenden Exemplare wie in Parra's Fig. 3.

44. *Hepatus princeps* Herbst II 38, 2 Calappa angustata F. H. fasciatus Latr. Desm. 9, 2.; M. E. II 117;
Cuv. ed. ill. 13, 2 (mehr nur punktirt); Guérin cub. p. VI
Calappa angustata Fabr.; Hepatus calappoides Bose crust.
ed. 2. p. 209. Parra 48, Cangrejo gallo chiro.

Eines der cubanischen Exemplare von Gundlach
gleicht durch die etwas breiten und ziemlich zusammenhängenden Querbänder des Rückenschildes sehr gut der
Herbst'schen Abbildung. Bei andern werden es nur Querreihen ganz kleiner Flecken, wie in der Abbildung bei
Cuvier; Parra zeichnet nur ganz kleine Flecken ohne
Ordnung in Querreihen und ähnlich finde ich es bei einem
der Gundlach'schen Exemplare. Die Füsse bleiben
dabei quergebändert. Rückenschild bis 85 Mill. breit
und 59 lang. Bei erwachsenen seltener und schwächer,
bei jüngeren (aus Brasilien) häufiger und relativ stärker

finden sich kleine runde Höcker gruppenweise in der
Magen- und Kiemengegend, so dass ich sehr geneigt bin,
H. taberculatus Saussure l. c. Fig. 9. für den Jugendzustand und nicht für eine eigene Art zu halten, welche in
der Mitte zwischen dieser quergebänderten und der folgenden augenfleckigen Art stehen würde.

54. *Hepatus decorus* Herbst II, 37, 6. — Parra 46, 2. —
H. Vanbeneden u. Hecklots notic. carcinol. Fig.

Ein Rückenschild aus Cuba von Gundlach 100 Mill.
breit, 68 breit. Die Flecken wieder etwas anders angeordnet als auf all den drei auch unter sich verschiedenen
Abbildungen, übrigens auch auf beiden Seitenhälften verschieden, indem mehrfach auf einer Seite zwei Flecken
getrennt, auf der andern verbunden sind. Die Ausfüllung der
Flecken ist bei diesem wie bei dem Herbst'schen Originalexemplar nicht gleich der Grundfarbe, sondern ein blasseres
Roth. Die Zähne des Seitenrandes ebenso unregelmässig.
Das Herbst'che Originalexemplar zeigt noch einige
schwache Höckerreihen auf dem Rückenschild. Zwischen-
formen nach der vorigen Art hin sind mir nicht bekannt,
obwohl der Unterschied nur in der Zeichnung liegt.

46. *Persephone punctata* Browne sp. M. E. II p. 127
als Gnaia, Guérin cub. p. X. Bell Trans. Linn. soc. XXI. 292.
Cancer Mediterraneus Herbst II 37, 2. P. Latreillei und
Lamarckii Leach nach Bell. l. c. Parra 51, 2 Cangrejo
tortuga.

Männchen und Weibchen, trocken und in Spiritus,
Rückenschild bis 48 Mill. lang (nach Guérin bis 54)
und 44 breit, Scheeren 35 Mill. lang, 11 hoch. Scheeren
rechts und links, sowie zwischen Männchen und Weibchen
gleich. Die vorliegenden getrockneten Exemplare zeigen
die rothen Flecken des Rückenschildes nicht so deutlich
und nicht so quadratähnlich, wie andere ebenfalls trockene
aus Brasilien, durch von Olfers erhalten; zugleich ist
ihre Körnelung durchgängig stärker und die drei Spitzen
an ihrem hintern Ende bedeutend schwächer.

Guérin l. c. führt noch Ilia punctata (Herbst) und
Myra fugax (F.) als cubanisch an; beide sind unter sich
ähnlich und schon mehrmals mit einander verwechselt

worden (M. E. I p. 126); ein Exemplar aus der Herbst'-
schen Sammlung, (Berl. zool. Mus. 2187), welches das
Original zu Herbst's Beschreibung Band I S. 89 zu sein
scheint, ist die ächte Ilia punctata von Milne Edwards,
die in der That eine westindische Art sein soll. Dagegen stellt die Abbildung bei Herbst I, 2, 15. 16. offenbar Myra fugax dar und auch hiezu ist ein Original in
der Berliner Sammlung vorhanden, nro. 2190. Die Gattung Myra ist aber sonst nur in Indien und Australien
gefunden und so dürfte auch Guérins Angabe derselben
aus Cuba wieder eine Verwechslung mit Ilia punctata sein.

47. *Ebalia (Lithadia) Cubensis* sp. n. (Taf. V Fig. 9)
Der Rückenschild hält etwa die Mitte zwischen
Lithadia Cumingii Bell Trans. Linn. soc. XXI pl. 33 Fig. 6
und Oreophorus nodosus Bell ebenda 33, 8. Der etwas
mehr breite als lange Gesammtumriss und die drei sehr
stumpfen horizontalen Zähne des vordern Seitenrandes
gleichen denen von Oreophorus nodosus, die tiefen Gruben
auf dem Rückenschild in ihrer Anordnung auffallend denen
von Lithadia Cumingii, nur sind die hintern merklich
kürzer, jede derselben in etwa halber Länge durch einen
Damm im Niveau der sonstigen Schalenoberfläche in zwei
getheilt und die hintern Theile nach innen zu durch einen
schmalen Streifen in der Mittellinie vereinigt. Der Hinterrand hat keine Vorsprünge.

Das Armglied der Scheere ist auf seiner Unterseite
gekörnt und sein äusserer Rand in eine flügelförmige
Kante zugeschärft; seine Oberseite in ihrer innern Hälfte
mit grössern Höckern besetzt; über der Einfügung des
Carpalglieds ein starker stumpfer Vorsprung. Carpalglied
vieleckig, auf der untern Seite gekörnt, auf der obern
glatt. Am Handglied der vordere (obere) Rand glatt, kielförmig, die Unterseite zeigt ein längliches gekörntes Feld
von der Artikulation mit dem Carpalglied bis zur Basis
des beweglichen Fingers, und ist im übrigen Theil glatt;
an der Oberseite nahe dem Innenrande eine grobgekörnte
Leiste. Unbeweglicher Finger mit einer Seitenfurche,
beweglicher mit einem Knoten an seiner Rückenseite nahe
der Basis.

An den übrigen Fusspaaren der obern Rand der Tibial- und Dorsalglieder mit starken zahlreichen Dornen, der untern Rand der Femoral- und Tibialglieder mit feinern Knötchen besetzt.

Aeussere Kieferfüsse ähnlich denen von Lithadia, der Palpus am Ende noch mehr abgerundet, das zweite Glied mit einer seichten Längsgrube in seiner Mitte. Pterygoidalgegend dicht gekörnt.

Am Abdomen des Weibchens das dritte bis sechste Segment in Ein Stück verwachsen, in der Mitte gekörnt, zu beiden Seiten der Mitte fünf kleine Gruben, die äusseren Parthieen mit unregelmässigeren und seichteren Vertiefungen.

Ein trockenes Weibchen, Rückenschild 11 M. lang, 13 breit, in der Mitte blassroth, im Uebrigen weiss; Scheeren 5 Mill. lang, $2^{1}/_{2}$ hoch. Als selten bezeichnet.

L. cadaverosa Stimpson Crust. of the Gulf Stream im Bulletin of the Museum of comparative zoology, Cambridge, II. 2. p. 159 scheint der Beschreibung nach dieser Art ziemlich ähnlich (abgebildet ist sie nicht) aber in einzelnen Details, z. B. den zwei starken abwärts gerichteten Zähnen des Seitenrandes verschieden zu sein.

Es möge erlaubt sein, die Beschreibung einer zweiten südamerikanischen Art einzufügen:

Ebalia (Lithadia) Brasiliensis n. Taf. V Fig. 10.

Ein starker abwärts gerichteter Zahn jederseits am vordern Seitenrande, hinter demselben eine Einbucht und darauf zwei schwächere nicht abwärts gerichtete Läppchen, deren zweites die Grenze zwischen dem vordern und dem hintern Seitenrand bildet; ein ähnliches stumpfes Läppchen, in der letzten Strecke des hintern Seitenrandes (posterior branchial lobe bei Bell, 3 R. bei Dana) Hinterrand (Intestinalgegend M. E., 2 P. Dana) aus jederseits einem grossen abgerundeten Lappen gebildet. Beweglicher und unbeweglicher Finger an der Innen- und an der Aussenseite mit je einer Längsrinne versehen. Farbe blassroth. Länge des Cephalothorax 0,014, Breite 0,015, Höhe 0,0105 Mill., Hand 0,0075 Mill. lang, wovon 0,09 auf die Finger, 0,0035 hoch. Bai von Rio Janeiro, in 5 Fäden Tiefe, auf Thongrund.

Gleicht im allgemeinen Aussehen der einzigen bis jetzt bekannten Art dieser Gattung, Lithadia Cumingii Bell Transact. Linn. soc. XXI 1855 p. 305, pl. 33 Fig. 6, unterscheidet sich aber von derselben durch die angegebenen Merkmale. Die granulirte und stark höckerige Oberfläche des Cephalothorax zeigt jederseits zwei tiefe ebenfalls granulirte Einsenkungen, die eine nahe dem vordern Seitenrande und diesem parallel, vorn und hinten erweitert, in der Mitte schmal und hinter der Mitte nur durch eine schwache Brücke von der Einbuchtung des vordern Seitenrandes hinter dem abwärts gerichteten Zahn getrennt; die zweite im hintern Theil des Cephalothorax, die regio cardiaca (1. P.) von den branchiales (3. R.) sowohl als von der intestinalis (2. P.) abtrennend und den Hinterrand oberhalb der Einfügung des fünften Fusspaars erreichend. Gestalt der äussern Kieferfüsse und der Hände wie in der angeführten Abbildung von L. Cumingii, die erstern schwächer granulirt als die Aussenseite des Abdomens; dieses ist sehr breit und gewölbt, eine geräumige Brusthöhle bildend; sein viertes, fünftes und sechstes Glied unter sich verwachsen zu einer grossen Platte, welche durch zwei Längsfurchen und ein mittleres schmales und je ein doppelt so breites äusseres Feld getheilt wird.

Anomura.

48. *Dromia lator* M. E. II. p. 174. Guérin p. 13. — Parra 46. Cangrejo cargadore (Lastträger, daher der Name lator).

Grösstes Exemplar (Männchen) 84 Mill. breit, 74 lang. (Rückenschild).

Mittleres Exemplar (Männchen) 59 Mill. breit, 52 lang.

Kleinstes Exemplar (Männchen) 17 Mill. breit, 18 lang.

Es passt daher nur auf die grösseren Exemplare, wenn Milne Edwards diese Art in die Abtheilung setzt, deren Rückenschild viel breiter als lang ist. Uebrigens

ist diese Art der europäischen D. vulgaris M. E. recht
ähnlich. An einem der kleinen Exemplare zeigt sich
nach Wegbürstung des Haarüberzuges, dass nur die zwei
Zähne hinter der äussern Augenhöhlenecke spitzig sind,
diese selbst und die zwei hintern ganz stumpf.

Hypoconcha sabulosa Herbst, beide bei Guérin
als cubanisch angeführt, und Homola spinipes Guilding,
fehlen in der Gundlach'schen Sammlung.

49. *Albunea Paretii* Guérin Revue et Mag. zool.
1853 p. 48 pl. 1 Fig. 10.

Rückenschild 28 Mill. lang, 26 breit. Die Augen-
träger spitziger als bei der sonst nahe verwandten A.
symnista F. Dieselbe Art besitzt das Berliner Museum
auch aus Caracas Alb. scutellata ebenfalls aus Venezuela.

50. *Remipes Cubensis* Saussure l. c. 36. pl. 2 Fig. 19.
Petiver Pterigraph Americ. 209 (von Barbados).

Zahlreiche Spiritusexemplare. Zuweilen zeigen sich
dunkle wellenförmige Längsstreifen auf dem Rückenschild.

Diese Gattung ist beiden Oceanen gemein; R.
testudinarius Latr. fand ich wiederholt im indischen
Archipel, z. B. auf Batjan (Molukken) und bei Larentuka
(auf Flores).

51. *Pagurus (Clibanarius) Cubensis* Saussure l. c.
p. 39. Vgl. Cancer sclopetarius Herbst II 1791 S. 23.
Taf. 23 Fig. 3 und P. vittatus Bosc hist. nat. crust. ed. 2.
1824 p. 327 pl. 12 Fig. 1.

Mittelzahn des Stirnrandes am Rückenschild spitzig.
Augenstiele länger als die Stiele der äusssern Fühler
und gleich der vordern Breite des Rückenschildes; die
Schuppe an der Basis der Augenstiele relativ länger
und spitziger als bei P. cinctipes. Der Palpus der äussern
Antennen das letzte Stielglied derselben nur eben noch
erreichend. Scheeren gleich, mit spitzigen Höckern versehen. Die zwei folgenden Fusspaare ziemlich behaart,
ihr Tarsalglied lang, mit stumpf erhabener Längsleiste
zwischen zwei Punktreihen. Farbe der vorliegenden
Spiritusexemplare gleichmässig hellgelb, die Scheerenspitzen und die Spitzen des zweiten und dritten Fusspaares schwarz.

Das Originalexemplar des Cancer sclopetarius Herbst
ist leider nicht mehr im Berliner Museum. nachzuweisen.
Seine Abbildung stellt eine langtarsige Art mit Einem
breiten Farbenstreifen über alle Glieder des zweiten und
dritten Fusspaars vor; dieser Farbenstreifen ist in der
Abbildung blau, nach dem Text „sächsisch grün". Das
dritte Glied des Fühlerstiels soll nach aussen in eine
kleine Spitze endigen, was ich von keinem Clibanarius
kenne. Ein Vaterland gibt Herbst nicht an. In dem
Farbenstreifen stimmt damit auffällig ein Exemplar eines
langtarsigen Clibanarius, das ich selbst zu Rio Janeiro
gesammelt; die Farbe selbst des Streifens ist freilich in
Spiritus nur ein dunkleres Roth. Formunterschiede von
Cubensis finde ich an demselben nicht. Pagurus vittatus
Bosc, aus Carolina, hat weisse Längslinien an den Füssen
und ebenso gezeichnete — drei helle Längslinien an der
Aussenseite der drei letzten Glieder des. zweiten und
dritten Fusspaars — befinden sich, leider ohne Fundortsangabe, im Berliner zoologischen Museum. Pag. tubercu-
losus M. E. II p. 229 soll, wie es scheint, keine Haare
an den Scheeren haben, was auf keinen der bisher genannten passt, und die Farbe wird kurzweg als röthlich,
gelb gestreift, angegeben. Die Abbildung, Ann. sc. nat.
seconde série. vol. VI pl. 13 Fig. 1, stimmt ziemlich in
den Verhältnissen zu unserer Art; die Zeichnung ist daselbst nicht angegeben.

Saussure beschreibt an seinem Cubensis braunviolette
Längsbänder (in der Mehrzahl) in der ganzen Länge der
Füsse. Wenn diese Zeichnung als Artunterschied brauch-
bar ist und sich an Spiritusexemplaren immer erhält, so
müsste ich aus den vorliegenden Exemplaren eine eigene
Art machen.

52. *Pagurus (Calcinus) cinctipes* Guérin bei Ramen
cub. Crust. p. XIV pl. 1 Fig. 12—14.

Drei Spiritusexemplare, die in der Färbung genau
mit dieser Abbildung übereinstimmen; aber der Palpus
der äussern Fühler erreicht nicht ganz die halbe Länge
der Augenstiele und die Scheeren sind glatt, ohne Höcker,
an der Spitze löffelförmig und die linke ist an allen viel

grösser. Da alle klein sind, der Rückenschild nur 8 Mill.
lang, die grössere Scheere 6 lang und 4 hoch, so beruhen
diese Unterschiede vielleicht auf dem jüngern Alter. Die
Farbe ist mehr oder weniger scharlachroth (an einem getrockneten Exemplar mehr violett) mit zahlreichen gelb-
weissen Punkten, die Enden der Scheeren und ein oder
zwei Querbänder am Ende der Füsse blassgelb, die
Scheerenspitzen ganz blass, die Fussspitzen schwarz.

53. *Pagurus insignis* Saussure l. c. 37. pl. 3 Fig. 20.

Nächstverwandt mit dem folgenden P. granulatus,
die Höcker an den Scheeren sind wie bei diesem mit
einem ausgebildeten Halbkreis von Haaren umgeben, aber
diese Höcker selbst sind durchschnittlich spitziger und
mehr einfach als bei granulatus; die Spitzen der Scheeren
bei jungen und alten Exemplaren schwarz und glatt.
Die Augenstiele sind nicht so lang als der Rückenschild
vorn breit ist, und kürzer als die Stiele der äussern
Fühler, bei Einem ganz kleinen Exemplare dagegen so
lang als der Rückenschild vorn breit, und etwas länger
als die genannten Fühlerstiele: die Basalschuppe der
Augenstiele hat mehrere (2—4) spitzige kleine Zähnchen;
die Cornea nimmt ein Viertel der Länge der Augenstiele
ein, also mehr als bei P. granulatus. An allen fünf vorliegenden Exemplaren ist die linke Scheere die grössere,
doch ist der Unterschied nicht bedeutend. Das zweite
und das dritte Fusspaar sind glatt, mit zerstreuten Büscheln
von wenigen starken Borsten; nur an der Aussenseite der
zwei letzten Glieder des dritten linken Fusses finden
sich ähnliche Höcker und Haarreihen wie an den Scheeren,
und hier auch eine auffällige Längskante in der Mitte der
Aussenseite, welche durch Querreihen von meist drei
Höckern dachziegelartig geschuppt erscheint; die Aussenseite dieses Fusspaars kommt beim Zusammenschmiegen des
Krebses in die Schneckenschale neben die Scheere zu
liegen und bleibt von aussen sichtbar, womit zusammenhängt, dass sie auch deren äusseres Ansehen theilt.
Rückenschild bis 54 Mill. lang und 22 breit, linke Scheere
24 Mill. lang und ebenso hoch; eine einzelne Scheere, die
entweder zu dieser Art oder zu granulatus gehört, ist

sogar 88 Mill. lang und 44 hoch. Das zweite und das
dritte Fusspaar haben Querbänder und feinere Netzlinien,
welche beide an Spiritusexemplaren lebhaft ziegelroth sind.

54. *Pagurus granulatus* Olivier M. E. II 225; Guerin
cub. p. 14. Petrochirus g. Stimpson Proc. Acad. Nat. Sc.
Philadelph. 1858. — P. miliarius Bosc hist. nat. d. crust.
ed. 2 1828 p. 325 pl. 12 Fig. 1. — Parra Taf. 61 Macào
p. 71.

Augenstiele lang, länger als die Stiele der äussern
Fühler und als die vordere Breite des Rückenschilds;
Basalschuppe der Augenstiele mit Einem starken Zahn.
Scheeren stark, ihre Aussenseite zeigt Gruppen von 3—7
stumpfen Höckern, welche von einem Halbkreis anliegen-
der Haare umgeben sind, ähnlich wie auf dem Rückenschild
von Plagusia squamosa; die rechte Scheere etwas grösser,
die Spitzen beider Scheeren stumpf, von derselben Skulptur und Farbe, wie die Scheere selbst (bei Alten; junge
mir nicht bekannt). Am zweiten und dritten Fusspaar
ähnliche Anordnung von Haaren, doch durchschnittlich
in flacherem Bogen; an keinem dieser Füsse eine auffallende Seitenkante.

Färbung in Spiritus einfarbig braun.

Cephalothorax mit den weichen Seitenflügeln 50 Mill.
lang, rechte Scheere 51 Mill. lang, 29 hoch; eine einzelne
noch grössere (auch rechte) Scheere 88 Mill. lang und
44 hoch.

Stimpson hat eine eigene Gattung Petrochirus,
für Pagurus granulatus errichtet 1858 p. 71), die Unterschiede desselben von Pagurus im Sinne Dana's. (Pagurus
B. b M. E.) sind aber unbedeutend und der vorliegende
P. insignis ist einerseits dem granulatus, andrerseits dem
ostindischen punctulatus so ähnlich, dass die Trennung sich
nicht empfiehlt; die Anordnung der Haare an den Scheeren
ist wie bei granulatus, die Scheerenspitzen, das Ueberwiegen der linken Scheere und die Form der Augenstiele
wie bei punctulatus; die Bildung der Basalschuppe des
Augenstiels genau in der Mitte zwischen beiden (bei einem
Exemplar des P. granulatus von La Guayra zeigt der einzige Zahn noch ein Seitenzähnchen nahe seiner Spitze).

55. *Coenobita Diogenes* Latr., M. E. II p. 240 pl. 22
Fig. 11—13. Catesby nat. hist. Carolina II 33, 1. 2. Guérin
cub. p. XV. Cancer clypeatus Herbst II 23 2. jung (non
C. clypeat. M. E.)

2 Exemplare in Spiritus.

Diese Art nähert sich dem C. clypeatus M. E. durch
die Augenstiele, die zwar nicht cylindrisch, sondern prismatisch, doch nicht ·so stark zusammengepresst, wie bei
C. rugosus sind, stimmt aber in der Anwesenheit eines
doppelten Haarpolsters und der nicht abgetrennten Fühlerschuppe mit C. rugosus überein und entfernt sich dadurch
von clypeatus. Vgl. Hilgendorf in· v. d. Deckens Reisen
in Ostafrika, Bd. III S. 98, 99. Lebt mehr auf dem
Trocknen als im Wasser.

56. *Percellana armata* Gibbes Proceed. Am. Assoc.
aderane sc. III 1850. S. 190. — P. galathina Bosc. hist.
nat. d. crust. ed. 2. 1828 p. 297. 298 pl. 6. Fig. 2. (Taf.
V Fig. 11) Guérin cub. p. XVI pl. 2 Fig. 1.

Mehrere Exemplare in Spiritus.

Die Beschreibung von Gibbes passt vollkommen;
Guérins Abbildung derjenigen Art, welche er erst als
neue egregia nannte und dann im Text mit galathina
Bosc identifizirt, weicht dadurch ab, dass der Carpus quere,
die Scheeren starke schiefe Runzeln zeigen und ersterer
an seinem innern oder vordern Rande vier Zähne trägt,
während an den 7 mir vorliegenden Exemplaren stets nur
3 vorhanden sind, mit Ausnahme éines einzigen, das an
Einem Arme, der übrigens verletzt und restaurirt scheint,
4 zeigt. Uebrigens scheint Guérins Abbildung nicht sehr
genau gezeichnet, da sie z. B. am Vorderrand des Schenkelglieds des dritten Fusspaares links starke Zähne zeigt,
rechts aber· keine: endlich ist der Dorn hinter dem
äussern Augenrande (Epibranchial-Dorn) bei dieser nicht
gezeichnet, wohl aber bei der folgenden P. amoena, welche
sich nach dem Text nur durch die Glätte des Rückenschilds und der Scheeren, nicht durch An- oder Abwesen-
heit von Seitenzähnen unserscheiden soll. Bosc's Beschreibung von galathina ist ungenügend kurz und nennt
die Schale längsgestreift, was wohl Schreibfehler für

quergestreift ist, da die Art desshalb mit Galatea strigosa verglichen wird (daher besser galateina zu schreiben); die Abbildung ist ziemlich roh und zeigt mehr Zähnchen am Carpus.

57. *Porcellana Sagrai* Guerin cub. p. XVI pl. 2. Fig. 5.

Ein Exemplar in Spiritus passt recht gut zu Guérins Abbildung, nur zeigt es einen deutlichen, wenn auch stumpfen Epibranchialzahn. Nach Guérins Text würde es demnach nicht zu dieser Art, sondern zu P. punctata Guérin gehören, aber dessen eigene Abbildung von punctata, Guérin iconogr. 18, 1 zeigt auch keinen Epibranchialzahn und bedeutende Differenzen in der Gestalt der Stirne, der Scheeren, sowie in der Färbung. Der Aussenrand der Scheeren ist an unseren Exemplaren mit Haaren besetzt.

58. *Porcellana Gundlachi* sp. n. (Taf. V Fig. 12).

Ein Exemplar in Spiritus. Stirne abgerundet dreilappig. Cephalothorax in seiner vordern Hälfte quergerunzelt, in der hintern glatt, mit seichten die Regionen andeutenden Furchen, ohne Epibranchialzahn. Carpus und Hand mit flachen kreisförmigen Höckerchen besetzt, Carpus flach gedrückt, so lang wie der Palmartheil der Hand, mit zwei höckerigen Längskanten, die eine den hintern oder äussern Rand bildend und in einem stumpfen Zahn endigend; vorderer (innerer) Rand ohne Zähne. Ränder der Hand glatt und etwas wulstig. Beide Fingerspitzen hakenartig gegeneinander gebogen. Cephalothorax 5 Mill. lang, 4 breit.

Macrura.

Loricata.

59. *Scyllarus latus* Latr. Savigny Descr. Eg. 8, 1 M. E. II p. 284.

Ein männliches Exemplar von 310 Mill. Länge (äussere Fühler mitgerechnet), aus der Sammlung von Gundlach Nro. 67, zeigt sich in allen von Milne Edwards hervorgehobenen Unterschieden zu latus und nicht zu aequinoctialis gehörig; die Höcker des Rückenschilds sind stark behaart, in der Magengegend stehen zwei stumpfe, aber ziemlich starke Höcker hinter einander, die Zähnelungen des Seitenrandes sind deutlich ausgeprägt, das drittletzte Glied der äussern Fühler ist so lang wie breit und trägt starke Zähne, drei an seinem vordern, zwei neben einander am inneren Rande, (bei aequinoctialis nur 1—2 am vordern und alle schwächer), das letzte Glied ist beinahe so lang wie breit, 40:45 Mill. (bei aequinoctialis 26:32, Unterschied zwischen beiden Verhältnissen nahezu $1/13$, also nicht viel).

60. *Scyllarus aequinoctialis* Fahr. M. E. II p. 285 pl. 24. Fig. 6; Guerin p. XVII; Parra 54, 1 Langostino.

Ein Weibchen, 284 Mill. lang. Der Vorderrand des drittletzten Glieds der äussern Fühler rechts mit 2, links mit nur 1, dem innern Zahn. Die rothen Flecken auf dem ersten Abdominalsegment scheinen für diese Art charakteristisch. Unglücklicher Weise besitzt das Berliner Museum nur Weibchen von dieser Art, auch aus Brasilien und Centralamerika, und nur Männchen von Sc. latus.

61. *Scyllarus (Arctus) Gundlachi* sp. n. (Taf. V Fig. 13)

Ein kleines Weibchen, 39 Mill. lang, sehr ähnlich mit dem europäischen Sc. aretus F., aber in Folgendem unterschieden:

Sc. aretus	Sc. Gundlachi.
Drei einfache Stacheln in der Medianlinie der vordern Hälfte des Rückenschildes; ein aus einem Höckerpaar bestehender Vorsprung in der Mittellinie gleich hinter der Cervicalfurche.	Keine einfachen Stacheln in der Medianlinie des Rückenschilds, sondern nur drei je aus einem Höckerpaar bestehende Vorsprünge, zwei vor der Cervicalfurche, den beiden hintern Stacheln von aretus entsprechend, und einer gleich hinter derselben.
Erstes Glied des Stiels der innern Fühler etwa dreimal so lang als breit.	Dasselbe etwa zweimal so lang als breit.
Die Doppelreihe schuppenförmiger Höcker, welche vom inneren Augenhöhlen-	Dieselben nicht von einander getrennt, in der hintern Hälfte des Rücken-

rande nach hinten und aussen sich erstreckt, durch einen gleich breiten glatten Zwischenraum von der Höckerreihe am Seitenrand des Rückenschildes getrennt.

schildes unmittelbar aneinander liegend, an der Cervicalfurche durch eingeschaltete ähnliche Höcker verbunden.

Das glatte Feld im vorderen Theil der 4 ersten Abdominalsegmente $1/4$ oder weniger der Länge des Segments in der Mittellinie einnehmend.

Dasselbe reichlich $1/3$ der Länge des Segments in der Mittellinie einnehmend.

Die Sculptur in der Mitte des zweiten bis fünften Segments das Bild eines gefiederten Blattes mit 3—4 Paaren von Fiederblättchen bildend.

Nur zwei Paare von Fiederblättchen.

Das Mittelstück der Schwanzflosse (telson) da, wo sein kalkiger Theil in den häutigen übergeht, jederseits zwei Stacheln darbietend, einen am Seitenrand, einen mehr nach innen hinter den grossen schuppenförmigen Höckern.

Diese Stacheln fehlen vollständig.

62. *Ibacus antarcticus* Fabr. Rumph 2, C. Herbst II 30, 2. M. E. II p. 288. — Parra 54, 2 — ? Ib. Parrae M. E., Guérin p. XVII.

Milne Edwards l. c. unterscheidet die cubanische Art als I. Parrae von der indischen. An dem Exemplar der Gundlach'schen Sammlung Nro. 68, einem Weibchen, kann ich keinen Unterschied von einem antarcticus, den ich selbst in Ostindien erhalten, und zwar einem männlichen, finden. Der Dorn an der Basis des letzten Fusspaares, die Furchen der Femoralglieder, die Länge der Tarsalglieder und die Behaarung sind dieselben, und das cubanische Exemplar gehört demnach nach den von

Milne Edwards angegebenen Unterschieden zu I. ant-
arcticus und nicht zu dessen Parrae. Doch passt auch
Parra's Figur dazu. Entweder leben zwei Arten in
Westindien oder ist I. Parrac keine besondere Art. Aueh
Gibbes Proceed. Am. Assoc. 1850 S. 193 kommt zu
einem ähnlichen Resultat.

63. *Palinurus longimanus* M. E. II. p. 294. Guerin
p. XVII. Parra 55, 1 camaron de lo alto.

Durch das unverhältnissmässig grosse und etwas
scheerenförmige erste Fusspaar ausgezeichnet. Das von
Gundlach erhaltene Exemplar, ein Männchen, ist von
der Stirn zur Schwanzflosse einschliesslich 134 Mill. lang,
das erste Fusspaar ist reichlich ebensolang, sein vorletztes
(Tarsal) Glied 49 lang, fast so lang als das Femoralglied,
und am vordern Ende 15 hoch, das sichelförmige Endglied in gerader Linie gemessen 17 Mill. lang, die obern
Fühler etwa 200, die untern 75. Auf der Unterseite
zeigt der hintere Rand des letzten Brust- und der sechs
vordern Abdominalsegmente jederseits ziemlich nahe der
Mittellinie einen spitzigen Stachel.

64. *Palinurus guttatus* Latr. M. E. II p. 297, pl. 23.
Fig. 1.

Ein Weibchen in Spiritus.

Die sehr detaillirte Beschreibung des P. echinatus
von S. Smith, Transact. Connecticut Acad. II. p. 20 von
Pernambuco passt in beinahe allen Einzelnheiten, namentlich auch in der Anordnung der Stacheln, auf das vorliegende Exemplar; nur ist an unserm die Querfurche
der Abdominalsegmente auch am dritten, vierten und
fünften nicht unterbrochen, das zweite Fusspaar ist ein
klein wenig länger als das dritte und ich vermisse die
beweglichen Stacheln am Endglied des vierten Fusspaars
völlig. Dagegen liegt mir eine ostindische Art vor,
welche bei grosser Aehnlichkeit sich in Folgendem
unterscheidet.

Palinurus guttatus M. E. von Cuba.	*Palinurus femoristriga* n. von Amboina.
Rückenschild zwischen den Tuberkeln mit Bogen-	Mehrere (3—5) starke kurze Borsten auf den

reihen von Haaren filz-
ähnlich wie bei Plagusia
squamosa bekleidet.

.Stacheln am Antennular-
segment doppelt solang als
die Entfernung ihrer Spitzen
von einander, unter sich
parallel.

Am Vorderrand nach
aussen von der Augenhöhle
zwei grosse und dazwischen
ein sehr kleiner Stachel
über der Einfügung der
äussern Fühler.

Hinter jedem der beiden
grossen Stacheln über dem
Auge lässt sich eine ziemlich regelmässige Längs-
reihe von 8 nach hinten
immer kleiner werdenden
Stacheln bis zum Hinter-
rande des Rückenschildes
verfolgen, drei davon vor,
fünf hinter der Cervical-
furche.

Der äussere Endfaden
der innern Fühler von der
Basis an dicker als der
innere.

Der Palpus der äussern
Kieferfüsse ohne Flagellum.

Epistom mit je zwei
kleinen Zähnchen zwischen
den drei grössern.

Vorderrand des grossen

---

kleinen Höckern des Rückenschildes, die Zwischenräume
zwischen denselben ohne
Haare.

Dieselben kürzer und
divergirend.

Ebenda zwei kleine und
ein grosser Stachel.

Dieselben Stacheln vor-
handen, aber nicht in einer
Linie, der zweite und dritte
bedeutend mehr nach ein-
wärts gerückt, hinter der
Cervicalfurche die Stellung
der Reihenfolge gar nicht
mehr zu erkennen.

Beide Endfäden in ihrem
ersten Theil gleich dick.

Derselbe mit einem halb-
federförmigen Flagellum
ähnlich dem der vorherge-
henden Kieferfüsse.

Epistom mit je drei
kleinen behaarten Zähnchen
zwischen den drei grössern.

Derselbe glatt.

Seitenzahns der Abdominalsegmente gekerbt oder ge-
zähnelt.

Hinterrand des vor-letzten Segments stark ge-kerbt und schwach behaart.	Derselbe fast glatt und mit langen Haaren besetzt.
Femoralglieder mit run-den Flecken.	Femoralglieder wie die Tarsalglieder mit Längs-bändern.

Beides nach Weibchen nahezu gleicher Grösse.

Da Milne Edwards für seinen gattatus Westindien
als Vaterland nennt, in der Beschreibung nur die vorletzten Glieder der Füsse gestreift nennt, und auch in
der Abbildung die Femoralglieder gefleckt zeichnet, so
halte ich die cubanische Art für den ächten guttatus
desselben. Ist dieses richtig, so lässt seine Abbildung
einiges zu wünschen übrig; namentlich ist die Form des
ersten Glieds der äussern Fühler verzeichnet, indem dessen
Innenseite sich haarförmig zu verlängern scheint und in
Figur 2 ist der Stachel am ersten Glied des fünften
Fusspaars nicht gezeichet. Wenn dagegen De Haan von
P. guttatus sagt, dass die Zwischenräume zwischen den
Stacheln auf dem Rückenschild glatt seien, Fama japonica,
p. 159, so könnte er unseren ostindischen femoristriga meinen, dagegen passt auf keinen von beiden, dass die Furchen
der Abdominalsegmente unterbrochen sein sollen. Heller
Novara-Exp. p. 95. hat die Worte spatium inter spinas
laeve für guttatus vermuthlich von De Haan entlehnt.

Die scheerenförmige Bildung am Gelenk zwischen
dem vorletzten und letzten Glied des fünften Fusspaars,
welche Smith für das Weibchen seines echinatus beschreibt, findet sich in gleicher Weise bei den Weibchen
unseres guttatus und femoristriga. Ich finde dieselbe
übrigens im hiesigen zoologischen Museum auch an den
Weibchen von P. vulgaris, wo schon Milne Edwards
sie angegeben, argus, penicillatus, dasypus, ornatus und japonicus, glaube daher, dass es die Regel in dieser Gattung
ist; bei japonicus ist sogar am Männchen der Fortsatz
am vorletzten Glied schon in etwas ähnlicher Weise vor-

handen, ohne dass ihm aber ein Fortsatz am letzten entspricht. Aehnlich finde ich es bei einem kleinen Weibchen von P. Lalandei, welches demnach die einzige Art
wäre, die eine Ausnahme bildete, doch stehen mir keine
grösseren Weibchen zu Gebote, so dass vielleicht mit
dem Alter auch hier noch der andere Fortsatz sich entwickelt. Bei dem Weibchen von P. trigonus Siebold
ist die Umbildung zu einer Scheere vollkommen, indem
das Endglied nicht über dieselbe hinaus sich verlängert;
ebenso bildet es De Haan ab; wie es hier beim Männchen
ist, weiss ich nicht. Bei den andern genannten Arten
und bei P. frontalis, longimanus und fasciatus zeigt das
Männchen keinen Ansatz zur Scheerenbildung am letzten
Fusspaar.

65. *Palinurus Argus* Latr. M. E. II 300.
Zwei Paar Zähne auf dem Antennalring, das hintere
weiter vom vordern entfernt, als die Zähne desselben
Paars unter sich. Abdominalsegmente mit Querfurche,
die auf dem zweiten, dritten und vierten in der Mitte
unterbrochen ist, auf den andern nicht. Kleine Exemplare, in Spiritus einfarbig braun.

66. *Palinurus* sp. (*ornatus* Oliv.?)
Stirnrand grade abgeschnitten. Auf dem Antennal-
ring 4 grössere Stacheln und mehrere kleinere dazwischen;
zwei grössere und mehrere kleine Stacheln am vordern
Seitenrand über der Einfügung der grossen Fühler.
Rückenschild mit grössern nicht sehr zahlreichen Stacheln
und dazwischen kleinen mehr oder weniger spitzigen
Höckerchen besetzt, nach hinten so dicht, dass keine
Zwischenräume bleiben, während vor der Cervicalfurche
glatte oder fein gekörnte Zwischenräume sich finden.
Die Abdominalsegmente o h n e Q u e r f u r c h e, ihre Seiten-
zähne ganzrandig, nach hinten von ihnen ein gezähnelter
Lappen. Keine Dornen am hintern Ende.
Ein kleines Männchen, in Spiritus, einfarbig braun.
Es ist meines Wissens bis jetzt keine amerikanische
Art mit ungefurchten Abdominalsegmenten beschrieben
worden. Die vorliegende kommt dem ostindischen or-

natus Fabr. so nahe, dass ich ausser der Farbe keinen
bestimmten Unterschied anzugeben wusste.

Palinurus wird von den Spaniern auf Cuba „langosto,"
Scyllarus und Ibacus „langostino" genannt, vom altrömi-
schen locusta für den Palinurus des Mittelmeers.

Astacina.

67. *Cambarus Cubensis* Erichson Arch. f. Naturgesch.
1846. S. 98 C. consobrinus Saussure l. c. S. 41. Taf. 3.
Fig. 21; Guérin cub. p. XVIII.

Männliche und weibliche Exemplare verschiedener
Grösse, aus süssen Gewässern. Bei den Männchen nur
am dritten, nicht auch am vierten Fusspaar ein Hacken;
die ersten Abdominalfüsse sind eigenthümlich gebildet;
obwohl nur aus Einem Stück bestehend, lassen sich doch
gegen ihr Ende zu zwei mit einander verwachsene Theile
unterscheiden, ein äusserer, der in eine stumpfe Spitze
endigt und dessen Vorderrand nahe derselben merklich
anschwillt, und ein innerer, welcher nach hinten den
vorigen überragt, nach innen eine ebene ovale Fläche
bildet, welche sich an die des Anhangs der vordern
Seite anlegt, und an seinem Ende zwei Lappen zeigt,
einen an das Ende des äussern Theils angelegten und
einen zweiten kürzeren frei nach vorn vorstehenden, mehr
abgerundeten. Die Anhänge des ersten Abdominalsegments
der Weibchen sind verhältnissmässig länger als bei Astacus
fluviatilis und sehr schlank. Die Zahl der Zähnchen
am seitlichen Einschnitt des mittleren Schwanzstücks
(telson) variirt von drei bis fünf, selbst zwischen beiden
Seiten desselben Individuums. Die Scheeren sind mit
ganz flachen Höckern besetzt. Am beweglichen Finger
zeigt sich zu beiden Seiten der Schneide, sowie auf dem
Rücken je eine, am unbeweglichen zu beiden Seiten der
Schneide je eine, am Unterrand zwei etwas vorstehende,
doch abgerundete glatte Längsleisten. Meist sind beide
Scheeren von gleicher Grösse, doch sah Gundlach auch
Exemplare, an denen die linke viel grösser war. Der
Schnabel (rostrum) zeigt stets nahe seiner Spitze einen
Seitenzahn (Seitenspitze); dieser ist ziemlich stumpf, doch

variirt seine Ausbildung sowie diejenige der mittleren oder eigentlichen Schnabelspitze etwas. Die Verlängerung der Mittelspitze über die beiden Seitenspitzen übertrifft in der Regel nicht oder kaum die Entfernung beider Seitenspitzen von einander, nur bei einigen Weibchen ist sie etwas länger. Länge des grössten Männchens von Schnabelspitze zu Schwanzspitze 62 Mill., Länge der Scheeren 25, Breite der stärkeren 7, der schwächeren 6 Mill.

Die Originalexemplare Erichson's, durch Otto in Cuba gesammelt, zeigen denselben Bau der ersten Abdominalfüsse des Männchens; die Weibchen sind noch etwas grösser als das oben gegebene Maass.

Saussure hat von seinem Cambarus consobrinus nur den Schnabel abgebildet pl. 3. Fig. 21; hiernach, sowie nach zwei dem Berliner zoologischen Museum übergebenen trockenen Exemplaren ist dessen Schnabel etwas spitziger, die Verlängerung der mittleren Spitze über die Seitenspitze merklich länger als die Entfernung beider Seitenspitzen von einander. Die beiden mitgetheilten Exemplare sind Weibchen und Saussure's Beschreibung enthält nichts über die männlichen Abdominalanhänge; es muss daher noch unentschieden bleiben, ob beide in Eine Art zusammenfallen. Eine neue Zusendung von Crustaceen, welche Dr. Gundlach dem Berliner Museum gemacht, macht übrigens wahrscheinlich, dass in Cuba noch eine zweite Art von Cambarus, die zwar im Schnabel mit Cubensis übereinstimmt, aber im Geschlechtsapparat abweicht.

Ich benutze diese Gelegenheit, um eines mexikanischen Flusskrebses zu erwähnen, welchen das Berliner zoologische Museum vor kurzem zugleich mit C. Aztecus und typischem C. Montezumae, angeblich aus Puebla, erhalten hat und den ich als Cambarus Montezumae var. tridens bezeichne. Es liegen mir davon ein Männchen und sechs Weibchen vor, welche bei sonstiger Uebereinstimmung mit A. Montezumae durch den dreizahnigen Schnabel von ihm abweichen; an jeder Seite tritt nämlich etwas hinter der Spitze ein Seitenzähnchen auf, doch ist

dasselbe bei- den verschiedenen Exemplaren nicht gleich
stark und sogar an einzelnen auf einer Seite mehr als
auf der anderen entwickelt, was den Werth dieses Unter-
schiedes schwächt. Bei dem einzigen Männchen dieser
Form ist übrigens noch der Fortsatz am zweiten Glied
des zweiten und dritten Fusspaars verhältnissmässig bedeutend schwächer als bei dem unbezweifelten Montezumae.
Von A. consobrinus Saussure, aus Cuba, wovon ich
Exemplare aus Saussure's Hand im Berliner Museum
vergleichen konnte, unterscheidet er sich nicht nur durch
die weit mehr vorgezogene Mittelspitze des Schnabels,
sondern auch durch die Körner und Stacheln an Scheere
und Carpus, worin er A. Aztecus gleicht, während beide
bei Montezumae unbewaffnet sind, und noch mehr dadurch,
dass am Seiteneinschnitt des mittlern Schwanzflossenstückes
(telson der Engländer), nicht nur ein, sondern 3—4
Zähnchen stehen, nach innen zu an Grösse abnehmend.
Die von Erichson im Archiv für Naturgeschichte 1846
S. 99 beschriebenen zwei Astacusarten aus Mexiko kann
ich leider in den Berliner Sammlungen nicht mehr ermitteln; Erichsons Beschreibung nach hat keiner von
beiden einen dreizähnigen Schnabel und stimmt keine
seiner Arten mit einer von Saussure oder der mir vorliegenden mexikanischen überein, wie folgende Zusammenstellung zeigt:

	Ein hakenförmiger Fortsatz am zweiten Glied der folgenden Fusspaare beim Männchen	Scheere	Carpus am Innenrand
Cubensis Erichs.	dritten allein	flach-gekörnt	gezahnt
Aztecus Sauss.	dritten allein	gekörnt	gezahnt
Wiegmanni Erichs.	dritten und vierten	gekörnt	gezahnt
Mexicanus Erichs.	dritten allein	dicht gekörnt	nicht gezahnt
Montezumae Sauss.	zweiten und dritten	punktirt, sonst glatt	nicht gezahnt

Hagen hat in seiner gründlichen Monographie der
nordamerikanischen Astaciden, Illustrated Catalogue of the
museum of comparative zoology, No. III. Cambridge 1870,
die Verschiedenheit der erwähnten männlichen Anhänge
erstlich zwischen den einzelnen Arten und zweitens

von zwei Formen innerhalb derselben Art hervorgehoben.
Unsere cubanische Art lässt sich zu keiner der drei
Gruppen, welche er in der Gattung Cambarus unterscheidet, genau genommen bringen, da die Form jener
Anhänge mit keiner recht stimmt; von der Gruppe von
acutus unterscheidet sie auch noch der Mangel des
Hakens am vierten Fusspaar. Die zweite Männchenform,
mit gegliederten Anhängen und minder entwickelten
Scheeren finde ich unter den Gundlach'schen Exemplaren nicht vertreten, doch deutet die Bemerkung Saussure's, dass Männchen mit minder entwickelten Scheeren
vorkommen, auf das Vorhandensein einer solchen.

    Cambarus sowohl als Palaemon wird von den Spaniern
auf Cuba „camaron" genannt.

    68. *Callianidea Gundlachi* n. (Taf. V. Fig. 13.)

    Obwohl in einigen Punkten merklich von der ty-
pischen Art der Gattung (Milne Edw. II p. 319 pl. 25bis
Fig. 8—14) abweichend, sind doch die Unterschiede
nicht so bedeutend, dass ich eine eigene Gattung darauf
gründen möchte.

    Rückenschild länglich, ziemlich stark zusammenge-
drückt; Cervicalfurche scharf ausgedrückt, an den Seiten
unterhalb derselben eine zweite ungefähr ihr parallele
Furche, welche nahe dem Vorderrande sich mit ihr vereinigt. Schnabel platt, abgerundet, wohl die Augen,
aber kaum das erste Glied der äussern Fühler nach vorn
überragend, sein vorderer und seitlicher Rand
mehrfach tief eingekerbt, wodurch eckige Läppchen
entstehen, in den Einkerbungen stehen längere Haare;
der Seitenrand des Schnabels verlängert sich nach hinten
in eine glatte scharfe Kante, welche die obere Fläche des
vorderen Theils des Rückenschildes von dessen seitlichen
Parthieen trennt und nach hinten kurz vor der Cervicalfurche aufhört. Obere Fläche des Schnabels mit kleinen
runden Höckern besetzt, seine Mittellinie nur in der
hintern Hälfte kielartig erhoben, dieser Kiel verliert sich
auf dem Rückenschild selbst sehr bald, viel früher als
die Seitenkanten.

Erstes und zweites Fusspaar ähnlich denen von Callianassa; am ersten rechte und linke Scheere gleich, Carpus
nur wenig kürzer als der Palmartheil der Hand, vorn
eben so hoch, aber nach hinten viel niedriger werdend;
einzelne Borstenhaare an den Seiten der Scheere, stärkere
Borstenbündel an dem oberen Rande und an den Seiten
der Finger; beide Finger ziemlich an einander schliessend,
der bewegliche nicht auffällig hakenförmig. Am dritten
Fusspaar alle Glieder etwas mehr platt und weniger
schlank als am vierten, doch das vorletzte (Tarsus) immer
noch doppelt so lang als breit, und nach vorn nicht
breiter werdend, während es bei Callianassa breiter als
lang und bei C. typus M. Edw. nach vorn sich sehr verbreitert; sowohl an seinen beiden Rändern, als an seiner
äussern Fläche stehen Haarreihen. Dieses Tarsalglied
ist am dritten und vierten Fusspaar etwas länger als das
vorhergehende Tibialglied, etwas kürzer als das Femoralglied. Das fünfte Fusspaar ist noch schlanker, aber nicht
kürzer als das vierte; sein Tarsalglied ist 5—6 mal länger
als breit und sogar länger als sein Femoralglied, etwas
sichelförmig gekrümmt, und an seiner Spitze behaart,
das Klauenglied sehr klein, von den Haaren versteckt.

Die sechs ersten Abdominalsegmente sind oben glatt,
mit nur schwacher Andeutung einer stumpfen Längser-
hebung an den Seiten; das letzte ist ebenfalls glatt, ohne
Ausschnitt, abgerundet viereckig, etwas breiter als lang;
die breiten Seitenblätter, welche mit ihm die Endflosse
bilden, ebenso lang, die innere oval mit einem mittleren
Längskiel, die äussere noch breiter, mit zwei etwas gebogenen Längskielen und ein Stück ihres Randes, wo die
Kiele auslaufen, mit vielen kleinen Zähnchen versehen.
Der Rand all dieser Schwanzflossenblätter lang behaart.

Abdominalfüsse des ersten Paars beim Weibchen
schlank, platt gedrückt, spitz endigend. Diejenigen des
zweiten, dritten und vierten Segments blattförmig, ihre
beiden Endzweige gleichgebildet, am Aussenrande mit
einer membranartigen Erweiterung, auf welcher sich ga-
belnde Linien fächerförmig ausbreiten; der Aussenrand
dieser Membran behaart. Die Kiemen an der Basis der

Thoraxfüsse unter dem Rückenschilde normal, am fünften
Paar rudimentär. '

Länge vom vorderen Ende des Schnabels zum hintern
Rande der Schwanzflosse 84 ˙ Mill., zum hintern Rande
des Cephalothorax 31, Länge der Scheere des ersten Fusspaars 13, Höhe derselben 6 Mill.

Nur ein Weibchen in Spiritus vorhanden. . Leider
sagt Milne Edwards nicht, ob er beide Geschlechter
von Callianidea bei seiner Beschreibung kannte. Die
Abdominalfüsse unserer Art stehen gewissermassen in
der Mitte zwischen denen seiner Gasterobranches und
denen der normalen Thalassiniden, sie sind complicirter
als letztere, aber ihre Anhänge sind nicht büschelförmig,
wie Milne Edwards sie für Callianidea beschreibt und
abgebildet, sondern in einer Ebene und durch eine Haut
vereinigt, die gegabelten Linien in dieser Haut sind
nämlich sehr wahrscheinlich den gegabelten Fäden bei
Callianidea typus entsprechend. Die vorspringende ge-
kerbte und höckerige Stirn und die Formen ˙des dritten
und fünften Fusspaars bieten übrigens weitere Unterschiede
von Callianidea, von einem. Werthe, den man heut. zu
Tage meist schon als generisch betrachtet.

Callianidea typus ist nach der Angabe von Milne
Edwards an der Küste von Neu-Irland von Quoy und
Gaimard gefunden, Callianisea elongata (Guérin), welche
er vorläufig noch trennt, Spätere als dieselbe Art betrachten,
von den Marianen, und im britischen Museum sollen
philippinische Exemplare von Callianidea typus sein, also
derselben indisch-australischen Fauna zugehörig. Guérin
selbst aber führt in seiner späteren Bearbeitung der Crustaceen von Cuba p. XVIII seine elongata unter diesen
Cubanern an und vereinigt Callianidea typus damit; die
von ihm daselbst gegebene Abbildung passt gar nicht zu
unserer Art, dagegen ziemlich gut zu Callianidea typus,
und ebenso erhielt das Berliner zoologische Museum auch
ein mit dieser Art übereinstimmendes Exemplar von
Naturalienhändler Wessel in Hamburg als˙ aus den Antillen stammend.

Carides.

69. *Atya scalva* Leach. M. Edw. II. p. 348. pl. 24. Fig. 15—19.

Ich finde keinen wesentlichen Unterschied zwischen diesen cubanischen Exemplaren und den mexikanischen, welche das Berliner Museum früher durch Deppe erhalten hat; die zwei vorliegenden Exemplare sind Männchen. Von Guérin's Atyoida Poeyi unterscheiden sie sich neben der Stärke des dritten Fusspaars, was Geschlechtscharakter sein könnte, wesentlicher durch die Form des Schnabels, oben flach, mit zwei Seitenkielen wie bei Astacus. Länge des Cephalothorax 17, des Abdomens 35, des dritten Fusspaars 19.

69b. Atya occidentalis Newport Ann. Mag. Nat. Hist. XVIII 1857 p. 158.

Ein grösseres Weibchen dieser Gattung (die drei betreffenden Masse 21, 44 und 23) hat nicht nur das dritte Fusspaar ganz unbedeutend grösser als die beiden folgenden, nur 1/2 Mill. länger als das fünfte Paar, und kaum stachlig (Gattung Atyoida Randall), sondern die Seitenkiele des Schnabels laufen auch nicht in eine Spitze aus, sondern verlieren sich am Seitenrand, und der Schnabel wird an seiner Spitze zusammengedrückt mit zwei Zähnchen am Unterrande, keine am obern; dieser letztere Charakter ist der einzige, der es von Atyoida Poeyi Guérin cub 2, 7 unterscheidet. Ich wage nicht nach dem Einen Exemplar über die Species abzuurtheilen, bin aber nach sonstigen Erfahrungen geneigt, die Differenz im Schnabel für spezifisch zu halten.

Sämmtliche Exemplare von Atya fand Gundlach in süssen Gewässern.

70. *Caridina Americana*? Guérin cub. p. 18 Taf. 2 Fig. 13.

Obwohl das eine Artkennzeichen, worauf Guérin Werth legt, die Erweiterung und Zähnelung an den Femoralgliedern des dritten und vierten Fusspaars an den Gundlach'schen Exemplaren nicht eintrifft, so passt doch sonst Guérin's Figur in allem Uebrigen so sehr, dass ich Anstand nehme, sie als Art zu trennen. Die genannten Exemplare sind bis 20 Mill. lang, auch die Zähnchen an dem Unterrand des Schnabels sind sehr schwach.

Das erste Fusspaar ist wie bei Atya, am zweiten die Scheere ebenso, aber der Carpus nicht mehr Vförmig sondern länglich und stielrund, wie gewöhnlich in dieser Familie. Bei C. Mexicana Saussure l. c. pl. 4. Fig. 26 ist auch der Carpus des zweiten Fusspaars noch mehr Vförmig und der Schnabel ganz zahnlos.

71. *Hippolyte-Cubensis* n. (Taf. V. Fig. 14.)

Schnabel kurz, das erste Glied des Stiels der obern Fühler kaum überragend, nach hinten als Kiel sich auf etwa ⅔ des Rückenschilds erstreckend; 3—4 Zähne auf diesem Rückenkiel, 3 auf dem Schnabel selbst, an seinem Unterrande 3—4 sehr kleine Zähnchen. Am Vorderrande des Rückenschildes ein Stachel über, einer unter der Einfügung der äussern Fühler (Antennal- und Branchiostegaldorn, nach Stimpson, dieselben wie bei den europäichen Palaemonen). Innerer Endfaden der obern Fühler die Fühlerschuppe etwas überragend, äusserer bedeutend länger als das ganze Thier. Erstes Fusspaar kurz, die Fühlerschuppe nicht überragend, Palmartheil der Hand angeschwollen, 1½mal so lang als die Finger, ½ oder ⅔ so lang als das Carpalglied; die Fingerspitzen breit, schwarz; alle folgenden Fusspaare sehr lang und schmal, Carpus des zweiten Paars geringelt, das fünfte das längste, nach vorn gelegt den Rückenschild um dessen ganze Länge überragend. Rückenschild 18, Abdomen 26 Mill.

Von den bei Dana beschriebenen Arten kommt H. brevirostris, S. 566, Taf. 36 Fig. 5 derselben am nächsten, unterscheidet sich aber durch den Mangel der Zähne am Unterrande des Schnabels, und die geringere Anzahl am obern Rande.

72. *Palaemon* (*Leander*) *vulgaris* Say.

Habitus des europäischen P. squilla, Schnabel ungefähr so lang als die Fühlerschuppen, oben mit 7—8 Zähnen, wovon 2 noch auf dem Rückenschilde selbst stehen,

unten 3 Zähne. Aeussere Kieferfüsse nach vorn gestreckt
das Ende der Fühlerschuppe bei weitem nicht erreichend,
zweites stärker und länger. Finger des zweiten Fusspaars ein wenig kürzer als der Palmartheil der Scheere.
Nur kleine Exemplare, von Schnabelspitze zu Schwanzspitze
27 Mill., doch ein Weibchen schon mit Eiern, in Gund-
lachs Sammlung, unter Exemplaren von Xiphocaris. Meines
Wissens der erste westindische Repräsentant der Palaemonen der ersten Section von Milne Edwards (Leander
Stimps.). Say kennt ihn südwärts bis Ostflorida.

. 73. *Palaemon (Macrobrachion) Jamaicensis* Herbst.
M. E. II. 398. Guérin cub. p. XX. Saussure l. c. P. 49.
Martens Troschels Archiv XXXV 1869 S. 22. Parra 55. 2.
Camaron de Agua dulce.

Ein grosses männliches Exemplar aus süssem Wasser,
von der Schnabelspitze zur Schwanzspitze 262 Mill.,
zweites Fusspaar 410, beide Scheeren gleich, Hand 219,
davon auf die Finger 109 Mill. Ein grosser Zahn auf der
Schneide jedes Fingers, der des unbeweglichen näher der
Basis; Breite des Palmartheils 30, Höhe 25 Mill. Das
grösste Exemplar dieser Art, das ich bis jetzt gesehen.

74. *Palaemon (Macrobrachion) Faustinus* Saussure
l. c. p. 53 pl. 4. Fig. 30.

Mehrere Männchen und Weibchen in Spiritus, das
grösste von Schnabelspitze zu Schwanzspitze 94 Mill., Länge
des zweiten Fusspaars 122, Palmartheil der grossen Scheere
26 Mill. lang, 15 beit, Finger 20 Mill. lang. Bald die
rechte, bald die linke Scheere die grössere.

Sehr nahe dem P. spinimanus M. E. (dieses Archiv
1869 S. 26), durch den mit dem Stiele der obern Fühler
gleich langen Schnabel und durch die dichte, lange Behaar-
rung an der Hand.

74[b]. Zwei männliche Individuen, von Gundlach selbst
als Varietät des eben behandelten bezeichnet, stimmen
im Schnabel vollständig überein, haben aber schwach entwickelte gleiche, fast cylindrische Scheeren; das Brachialglied ist merklich länger als das Carpalglied, Palmartheil
der Hand und Finger unter sich gleich und bedeutend
länger als das Carpalglied; dieses Fusspaar gleicht dem-

nach ziemlich demjenigen von Pal. Montezumae Saussure
l. c. Taf. 4. Fig. 29, aber der Schnabel hat mehr Zähne (14).
Der Körper des Individuums ist so gross wie der unserer
grössern Faustinus. Obwohl nun sonst bei bereits erwachsenen Individuen die Gestalt und die Gleichheit oder
Ungleichheit der Scheeren spezifische Charaktere zu sein
pflegen (dieses Archiv XXXIV 1868 S. 31), so möchte
ich doch hier ausnahmsweise das fragliche Individuum als
Faustinus mit abnorm gleichen und cylindrischen sozusagen
jugendlich gebliebenen Scheeren betrachten.

75. *Palaemon Mexicanus* Saussure l. c. p. 52 pl. 4.
Fig. 27.

Aus süssen Gewässern.

Diese Art ist so nahe oder noch näher mit dem
brasilischen P. forceps verwandt, als Faustinus mit spinimanus. Der Schnabel ist aufwärts gebogen, überragt ein
wenig die Fühlerschuppen, zuweilen kaum merklich und
hat oben 8—10 Zähne, einen noch auf dem Rückenschild
selbst, zwei ganz nahe der Spitze; wo der letzte derselben stark entwickelt ist, bildet er die Spitze selbst
und wir zählen daher einen Zahn weniger am obern
Rand; unten 5 Zähne, von Haaren verhüllt. Dies zweite
Fusspaar minder verlängert als bei forceps. Das grösste
Exemplar (ein Weibchen) zeigt folgende Maasse: Schnabel
26 Mill. Cephalothorax ohne denselben 31, Abdomen, 65,
zweites Fusspaar 74, davon Brachialglied 15, Carpalglied 21, Palmartheil der Hand 13, Finger verletzt, nach
andern Exemplaren zu schliessen eben so lang.

Pal. Amazonieus Heller (Sitzungsberichte Wien. Acad.
XLV. p. 418 Fig. 45 ist sehr wenig verschieden. Merk-
würdiger Weise sind alle cilf Exemplare der ersten
Gundlach'schen Sendung Weibchen, die vier einer
zweiten Sendung alle Männchen, als ob Männchen und
Weibchen von einander getrennt lebten, während unter
seinem Faustinus unter 14 13 Männchen und nur 1 Weib-
chen sich befinden. Ebenso sind unter den brasilischen
Exemplaren von P. forceps und spinimanus des Berliner
Museums die grosse Mehrzahl des erstern Weibchen, des

letztern Männchen. Beide Artenpaare kommen an denselben Fundorten vor.

76. *Alpheus lutarius* Saussure l. c. p. 45 pl. 3 Fig. 24. Halopsyche l. ejusd. Revue zool. 1857 und Guérin cub. p. XVIII.

Von Saussure richtig beschrieben, aber in seinen Abbildungen sind Fig. 24 d und 24 e nicht die beiden Maxillen, wie es in der Erklärung heisst, sondern der zweite und erste Kieferfuss; bei 24 e könnte sogar beim Zeichnen eine Verwirrung eingetreten sein, da die Gliederung des Stamms und der auswärts gewandte runde Fortsatz auffällig dem Stiel der obern Fühler und dem einwärts gewandten Auge ähneln.

77. *Xiphocaris* gen. nov.

Körper seitlich zusammen gedrückt, doch die Rückenseite sowohl am Cephalothorax als an allen Abdominalsegmenten abgerundet (nicht gekielt); am Cephalothorax die Cervical- und Cardiacobranchialfurche nur schwach ausgedrückt, die andern fehlen; am Vorderrand Ein Stachel über der Einfügung der äussern Fühler (Antennalstachel). Schnabel sehr lang (länger als der Cephalothorax) und dünn, aufwärts sich biegend, nahe seiner Basis nur am obern, dann nur am untern Rande gezahnt. Obere Fühler mit zwei langen Geisseln, die äussere nahe ihrer Basis merklich breiter als die innere; Fühlerschuppe der äussern Fühler mit nur Einem Zahn am Aussenrande, nahe dessen vorderem Ende (wie bei Palaemon und vielen andern Gattungen im Gegensatz zu Oplophorus). Mandibel nicht tief zweitheilig, der obere Ast stark gezähnt, ohne Palpus. Aeussere Kieferfüsse fussförmig lang (länger als das erste Fusspaar). Erstes und zweites Fusspaar mit Scheeren, das erste kürzer (nach vorn bis zum Ende der gezahnten Parthie des Oberrandes des Schnabels ragend), aber stärker als das zweite; am zweiten das Vorderarmglied sehr verlängert, dünn, das Carpalglied kürzer als das Handglied, nicht geringelt. Die drei folgenden Fusspaare mit einfacher Endklaue. Alle fünf Paare der Brustfüsse mit Anhängen (appendices palpiformes M. Edw., epipoda Stimps.). Vor-

letztes Abdominalsegment doppelt so lang, als das vorhergehende, stielrund (ohne untere Seitenränder).

Xiphocaris elongata. Hippolyte elongata Guérin in
Ramon de le Sagra Cuba Crust. p. XX Taf. 2. Fig. 16.
1856. Oplophorus Americanus Saussure l. c. p. 56 pl. 4.
Fig. 31. 1858 (hier ist das zweite Fusspaar nicht nur
länger, sondern auch kräftiger als das erste gezeichnet,
was bei unsern Exemplaren nicht zutrifft). Hippolyte
elongata Guérin in Ramon de le Sagra, Cuba p. XX.
Taf. 2 Fig. 16.

Mehrere Exemplare in Spiritus aus Cuba in der
Gundlach'schen Sammlung. Schnabel 14, Cephalothorax
ohne denselben 10, Abdomen 30 Mill.

Von Oplophorus unterscheidet sich diese Gattung
sofort durch die Bildung der Fühlerschuppe, und den
Mangel der Dornen auf den Abdominalsegmenten; auch
die Bezahnung des Schnabels weicht sehr ab. Derselbe
erinnert mehr an Xiphopeneus Smith (Tránsact. Connecticut Acad. 1869) aus Brasilien, aber dieser hat wie
Peneus, auch am dritten Fusspaar eine Scheere. Hippolyte,
worunter auch sehr langschnablige Arten vorkommen,
unterscheidet sich durch die Ringelung des Carpus am
zweiten Fusspaar. Nach der Anordnung von Milne
Edwards wäre diese Gattung der Fussanhänge wegen zu
den Peneiden zu stellen, nach derjenigen von Dana der
geringen Stärke des zweiten Fusspaars wegen zu den
Alpheinen neben Hippolyte.

78. *Peneus Brasiliensis* Latr. M. E. II. p. 414.

Schnabel oben mit 9—10 Zähnen, wovon unten der
4te von hinten ungefähr über dem Augenhöhlenrande
oder ein wenig dahinter mit zwei, beide dem letzten der
oberen gegenüber. Er reicht nach vorn bis zur Mitte
oder dem Ende des zweiten Glieds des Stiels der obern
Fühler. Sowohl der Mittelkiel als die beiden Seitenkiele des Rückenschilds erstrecken sich nach hinten bis
beinahe zum Hinterrande des Rückenschilds; der Mittelkiel ist bei grössern Exemplaren in der hintern Hälfte
mit einer medianen Längsfurche versehen. Ein Dorn
am Basalglied des ersten und zweiten, keiner an dem

des dritten und der folgenden Fusspaare. Mittelstock der
Schwanzflosse mit einer starken mittlern Längsfurche,
am Ende in eine biegsame Spitze ausgehend, ohne Seitenzähne. Cephalothorax mit Schnabel 39 Mill., Abdomen
71, drittes Fusspaar 50 Mill., nach vorn bis zur Spitze
der Fühlerschuppe reichend. Milne Edwards führt als
einzigen Unterschied dieser Art von dem nahe verwandten
ostindischen P. canaliculatus Olivier an, dass er drei Zähne
am untern Rande des Schnabels haben soll, während
alle 22 Exemplare aus Cuba verschiedenen Alters, welche
Gundlach dem Berliner Museum zugeschickt hat, nur
zwei haben. Gibbes (Proceed. Am. Assoc. adv. sc. III
p. 198. 1850) beschreibt einen Peneus von Südcarolina
als P. Brasiliensis; was er davon sagt, passt auf die
vorliegenden Exemplare, aber die Zahl der Zähne am
Schnabel gibt er nicht an. Nach S. Smith findet sich
dieselbe Art auch an der Westküste von Florida (also
westindisches Meer) und bei Bahia, aber auch er sagt
nicht, ob mit 2 oder 3 Zähnen am Unterrande des Schnabels.
Der ostindische canaliculatus hat nur Einen Zahn unten,
was sich aus der Vergleichung mit P. caramote bei
Milne Edwards ergibt, und für den japanischen von
De Haan bestätigt wird; auch an Exemplaren des Berliner Museums von Java und Amboina, letztere von mir
gesammelt, finde ich nur Einen. Da ich an allen ostindischen Exemplaren, · die mir zu Gebote stehen, hierin keine
Variation finde, so scheint allerdings die Zahl der Zähne
einen artlichen Unterschied zu bilden, doch so, dass der
indischen Art nur 1, der amerikanischen ·2 bis 3 am Unterrand zukommen.

79. *Peneus setifer* L. Seba III 17, 2. = Herbst II,
34. 3 (vers.) M. E. II, 414; Saussure l. c. p. 54. P. fluviatilis Say Journ. Ac. Philad. I. p. 236.

Ein Exemplar in Spiritus.

Grösser, 156 Mill. lang, durch den längern Schnabel
und die nur bis zur Hälfte des Rückenschildes gehenden
Nebenkiele unterschieden; auch diese Art hat zwei Zähne
am Unterrande des Schnabels; Say gibt an, dass auch
zuweilen drei und vier daselbst vorkommen. Sein Artname

fluviatilis ist aus Seba entlehnt, der keine linneische Nomenclatur hat, und wie Say selbst zugibt, wenig passend,
da die Art im Brackwasser lebt.

Saussure ist zweifelhaft, ob er seine Peneus von
der mexikanischen Küste und von Cuba zu setifer zählen
dürfe, da der Schnabel nicht ganz so lang sei, als
die Fühlerschuppe. Bei dem vorliegenden von Gundlach
ist er sogar etwas länger, dagegen bei andern aus Rio
Janeiro auch etwas kürzer. Das Mittelstück der Schwanzflosse geht bei allen in einen langen spitzigen Dorn aus.

80. *Sicyonia carinata* Olivier. M. Edw. Ann. sc.
nat. a) XIX. p. 344 pl. 9. Fig. 44.

Dreizehn Exemplare verschiedener Grösse (Länge
von Schnabelspitze bis Schwanzspitze von 29—83 Mill,)
zeigen constant nur 2 Zähne auf dem eigentlichen Rückenschild und den dritten (von hinten an gerechnet) zwar
auch noch hinter dem vordern Rand desselben, doch
schon auf der höhern Erhebung, mit welcher der Schnabel
beginnt; dieser dritte entspricht dem vierten in der Abbildung von Saussure und dessen zweiter, immer von
hinten gerechnet, fehlt allen unsern Exemplaren. Die
Form der Schnabelspitze wechselt etwas, was in der Beschreibung grössere Unterschiede darzustellen scheint,
als bei Vergleichung der Exemplare der Fall ist; ausser
jenem ersten trägt nämlich der Schnabel noch drei Zähne,
zwei davon an der Spitze, einer über dem andern; wenn
von diesen zweien der obere länger ist, so erscheint er
als die Spitze selbst, der untere als der Unterseite angehörig und man erhält die Formel: oben 2, unten 1
Zahn; ist der untere Endzahn länger, so erscheint der
obere zurückstehend und es ergibt sich die Formel:
oben 3, unten kein Zahn. Saussure zeichnet noch zwei
Zähnchen mehr am Schnabel. Der Cephalothorax trägt
einen Antennal- und einen Hepaticalstachel, wie die
grossen Süsswasser-Palaemonen. Die Abdominalsegmente
zeigen an den Seiten neben den schleifenartigen Furchen
eine regelmässige Körnelung.

Saussure hat eine eigene Art, S. cristata, l. c. 55.
pl. 3. Fig. 25, von Cuba, aufgestellt, welche einen Zahn

mehr auf dem Rückenschild und zwei mehr am Schnabel
hat, im Uebrigen der carinata gleicht. · Es ist nicht unmöglich, dass es nur eine individuelle Variation von der
eben besprochenen Art sei; jedenfalls darf der Name
nicht bleiben, da schon früher (1833) De Haan eine
japanische Art S. cristata genannt hat.

81. *Stenopus hispidus* Olivier. M. Edw. II. p. 407.
pl. 25. Fig. 13; Cuv. ed. ill. 50, 2.

Mehrere Exemplare in Spiritus, alle einfarbig braun
und weichschalig, daher auch die Stacheln weich anzu-
fühlen. Schnabel unten ohne Zähne, nur ganz nahe
der Spitze ein kleines Zähnchen, oben mit etwa 8 starken
Zähnen, wovon 4 auf dem Rückenschilde selbst. Carpus
und Hand des dritten Fusspaars prismatisch, indem neben
der obern und der untern stark gezahnten Kante auch in
der Mitte jeder Seitenfläche eine Längsanschwellung mit
einer einfachen Reihe von Zähnen auftritt.

Ich weiss keinen erheblichen Unterschied zwischen
diesen cubanischen Exemplaren und den indischen anzugeben, welch letztere ich bei Amboina selbst gesammelt habe
und die mit der Abbildung in der Zoology of the voyage
of H. M. Ship Samarang, Crust. pl. 12. Fig. 6. (von Borneo
und den Philippinen) stimmen. Nur erscheinen die indischen im Leben bunt roth gezeichnet, in Spiritus blass
orange und mehr hartschalig, endlich scheint Carpus und
Hand des dritten Fusspaars bei ihnen mehr seitlich zusammengedrückt, minder vierseitig; doch ist dieser letztere
Unterschied gering und fliessend. Im Allgemeinen gibt
aber die oben erwähnte Abbildung in Cuv. ed. ill. den
Habitus unserer cubanischen Exemplare weit besser. Es
soll mich nicht wundern, wenn noch Artunterschiede
zwischen beiden gefunden werden. Im Mittelmeer lebt
eine ähnliche, doch nach Heller (Crust. südl. Eur. S. 229)
hinreichend verschiedene Art. St. spinosus Risso.

Eine zweite Art, angeblich auch aus Westindien,
hat das Berliner zoologische Museum von Hrn. Wessel
in Hamburg erhalten; da sie noch unbeschrieben scheint,
so möge sie hier kurz charakterisirt werden.

Stenopus semilaevis n.

Cephalothorax bestachelt. Abdomen glatt. Schnabel kurz, den Stiel der obern Fühler nicht überragend, zusammengedrückt nach hinten als Kiel bis in die Nähe der scharf ausgeprägten Cervicalfurche verlängert, oben mit 4 Zähnen, unten ohne Zahn. Carpus (Antibrachium) des dritten Fusspaars vierkantig, wie beim vorigen, aber die Scheere zusammengedrückt, mit glatten Seitenflächen und nicht so sehr verlängert, einschliesslich der Finger doppelt so lang als hoch; ihre obere Kante schärfer als die untere und glatt, die untere gekerbt; die Finger halb so lang als der Palmartheil, der Rücken des beweglichen Fingers kantig, gekerbt. Länge von Schnabelspitze zu Schwanzspitze 12 Mill. Länge der dritten Fusspaars 13, Höhe seiner Scheere 3 Mill.; viertes kürzer.

Bildet durch die mehr starken, als langen Scheeren den Uebergang zur Gattung Spongicola De Haan und erinnert im Habitus dadurch auch an Pontonia, wenn man davon absieht, dass bei letzterer es das zweite und nicht das dritte Fusspaar ist, welches die grossen Scheeren trägt. Die Bedornung des Cephalothorax ist aber wie bei Stenopus hispidus. Bei dem einen Exemplar sind beide Scheeren gleich, bei einem zweiten etwas kleinern die rechte bedeutend schwächer.

Stomapoda.

82. *Squilla rubrolineata* Dana crust. I, p. 618 pl. 41. Fig. 2. — ?. S. dubia M. Edw. II p. 522, Gibbes Broc. Am. Assoc. III. 1850 p. 200.

Eine grössere Anzahl Exemplare in Spiritus erlaubt die Variationen innerhalb der Art etwas zu verfolgen. Die Anzahl der Zähne an den Raubfüssen schwankt zwischen fünf und sechs (die Endspitze eingerechnet, wie es Milne Edwards, Dana und A. thun); wo nur fünf, was häufiger scheint, fehlt der erste, der auch sonst bei weitem der kleinste ist; an Einem Exemplar zeigt der rechte Raubfuss sechs, der linke ist merklich kleiner und hat nur vier, er dürfte nachgewachsen oder verkümmert, jedenfalls als abnorm zu betrachten sein. An den Abdominalsegmenten enden nicht nur, wie Dana richtig angibt, alle Längskiele des vorletzten und jederseits die drei äussern des drittletzten Segments mit einem spitzigen Dörnchen, sondern an einigen Exemplaren auch noch die mittleren dieses Segments oder auch jederseits die zwei äussern des viertletzten. Oefter zeigt sich in der Mittellinie der Abdominalsegmente eine Spur eines neunten Kiels, stets schwächer und kürzer als die andern, und nirgends mit einer Spitze endigend. Auf der Oberfläche des Mittelstücks der Schwanzflosse (telson) stehen zerstreut seichte Grübchen; der Längskiel desselben ist bald glatt, bald etwas höckerig oder gekerbt; zu seiner Seite tritt bald eine Reihe sehr schwacher Höckerchen auf, wie in Dana's Abbildung, bald eine eben so schwache zusammen-hängende Längsleiste, bald endlich ist keins von beiden zu bemerken. Am variabelsten ist die Zahl der Zähn-ehen am Hinterrande dieses Stücks, doch auch zwischen bestimmten Gränzen: Dana gibt 8 spitzige Zähne da-selbst in der Beschreibung an, in seiner Abbildung sind auf der einen Seite vier, auf der andern (rechten) drei, indem der zweite fehlt. An den meisten der vorliegenden Exemplare sind nur drei jederseits vorhanden, indem der erste jederseits stumpf bleibt; bei einigen Exemplaren ist er aber auch etwas spitzig, so dass im Ganzen 8 her-auskommen. Die Zahl der stumpfen Zähnchen oder Höckerchen zwischen den beiden mittlern spitzigen End-zähnen variirt im Allgemeinen, wie Dana richtig angibt, zwischen 4 und 6, d. h. zwei oder drei jederseits, zu-weilen ist es aber auch nur einer jederseits, der dann in der Regel, doch nicht immer ein kleines Nebenhöcker-chen an seiner Seite zeigt, so dass, wenn man dieses mit-zählt, wieder 4 herauskommen; endlich ist zuweilen an einer Seite ein Höckerchen mehr als an der andern, so z. B. an einem Exemplar auf der einen Seite 3, auf der andern 4, das Maximum, das ich gesehen, und an einem andern ist nur an der einen Seite Ein Höckerchen, an der andern gar keines vorhanden, was als Abnormität gelten kann. Die absolute Gesammtzahl der Höckerchen zwischen den genannten zwei Zähnen ist somit, je nach den Exemplaren, 1, 2, 4, 5, 6 oder 7; wahrscheinlich

dürften weitere Exemplare auch noch die Fülle von 3
und 8 ergeben. In ähnlicher Weise schwankt die Zahl
der Zähnchen zwischen dem mittlern und dem letzten
seitlichen spitzigen Zahn, welche Dana zu (jederseits)
4 angibt, an den vorliegenden Exemplaren zwischen $3^1/_2$
(drei mit einem Nebenhöckerchen), 4, 5 und 6.

Dana gibt ausser dem Seitenstachel am Antennal-
segment noch einen solchen am Augenstiel an; ich finde
einen solchen weder in seiner Abbildung, noch an den
vorliegenden Exemplaren von Cuba.

Sq. dubia M. Edw. „des côtes d'Amérique" ist
vielleicht dieselbe Art; doch stimmt damit nicht, dass er
der vorhergehenden Art, scorpio, abgerundete Erhöhungen
statt der Kiele auf dem vorletzten Abdominalsegment
zuschreibt und seine dubia dieser höchst ähnlich nennt,
hauptsächlich nur die Zahl der Zähne der Raubfüsse,
sechs statt fünf, als Unterschied anführend. Die Squilla
dubia von Charleston, Gibbes l. c., ist wegen ihres benachbarten Fundortes noch wahrscheinlicher unsere Art.

83. *Squilla (Pseudosquilla) stylifera* Lam. M. Edw.
II. 526. Guérin iconogr. 24, 1.

Eine indische Art, durch Milne Edwards von
Isle de France angegeben und von mir auf Amboina gesammelt; aber das von Gundlach erhaltene Exemplar
stimmt vollständig, sowohl zur Beschreibung als Abbildung. Meines Wissens das erste Beispiel einer Art
dieser Unterabtheilung von den atlantischen Küsten Amerikas. Doch ist zu bemerken, dass Gibbes l. c. S. 200, diese
Art auch im zoologischen Kabinet zu Charleston fand,
wo sonst hauptsächlich nur Crustaceen aus Südkarolina
selbst oder auch Westindien sich fanden.

Sq. ciliata Owen Zool. Beech. voy. p. 90 pl. 27 Fig. 5
von den Sandwichinseln scheint in keiner Weise verschieden; nur beschreibt Owen die zweistachlige Basalplatte
der Seitenflossen als innere Seitenflosse (inner lamella).
Sq. empusa De Haan fn. jap. 516. 1833 (nicht empusa
Say 1818) ist dieser Art ungemein ähnlich, auch in den
Kielen der beiden letzten Abdominalsegmente, und nur
durch die noch breitere und vorn gerade abgeschnittene
Rostralplatte verschieden.

84. *Gonodactylus chiragra* L. Petiver Pterigraphia
(nicht Petrigr.) Americana Nro. 373 tab. 20. Fig. 20 (von
Barbados). Herbst II. 34. 2. M. E. II. p. 528.

Ich finde an den Gundlach'schen Exemplaren
keinerlei stichhaltige Unterschiede von solchen aus Ostindien, namentlich von Amboina, wo ich sie selbst gesammelt habe. Der Stachel der Stirnplatte ist verhältnissmässig kürzer als bei den freilich durchschnittlich
auch absolut grössern indischen. Von den sechs Längs-
höckern des sechsten Abdominalsegments gehen bei Einem
nur die beiden äussern, bei einem zweiten fünf (nur der
linke innerste nicht) in einen feinen Stachel aus; es er-
öffnet das die Wahrscheinlichkeit einer grössern Reihe
von Variationen, wie ich deren in der That an denjenigen
von Amboina mehrere derartige bemerke. Die Farbe ist
bei den cubanischen (in Spiritus) einfarbig braungrün,
mit schwachen Spuren hellerer Flecken; unter den Am-
boinesen finden sich neben ähnlich gefärbten noch ändere,
welche in Spiritus mehr grün, mehr gelb öder stärker
gefleckt sind; an den Raubfüssen hat sich öfter die violette Farbe kenntlich erhalten.

In der Bearbeitung der Crustaceen der v. d. Decken-
schen Reise, S. 103, hatte ich geglaubt, die Verbreitung
dieser Art auf das Gebiet des indischen und stillen Oceans
vom rothen Meer bis Chile einschränken zu können; die
von Gundlach erhaltenen Exemplare beweisen nun,
dass sie allerdings auch im tropischen Theil des atlantischen Oceans vorkommt; aus dem Mittelmeer ist mir
aber immer noch kein spezieller Fundort für sie bekannt
und namentlich möchte ich vermuthen, dass auch Olivi's
Cancer scyllarus, zoologia Adriatica p. 50 und 60, der
häufig im Schlamme der venetianichen Lagunen sich finde,
wo er sich Löcher von 3—4 Fuss Tiefe macht, gar nicht
dieser Gattung angehöre, sondern vermuthlich Gebia
litoralis Risso sei, welche Olivi nach der kurzen linnei-
sehen Diagnose der unvollkommenen Scheeren wegen als
scyllarus bestimmte, wie auch schon mein seliger Vater,
Reise nach Venedig, II. 1824 S. 495, angenommen hat.

Ueber Ascaris cristata nov. spec.

Von

Dr. O. von Linstow

in Ratzeburg.

(Hierzu Taf. VI.)

Die Hechte des Ratzeburger Sees enthalten constant eine Ascaris-Art, welche, im Winter klein und ohne geschlechtliche Entwicklung, im Sommer aber erwachsen, besonders zahlreich in den älteren Exemplaren auftritt. Die bis jetzt bekannten Nematoden von Esox lucius sind Cucullanus elegans, Ascaris adiposa, Ascaris mucronata und Ascaris acus, von welchen die erste Species hier nicht in Frage kommt, die zweite aber, im Fett lebend, eine durchaus zweifelhafte und unbestimmbare Art ist, und, vielleicht zu A. acus gehörend, auch in Schneider's Monographie der Nematoden nicht zu finden ist. Mit Ascaris acus und mucronata aber ist die von mir gefundene Species verwandt, und andererseits doch, wie der Vergleich zeigen wird, specifisch von ihnen verschieden, noch mehr aber von den übrigen bekannten Ascaris-Arten.

Die Länge des erwachsenen Wurms beträgt beim Männchen bis 32, beim Weibchen bis 50 Mm., die Dicke bis 1 Mm., und zwar ist das Schwanzende dicker als das Kopfende.

Nach Schneider, der die Ascarisarten in 3 Unterabtheilungen theilt, nämlich in Arten, welche zeigen:

a. Lippen mit Zahnleisten, keine Zwischenlippen,

b. Lippen mit Zahnleisten und Zwischenlippen,

c. Lippen ohne Zahnleisten mit Aurikeln und Zwischenlippen,

gehören die 3 Arten, welche hier verglichen werden
sollen, sämmtlich in die letzte Klasse.

Die Oberlippe von A. cristata hat eine Pulpa von
annähernd paralleler Begrenzung, nur nach vorn ist sie
etwas ausgebuchtet, wo sich zwei Papillen befinden,
während dieselbe bei A. acus rhombisch und bei A.
mucronata oval ist. Der Lobus, d. h. der in den
sogenannten Löffel der Vorderlippe hineinragende Theil
entspringt breit und verschmälert sich dann, während er
bei acus schmal entspringt und sich allmählich verbreitert,
und bei mucronata ganz fehlt. Die Lobuli haben runde
Vorwulstungen oder Verbreiterungen, die bei acus und
mucronata fehlen. Es fehlen die strichförmigen Aus-
strahlungen der Lobuli in den Vorderrand des Löffels,
welche bei acus und mucronata vorhanden sind. Zur
genauen Vergleichung füge ich die Masse der einzelnen
Theile der Oberlippe hier an, wobei ich bemerke, dass
ich bei A. acus und mucronata Schneider's [1]) Abbildungen zu Grunde lege.

	Grösste Breite der Oberlippe.	Basis der Oberlippe.	Länge der Oberlippe.	Gerader Vor- derrand des Löffels.
A. cristata . .	0,1	0,04	0,07	0,02
A. acus . . .	0,1	0,038	0,11	0,03
A. mucronata	0,15	0,1	0,08	0,046

(in Millimetern).

Die grösste Breite der Oberlippe verhält sich zu
deren Länge

        bei cristata etwa wie $1^1/_2 : 1$
        bei acus wie   1 : 1
        bei mucronata wie   2 : 1

Die Lippenbasis zum geraden Vorrande des Löffels

        bei cristata wie   2 : 1
        bei acus wie $1^1/_4 : 1$
        bei mucronata wie 2 : 1

Die grösste Breite der Oberlippe zu der ihrer Pulpa

---

1) Schneider, Monographie der Nematoden, tab. II, fig. 8
und 10.

bei cristata wie   1,8 : 1
bei acus wie   1,5 : 1
bei mucronata wie   1,7 : 1·

Schneider zeichnet den äussern Theil des Löffels bei beiden Arten geradlinig, und bildet derselbe sowohl mit dem Vorderrande als auch mit dem bogenförmigen Seitenrande der eigentlichen Lippe Ecken, während die Contouren der Oberlippe von cristata überall sanft gerundet sind. Die übrigen Unterschiede ergeben sich am besten aus einer Vergleichung meiner Fig. 13 mit den beiden Schneider'schen Abbildungen.

Die Unterlippen sind, zum Unterschiede von A. mucronata, und in Uebereinstimmung mit A. acus, unsymmetrisch (Fig. 14); über ihre Form bei den beiden genannten Arten ist mir nichts bekannt.

Die starke Seitenmembran entspringt rund neben den Unterlippen (Fig. 14), und verläuft, an Breite nur wenig abnehmend, längs des ganzen Thieres, während bei mucronata dieselbe am Kopf breit beginnend, schon am Halse verschwindet[1]), uud bei acus „schwach ist wie Schneider angiebt[2]), ohne dass wir über den Verlauf etwas erführen; nach Diesing[3]) sind die Seitenmembranen jedoch auch hier auf den Kopf beschränkt.

Die Seitenlinien haben einen keilförmigen Querschnitt mit gerundeter Spitze (Fig. 17) und schliessen ein starkwandiges Seitengefäss ein.

Das Schwanzende ist kegelförmig mit abgerundeter Spitze, beim Männchen kürzer als beim Weibchen.

Die Quermuskeln der Körperwand entspringen häufig rechtwinklig aus den Längsmuskeln, oder ein Muskelstrang biegt rechtwinklig um. Zwischen den Muskeln, die sich noch lange nach Zerstückelung des Thieres contrahiren, liegen ovale, drüsenartige Körper.

Der Oesophagus ist ein sehr starkwandiges, cylindrisches Rohr, ohne Anschwellung an seinem unteren Theile, und geht derselbe sich abschnürend in das aus

---

1) Schneider l. c. pag. 46.   2) l. c. pag. 47.
3) Systema helminthum II. pag. 185.

polyedrischen Zellen mit Kern und Kernkörperchen gebildete Darmrohr über; an der Uebergangsstelle findet
sich eine rundliche Drüse mit eingelagerten Kernen, ein Organ, das vielleicht als Speicheldrüse aufzufassen ist, und
ausserdem entspringt hier ein neben dem Darm verlaufen-
der Drüsenschlauch von etwa $\frac{1}{5}$ der ganzen Körperlänge,
mit einem feinen Hohlraum in der Axe und rundem Ende.
Leuckart[1]) fand dieses Organ, welches er als Blind-
schlauch bezeichnet, bei Asc. acus und giebt von demselben an, es in der angegebenen Ausdehnung nur bei
A. acus gefunden zu haben, und ist dasselbe nach der
Abbildung[2]) zu urtheilen von derselben Länge wie bei
A. cristata. Schneider[3]) fasst dieses Organ, das er
bei A. spiculigera, nasuta, osculata, lobulata, mucronata,
acus erwähnt, als eine Fortsetzung des Oesophagus auf,
was es in dem vorliegenden Falle entschieden nicht ist,
da es mit jenem nur indirekt zusammenhängt, und auch
nicht die charakteristische Muskelstreifung des Oesophagus zeigt. Eigenthümlich ist, dass alle genannten
Arten Wasserthiere bewohnen.

Der Darm endet rund und entspringt aus demselben
das weit dünnere Rectum, welches an seinem vorderen
Viertel drei gekernte, einzellige, auffallende Drüsen zeigt,
die mit dünnem Ausmündungsgange dem Rectum auf-
sitzen und flügelförmig von demselben abstehen. Diese
Drüsenzellen sind schon bei der unten zu schildernden
Larve sehr deutlich und in die ·Augen fallend, und
scheinen dieselben bei der Larve von A. acus zu fehlen,
wenigstens macht Leuckart[4]), ein Beobachter, von dem·
wir mit Gewissheit annehmen können, dass ihm diese
Gebilde nicht entgangen wären, bei Beschreibung der
Larve von A. acus nicht auf dieselben aufmerksam.

Vor der männlichen Cloake, aus der man die Spicula
häufig mit den Spitzen hervorragen sieht, liegt ein quer-
ovaler Saugnapf mit wulstigen Rändern (Fig. 19, a). Zwei
Reihen Papillen zeigen sich an der Bauchseite des Männ-

---

1) Die menschlichen Parasiten II, pag. 118.   2) ibid.
fig. 88. ·   3) l. c. pag. 193.   4) l. c. pag. 116, fig. 88.

chens, von je 20 Papillen gebildet, von denen jederseits 4 hinter der Cloake, 1 zwischen dieser und dem Saugnapf, und 15 vor letzterem liegen. Die 9 vordersten einer Reihe sind viel grösser als die anderen (vid. in Fig. 19 Papillen 3 bis 8, von hinten gezählt). Der Saugnapf ist ein Organ, das meines Wissens bei Ascariden noch nicht beobachtet ist.

· Das Spiculum des Männchens ist gebogen und entspringen von demselben zwei membranartige Flügel, von denen der eine sich in der hinteren Hälfte über den Körper des Spiculum's herumschlägt; es entspringt von einem grossen, eiförmigen Bulbus, an welchen sich nach hinten Musculi exsertores, nach vorn Mm. retractores spiculi ansetzen, und glaube ich zwischen den Bündeln der letzteren auch einzelne Nervenfäden gesehen zu haben (Fig. 15). Der quergestreifte Körper des Spiculum bildet nicht dessen äusserste Spitze, sondern die durchsichtigen Membranen (Fig. 16).

Der ausgebildete Same (Fig. 18 a) ist kugelförmig, unbeweglich, mit centralem, glänzenden Kern und kleinen Stäbchen besetzt, die im microskopischen Bilde im Centrum jedes Samenkörpers kreisförmig, an der Peripherie linear erscheinen. Ganz anders sieht der Same im Innern der weiblichen Genitalien aus; hier besteht derselbe aus zwei morphologisch verschiedenen Elementen; der stäbchentragende, dunklere Theil ist halbkuglig, während der andere, blasse, feingestreifte bald kugel-, glocken-, ei-, sanduhrförmig erscheint, und eine eigenthümliche Bewegung zeigt, die ich nur mit der von schwimmenden Quallen vergleichen kann, und durch die ein steter Wechsel der Form hervorgerufen wird (Fig. 18 b.).

Die erste Anlage der Eier (Fig. 1) in dem mit auffallenden, in gleichen Abständen hinziehenden, parallelen Längsmuskeln versehenen Ovarium besteht aus polyedrischen Zellen mit hellerem Kern und Kernkörperchen; diese Zellen wachsen nun und werden kegelförmig mit abgerundeter Basis (Fig 2—3), wobei die einzelnen Körper um eine Achse geordnet sind, doch habe ich nirgends eine eigentliche Rhachis auffinden können. Nun lösen sich die Eianlagen los, und bilden eiförmige Körper mit Anfangs feiner, dann stärkerer Umhüllungsmembran (Fig. 4), und in diesem Zustande ist es, in dem sie befruchtet werden, denn mit ihnen zusammen findet man zahllose Samenkörper, die man hie und da auch in einer Lage bemerkt, aus der hervorgeht, dass sie eben im Begriff waren, sich ihren Weg in's Innere des Ei's zu bahnen. Nach der Befruchtung sammelt sich der dunkle Eiinhalt im Centrum, und so entsteht eine durchsichtige Zone, welche das dunkle Innere umgiebt, und aus ersterer bildet sich die dicke Eihaut (Fig. 5), welche sehr stark ist, im Gegensatz zu den Eiern von A. acus, welche Art nach Schneider[1]) dünnschalige Eier besitzt. Nunmehr beginnt die bekannte Dotterfurchung (Fig. 6—8), welche indessen im Weibchen nie bis zur Ausbildung des Embryo's im Ei fortschreitet. Die weibliche Geschlechtsöffnung liegt bei einem 50 Mm. langen Thiere etwa 12 Mm. vom Kopfende entfernt.

Die Eier legte ich in ein Gefäss mit Wasser, um ihre weitere Entwicklung zu beobachten, doch nach 24 Stunden schon war das Wasser trübe und übelriechend geworden; ich goss es daher vorsichtig ab und ersetzte es durch neues, that auch Elodea canadensis (Wasserpest) mit hinein, und nun blieb das Wasser frisch und geruchlos. In den nächsten Tagen konnte ich die Entwicklung nicht verfolgen, doch als ich am 4ten Tage nachsah, fanden sich in sämmlichen Eiern lebhaft sich bewegende Embryonen (Fig. 9), und sind dieselben in diesem Zustande monatelang in den Eischalen am Leben geblieben.

An dem Embryo unterscheidet man einen spitzen, bauchständigen Bohrzahn, Oesophagus, Darm, mitunter den Drüsenschlauch, immer aber die Afteröffnung, und besonders die Seitenmembranen, die sich beiderseits an dem durchsichtigen Körper von Anfang bis zu Ende verfolgen lassen. Während nun die mit einem Bohrzahn bewaffnete Larve von Ascaris acus nach Leuckart[2]) als Trichina cyprinorum in der Leber und den Mesenterial-

1) l. c. pag. 286.　　2) l. c. pag. 116.

häuten von Alburnus lucidus, nach Diesing [1]) ferner im Peritoneum und Mesenterium von Tinca chrysitis, Leuciscus erythrophthalmus und Cyprinus carpio lebt und sich die vermuthliche Larve von Ascaris mucronata mit Lippen, ohne Bohrzahn, nach Schneider [2]) in den Fettstreifen von Leuciscus erythrophthalmus findet, glaube ich die Larve von A. cristata in Abramis brama entdeckt zu haben.

An der äusseren Darmwand dieses Fisches zeigen sich sehr häufig weisse Pünktchen, welche eine Ascaridenlarve enthalten, die in allen Theilen vollständig mit der A. cristata stimmt. Die Thiere sind bis 3 Mm. lang, und 0,05 Mm. breit; einen Bohrzahn zeigen sie nicht, sondern 3 unvollständig ausgebildete Lippen (Fig. 11); die Cuticula, Cutis und Muskelschicht unterscheidet man deutlich, und harmoniren der Oesophagus, die Bauchspeicheldrüse, der lange Drüsenschlauch (Fig. 11 a), der aus Zellen bestehende Darm, das Rectum mit den 3 flügelförmig abstehenden, einzelligen Drüsen, die Afteröffnung (Fig. 12), die von Anfang bis zu Ende sich hinziehenden Seitenmembranen vollständig mit den beschriebenen Theilen von A. cristata.

Durch das Herausnehmen des Darmes aus dem Brassen platzen die die Larven enthaltenden Kapseln oft in Menge und man sieht dann auf der äusseren Darmwand ein lebhaftes Gewimmel kleiner Würmchen, wie sich auch die grössern Exemplare im Darm des Hechts sehr lebhaft zu bewegen pflegen. Die jüngsten Exemplare im Hecht lassen sich von den Larven aus den Follikeln am Darm des Brassen in nichts unterscheiden.

Fütterungsversuche wollte ich mit den Eiern, in denen sich die Embryonen entwickelt hatten, machen, indessen erklärten mir die Fischer, das sei unmöglich, da sich die Brassen im Sommer, die am Grunde des See's leben, nur einige Stunden im Hause am Leben erhalten liessen, und selbst im Fischkasten nach 1—2 Tagen stürben; im Winter, wo es möglich sein soll, kann man keine Eier des Wurms bekommen, da die Exemplare im

---

1) l. c. pag. 115.   2) l. c. pag. 295.

Hecht alle nur die ersten Anfänge der Geschlechtsentwicklung zeigen. Diese Fütterungsversuche, sowie umgekehrt solche der wurmhaltigen Kapseln aus dem Brassen an Hechte würden übrigens kaum ein brauchbares Resultat geben wegen der grossen Häufigkeit des Wurms, denn ich schneide fast nie den Darm eines Hechts auf, ohne die A. cristata darin zu finden.

Erklärung der Abbildungen.

Tafel VI.

Fig. 1—4. Vergrösserung 350. Eibildung.

» 4. Vergr. 350. ein befruchtungsfähiges Ei.

» 5. Vergr. 350. Eischalenbildung.

» 6—8. Vergr. 350. Dotterfurchung.

» 9. Vergr. 350. Ei mit Embryo.

» 10. Vergr. 350. Freier Embryo. a. Drüsenschlauch.

» 11. Vergr. 350. Kopftheil der Larve. a. Drüsenschlauch.

» 12. Vergr. 350. Schwanztheil der Larve. a. einzellige Drüsen des Rectums.

» 13. Vergr. 350. Oberlippe.

» 14. Vergr. 350. Unterlippe.

» · 15. Vergr. 90. Spiculum mit Bulbus, Muskeln und Nerven.

» 16. Vergr. 350. Spitze des Spiculum.

» 17. Vergr. 350. Durchschnitt durch Seitenmembran, Seitenlinie, Seitengefäss (a) und Muskeln.

» 18. Vergr. 350. Same, a. aus den männlichen, b. aus den weiblichen, Sexualorganen.

» 19. Vergr. 35. Männliche Cloake. a. Saugnapf, b. Geschlechtsöffnung und After, c. Spiculum.

Verzeichniss der von Dr. Gundlach auf der Insel Cuba gesammelten Rüsselkäfer.

(Fortsetzung. Siehe Jahrg. XXXVII. S. 150.)

Von

Dr. E. Suffrian,

Geheimerrath in Münster.

Unter den Vorräthen der letzten Gundlach'schen Sendung hat sich noch ein grosser der Gattung Sternuchus angehörender Hylobide vorgefunden, welcher von mir früher übersehen, und im vorigen Jahrgange dieses Archivs Bd. 1. S. 166 als no. 41ᵇ einzuschalten ist. Mit Rücksicht auf die von Schönherr gegebene Diagnose. seines St. insularis kann diese neue Art diagnosirt werden als

41ᵇ (53). St. pectoralis m. Ovatus nigro-piceus, squamulis albidis paree adspersus, fronte canaliculata, thorace crebre punctato antice angustato et constricto, elytris profunde punctato-striatis pone humeros unidentatis, interstitiis convexiusculis punctulatis transversim rugulosis, metasterni angulis posticis acuminato-productis. Long. $4^{1}/_{2}'''$; lat. $2^{1}/_{3}'''$.

Ein mehr durch seine Grösse als durch seine Färbung ausgezeichneter Käfer, in der Länge — den kürzeren Rüssel abgerechnet — dem grössten mir vorliegenden Stücke des Conotrachelus serpentinus Sehh. gleichend, sonst aber im Habitus dem St. insularis Sehh. nahe verwandt. Der wenig gekrümmte Rüssel ist vorn etwas erweitert, bis zu den am Ende des vorderen Drittels an-

gehefteten Fühlern glänzend und nur fein punktirt. Von
da ab nach der Stirn zu werden die Punkte allmählich
stärker bei abnehmendem Glanze des Zwischengrundes,
und verfliessen zuletzt um die Augen zu feinen Runzeln;
die Augen selbst sind durch eine schmale Längsfurche
getrennt. Die Fühler selbst erreichen mit dem etwas gekrümmten Schafte die Augen, an den Gliedern der
Schnur ist das erste dreimal kürzer, aber am obern Ende
dicker als der Schaft, das zweite etwa halb so lang als
das erste, die folgenden noch kürzer aber allmählich
breiter, alle mit zerstreuten und wenig abstehenden Borsten-
häärchen besetzt, dunkel röthlichbraun, die gestrecktei-
förmige, kurz zugespitzte Keule noch etwas dunkler. Das
Halsschild kaum halb so lang als hinten breit, flach gewölbt und hinterwärts etwas niedergesenkt, mit dem, zwei
stumpfe Höcker tragenden Seitenrande an der Wurzel
wieder ein wenig eingezogen, vor dem vorderen Seitenhöcker plötzlich verschmälert und seitlich tiefer, oben
flacher eingeschnürt, dicht aber ungleichmässig punktirt,
mit einer nur schwach angedeuteten Mittellinie; die Punkte
mit überaus feinen weisslichen Schuppenhäärchen besetzt,
die Farbe, wie die des ganzen Körpers, dunkelpechbraun.
Das längliche Schildchen bis zu der kurz abgerundeten
Spitze ziemlich gleichbreit, ebenfalls dünn beschuppt.
Die hochgewölbten Deckschilde seitlich und hinterwärts
stärker, nach vorn flacher abfallend, und hier dann zum
Anschlusse an den leicht zweibuchtigen Hinterrand des
Halsschilds nochmals quer niedergedrückt, mit breit
buckelig zugerundeten Schultern über das Halsschild
hinausreichend, vor der abgerundeten Spitze schwach zusammengedrückt. Die Oberfläche punktstreifig, die Punkte
grob und grübchenartig, erst auf dem letzten Drittel
etwas feiner, dafür aber hier die über die ganze Oberseite
nur sehr sparsam vertheilten Schuppenhäärchen etwas
dichter und deutlicher, sodass die vordere Quergränze
dieses deutlicher beschuppten Theils schon dem blossen
Auge bemerkbar wird. Die Zwischenräume sehr schwach
gewölbt, fein punktirt und noch feiner querrunzlig, kaum
glänzend. Ausserdem trägt jede Flügeldecke noch an

der Seite schräg hinter und unter der Schulterbeule einen,
grossen gleichfalls in Gestalt einer stumpfen Beule quer
vorspringenden Höcker im äussersten Punktstreifen,
welcher letztere sich hier spaltet und mit einem Arme
über, mit dem andern unter dem Höcker sich hinziehend,
beide erst vor ihm, aber nur undeutlich, wieder zusammen-
treffen lässt; der Höcker selbst ist dabei unten sehr
fein punktirt, oben glatt und kahl. Die Unterseite ist
gleichfalls punktirt, dünn gelblich behaart: die zwei vordern
Bauchringe zusammen den drei hintern gleich, die Querfurche zwischen dem gleich breiten 3ten und 4ten, sowie,
vor ersterem und hinter letzterem kenntlich und tief. Die
Hinterbrust kurz und breit, hinten in Gestalt einer Mond-
sichel flach ausgerandet, ihre Hinterenden breit dreieckig
zugespitzt und vorgezogen, nicht auf der Fläche des
Rumpfes aufliegend. Die Beine ziemlich dicht punktirt
und dünn weisslich beschuppt, die Mittelschenkel mit
einem schwächeren, die Hinterschenkel mit einem stärkeren
Zahne besetzt. Die Schienen auf der Aussenseite längsstreifig, ein wenig einwärts gekrümmt, die vorderen etwas
länger, alle auf der Innenseite mit abstehenden, greisen
Häärchen gewimpert, daselbst über der Mitte mit einem
kräftigen, gerade abstehenden Zahne besetzt und von da
ab bis zur Spitze durch kleine Höcker rauh; die Spitze
selbst unten abgeschrägt, die längere Vorderseite am
Unterrande mit einem Kamme von schwarzen steifen
Häärchen gesäumt und in einen scharfen Hornhaken
ausgezogen. Das erste Fussglied mit seiner stark ver-
schmälerten Wurzel auf der abgeschrägten Fläche befestigt,
deren innerer Rand sich dann auch noch in einen derben
abstehenden Zahn verlängert. Das dritte Fussglied sehr
breit, tief gespalten und an Länge den beiden vorhergehenden zusammen gleich, das lange Krallenglied mit
verhältnissmässig sehr kurzen Krallenhäkchen.

Die nun folgenden Gattungen bilden die Phanero-
gnathen mit getrennten Vorderhüften nach Lacordaire's Anordnung, bei denen ich die Reihenfolge der ver-

schiedenen Gruppen nach dem 7ten Bande von Lacordaire's Genera etc. beibehalte, ohne mich in der Vertheilung der Arten auf die einzelnen Gattungen diesem Werke auch da anzuschliessen, wo mir dieselbe bei dem genannten Autor nicht ausreichend genug begründet scheint.

XX. Derelomus Sehh.

54. **D. albidus Mus. Ber.** Oblongus flavo-testaceus glaber, elytris subtiliter punctato-striatis, thorace subtilius elytrorum interstitiis densius punctulatis. Long. $1^{1}/_{4}'''$; lat. $^{1}/_{2}'''$.

Von der Gestalt eines kleinen, gestreckten, oben ziemlich flachen Erirhinus, über doppelt länger als breit, einfarbig bleichgelb, nur die Augen schwarz, und auch diese auf ihrer Mitte verwaschen ins Bräunliche fallend. Der Rüssel mässig gebogen, das lange Wurzelglied der Fühler bis an die Augen reichend, oben leicht keulenförmig, die Fühlerkeule gestreckt eiförmig. Das Halsschild so lang als hinten breit, seitlich nach vorn im Bogen verschmälert und leicht eingeschnürt, flachgewölbt und mit einer dichten sehr feinen Punktirung bedeckt. Das schmal-elliptische Schildchen doppelt länger als breit. Die sehr flach gewölbten Deckschilde um die Hälfte länger als breit, regelmässig und gleichmässig punktstreifig, die flachen Zwischenräume dicht aber doppelt stärker als das Halsschild punktirt. Das Pygidium vollständig bedeckt. Auf dem fein und zerstreut punktirten Hinterleibe ist die gerade liegende Naht zwischen dem ersten und zweiten Ringe kaum wahrnehmbar, und der zweite Ring reichlich so breit, wie die beiden folgenden zusammengenommen. Die Beine sind von mässiger Länge, und die Schenkel nur schwach verdickt.

Der von Dr. G. im Bezirke *Cardenas* im Januar und Februar gefundene Käfer war in seinem Verzeichnisse noch mit dem handschriftlichen Synonym D. irregularis Chv. bezeichnet.

XXI. **Euerges** Sehh.

55. E. dimidiatus Chv. Rufus, elytris pone medium
luride fuscis, subtilissime punctulatis. Long. $^5/_6'''$; lat. $^1/_4'''$.

Dieser von Dr. G. nur in einem einzelnen Stücke
eingesandte Käfer war in seinemVerzeichnisse als Dere-
lomus dimidiatus Chv. aufgeführt worden, kann aber
nach dem Bau seiner Fühler dieser Gattung durchaus
nicht angehören. Mit grösserem Rechte glaube ich ihn
der Gattung Euerges Sehh. zuzählen zu dürfen, wiewohl er auch von dieser wieder durch die an der Wurzel
nicht verdünnten Schenkel abweicht, wenn man überhaupt
nach Lacordaire's Vorgange einen derartigen Bau der
Schenkel als ein wesentliches Merkmal für die Begränzung von Gattungen gelten lassen will. Etwas Bestimm-
teres wird sich jedoch erst feststellen lassen, wenn das
Thier erst in einer grössern, das Zerbrechen eines und
des andern Stückes gestattenden Anzahl von Exemplaren
vorhanden ist.

Aeusserlich zeigt der vorliegende Käfer einige habituelle Aehnlichkeit mit einem winzigen Rhynchites; seine
Farbe ist fuchsroth, und nur die grössere Hinterhälfte der
Flügeldecken von einer nach vorn nur schlecht und verwaschen begränzten schmutzig bräunlichen Färbung eingenommen, die bei andern Stücken auch wohl ins Schwärzliche fallen mag. Der lange Rüssel mässig gekrümmt,
auch die Fühler von nur mässiger Länge, verhältnissmässig derb, an der Wurzel des Rüssels dicht an den
leicht quereirunden Augen in einer kürzeren Grube befestigt, gekniet; das Wurzelglied derb und kräftig, das
erste Glied der Schnur länglicheiförmig, das zweite kurz
kegelförmig, die folgenden quer kreiselförmig, nach oben
allmählich breiter, die drei letzten eine stark abgesetzte,
fast der Fühlerkeule mancher Psclaphiden ähnliche Keule
bildend, deren unteres Glied das vorhergehende Fühlerglied um mehr als das doppelte an Länge und Breite
übertrifft; das mittlere bei gleicher Breite nur wenig
kürzer, von dem ersten durch einen deutlichen Zwischenraum getrennt, das Endglied schmaler aber nicht kürzer,

kegelförmig zugespitzt, hell rothgelb. Die ziemlich flache Stirn mit vereinzelten Punkten besetzt, der Nacken glatt, aber nicht glänzend. Das Halsschild etwas breiter als lang, nur sehr leicht quer übergewölbt, mit wenig vorgezogenem Vorderrande und abgerundeten Vorder- und Hinterecken. Das Schildchen leicht zugerundet. Die Deckschilde um die Hälfte länger als breit, sehr flach gewölbt, mit aufgeworfener Naht; der Vorderrend seicht ausgebuchtet, mit abgerundeten aber doch etwas vortretenden Schultern, dicht und fein punktirt, vorn innerseits der Schulterbeule ein aus einem schwachen Längseindruck hervortretender Ansatz eines feinen Punktstreifens. Von dem Pygidium zeigt sich, vielleicht in Folge der Behandlung des Stückes beim Aufstecken, nur ein glänzend rothgelblicher Rand. Die Unterseite ist etwas heller geröthet als die obere, und dabei glänzend, mit geraden Hinterrändern der einzelnen Bauchringe, die beiden ersten nicht erheblich breiter als die beiden ·folgenden. Die Beine kurz und derb, die Schenkel, besonders die der Vorder- und dann wieder der Hinterbeine breit verdickt, an der Wurzel nicht eigentlich gestielt, die Schienen nach dem unteren Ende zu breit dreieckig erweitert. Die drei obern Fussglieder kurz und breit, das langgestielte Krallenglied mit ziemlich weit gesperrten, einfachen Krallenhäkchen.

XXII. Genus nov.

Der folgende kleine Käfer, welcher in Dr. Gundlach's letzter Sendung sich nicht wieder vorgefunden hat, ist von Herrn Lacordaire meinem Freunde Riehl als eine neue Cryptorhynchiden-Gattung und Art bezeichnet worden. Ueber 'die Stellung derselben hat Hr. L. sich jédoch nicht näher ausgesprochen, wahrscheinlich weil die geringe Grösse und der nicht ganz unbeschädigte Zustand des einzigen vorliegenden Stückes ihm keine genauere Untersuchung gestattete. Durch dieselbe Rücksicht halte ich mich verpflichtet, mich auch der Ertheilung eines eignen Namens an die an sich unzweifelhafte neue Gattung zu enthalten, es möge dies Demjenigen vorbe-

halten bleiben, der im Besitz einer grössern Anzahl von
Exemplaren eins derselben der Zergliederung zum Opfer
zu bringen und danach auch die Merkmale der neuen
Gattung festzustellen im Stande ·ist, während ich mich
darauf beschränke, die Art für ein späteres Wiedererkennen thunlichst zu sichern.

56. ? grisescens m. Elongatus, nigricans, antennis
tarsisque obscure ferruginicis, thorace antice angustato
crebre punctato, elytris foveolato-striatis, interstitiis linea-
ribus elevatis, femoribus muticis. Long. $3/4'''$; lat. $1/4'''$.

Ein kleiner, gestreckter, bei oberflächlicher Betrachtung einem schmalen Orchestes nicht unähnlicher
Käfer, durch die Eigenthümlichkeit seiner Sculptur aber
sehr ausgezeichnet. Die Farbe des Käfers ist ein mattes,
wie mit einem Anfluge von Grau leicht überdecktes
Schwarz, als ob der Körper durch Abreiben einer vorhanden
gewesenen grauen Behaarung eine solche Färbung erhalten
hätte. Der mässig lange Rüssel ist nur sehr wenig gebogen, nach vorn kaum erweitert, flach gewölbt, überall
feinpunktirt und längsstrichelig, an der Wurzel durch
einen flachen Quereindruck vom Kopfe geschieden. Von
den kurzen gedrungenen Fühlern ist nur wahrzunehmen,
dass ihre Rinnen vor der Mitte des Rüssels beginnen und
sich in grader Richtung oberwärts erstrecken, ihr Wurzelglied unterwärts bis zu den kräftigen Augenlappen des
Halsschilds reicht, ihre Keule kurz und breit eirund ist,
und die dieser vorhergehenden Glieder sich gleichfalls
stark zusammendrängen. Der Kopf selbst ist dicht und
dabei fein runzlig punktirt; von den Augen ist Nichts zu
sehen, und sie liegen wahrscheinlich unter den stark vortretenden Seitenlappen des Halsschilds verborgen. Das
Halsschild selbst ist etwas länger als breit, aus dem Walz-
lichen nach vorn kegelförmig verschmälert und daselbst
leicht eingeschnürt; die Oberfläche mit dicht zusammengedrängten, stellenweise zu Runzeln zusammenfliessenden
Punkten bedeckt, mit schwacher Spur einer feinen eingeschnittenen Längslinie, die man aber nur wahrnimmt,
wenn man bei schwacher Vergrösserung den Käfer etwas
vom Auge entfernt hält. Das überaus winzige Schildchen

doch noch als dreieckig erkennbar. Die Deckschilde vorn
nur wenig breiter als das Halsschild, auch hinterwärts
nur wenig verbreitert, hinten ganz kurz verschmälert
und zugerundet, reichlich doppelt länger als breit, längsstreifig: diese Streifen bilden verhältnissmässig breite
aber nur flache Furchen, in denen sich je eine Reihe
von ziemlich grossen, aber auch nur flachen, durch feine
Querbrücken-getrennten Grübchen befindet, und zwischen
denen die Zwischenräume nur als feine, linienförmige
Längsrippen stehen geblieben sind. An den Seiten der
Deckschilde ist diese Sculptur deutlicher ausgeprägt als
auf dem Rücken. Auf der Unterseite ist die Rüsselrinne der Vorderbrust nicht sehr tief, ohne scharfe Seitenränder, und zwischen den Vorderfüssen erheblich verengt,
hinter diesen verschwindend, im Uebrigen die Unterseite
dicht und deutlich-, auf den beiden ersten Ringen sowie
dem letzten grubig punktirt. Der erste, breite Bauchring am Hinterrande ausgebuchtet und tief eingedrückt,
der zweite fast eben so breit, die beiden folgenden schmal
und bandförmig, von einander und den angränzenden durch
tiefe, grade Querfurchen getrennt, der fünfte wieder
breit und an dem ins Pechbräunliche fallenden Hinterrande querrunzlig punktirt. Die Beine, besonders die
hintern, schlank mit länger ausgezogenen Schenkelwur-
zeln, die Hüften ungewöhnlich kräftig, die Schenkel wenig
aufgetrieben, je mit einem kurzen stumpfen Zähnchen besetzt; die Schienen gerade, durch feine weissliche und
röthliche Schüppchen etwas uneben, unten mit einem kräftigen Hornhaken, nebst den Fussgliedern röthlich, wenn
auch stellenweise nur röthlich durchscheinend, das röthliche
Krallenglied verhältnissmässig lang, mit sehr feinen, anscheinend nicht verwachsenen Krallenhäkchen.

XXIII. Constrachelus Sehh.

57. C. serpentinus Sehh. l. l. IV. p. 400 no. 9.
Unter derselben Nummer (165) sind von G. zu verschiedenen Zeiten auch zwei verschiedene Thiere eingesandt
worden, deren Verhältniss zu einander noch erst zu ermitteln ist. Das eine derselben, welches von ihm schon

vor Jahren an Herrn Riehl und durch dessen freundliche
Mittheilung auch in meine Sammlung gelangt ist, entspricht genau der bei Schönherr a. a. O. von Boheman gegebenen Beschreibung, namentlich in dem flach-
gewölbten, unscheinbar gekielten Halsschilde und der
sehr. charakteristischen hinteren Erhöhung des 2ten und
4ten Zwischenraums; hinzuzusetzen wäre nur noch, dass
auch der hintere Theil der Naht in gleicher Weise kielartig erhöht ist, dass die bräunlichen Schüppchen auf
den Zwischenräumen dem blossen Auge als bräunliche
Längslinien bildend erscheinen, und dass (wenigstens bei
den vorliegenden Stücken) der grobpunktirte und glänzende erste Bauchring auf der Mitte in Gestalt einer
flachen Längsmulde eingedrückt ist. An der Richtigkeit
der Bestimmung zweifle ich jedoch nicht.

Der zweite Käfer befand sich in der letzten G.'schen
Sendung, und war hier mit dem Namen C. verticalis
Sehh. bezeichnet. Er zeigt jedoch keine Spur von dem
weisslichen Doppelfleck auf der Stirn, den diese Art nach
der Beschreibung bei Schönherr haben soll, und den
sie auch wirklich hat, gleicht vielmehr fast vollständig der
oben angeführten Art, ist aber um die Hälfte grösser
(etwa einem Balaninus nucum L. an Grösse gleich), das
Halsschild etwas flacher, hinter dem Vorderrande stärker
eingeschnürt, hinten jederseits der etwas deutlicheren Kiellinie leicht eingedrückt, die Rippen auf den Deckschilden
breiter und flacher; die bräunlichen Längslinien auf denselben sind auch hier deutlich wahrzunehmen und auf
den Schultern, innerseits des gemeinsamen Vorderrandes
der 3ten und 4ten Rippe zu einem dichten bräunlichen
Schuppenflecke zusammengeschoben. Die Unterseite ist
stärker beschuppt und weniger glänzend als bei dem
erstgenannten Thiere, von dem Eindruck auf dem ersten
Bauchringe aber nur eine schwache Andeutung vorhanden,
der Schenkelzahn dagegen merklich derber und zugleich
spitzer als bei dem ersteren Käfer.

Ueber das Verhältniss beider zu einander werden
weitere Beobachtungen zu entscheiden haben; einstweilen
bin ich geneigt, sie für die verschiedenen Geschlechter

einer Art, und zwar das zuletzt charakterisirte für das
♂ zu halten. Das letztere fand Dr. G. in den Bezirken
Cienfugos und *Cardenas,* im Monate Juli.

58. C. verticalis Sehh. 1. 1. IV. 451. no. 55. Der
ächte Käfer dieses Namens, von dem mir auch nur ein
früher von G. an Herrn Riehl gesandtes Stück, aber sehr
gut erhalten, vorliegt, ist um die Hälfte kürzer, aber
nur wenig schmaler als die kleinsten Stücke des vorhergehenden, zeigt daher einen sehr abweichenden Habitus, und ist durch den grossen, aus weissen Schuppen
gebildeten Doppelfleck auf der Stirn sehr leicht kenntlich. Die ganze Oberseite ist mit vereinzelten bräunlich-
gelben Borsten besetzt, die auf dem sehr fein gekielten.
grobpunktirten Halsschilde mehr senkrecht stehen, auf
den Deckschilden mehr hinterwärts gerichtet sind, und
sich besonders auf dem, dem Abreiben weniger ausge-
setzten abschüssigem Hinterende bemerkbar machen. Die
géraden Zwischenräume sind viel stärker als bei dem
vorhergehenden kielartig erhöbt und glänzend, an den
ungeraden die Vorderenden des 7ten und 9ten gleichfalls
als kurze und bald abbrechende Kiellinien kenntlich.
Die beiden von Boheman a. a. O. erwähnten, aber ziemlich unscheinbaren gelblichen Schuppenfleckchen an der
Wurzel der Deckschilde liegen auf und an dem Vorderende der ersten Kiellinie jeder Flügeldecke, neben welcher
innerseits auch das Vorderende des ersten Zwischenraumes
schwach erhöht ist. Auf den schmalen Parapleuren bemerkt man auch jederseits eine kräftige, regelmässige
Punktlinie.

59· C. presbyta m. Brunneo-nigricans, squamulis
nigris cinereisque variegatus, thorace carinato, ruguloso-
punctulato, antice valde constricto, elytris bifariam punctato-striatis, macula postica albida communi utrinque emar-
ginata, interstitiis alternis carinatis, femoribus dentatis.
Long. 3‴; lat. 1⅓‴.

Den kleineren Stücken des C. serpentinus an
Grösse gleich, von allen Verwandten an der eigenthüm-
lichen Zeichnung der Deckschilde leicht zu unterscheiden.
Der lange Rüssel ist mässig gekrümmt, schwarzbraun,

vorn kahl aber nicht glänzend, hinterwärts immer stärker
mit Punkten und greisen Schuppen bedeckt.   Auch die
langen, schlanken Fühler sind tief gebräunt. Das Halsschild mit der Mitte des Vorderrandes zwischen den
Augen stark bogig vorgezogen, daselbst besonders seitlich
tief eingeschnürt und dahinter im Bogen erweitert, fein
runzlich punktirt und auf der flachen Mitte längskielig,
mit gelblichen und greisen Schuppen ziemlich dicht bedeckt, von denen dann zwei gebräunte und hinterwärts
divergirende schlecht begränzte weissliche Längslinien
noch etwas stärker hervortreten. Das eingesenkte kleine
Schildchen halb eiförmig und ziemlich kahl. Die Deckschilde vorn fast doppelt breiter als das Halsschild, mit
abgestumpft-rechteckig vorstehenden Schultern, beinahe
doppelt länger als breit, oben flach gewölbt, und hinten
wie seitlich stark abfallend, mit schmutzig gelbgreisen,
bei alten Stücken mehr oder weniger unscheinbar gewordenen Schüppchen ziemlich dicht bedeckt, grob dop-
peltpunktstreifig; die geraden Zwischenräume kielig erhöht, die ungeraden auf dem Rücken flach, je weiter
seitlich, desto mehr flach aufgewölbt, an der Wurzel jederseits zwei etwas deutlichere Schuppenflecke, der innere
auf der Basis der ersten Kiellinie, die entsprechende
hellere Längslinie des Halsschilds fortsetzend, der äussere
zwischen der zweiten und dritten Kiellinie liegend. Ausserdem tragen die Deckschilde vor der Wölbung noch einen
gemeinsamen grossen weissen Querfleck, der sich jederseits bis zur zweiten Kiellinie erstreckt, sich mit dem Convergiren dieser Kiellinien hinterwärts etwas verschmälert,
in der Mitte aber vorn und hinten in Gestalt einer bi-
concaven Linse tief ausgebuchtet ist. Ausserhalb desselben
lassen sich die greisen Schüppchen auch bei abgeschwächten
Stücken deutlicher als auf der übrigen Oberfläche wahrnehmen. Die punktirte Unterseite ist schwächer beschuppt
als die obere, der vordere Theil des zweiten Bauchringes
seicht quer eingedrückt, der hintere in schwachem Bogen
hervortretend, der letztere mit zwei sehr flachen Erhöhungen nebeneinander. Die Rüsselrinne ist zwischen
den Vorderhüften kaum verengt; die etwas heller ge-

bräunten Beine sind gleichfalls mehr oder weniger beschuppt, die Schienen, besonders die vorderen, leicht geschweift, und die Schenkel mit einem derben, kräftigen
Zahne besetzt.

In den Bezirken *Cienfugos* und *Trinidad* im April
und Mai gefunden.

60. C. Lineola m. Lacte brunneus, vix griseo-squa-
mulatus, thorace punctato-rugoso, carinulato, antice constricto, elytris bifariam punctato-striatis, linea obliqua
humerali albida notatis, interstitiis alternis carinatis, femoribus dentatis. Long. 2—$2\frac{1}{2}$'''; lat. 1—$1\frac{1}{4}$'''.

Erheblich kleiner als der vorhergehende, und eine
durch ihre reinliche Färbung sehr zierliche Art. Der
mässig gekrümmte Rüssel vor den Fühlern etwas flach
gedrückt, glatt und glänzend, hinter ihnen mit einer deutlichen, von zwei feinen Längsfurchen begränzten Kiellinie, welche bis zur Stirn reicht: letztere etwas mehr
von feinen Schüppchen bedeckt. Die Fühler lang und
dünn, bei dem vorliegenden kleinern Stücke ($\male$?) bis
an das Vorderende des Rüssels gerückt, sodass der vor
ihnen liegende Theil nur etwa der Breite des Rüssels
gleich kommt und ihr rückwärts gelegtes Wurzelglied
etwa dessen hinterem Theile an Länge gleich kommt; bei
dem grösseren ($\female$?) Stücke reicht der vordere Theil des
Rüssels an Länge um mehr als das Doppelte über die
Breite des Rüssels hinaus, und die Fühler selbst sind
merklich dünner als bei dem ersteren. Ihre Farbe ist
hell braungelb. Der Halsschild ist mit seinem leicht wulstigen Vorderrande etwas vorgezogen, dahinter oben schwä-
cher-, seitlich stärker verengt, weiter hinterwärts seitlich
mit schwacher Rundung kegelförmig erweitert, nur vorn
etwas stärker bräunlich beschuppt; der sonst abgeflachte
Rücken dicht und deutlich runzlig punktirt, mit einer
jederseits abgekürzten, etwas dunklern und glänzenderen
Kiellinie besetzt: bei dem muthmasslichen $\male$ zeigen auch
die Seiten Andeutung einer weisslichen, sich an die
Schulterlinien anschliessenden Beschuppung. Ebenso ist
das etwas eingesenkte, schmal halb elliptische Schildchen
mit feinen greisen Schüppchen besetzt. Die sehr flach

gewölbten Deckschilde vorn fast doppelt breiter als das
Halsschild, mit hinterwärts leicht abgeschrägten, stark
heraustretenden Schultern, vor der ziemlich steil ab-
fallenden hinteren Wölbung kurz verschmälert und kaum
zusammengedrückt, etwa 1¼ mal länger als vorn breit,
hellbraun, überall mit einer feinen und dünnen, den
Untergrund nicht deckenden greisen Beschuppung bestreut,
grob doppelt punktstreifig; die geraden Zwischenräume
kielartig erhöht, von den ungeraden nur der erste ganz
flach, die folgenden von der Mitte ab sich nach vorn
allmählich erhebend und bis zur Wurzel etwa die halbe
Höhe der geraden erreichend. Auf dem schräg abgeschnittenen Rande der Schulter (eigentlich dem schräg
nach vorn gebrochenen Vorderende der dritten Kiellinie)
eine das dritte Streifenpaar vorn abschliessende dicht
weiss beschuppte Linie. Unterseite und Beine gleichfalls
braun, letztere dichter weisslich beschuppt, mit kräftig
gezahnten Schenkeln und deutlich geschweiften Vorderschienen; die Rüsselrinne zwischen den Vorderhüften
wenig verengt.

In den Bezirken *Cienfugos* und *Bayamo*, von April
bis Juli.

61. C. albicans Chv. Oblongo-ovatus nigricans,
brunneo-squamosus, antennis tibiis tarsisque ferrugineis, thoracis vittis duabus incurvis, elytrorum fascia lata niveo-
squamosis, elytris punctato-striatis, interstitiis alternis carinatis, secundo et quarto interruptis, femoribus albo-annu-
latis bidentatis. Long. 2‴; lat. ⁵/₆‴.

An Gestalt und Habitus etwa unserm Phytonomus
variabilis gleich kommend, auch dem in Mexico (und
Texas) einheimischen Con. leucophaeatus Chv. nicht
unähnlich, von letzterem aber durch die abweichende
Farbenvertheilung und die doppelt gezähnten Schenkel
leicht zu unterscheiden. Die Grundfarbe ein, aber nur
auf der ziemlich kahlen Unterseite und einigen erhöhten
Stellen des Halsschilds zum Vorschein kommendes Schwarz,
auf der ganzen Oberseite mehr oder weniger dicht mit
angedrückten heller oder dunkler bräunlichen Schuppen
bedeckt, zwischen denen auf der Stirn und mehr noch

in einzelnen eingedrückten Stellen des Halsschilds vereinzelte kürzere bräunliche Häärchen zu bemerken sind.
Der stark gekrümmte Rüssel ist je weiter nach der gebräunten Spitze zu desto kahler, auf der ganzen Oberseite mit feinen Längsrunzeln besetzt, auf der Mitte gekielt, zwischen den Augen quer eingedrückt, die nahe
hinter der Spitze des Rüssels angehefteten Fühler lang
und schmal, mit sehr scharf begränzten Fühlerrinnen. Das
abgestutzt-kegelförmige Halsschild hinter dem Vorderrande
stark eingedrückt, mit deutlichen Augenläppchen, hinten
zweibuchtig, oben flach gewölbt und dabei recht uneben,
vor der Mitte breit gekielt und diese Kiellinie an beiden
Enden stark verschmälert, auch seitlich und hinter ihr
einige symmetrisch vertheilte flache Beulen, welche, wie
die Kiellinie selbst, glänzend schwarz und schuppenlos
erscheinen.   Seitlich jederseits eine etwas gekrümmte, aus
weissen Schüppchen bestehende, hell bräunlich gesäumte,
in der Mitte nach Aussen erweiterte Längsbinde.   Das
etwas eingesenkte schmale Schildchen schwarz und glanzlos.   Die Deckschilde doppelt länger als breit, vorn
merklich breiter als das Halsschild, oben sehr flach gewölbt, seitlich und hinterwärts stark abfallend, grob
punktstreifig, die graden Zwischenräume fein kielförmig
erhöht, die beiden obern derselben auf der weissen
Schuppenbinde unterbrochen, die äusseren daselbst wenigstens abgeschwächt, die bräunlichen Schuppen der Oberfläche mehr oder weniger deutlich ins Fuchsröthliche
oder Gelbliche übergehend; auf der hintern Hälfte eine
gemeinsame, auf der Naht und hinten verengte, seitlich
breitere und stärkere weisse Schuppen-Querbinde, deren
Aussenenden, etwas abgeschwächt, auch wohl unterbrochen,
sich zwischen den drei äussern Rippen bis zu den Schultern
vorstrecken, und letztere da treffen, wo die Seiten-
binden des Halsschilds je mit einem etwas dichtern Schuppenfleckchen abbrechen. Die Unterseite glänzend schwarz
und nur vereinzelt punktirt, die Rüsselrinne zwischen den
Vorderhüften stark verengt, die Bauchringe durch tiefe
Querfurchen geschieden, und daher stark gewölbt; auf
der Mitte des ersten bei den vorliegenden Stücken ein

schwächerer, des letzten ein. stärkerer halbmondförmiger Eindruck; letzterer wahrscheinlich und vielleicht auch der erstere ein Geschlechtsmerkmal.

XXIV. **Cleogenus** Sehh.?

62. Cl.? grossulus m. Breviter ovatus ater nitidulus, rostro basi striolato, thorace subconico crebre punctato, elytris profunde punctato-striatis, interstitiis convexiusculis, femoribus obsolete dentatis. Long. 1¹/₂, lat. 1‴.

Der vorliegende Käfer war vor Jahren von Dr. G. an Herrn Riehl unter der no. 1123 eingesandt worden; seine letzte Sendung brachte jedoch unter derselben Nummer eine ganz andere, überhaupt nicht hierher gehörige Art, und ich habe daher von der ersteren nur jenes einzige Stück aus der Riehl'schen Sammlung vor mir, welches aber in seinem wohlerhaltenen Zustande vollständig zu ihrem Wiederkennen ausreicht. Naeh Habitus und Sculptur gleicht dieselbe am meisten einem kleinen Chalcodermus, und war desshalb auch von Herrn R. vorläufig in diese Gattung gestellt worden, zu welcher sie aber schon wegen ihres hinten gelappten Halsschilds nicht gehören kann. Am besten scheint der Käfer mir noch in der Gattung Cleogenus Schh. untergebracht werden zu können, wiewohl auch deren Merkmale, wie sie von Lacordaire l. l. VII. 67 festgestellt worden sind, nicht in allen Punkten zutreffen wollen. Etwas Sicheres wird sich allerdings erst bestimmen lassen, wenn die Art in mehreren Stücken und zwar in beiden Geschlechtern vorliegt.

An Grösse gleicht dieselbe etwa unsern Gymnetron campanulae oder kleinern Stücken des G. Graminis, ist aber auf dem Rücken der Deckschilde hochgewölbt, und nach vorn stärker kegelförmig verschmälert. Der verhältnissmässig kurze und derbe Rüssel ist wenig gekrümmt, vor der Spitze abgeflacht und glatt, der grössere obere Theil der Länge nach mit feinen eingegrabenen Linien gestrichelt, übrigens, wie der ganze Käfer, schwarz und kahl. Die auch nur kurzen Fühler nahe vor der Spitze des Rüssels eingefügt, die Augen getrennt durch eine schmale Erhöhung, die sich in gleicher Breite auf der Oberseite des Rüssels zwischen den beiden kräftigsten jener Längslinien fortsetzt. Das Halsschild ist mit dem Vorderrande nicht vorgezogen, seitlich schwach gelappt, nach vorn mit wenig gekrümmten Seiten kegelförmig verschmälert, aber nicht eigentlich eingeschnürt, hinten wieder ein wenig eingezogen, an dem etwas eingesenkten Hinterrande jederseits des Schildchens tief ausgebuchtet und dadurch einen stumpf-dreieckigen, buchtig heraustretenden Hinterlappen bildend; die Oberfläche gleichmässig und derb punktirt, auf der Mitte eine längliche punktfreie, aber nicht erhöhte, hinterwärts verschmälerte Stelle. Das schmale Schildchen tief eingesenkt. Die gewölbten Deckschilde hinter der Mitte noch etwas erweitert und dann sehr kurz und breit zugerundet, mit sehr stark abfallender Wölbung, die stumpfen Schultern wenig hervortretend, die Wurzel jederseits des Schildchens mit einem breiten Lappen in die Ausbuchtung des Halsschilds eingreifend. Die Punktstreifen sehr regelmässig und derb, aus weit getrennten, grübchenartigen Punkten gebildet, die bis zu den Hinterenden in gleicher Stärke verlaufen. Die fein und zerstreut punktirten Zwischenräume oben mehr flach, seitlich, besonders an den Vorderenden leicht gewölbt, was bei schräger Beleuchtung etwas stärker in die Augen fällt. Unterseite und Beine gleichfalls schwarz; die Vorderbrust, deren Längsrinne nur bis zu den einander vollständig berührenden Vorderhüften reicht, durch letztere geschlossen wird und sich auch hinter ihnen nicht weiter fortsetzt, dicht und grob punktirt; der dritte und vierte Hinterleibring stark aufgewölbt, der zweite so lang als beide zusammen; die mässig verdickten Schenkel an der Wurzel merklich verschmälert, vor den Knieen mit einem kurzen, scharfen Zähnchen besetzt, die schmalen Schienen gerade, besonders die vordern an der Wurzel innerseits etwas ausgebuchtete, unten ohne vorspringende Ecken; von den Fussgliedern besonders das dritte sehr breit.

XXV. **Rhyssomatus** Sehh.

66. Rh. crispicollis Schh. l. l. IV. 367. no. 3.
Die a. a. O. von Boheman gegebene Beschreibung ist
treffend und gut: es könnte ihr etwa noch hinzugesetzt
werden, dass die eigenthümliche Strichelung des Halsschildes jederseits der feinlängskieligen Mittellinie schräg
von vorn und aussen nach hinten und innen geht, die
Stricheln selbst aber mehr oder weniger gekrümmt sind,
sowie dass — wenigstens bei dem vorliegenden Stücke —
auf dem ersten Bauchringe hinter dessen breitem, fein
kielig gesäumten Mittelzipfel sich ein schwacher, rundlicher Eindruck zeigt. Vielleicht Geschlechtsmerkmal.
Im Bezirke *Cardenas.*
64. Rh. ebeninus Sehh. Chalcodermus eb. Sehh.
l. c. IV. 391. no. 13. In der Beschreibung von Boheman
bei Schönherr a. a. O. wird der Schenkelzahn als
parvus bezeichnet, und so finde ich ihn auch bei zwei
mir vorliegenden Stücken dieser Art: bei einem dritten,
etwas kleinern Stücke ist er an den Vorderschenkeln
erheblich grösser als an den hinteren, auch als an den
Vorderschenkeln der grösseren Stücke, was man daher
wohl als Geschlechtsmerkmal (des ♂?) ansehen darf. Die
grubige Punktirung des Halsschildes ist nicht bei allen
Stücken gleich dicht und stark; bei zweien jener Stücke,
dem kleinern und einem der grössern, ist sie merklich
stärker aber weniger dicht als bei dem andern grösseren,
zeigt auf der Mitte Spuren einer glatten, stellenweise
sanft erhöhten Mittellinie, und hinten jederseits derselben
einen grössern punktfreien Fleck. Specifische Merkmale
aber vermag ich darin nicht zu erkennen.
Bei Schönherr a. a. O. ist diese Art als ein
Chalcodermus aufgeführt, und unter diesem Gattungsnamen hat sie, wie die folgende, auch Dr. Gundlach
eingesandt. Es ist jedoch schon von Lacordaire (Gen.
Col. VII. 68) nachgewiesen worden, dass von allen den
Merkmalen, durch welche Schönherr die beiden (eigentlich von Herrn Chevrôlat errichteten) Gattungen Rhys-
somatus und Chalcodermus zu unterscheiden sucht,
auch nicht ein einziges als stichhaltig gelten kann, und

wie geringen Werth jener Autor auf das einzige von
ihm selbst aufgefundene Merkmal an den *„corbeilles"*
der Hinterschienen legt, zeigt der von ihm gebrauchte
Ausdruck, er habe an diesen eine Differenz gefunden,
„qui permet de les reconnaître (i. e. les deux genres)."
Zur Beibehaltung der Gattung Chalcodermus schien mir
desshalb eine ausreichende Veranlassung nicht vorhanden
zu sein.

Dr. Gundlach fand den vorliegenden Käfer in den
Bezirken *Bayamo* und *Cardenas* im Juli.

65. Rh. pupillatus Chv. Brunneus parce griseo-
pilosus, thorace crebre punctato, elytris pone humeros
obtuse dilatatis, profunde punctato-striatis, interstitiis punctulatis, femoribus dentatis. Long. 2'''; lat. 1'''.

Dem vorhergehenden im Habitus, auch dessen kleinerem Stücke an Grösse gleich, von ihm aber durch
die bräunliche Färbung, die dichtere aber weniger grobe
Punktirung, und die vereinzelte kurze greise Behaarung
der Oberseite verschieden. Der Rüssel wenig gekrümmt,
vorn fein punktirt aber nicht grade glänzend; hinterwärts
ist die zerstreute Punktirung deutlicher, und zwischen
den Augen zeigt die Stirn ein paar, deutliche feine Kiellinien darstellende Längsrunzeln, und der Nacken ist
mit einer dichten und kräftigeren Punktirung besetzt.
Das flach gewölbte Halsschild breiter als lang, nach vorn
kegelförmig verschmälert und hinter dem Vorderrande
seitlich breit eingedrückt, mit jederseits leicht ausge-
schnittenem Hinterrande; die Oberfläche dicht aber nicht
tief punktirt, mit feinrunzlig punktirtem, mässig glänzendem
Zwischengrunde, auf welchem vereinzelte, aus den feinen
Pünktchen hervortretende kurze gelblichgreise Häärchen
bemerkbar werden. Das kleine Schildchen schmal eiförmig.
Die Deckschilde eirund, vorn jederseits hinter den abgeschrägten Schultern in Gestalt eines kurzen, breiten
Zähnchens erweitert, mit gekrümmt abfallender, das
Pygidium bedeckender Spitze, innerseits der stumpfen
Schulterbeulen leicht eingedrückt, grob punktstreifig, die
Punkte dicht aneinander gerückt und durch mehr oder
weniger deutliche Querbrücken geschieden, welche auf

die schmalen, gekerbten Zwischenräume übergreifen;
letztere fein,punktirt, mit ähnlichen Häärchen, wie das
Halsschild bedeckt, und von geringem Glanze. Die Unterseite kaum punktirt, der breite erste Bauchring flach
dreieckig eingedrückt, welcher Eindruck mit seinem
schwächern Hinterende auch noch auf den zweiten Ring
übergreift. An den kurzen Beinen sind die mässig verdickten Schenkel mit einem gleichfalls kurzen aber scharfen
Zahn besetzt, mit den Schienen dicht punktirt und mit
feinen greisen Häärchen bedeckt; die Vorderschienen
zeigen innerseits in der Mitte ein kurzes aber deutliches
Zähnchen, die mittlern sind daselbst nur schwach doppelt
ausgerandet.

XXVI. **Acalles** Sehh.

Die hierher gehörigen Arten sind von Schönherr
unter seine beiden Gattungen Acalles und Tylodes
vertheilt worden. Hr. Lacordaire hat jedoch schon
(a. a. O. VII. 194) darauf hingewiesen, dass zur Unterscheidung beider Gattungen nur ein einziges einigermassen
ausreichendes Merkmal in der Beschaffenheit der Fühlerschnur vorhanden ist, in welcher sich bei Acalles die
beiden, bei Tylodes die drei oder vier untern Glieder gegen die folgenden verlängern. Lacordaire's Bedenken gegen die Beibehaltung beider Gattungen erscheinen mir daher wohlbegründet, zumal die Regeln
einer richtigen Logik erfordern würden, bei Festhaltung
derselben auch wiederum die Tylodes-Arten mit drei
verlängerten Basalgliedern der Fühlerschnur generisch
von denen zu trennen, bei welchen vier dieser Glieder
verlängert sind, und auch Schönherr selbst in der
Vertheilung der Arten unter seine beiden Gattungen
geschwankt, und in Bd. VIII eine ganze Reihe von
Arten zu Tylodes versetzt hat, die er früher (Bd. IV)
als Acalles-Arten aufgeführt hatte. Geht man der
Sache auf den Grund, so ergiebt sich leicht, dass nur
der Habitus, wie bei Schönherr so oft, die Veranlassung zur Sonderung beider Gattungen gegeben hat; ich
habe daher auch kein Bedenken, sie wieder zu vereinigen,

und behalte für die Gattung den Namen Acalles bei, der uns durch die zahlreichen hieher gehörigen Europäischen Arten der geläufigere ist.

66. A. apicalis Sebh. l. c. IV. 326. no. 1. Der von Boheman a. a. O. gegebenen Beschreibung habe ich weiter Nichts hinzuzufügen, als dass die grössten vor mir liegenden Stücke des anscheinend nicht seltenen Käfers den grössten Stücken unseres Crypt. Lapathi Fabr. an Länge gleich kommen, die kleinsten aber unsern Ac. hypocrita Creutz. nur etwa um die Hälfte übertreffen, auch der dunkle Rückenfleck der Deckschilde nach Grösse und Schärfe der Begränzung mancherlei Abänderungen unterliegt.

Der Käfer findet sich in vielen von mir verglichenen Sammlungen, und wurde von Dr. G. in den Bezirken *Cardenas, Cuba, Guantánamo* an trockenen Zweigen im März und April gesammelt.

67. A. terrosus Chv. Oblongo-ovatus niger fusco-squamosus paree setulosus, antennis tarsisque ferrugineis, thoracis profunde punctati lateribus elytrorumque apice squamulis silaceis tectus, elytris profunde punctato-striatis, interstitiis convexiusculis. Long. 1—1¼'''; lat. ½^{bis} ⅔'''.

Dem unten beschriebenen A. stipulosus nicht unähnlich, aber etwas kleiner, in der Mitte der Deckschilde mehr bauchig erweitert; die weiteren Abweichungen beider Arten zeigen sich theils in der Färbung, theils in der Sculptur und der Beschaffenheit der Dörnchen auf der Oberseite. Die Farbe ist zwar auch ein schmutziges, glanzloses mit bräunlich greisen Schüppchen dicht bedecktes Schwarz, aber auf den breiten Seiten des Halsschildes fallen diese Schüppchen bei unbeschädigten Stücken deutlich ins Hellgelbgreise, oder vielmehr das Halsschild ist überall gelbgreis und zeigt nur auf seiner Mitte eine nach vorn dreieckig verschmälerte schwärzliche Längsbinde. Gleiche Schüppchen tragen die Schenkel und Schienen, sowie die kleinere, nach vorn ziemlich scharf begränzte Hinterhälfte der Deckschilde, von wo aus seitlich längs den beiden äussersten Punktstreifen sich ähnliche Schuppen bis zum Hinterrande des Hals-

schilds emporziehen. Bei abgeriebenen oder durch Nässe
verdorbenen Stücken werden diese hellen Schuppen meist
unscheinbar, oder lassen nur an der Spitze der Deckschilde und vorn an der Gränzlinie des Hinterflecks eine
mehr oder weniger kenntliche Spur zurück. Die Sculptur
der Oberseite tritt erst bei den abgeriebenen Stücken deutlich hervor. Sie bildet auf dem Halsschilde ziemlich grobe,
grübchenartige Punkte mit glanzlosem Zwischengrunde,
ist aber auch bei den besser erhaltenen Stücken auf der
schwärzlichen Mitte des Halsschilds kenntlich. Ebenso
bilden die Punkte auf den Deckschilden gleichmässige
grobe Punktstreifen, deren gleich breite matte Zwischenräume oben flacher, seitlich mehr gewölbt erscheinen.
Die emporgerichteten kleinen Borsten stehen auf Kopf
und Halsschild mehr senkrecht, auf den Deckschilden
etwas mehr nach hinten geneigt, sind länger als bei A.
stipulosus, gelblich und nach der Spitze zu deutlich
verdickt.

Im Bezirke *Cardenas.*

68. A. stipulosus M. Ber. Oblongo-ovatus niger
cinereo-squamosus parce setosus, antennis tarsisque ferrugineis, thorace profunde punctato antice constricto, elytris bifariam punctato-striatis, interstitiis convexiusculis,
alternis latioribus. Long. $1^{1}/_{4}$—$1^{1}/_{2}'''$; lat. $^{2}/_{3}$—$^{3}/_{4}'''$.

Der vorliegende Käfer ist von Dr. G. bald als ein
Acalles, bald als ein Tylodes eingesandt worden, aber
wenn man auch die nach dem oben Bemerkten höchst
entbehrliche Gattung Tylodes beibehalten will, kann er
nach dem Bau seiner Fühler doch nur den eigentlichen
Acalles-Arten beigezählt werden. Die Grösse ist die
der kleineren Stücke unseres Ac. Camelus, nur ist er
an den Seiten sanfter gerundet, hinter den Schultern
weniger erweitert, die Farbe bis auf die hell rothgelben
Fühler und Fussglieder ein schmutziges Schwarz; mit dicht
anliegenden helleren oder dunkleren greisen Schüppchen
bedeckt, unter denen an den abgeriebenen Stellen die
eigentliche glanzlose Körperfärbung hervortritt: ausserdem
aber zeigen sich auf dem Halsschilde und den Deckschilden vereinzelte kurze aufrechte greise Borsten, die

sich aber auch sehr leicht abzureiben scheinen und daher nur selten auf der ganzen Oberfläche vorhanden sind. Der ziemlich kurze und dicke Rüssel ist an der Spitze etwas flach gedrückt und schuppenlos, die Fühler von mässiger Länge, das erste und zweite Glied der Schnur ziemlich gleich lang, und erheblich länger als die folgenden, auch, besonders das erstere, oberwärts verdickt, die Keulen eiförmig, und die beiden zunächst liegenden Glieder dicker als die mittleren der Schnur. Das Halsschild breit quer übergewölbt, vorn stark herabgesenkt und dadurch jederseits eine stumpfe Anschwellung bildend, grob und dicht punktirt, mit matt runzligem Untergrunde, die Punktirung aber nur bei abgeriebener Beschuppung deutlich. Die vor der Wurzel etwas eingezogenen Deckschilde eng an das Halsschild angeschlossen, hinter den abgeschrägten Schultern erweitert und dann wieder hinterwärts stark verschmälert, grob punktstreifig, die Streifen paarweise einander genähert, wodurch die geraden Zwischenräume etwas breiter als die ungeraden erscheinen; alle übrigens matt und glanzlos, überaus fein in die Quere gerunzelt. Auch die Unterseite mit den zahnlosen Schenkeln und Schienen ist schwärzlich, mehr oder weniger greis beschuppt, dadurch stellenweise wie mit feinen Höckern besetzt; der erste Bauchring bei einem etwas schmaleren (ob ♂?) Stücke in der Mitte des Hinterrandes sanft ausgebuchtet.

In den Bezirken *Cardenas* und *Trinidad* unter todten Stämmen im November.

69. A. lateritius m. Oblongo-ovatus niger rufosquamulosus, setulis albidis paree muricatus, antennis tarsisque ferrugineis, thorace profunde punctato-rugoso antice angustato et constricto, elytris punctato-striatis, interstitiis convexiusculis. Long. 2‴; lat. $^{11}/_{12}$‴.

Von dem Habitus des A. terrosus, aber im Verhältniss etwas gestreckter, das Halsschild hinten vor seiner Verengung etwas weniger verschmälert, hinter dem Vorderrande weniger eingeschnürt, und ausserdem durch die ziegelrothe Schuppendecke von jenem ausreichend verschieden. Der wahrscheinlich abgeriebene Rüssel ist

auf der grösseren Vorderhälfte schwarz und etwas glänzend, fein und zerstreut punktirt, hinterwärts sich ver-
breiternd und daselbst jederseits der Mittelfirste mit einer
Längsreihe gröberer Punkte besetzt, Stirn und Nacken
mit einer dichten, festhaftenden röthlichen Schuppendecke
bekleidet. Die Fühler sind hellrothgelb mit einer breit
eiförmigen Keule. Das Halsschild ist etwas länger als
breit, von dem flach gewölbten Mittelfelde ab hinterwärts niedergesenkt und etwas verengt, nach vorn im
Bogen verschmälert, leicht quer eingedrückt und dann
noch hinter den Augen seitlich tiefer eingeschnürt, an
den abgeriebenen Stellen glänzend schwarz, grob runzlig punktirt, zwischen den röthlichen Schuppen mit vereinzelten grade aufgerichteten kurzen weisslichen Borsten
besetzt. Von einem Schildchen Nichts wahrnehmbar.
Die gestreckt-elliptischen Deckschilde sind vorn quer niedergedrückt, sodass der ganze Körper hier etwas zusammengeschnürt erscheint, hinter den abgerundeten Schultern
schwach im Bogen erweitert, vom letzten Drittel ab kurz zugerundet: die durch die Schuppen meist verdeckten anscheinend ziemlich groben Punktstreifen werden fast
nur an den abgeriebenen Stellen durch das Hervortreten
der leicht gewölbten, schwarzen Zwischenräume kenntlich;
auf denen hinten einzelne Ueberreste von je einer Längsreihe vereinzelter schräg hinterwärts gerichteter kurzer
weisslicher Borsten sichtbar werden. Die Unterseite und
die bei dem einzigen mir vorliegenden Stücke der Riehl-
schen Sammlung nicht eben gut erhaltenen Beine sind
gleichfalls mit dichten rothen Schuppen bedeckt, durch
welche hindurch man nur auf dem ersten, zweiten und
letzten Hinterleibsringe eine grobe, grübchenartige Punktirung wahrnehmen kann; die mässig verdickten Schenkel
zahnlos, die Fussglieder rothgelb, wenn gleich nicht ganz
so hell wie die Fühler.

70. A. miserabilis m. Piceus, antennis pedibusque
dilutioribus, undique spinulis erectis muricatus, thorace
confertim granulato-punctato antice constricto, elytris profunde punctato-sulcatis, interstitiis convexis rugosis, parce
griseo-squamulosis. Long. 1‴; lat. 1/2‴.

Ein unscheinbarer, in der letzten Zeit von Dr. G. nicht wieder eingesandter Käfer, der mir daher nur aus Hrn. Riehls Sammlung zum Vergleichen vorliegt, übrigens durch Grösse und Habitus am nächsten an unsern A. misellus Schh. erinnert. Die Farbe ist pechbraun mit hellern Fühlern und Fussgliedern, auch die Schienen in der Mitte etwas lichter durchscheinend, die ganze Oberseite nebst den Beinen mit (stellenweise abgeriebenen) greisen und die Oberfläche etwas rauh machenden Schüppchen besetzt, zwischen denen sich überall etwas längere, greisgelbe und an Kopf und Halsschild bogig nach vorn, auf den Deckschilden hinterwärts gerichtete schwach keulenförmige Dörnchen emporheben. Der Kopf ist flach zugerundet, der gebogene Rüssel ist mässig lang, kräftig, an dem kahlen Vorderende etwas abgeflacht, hinterwärts mehr gewölbt und schuppig. Augen und Fühler, wie bei den verwandten Arten. Das Halsschild wenig länger als breit, nach vorn im Bogen verschmälert und schwach eingeschnürt, dicht punktirt, aber so, dass der Zwischengrund sich in Gestalt deutlicher abgerundeter, an den abgeriebenen Stellen glänzender Körnchen emporhebt. Von einem Schildchen habe ich nichts wahrnehmen können. Die Deckschilde etwas länger als breit, vor der Spitze wenig verschmälert, und dann kurz zugerundet, mit stark abfallender Wölbung, kräftig längsgefurcht und in den Furchen mit je einer Längsreihe dicht aneinander gerückter grübchenartiger Punkte besetzt, zwischen denen die hochgewölbten, aber nicht eigentlich kielartigen Zwischenräume stellenweise gelblich durchscheinen. Die greisen Schüppchen auf diesen Zwischenräumen sehr ungleichmässig vertheilt, letztere selbst fein runzlig punktirt, aus welchen Pünktchen die erwähnten kleinen Borsten reihenweise hervortreten. Die nicht sehr starken Schenkel ungezähnt, nebst den Schienen gleichfalls durch Schüppchen und Börstchen rauh, eben so auch die Oberseite der Fussglieder, mit stark verbreitertem dritten Gliede der letzteren. Die grob punktirte Unterseite des Körpers ohne auffallende Eigenthümlichkeiten.

71. **A. plebejus** m. Oblongo-ovatus niger, pedibus

piccis, capite thoraceque punctato-rugoso parce setulosis, rostro nitidulo apice punctulato basi bifariam grosse punctato, elytris profunde punctato-striatis, interstitiis convexiusculis laevibus. Long. $1^1/_2'''$; lat. $^3/_4'''$.

Auch von dieser in der letztern Zeit von Dr. G. nicht wieder eingesandten Art kann ich nur ein einzelnes älteres Stück aus Hrn. Riehls Sammlung vergleichen, und die Beschreibung desselben wird später noch mancher Ergänzung bedürfen, zumal der Rüssel fest in die Brustrinne eingeklemmt, wahrscheinlich sogar eingetrocknet ist, und der Versuch, ihn freizulegen, in der Unthunlichkeit, das einzige vorhandene Stück dem Zerbrechen auszusetzen, bald seine Gränze finden musste. Farbe und Beschaffenheit der Fühler, die Dicke des Rüssels und die Stärke seiner Krümmung muss daher ungewiss bleiben; seine freiliegende Oberseite ist schwarz, glänzend, mit einem leichten Strich ins Pechbräunliche, und auf der vorderen Hälfte mit feinen Punkten ziemlich dicht bedeckt; weiter oberwärts zeigt sich auf ihm eine schwache und stumpfe Kiellinie, die je weiter nach oben, desto deutlicher wird, sich zunächst am Kopfe vollständig ausbildet, und hier jederseits von einer kurzen mit einer Reihe gröberer Punkte besetzten Längsfurche begleitet ist. Der grob runzlig punktirte Kopf ist von mässiger Breite, mit vereinzelten aufgerichteten Schüppchen und Dörnchen besetzt. Das vorn breit und deutlich eingeschnürte Halsschild nicht ganz so lang wie breit, an den Seiten breit gerundet, hinterwärts wieder etwas verengt und eingesenkt, grobrunzlig punktirt, mit gelblich greisen Schuppen und bogig nach vorn gerichteten, kurz keulenförmigen Dörnchen bedeckt, die aber nur dann deutlich ins Auge fallen, wenn man den Käfer von der Seite aus betrachtet. Die eiförmigen Deckschilde vorn nicht breiter als das Halsschild, dann stark im Bogen erweitert und hinten ziemlich kurz zugerundet, an der Wurzel mit dem Hinterrande des Halsschilds zusammen tief eingeschnürt, oberseits länger. Die Naht etwas abgeflacht, mit regelmässigen Längsreihen grober grübchenartiger Punkte besetzt, die fast flachen Zwischenräume glatt und

glänzend, wie abgerieben, besonders nach den Seiten hin
schmal und durch die Querbrücken der Punkte maschen-
artig verbunden, vor der Spitze und an den Hinterenden
des Seitenrandes mit Ueberresten ähnlicher Dörnchen,
wie die vorderen Theile des Körpers, dieselben aber
hinterwärts gerichtet. Auch die Unterseite ist grob punktirt, die Beine sind pechschwarz, mit etwas helleren
Schienen und Füssen, die ungezahnten Schenkel und die
Schienen sind gleichfalls punktirt, und zeigen dabei vereinzelte Schuppen und Dörnchen.

Die Riehl'sche Sammlung enthält auch noch einen,
dem oben beschriebenen sehr ähnlichen Käfer, welcher
sich kaum anders als durch die etwas geringere Grösse
und noch dichter an einander gerückte etwas in die Quere
gezogene Grübchen der Deckschilde unterscheidet. Weitere Abweichungen, soweit der meist dicht mit festanlie-
genden Schüppchen überdeckte Körper eine Untersuchung
gestattet, finde ich nicht; der vordere Theil des etwas
mehr gelockerten Rüssels erscheint glänzend pechbraun
und nach der Spitze zu mit immer feineren und mehr zerstreuten Pünktchen besetzt. Vorläufig halte ich diesen
Käfer nur für eine Form oder für das andere Geschlecht
der ober beschriebenen Art.

72. A. ptochoides m. Piceus, sordide luteo-
squamulosus parceque spinulosus, antennis tarsisque ferrugineis, thorece granulato lateribus rotundato, elytris profunde punctato-striatis, interstitiis convexis porcatis. Long.
$1'''$; lat. $^2/_5'''$.

Gleichfalls von der Grösse und dem Habitus unseres A. misellus, und von letzterem kaum anders als durch ein etwas stärker gerundetes Halsschild und stärker gewölbte, wie zerhackte
Zwischenräume der Deckschilde verschieden. Der undeutlich längsrunzlige Rüssel von mässiger Länge und Krümmung, nach der Spitze zu etwas verbreitert und abgeflacht, daselbst auch schwächer beschuppt, aber nicht
kahl. Die Mundtheile, soweit sie wahrzunehmen sind,
und die Fühler hellrothgelb. Das Halsschild nicht länger
als breit, nach vorn stark verschmälert, daselbst kaum
halb so breit wie in der seitlich stark zugerundeten Mitte,

dicht und deutlich punktirt, der Zwischengrund in Gestalt
feiner Körnchen erhöht und mit kurzen, dicken schräg
nach vorn gerichteten Dornschüppchen besetzt, hinten
mit schwacher Spur einer haardünnen, eingeschnittenen
Längslinie. Die Deckschilde etwas länger als hinter der
bauchig erweiterten Mitte breit, mit stark verengter Wurzel, deutlich punktstreifig; die aus groben, dicht gedrängten Punkten gebildeten Streifen fast furchenartig
vertieft, die gewölbten Zwischenräume durch das Eingreifen der quer gezogenen Punkte jener Furchen gekerbt, wie in Körnchen aufgelöst, die hinterwärts gerichteten kurzen Dörnchen nur noch an den Seiten und hinten
unter der Wölbung sichtbar. An den beschuppten Beinen
die Schenkel zahnlos, und die unteren Schienenenden
durchscheinend geröthet.

Aus der Riehl'schen Sammlung ein einzelnes, von
Dr. G. früher unter der no. 631 eingesandtes Stück.

73. A. sulcifrons m. Subglobosus nigricans brunneo-squamosus, fronte sulcata, thorace brevi lateribus late
rotundato antice profunde constricto punctato-rugoso, elytris sulcatis, interstitiis elevato-granulatis, femoribus dentatis. Long. 1²/₃'''; lat. 1¹/₆'''.

Ein Käfer von sehr eigenthümlichem Habitus, in
der äusseren Erscheinung mehr den von Schönherr zu
Tylodes gebrachten Arten ähnlich, kurz und dick,
Halsschild und Deckschilde bauchig gerundet, letztere
fast eben so breit wie lang, und nur an der Spitze etwas
zusammengedrückt. Der Rüssel mässig lang und gekrümmt, vorn undeutlich punktirt und längsrunzlig, wenig
abgeflacht, die Punkte und Runzeln hinterwärts deutlicher
aber nicht dichter; die Fühler hell rostroth, ihr zweites
Glied an der Spitze doppelt breiter als unten, etwas kürzer als das dritte, aber doch mehr wie doppelt länger als
das 4te; die Augen ziemlich weit getrennt, Stirn und
Nacken mit einer breiten und tiefen scharf eingedrückten
Längsfurche. Das Halsschild ist in der seitlich breit zugerundeten Mitte fast doppelt breiter als lang, hinterwärts
und noch mehr vorn stark verschmälert, vorn durch eine
besonders oben tiefe und breite Querfurche eingeengt,

auch das Mittelfeld durch einen vor der Mitte des Hinterrandes liegenden, nach vorn hin zugespitzten Eindruck
in zwei flache rundliche Wülste getheilt; die Oberfläche
runzlig punktirt, mehr oder weniger mit theilweise abgeriebenen röthlichen oder bräunlichen Schuppen bedeckt,
dazwischen etwas glänzend. Die Deckschilde an der
Wurzel verengt und eingesenkt, hinterwärts bauchig erweitert, daher fast kugelig, und erst wieder an der Spitze
deutlich verschmälert; die Oberfläche gestreift-punkt-
streifig, die stark erhöhten Zwischenräume besonders bis
gegen die Mitte hin mit glänzend schwarzen, die Schuppendecke durchbrechenden Höckern besetzt, die sich
hinterwärts immer mehr verlieren. Unterseite und Beine
mit ähnlichen, gelbgreisen Schuppen bekleidet, die Schenkel
in der Mitte mit einem mässigen Zähnchen.

Ausser dem oben beschriebenen Stücke enthält Hrn.
Riehl's Sammlung noch ein zweites, welches früher Dr.
G. unter der No. 299 eingesandt hat, und welches eine von
ihm später auch nicht wieder mitgetheilte Form bildet.
Es unterscheidet sich von dem ersteren durch einen gelblichen Schuppeufleck auf der Mitte des Halsschilds, welcher jederseits von einer unscheinbaren gelblichen Längsbinde begleitet ist, und durch eine Querreihe weisslicher
Schuppenfleckchen hinter der Mitte der Deckschilde, durch
welche eine schon dem blossen Auge wahrnehmbare unterbrochene Querbinde gebildet wird. Vielleicht ist dies die
Grundform des Käfers.

74. **A. bullatus** Grm. Schh. l. l. IV. 340. n. 15.
Der hier von Boheman gegebenen, im Allgemeinen
treffenden Beschreibung ist noch hinzuzusetzen, dass die
kleinen Schuppen, mit denen die ganze Oberseite des
Körpers bedeckt ist, sich vielfach in Gestalt kleiner hinterwärts gerichteten Dörnchen schräg aufrichten (was
man aber nur dann deutlich wahrnimmt, wenn man den
Käfer unter einem sehr schrägen Winkel von der Seite
her betrachtet), dass sie am Halsschilde längs dessen Vorderrande sich fast senkrecht erheben, und dass die Scheibe
desselben kurz vor der Mitte zwei Häufchen längerer
und dichter gestellter, fast dornartiger Schüppchen trägt,

welche bei oberflächlicher Betrachtung als Höckerchen erscheinen, sich aber schon bei einer mässigen Vergrösserung
in ihre wahren Bestandtheile auflösen lassen. Ein Paar
ähnliche aber schwächere Schuppenbüschel finden sich
am Vorderrande des Halsschilds hinter den Augen. Die
kielartige Erhöhung der geraden Zwischenräume ist besonders bei dem zweiten und vierten bemerkbar, und
auf diesen liegen auch die bei Schönherr erwähnten, aber
nicht immer deutlichen vorderen dunkeln Längsfleckchen.
      Im Bezirke *Cardenas* gefunden.
      75. A. laticollis Sehh. l. l. IV. 341. n. 16. Die
beiden mir zum Vergleiche vorliegenden Stücke dieser
Art sind zwar nicht, wie die von Boheman bei Schönherr mitgetheilte Beschreibung angibt, etwas grösser,
sondern etwas kleiner als die vorhergehende Art, aber
ich glaube doch an der Richtigkeit der G.'schen Bestimmung nicht zweifeln zu dürfen, da die Beschreibung im
Uebrigen sehr wohl zutrifft und daher auch nur einer
geringen Ergänzung bedarf. Der Hinterrand des Halsschilds und der Vorderrand der Deckschilde sind gemeinsam tief quer eingedrückt, als wenn der Körper hier
nochmals zusammengeschnürt wäre, die erhöhten geraden
Zwischenräume und am meisten davon der zweite an
ihrem Vorderende, dicht hinter der eingesenkten Wurzel,
höckerförmig aufgetrieben und von da ab hinterwärts
sehr merklich abgeschwächt, was Boheman durch die
Worte „*interstitiis alternis abrupte costatis*" hat aus-
drücken wollen, während die Erhöhung des 6ten und 8ten
Zwischenraumes kaum anders als bei der Betrachtung
des Käfers von der Seite her wahrgenommen werden
kann. Der hellere hintere Theil der Deckschilde ist von
dem vorderen durch eine deutliche, fast schuppenlose
Querlinie geschieden, die daher auch etwas vertieft erscheint. An den Fühlern ist das dritte Glied der Schnur
nur etwa halb so lang aber stärker keulig verdickt als
das zweite, darin fast dem ersten gleich, das 4te von den
nächstfolgenden nicht verschieden.
      Im Bezirke von *Cardenas* an dürren Zweigen im
März, April und Juni.

76. A. interruptus m. Breviter ovatus nigricans griseo-squamosus paree spinulosus, antennis tarsisque ferrugineis, thorace lato antice angustato et profunde constricto, elytris punctato-striatis, interstitiis alternis interrupto-costatis, femoribus acute dentatis. Long. $1^2/_3'''$; lat. $1'''$.

Von der Grösse des vorhergehenden, aber trotz seiner grossen Aehnlichkeit mit ihm doch von ihm bestimmt verschieden. Im Allgemeinen kann ich mich für ihn auf die oben angeführte, von Boheman bei Schönherr gegebene Beschreibung des A. laticollis beziehen und dieselbe durch die Angabe vervollständigen, dass der Rüssel an der Spitze mässig abgeflacht, etwas verbreitert und geschwärzt ist, dass an den Fühlern das dritte Glied der Schnur halb so lang ist als das zweite, aber grösser als die folgenden, und dass die ganze Oberseite mit kürzeren auf dem Kopfe rückwärts gerichteten, an dem erhöhten Vorderrande, dem Hinterrande und in einer undeutlichen Querreihe über der Mitte des Halsschilds gerade aufstehenden, überall aber nur sparsam vertheilten Börstchen besetzt ist, die sich auch noch sparsamer bei den Deckschilden auf den erhöhten Stellen der Zwischenräume und ganz vereinzelt auf den nicht erhöhten Zwischenräumen vorfinden. Aber auch sonst fehlt es nicht an Abweichungen. Der bei dem vorhergehenden tief ausgerandete und dadurch zweihöckerig erscheinende Vorderrand des Halsschilds ist zwar auch erhöht, aber ungetheilt; eine abgekürzte Mittellinie vor der Naht ist schwach kielig erhöht, und zeigt jederseits eine auch nur schwach aufgetriebene, geschwärzte, mit einigen Schuppendörnchen besetzte Stelle. Das kleine, rundliche Schildchen ist gelblich-weiss beschuppt. Die Deckschilde sind dicht bräunlich-greis beschuppt, zwischen welchen Schuppen sich schwärzliche Dörnchen sparsam emporheben, dabei ziemlich grob gepaart-punktstreifig, die graden Zwischenräume stark kielartig erhöht, der 2te und 4te besonders auf der vorderen Hälfte mehrfach unterbrochen, das Vorderende des zweiten stärker höckerig aufgetrieben und geschwärzt. Unterseite und Beine, wie

bei der vorhergehenden Art; an den Schenkeln finden
sich neben den Schuppen auch noch vereinzelt abstehende
Dörnchen, und vor der Mitte sind dieselben mit einem
scharfen, dreieckigen Zahne besetzt. 'An den Füssen ist
das Krallenglied merklich heller als bei A. laticollis.

Im Bezirke *Cardenas* im Juni unter Genist gefunden.

Der vorstehend beschriebene Käfer war in Dr. Gundlach's letzter Sendung unter der No. 617 enthalten. In
einer frühern Sendung von Hrn. Riehl befand sich unter
derselben Nummer eine ganz verschiedene, nämlich die
nächstfolgende Art. Dagegen enthielt diese letztere
Sammlung ein Stück der vorliegenden, welches G. früher
unter der No. 370 eingesandt hatte; dasselbe unterscheidet
sich von dem oben beschriebenen nur durch die einfarbig
greise Beschuppung, welche auf dem Halsschilde theilweise abgerieben ist und dadurch einen deutlich punktirten glanzlosen Untergrund hervortreten lässt. Dagegen
ist von den schwärzlichen Fleckchen auf dem Halsschilde
und den Vorderenden der ersten Rippen auf den Deckschilden Nichts wahrzunehmen. Weitere Unterschiede
finde ich nicht. Vielleicht ist das Stück etwas durch
Einfluss des Wetters verdorben.

17. **A. brunneus** m. Breviter ovatus laete brunneus, antennis tarsisque dilutioribus, thorace lato, lateribus
dilatato antice constricto, obsolete albido-trivittato, elytris punctato-striatis, interstitiis convexiusculis punctulatis.
Long. $1^2/_3'''$; lat. $1'''$.

Ein hübscher zierlicher Käfer von der Grösse und
dem Habitus der beiden nächst vorhergehenden Arten,
aber durch seine Zeichnung und vielmehr noch durch
die zahnlosen Schenkel sogleich von ihnen zu unterscheiden. Der deutlich gekrümmte Rüssel ist vor den Fühlern
glatt und glänzend hellbraun, hinterwärts etwas verbreitert, auch stärker bräunlich beschuppt, so aber dass der
Untergrund sichtbar bleibt, und daselbst fein gekielt, und
erst die Stirn mit dichten Schuppen bedeckt. An den
schlanken Fühlern ist das dritte und vierte Glied der Schnur
von gleicher Grösse, knopfförmig und wenig länger als
breit, aber doch noch merklich länger als die folgenden,

so dass die Art zwisehen den eigentlichen Acalles-Arten und den sogenannten Tyloden eine Ucbergangsform zu bilden scheint. Das Halsschild breiter als lang, vorn durch eine tiefe Querfurche zusammengcschnürt, dahinter an den Seiten plötzlich mit starker Krümmung auf das Doppelte verbreitert und hinten wieder ein wenig verengt, oben flach gewölbt, vor der Mitte des Hinterrandes der Länge nach leicht eingedrückt, dicht und deutlich punktirt, hell zimmtbraun, mit drei halb verloschenen aus weisslichen Schüppchen gebildeten und nach vorn allmählich verschwindenden Längsbinden, deren deutlichste auf dem Längseindrucke in der Mitte sich befindet. Die flach gewölbten Deckschilde vorn etwas eingezogen und zugleich eingesenkt, dahinten noch ein wenig erweitert, hinten nur kurz verschmälert und zusammengedrückt, punktstreifig; die flach gewölbten Zwischenräume durch eine feinere Punktirung und Beschuppung matt, die geraden vorn ein wenig erhöht, alle aber mit vereinzelten schräg hinterwärts gerichteten Dörnchen besetzt. Die Farbe zimmtbraun, auf jeder Flügeldecke hinter der Mitte eine den Seitenrand erreichende, innerseits abgekürzte weissliche Querbinde, welche durch scharf begrenzte, ziemlich grosse Schuppenflecke gebildet wird, deren sich je einer auf den vier äusseren Zwischenräumen vorfindet. Die beschuppte Unterseite dunkler gebräunt mit lichteren Rändern des Hinterleibes; an den helleren Beinen die Schenkel zahnlos und wieder mit theilweise haarförmigen Schüppchen besetzt, die Schienen durchscheinend, ins Röthliche fallend.

78. **A. magnicollis** Schh. l. l. IV. 341. n. 18. Das einzige von G. eingesandte Stück dieser Art zeigt einige Abweichungen von der, von Boheman bei Schönherr a. a. O. gegebenen Beschreibung. Es ist nur wenig kleiner als das vorliegende Stück des A. bullatus Grm., hinter dem stärker eingeschnürten Vorderrande des Halsschilds aber viel mehr erweitert, so dass die abgegerundeten Seiten des Halsschilds mehr als breite stumpfe Flügel, besonders von hinten aus betrachtet, erscheinen, und die Oberfläche seines breiten Mittelfeldes durch zwei

stumpfe, in der Mitte unterbrochene Längswülste in drei
Längsfelder zerfällt. Auf dem vordern Theile dieser
Längswülste befinden sich die von Boheman erwähnten
(sammtschwarzen) Längshöcker; ausserdem sind Vorder-
und Seitenrand des Halsschilds mit kurzen aufgerichteten
schwärzlichen Schuppenbörstchen besetzt. Auf den Deckschilden sind die geraden Zwischenräume erhöht, die dadurch gebildeten Längsrippen aber in der Mitte unterbrochen, und dadurch entstehen auf jeder Flügeldecke
drei vorn erhöhte gleichfalls schwärzliche Längslinien,
deren innerste und deutlichste den entsprechend gelegenen Längswulst des Halsschilds fortsetzt; auch von
den hinteren Fortsetzungen ist die der ersten Rippe (auf
dem zweiten Zwischenraume) am deutlichsten ausgebildet.
Der gelblich gefärbte Theil der Flügeldecken umfasst
nur das hintere Drittel derselben unter der Wölbung, ist
nach vorn scharf begrenzt, etwas gewölbt, und zeigt auf
der Mitte noch eine feine, jederseits bis zur zweiten Rippe
reichende, gleichfalls scharf gezeichnete Querlinie. An
den Fühlern ist das dritte Glied der Schnur kaum halb
so lang als das zweite, das 4te dem 5ten gleich, und
jedes der letzten ein wenig länger als an der Spitze breit.

79. A. frontalis m. Nigricans, squamulis albis
et ferrugineis variegatus, antennis ferrugineis, fronte fo-
veolata, thorace amplo 4-tuberculato antice angustato et
profunde constricto, elytris punctato-striatis, interstitiis
alternis elevatis basi tuberculatis, femoribus acute dentatis.
Long. 3'''; lat. 1¹⁄₃'''.

Dem äusseren Ansehen nach am nächsten dem A.
interruptus verwandt, aber fast doppelt länger, und
durch die tiefe runde Stirngrube von allen anderen Arten
der Gattung sehr abweichend. Der mässig gebogene
Rüssel ist nach der Spitze zu etwas verbreitert, schuppenlos und nur fein punktirt mit glattem Zwischengrunde;
nach dem Kopfe zu wird die Punktirung dichter und
kräftiger, die Beschuppung merklicher, und der obere
Theil des Rüssels daselbst jederseits von einer scharfen
Kante begränzt, zwischen welcher und einem schmalen
Mittelkiele sich eine ebenfalls nur schmale Längsfurche

hinzieht. An den rothgelben Fühlern ist das zweite Glied
der Schnur länger als das vorhergehende, das dritte etwa
dem dritten Theile des zweiten gleich und etwas länger
als das vierte, aber auch letzteres noch etwas grösser als
das · nächstfolgende. Zwischen den Augen eine grosse,
fast kreisrunde und scharf begränzte Grube, welche durch
einen feinen aber gleichfalls scharfen und dabei glänzenden Längskiel im Innern noch in zwei kleinere Grübchen
getheilt ist. Das Halsschild ist um die Hälfte breiter
als lang, vorn durch eine tiefe Einschnürung verschmälert,
und vor derselben mit einem kräftigen Lappen über die
Stirn vorgezogen, hinter ihr stark erweitert und dann an
den Seiten fast geradlinig bis zu den Hinterenden verlaufend. Der Hinterrand jederseits leicht ausgebuchtet,
und auch das Mittelfeld nur schwach aufgewölbt. Die
Oberfläche fein und dicht punktirt, an den nicht abgeriebenen Stellen mit einer dichten aus rothgelben und
weissen Schüppchen bestehenden Decke bekleidet, vor
der Mitte nahe hinter der oben genannten Einschnürung
eine leicht gebogene Querreihe von vier aufrechten mit
Schuppenbüscheln besetzten, an den abgeriebenen Stellen
glänzend- schwarzen Höckern; von diesen sind die beiden
mittleren etwas stärker, etwas weiter hinterwärts gerückt
und auch etwas weiter von einander getrennt, als jeder
derselben von seinem Seitenhöcker, welche letzteren etwas
mehr schräg nach vorn und aussen, dahin gerichtet
sind, wo das Halsschild sich plötzlich erweitert. Das
kleine, runde Schildchen schwarz und mit einzelnen weisslichen Schuppen besetzt. Die Deckschilde vorn etwas
breiter als das Halsschild und daselbst etwas eingesenkt;
die rechtwinkligen Schultern abgerundet, hinter ihnen
die Seiten fast parallel bis zum letzten Drittel der Länge
verlaufend, dann im Bogen verschmälert, zuletzt plötzlich
verengt, von oben ab und seitlich zusammengedrückt,
so dass sich jederseits dicht vor der Spitze eine flache
Beule bildet, und unter letzterer die Spitze selbst stumpf
abgerundet erscheint. Die Oberfläche selbst regelmässig
und grob doppelreihig punktstreifig, die geraden Zwischenräume als gekielte Rippen erhöht, der zweite und vierte

hinter ihrer Basis mit einem stärkeren, der 6te auf der
Schulterbeule mit einem schwächeren Höcker besetzt.
Von den ungeraden Zwischenräumen sind der erste und
dritte breit und flach, hinten etwas uneben, der 5te und
7te als schwache Kiele erkennbar; der auf dem umge-
schlagenen Rande stehende neunte aber ist wieder flach.
Dabei ist die Oberfläche mehr oder weniger gleichmässig
mit röthlichgelben und weisslichen Schüppchen bedeckt
und dadurch bunt. Auf dem erhöhten 4ten Zwischenraume findet sich da, wo er vor dem Eindrucke unter
der Wölbung als Rippe abbricht, auch noch ein schwächerer Längshöcker. Der Untergrund ist überall runzlig-
punktirt und dadurch matt. Die nur vereinzelt beschuppte
Unterseite grob zerstreut punktirt, ziemlich glänzend, der
erste Hinterleibsring und der vordere Theil des zweiten
breit und flach niedergedrückt. Die drei hinteren Ringe
ziemlich gleichbreit, die Querfurche zwischen ihnen,
sowie vor dem dritten Ringe breit und tief. Die Beine
in gleicher Weise mit Schuppen besetzt wie die Oberseite, die etwas aufgetriebenen Schenkel je mit einem
derben und scharfen Zahne besetzt.

Im Bezirke *Guantánamo* gefunden im September.

80. A. squamigér m. Nigricans undique rufo-
squamosus, antennis tarsisque fusco-ferrugineis, rostro nigro punctato basi 4-striato, thorace late rotundato antice
angustato et constricto, elytris punctato-striatis, interstitiis convexiusculis, alternis vix elevatis, femoribus muticis.
Long. $3^{1}/_{2}'''$; lat: $1^{1}/_{4}'''$.

Ein sehr eigenthümlicher, durch den dichten, die
ganze Oberseite bedeckenden Ueberzug von rothen Schuppen auffälliger Käfer, von dem mir zwar nur ein einziges
und nicht aufs Beste erhaltenes Stück aus Hrn. Riehl's
Sammlung vorliegt, der aber auch nach diesem immer
noch zum Wiedererkennen ausreichend sich beschreiben
lässt. An Länge gleicht er etwa dem A. bullatus, ist
aber nicht ganz so breit, das Halsschild wenig schmaler
als der breiteste Theil der Deckschilde, der hintere Theil
der letzteren bauchig zugerundet. Der ziemlich lange
Rüssel ist mässig gekrümmt, schuppenlos und glänzend

schwarz, auf dem vorderen Theile mit zerstreuten aber deutlichen Punkten besetzt; auf dem oberen Theile jederseits zwei an den Fühlerwurzeln auslaufende, oberwärts dreieckig erweiterte und verflacht punktirte Längsfurchen, zwischen denen sich auf der Firste des Rüssels eine feine Kiellinie emporhebt; der Kopf selbst zwischen den Augen schwach quer eingedrückt, und über diesem Sattel ein kurzes Längsgrübchen. Die schmutzig gelbbraunen Fühler derb und kräftig, die beiden unteren Glieder der Schnur fast gleich lang, das 3te kaum halb so lang als das 2te, aber merklich länger als die folgenden. Das Halsschild nur etwa halb so lang als an der breitesten Stelle breit, vorn stark verengt, und mässig eingeschnürt, hinter der Einschnürung plötzlich stark im Bogen erweitert und noch vor der Mitte am breitesten, hinterwärts mit zugerundeten Seiten sich verengend, oben flach gewölbt, an den abgeriebenen Stellen vereinzelt punktirt und mattschwarz, hier und da, wie auch auf der Stirn, mit eben so vereinzelten kurzen aufgerichteten schwärzlichen Schuppendörnchen bestreut. Vom Schildchen ist Nichts wahrzunehmen. Die hinterwärts schwach bauchig erweiterten Deckschilde sind kaum um $\frac{1}{6}$ länger als breit, vorn ein wenig eingezogen, erst vor der Spitze etwas zusammengedrückt und verengt, längsstreifig und, wie sich nach Abreibung der Schuppen zeigt, die Streifen durch grobe wenn auch nicht tiefe Punkte gebildet, die Zwischenräume an solchen Stellen matt schwarz, dicht und fein narbig punktirt, im Uebrigen flach gewölbt, die geraden etwas stärker erhöht, was aber nur bei seitlicher Beleuchtung des Käfers gut zu bemerken ist. Auf dem hinteren Theile der Deckschilde vereinzelte schräg hinterwärts gerichtete Schuppendörnchen, die aber nicht wie die des Halsschilds schwärzlich sind und nur durchscheinend ins Gelbliche fallen, sondern überhaupt diese letztere Färbung zeigen. Die ungezahnten schwärzlichen Schenkel und die Schienen sind eben so wie die Unterseite, soweit das deckende Gummi eine Betrachtung der letzteren gestattet, dicht mit röthlichen Schuppen bedeckt.

XXVII. Analcis Schh.

81. A. fulvicornis Chv. Ater, antennis tarsisque ferrugineis, rostro basi punctulato, thorace crebre punctato, elytris profunde punctato-striatis, interstitiis convexiusculis vix subtilissime punctulatis. Long. 1'''; lat. 1/3'''.

Von der Grösse und dem Habitus des bekannten A. aereus Sehh., aber durch Färbung und Sculptur gleich ausgezeichnet, und in beiden Beziehungen von dem abweichend, was bei Lac. a. a. O. VII. 98 als das Typische der bis jetzt bekannten Arten dieser Gattung angenommen wird. Der wenig gekrümmte Rüssel etwas plump, vorn leicht abgeflacht, am oberen Theile fein punktirt, der Kopf auf der Stirn eben so fein gerunzelt, mit einem kleinen, rundlichen Grübchen, auf dem Nacken die Punktirung wieder etwas deutlicher. Die Fühler hell rothgelb. Das schmale Halsschild vorn nur undeutlich verengt, die Mitte desselben seitlich eben so schwach zugerundet, der Vorderrand unscheinbar bräunlich gesäumt, die vorderen Seitenlappen stark vorgezogen und einen Theil der Augen bedeckend. Die glänzend schwarze Oberfläche mit einer dicht gedrängten siebartigen Punktirung bedeckt, die sich nur vor der Einschnürung am Vorderrande etwas abschwächt. Das schwarze Schildchen klein und nur mit Mühe wahrnehmbar. Die gestreckten Deckschilde etwa 2¼mal länger als das Halsschild, mit den abgerundet-rechtwinkligen Schultern auch seitlich über dasselbe hinausreichend, hinterwärts kaum erweitert, vom letzten Drittel ab sich aber allmählich verschmälernd und zuletzt stumpf zugerundet, ebenfalls glänzend schwarz. Die sehr regelmässigen Punktstreifen aus grossen, grübchenartigen und etwas in die Länge gezogenen Punkten gebildet, die besonders an den Seiten durch leichte Längseindrücke verbunden, anscheinend in schwache Längsfurchen eingedrückt sind, die Zwischenräume erhöht, durch das Eingreifen jener Grübchen wie gekerbt, mit einer überaus feinen Punktirung bestreut. Unterseite und Beine gleichfalls glänzend schwarz, jene vereinzelt punktirt, die Querlinie hinter dem 2ten, 3ten und 4ten Hinterleibsringe liegt furchenartig eingesenkt, daher die drei mittleren Bauchringe kräftig aufgewölbt; die schwach aufgetriebenen Schenkel zahnlos, die Fussglieder röthlichgelb, und gegen das Licht auch die Schienen bräunlich durchscheinend.

XXVIII. Ulosomus Schh.

82. U. immundus Sehh. l. l. IV. 317. n. 1. Die von Boheman bei Schönherr a. a. O. gegebene Beschreibung ist treffend und gut, und zu ihr etwa nur zu bemerken, dass auch auf dem Rücken der Deckschilde die daselbst vorhandenen Punktstreifen nicht wohl zu verkennen sind. Die Punktstreifen sind überhaupt Doppelstreifen, aus grossen grübchenartigen Punkten gebildet; die geraden Zwischenräume sind erhöht, und dies ist besonders bei dem zweiten und vierten der Fall, welche gleichzeitig wie zerhackt und dadurch mit den von Boheman erwähnten Höckern besetzt erscheinen. Weniger deutlich zeigt sich dies bei dem 6ten Zwischenraume, dessen Höcker im Verhältniss nur schwach entwickelt sind; der schmale 8te Zwischenraum bildet nur eine schwache, unzertheilte Längsrippe und zugleich den schmalen Seitenrand der Flügeldecken, welche hier gebrochen ist, so dass das 5te Streifenpaar auf der Unterseite des Thieres liegt und nur beim Umwenden desselben wahrgenommen werden kann. Die Schenkel zeigen auf der Unterseite nicht weit vom Knie eine breite Ausbuchtung, vor welcher sich das bei Boheman genannte unscheinbare Zähnchen befindet.

Im Bezirke von *Cardenas* gefunden.

83. U. furo m. Ovatus niger dense albido-squamosus, antennis ferrugineis, rostro breviore, fronte impressa, thorace profunde canaliculato bituberculato, antice angustato et transversim impresso, elytris convexis obsolete punctato-striatis triseriatim tuberculatis, femoribus subdentatis. Long. $2^{1}/_{4}$—$2^{1}/_{2}'''$; lat. 1—$1^{1}/_{6}'''$.

Von Lacordaire ist dieser Käfer Hrn. Riehl als einer neuen Cryptorhynchiden-Gattung angehörig be-

zeichnet worden, ohne dass er sich über deren Stellung
näher ausgesprochen hatte; mir erscheint jedoch ungeachtet seiner etwas geringeren Grösse die habituelle Uebereinstimmung mit dem Vorhergehenden so gross zu sein,
dass ich bei der Geringfügigkeit der zwischen beiden
vorhandenen Abweichungen ihre generische Trennung
nicht für gerechtfertigt erachten kann. Solche Abweichungen finde ich nur in dem Bau des Rüssels, welcher
verhältnissmässig etwas breiter und flacher, auch in seinem vorderen Theile verkürzt, aber an der Wurzel
nicht eingedrückt ist. Die Fühler selbst kommen dadurch
etwas näher an die Spitze zu stehen, und die leichte
seitliche Einbiegung des Rüssels zieht sich noch ein
wenig über die Anheftungsstelle der Fühler hinaus. Die
gelbrothen Fühler sind nicht völlig so dick wie bei der
vorhergehenden Art, die beiden unteren Glieder der
Schnur gleich lang, das erste aber oberwärts stärker verdickt als das 2te, das dritte nur halb so lang als jedes
der vorhergehenden. Die Keule eiförmig. Der Rüssel
selbst ist bei einem der vorliegenden Stücke auf der
vorderen Hälfte abgerieben, daher schwärzlich, auch mit
einer dichten runzligen Punktirung bedeckt, bei einem
anderen, wie der ganze Hinterkopf, dicht weiss beschuppt;
die Stirn breit und flach, der Länge nach eingedrückt.
Das Halsschild ist fast so lang als hinten breit, auf der
Mitte mit einer breiten und tiefen Längsrinne, der Vorderrand schräg nach vorn in die Höhe gezogen und durch
die vertiefte Mittellinie des Halsschilds in zwei deutliche
Höcker getheilt, hinter denen sich ein tiefer, das Halsschild hier auch seitlich verschmälernder Quereindruck
hinzieht; hinter diesem auf der Mitte der Scheibe noch
zwei kräftige durch die Mittelrinne getrennte Längshöcker,
und auf der Aussenseite eines jeden ein schwächerer, anscheinend den Seitenrand bildender Längswulst; jener,
wie die beiden Höcker im Vorderrande, je mit einem
Büschel aufgerichteter gelblicher Schuppendörnchen besetzt. Von der Punktirung des Untergrundes sind wegen
der dicht anhaftenden weissen Schuppendecke nur geringe Andeutungen wahrzunehmen. Das kleine Schildchen

halbeirund und gleichfalls weiss. Die Deckschilde länglich-eiförmig, hoch gewölbt, nach beiden Enden schräg abfallend, vorn so breit wie das Halsschild, dann hinterwärts schwach bauchig erweitert, nachher wieder verschmälert und vor der Spitze durch einen stärkeren Eindruck verengt, mit breit und stumpf abgerundeter Spitze. Die Oberfläche grob punktstreifig, die Streifen seitlich und hinten, deutlich als Doppelstreifen erkennbar, auf der Mitte durch Verbreiterung der geraden Zwischenräume getrübt, von letzteren der zweite, 4te und 6te theilweise zu Höckerreihen aufgetrieben; solcher kegelförmiger, bei einem vorliegenden nicht abgeriebenen Stücke je mit einem deutlichen Börstchen-Büschel besetzter Höcker finden sich auf dem zweiten Zwischenraume zwei, dem vierten drei, dem sechsten wieder zwei aber merklich schwächere, neben welchen die Schulterbeule jederseits noch einen kleineren vereinzelten und kaum bedornten Höcker bildet. Der 8te Zwischenraum erscheint auch hier als eine ungetheilte, den Seitenrand darstellende Rippe, durch welche das 5te Streifenpaar auf die Unterseite herabgedrängt worden ist. Unter der Wölbung bricht dieselbe ab, und bringt dadurch die erwähnte starke Verschmälerung der Flügeldecke hervor. Die Farbe auch der Deckschilde ist durch deren dichte Beschuppung weiss; bei dem am besten erhaltenen Stücke fällt dieselbe auf der Scheibe verloschen ins schmutzig-gelblichbraune, was mir aber nur eine Wirkung äusserer Einflüsse zu sein scheint. Auf dem Zwischengrunde finden sich noch vereinzelte Börstchen, und der hintere Rand der Flügeldeeken ist auch noch mit abstehenden Schüppchen gewimpert. Die schwach verdickten Schenkel sind auf der Mitte mit einem kleinen Zahne besetzt.

Die beiden mir von dieser Art vorliegenden Stücke zeigen ausserdem noch einige Abweichungen von einander. Bei dem kleineren, in Beziehung auf die Bedeckung des Körpers weniger gut erhaltenen in Hrn. Riehl's Sammlung fehlen die Borstenbüschel auf den Höckern der Deckschilde fast ganz, und sind, wie eine abgeriebene und den fein genarbten schwarzen Untergrund zeigende

Stelle am vorderen Theile der Naht erkennen lässt, wahrscheinlich nur durch Abnutzung verloren gegangen. Dadurch erscheinen denn auch jene Höcker selbst in erheblich abgeschwächter Gestalt. Dagegen treten, wenn
man das Thier von der Seite betrachtet, auf der äusseren
Hälfte der Flügeldecken auch die ungeraden Zwischenräume als feine Längsrippen hervor, und an den Beinen
sind die Schenkel und Schienen mit abstehenden Börstchen dicht besetzt, während bei dem grösseren, jedenfalls
unbeschädigten Stücke der letzten G.'schen Sendung die
Höcker anscheinend grösser, die seitlichen ungeraden
Zwischenräume nicht erhöht, und an den dicht weiss beschuppten Beinen die abstehenden dornartigen Schüppchen
kürzer und in viel geringerer Anzahl vorhanden sind.
Diese letztere Verschiedenheit ist schon bei schwachem
Glase augenfällig, und ich möchte sie, wie die abweichende
Sculptur der Deckschilde für eine Geschlechtsverschie-
denheit halten.

Im Bezirke von *San Cristobal* gefunden.

84. U. laticaudis m. Elongatus nigricans, squamulis cinereis obtectus spinulisque brevibus paree muricatus, antennis ferrugineis, thorace bicristato antice angustato, elytris obsolete punctato-striatis bifariam seriato-
tuberculatis, apice divaricatis, femoribus muticis. Long.
$1^{1}/_{2}'''$; lat. $^{1}/_{2}'''$.

Auch diesen Käfer hat Lacordaire Hrn. Riehl
als eine, einer neuen zunächst zu Ulosomus zu stellenden
Cryptorhynchiden-Gattung angehörende Art bezeichnet;
ich finde jedoch ausser den habituellen Verschiedenheiten,
die sich besonders in dem mehr gestreckten Körper, den
unbedeutenden Punktstreifen und den auseinander stehenden Wülsten an der Spitze der Deckschilde aussprechen, als erhebliche Abweichung von Ulosomus nur
den Mangel eines Schildchens vor; aber letzteres fehlt
auch nicht wenigen Acalles-Arten, und wird auch für
die Gattung Pseudomus weder von Schönherr noch
von Lacordaire selbst für wesentlich angesehen; der
letztere Autor bemerkt vielmehr (l. l. VII. 102) bei der
eben genannten Gattung ohne irgend ein Bedenken:

„*Ecusson petit, arrondi, parfois nul*“. Der sofortigen Errichtung einer neuen Gattung scheint es mir daher auch für die vorliegende Art nicht zu bedürfen, dieselbe vielmehr füglich unterbleiben zu können, bis das Auffinden mehrerer Stücke genauere Untersuchungen ermöglicht, zumal auch die Beschreibungen der beiden noch von Schönherr aufgeführten, mir aber nicht bekannten Ulosomus-Arten darauf hinzudeuten scheinen, dass auch zwischen diesen beiden und dem U. immundus Sehh. nicht unbedeutende habituelle Verschiedenheiten obwalten.

Unser Käfer ist nun gestreckt, mehr als doppelt so lang wie breit, über den ganzen Körper mit einer greisen oder vielmehr erdfahlen Beschuppung bedeckt, von der ich zweifelhaft bin, ob diese die natürliche Farbe, oder dieselbe nur aus einer durch Witterungseinflüsse hervorgerufenen Verfärbung einer ursprünglich mehr gelblichen Schuppendecke entstanden ist. Der mässig lange Rüssel an der Einlenkungsstelle der Fühler jederseits nur leicht und weniger merklich, als bei U. immundus, ausgebuchtet, über derselben mit einer abgekürzten, eingedrückten Längslinie, übrigens dicht beschuppt; die ziemlich schlanken Fühler hell rostgelb, das erste Glied der Schnur etwa $2/3$ des Wurzelgliedes gleich, und abgesehen von dem länger verdünnten unteren Theile des letzteren dessen Bau im Kleinen wiederholend, das folgende gleichfalls verkehrt-kegelförmig, kaum halb so lang als das vorhergehende, die folgenden noch kürzer, und nach der länglich eiförmigen Keule zu eng zusammengeschoben. Das Halsschild etwas länger als hinten breit, mit überstehendem, zugleich etwas emporgerichtetem, mit kurzen aufgerichteten Dörnchen besetztem Vorderrande, hinter letzterem an den Seiten eingedrückt und dadurch verengt, dahinter mit höckerigem, stellenweise mit ähnlichen Dörnchen besetztem Seitenrande erweitert, und dann gleichbreit bis zu dem leicht ausgeschweiften Hinterrande fortziehend. Von Punkten sind bei der dichten Schuppendecke nur undeutliche Spuren zu bemerken, dagegen zeigt das Mittelfeld zwei auf ihrem Kamme mit kurzen Dörnchen besetzte Längserhöhungen, und ist auch weiter hinterwärts noch mit vereinzelten Dörnchen bestreut. Die gestreckten Deckschilde um ²/₃ länger als breit, gleich breit und so breit wie das Halsschild, erst unmittelbar vor der Spitze bei steil abfallender Wölbung plötzlich auf die Hälfte verengt, an der Wurzel zwischen den länglichen Schulterbeulen quer eingedrückt, mit schwachen Andeutungen vorhandener aber durch die Schuppen ver-deckter Punktstreifen, von denen der zweite und vierte Zwischenraum jeder Flügeldecke als deutliche, stellen= weise mit aufgerichteten Dörnchen besetzte Höckerreihen erkennbar sind. Die kräftigere innere erweitert sich vor der Spitze zu einem flach erhöhten, schräg nach oben und aussen gerichteten, mit gelblichen Dörnchen besetzten Wulste, wodurch die Deckschilde hier wie mit zwei kurzen breiten Hörnchen bewaffnet erscheinen, zwischen denen das kielförmig erhöhte Hinterende der Naht in die unter-wärts liegende, gleichfalls kurz bedornte breite Spitze der Deckschilde ausläuft. Weiter nach vorn wird die Naht nur durch eine unordentliche Reihe ähnlicher Dörn-chen bemerklich gemacht. Von einem dritten (eigentlich dem 6ten) erhöhten Zwischenraume zeigen sich nur hinten vor der Spitze einige Ueberreste. Unterseite und Beine sind in gleicher Weise beschuppt und bedornt wie die Oberseite, und die Schenkel ohne Zähnchen.

XXIX. Euscepes Schh.

85. E. porcellus Sehh. l. l. VIII. 430. n. 1. Die von Boheman bei Schönherr a. a. O. mitgetheilte Beschreibung ist im Allgemeinen treffend; nur vermisse ich bei allen (zehn) mir vorliegenden Stücken die dort angegebene Längsrinne auf dem Halsschilde, die daher wohl nur auf einer zufälligen Individualität des von jenem Autor beschriebenen Stückes beruhen mag. Das Aeussere des kleinen Käfers ist sehr veränderlich, und wird theil-weise von den Witterungsverhältnissen abhängig sein. Exemplare, welche der Boheman'schen Beschreibung am besten entsprechen, hat Dr. G. früher unter der no. 744 an Herrn Riehl mitgetheilt; der hintere, hell

beschuppte Theil der Deckschilde ist bei beiden, bei dem
einen derselben auch der vordere scharf gegen die Mitte
abgegränzt, und das letztere, theilweise abgeriebene Stück
lässt auch noch erkennen, dass die helle Färbung der
Flügeldeckenwurzel und Spitze nicht ausschliesslich von der
Färbung der Schuppen herrührt, sondern der Substanz der
Flügeldecken eigenthümlich ist. Ein Exemplar der G.'schen
Sendung mit derselben no. 744 ist über die ganze Oberfläche der Deckschilde regellos gelb beschuppt, aber auch
stellenweise abgerieben, und zeigt an allen diesen Stellen
einen schwärzlichen Untergrund. Stücke, bei denen die
gelben Schuppen ganz oder doch fast ganz fehlen, oder
auch (ob durch Missfärbung der Varietätenbildung?)
durch schwärzliche ersetzt worden sind, hat G. wiederholt unter der no. 1415, aber gleichfalls mit richtiger Benennung eingeschickt, und ich finde zwischen ihnen und
den (in geringerer Anzahl vorliegenden) normalen Stücken
keinen weiteren Unterschied. Bei ihnen ist von der
gelben Flügeldeckenbasis nichts mehr wahrzunehmen,
sie ist meist abgerieben und lässt den punktstreifigen
Untergrund deutlich hervortreten; von der hellen Färbung
der Hinterhälfte zeigt sich wenigstens die vordere Gränzlinie noch mehr oder weniger deutlich, während der
hintere Raum nur noch zuweilen einen Ueberrest lichter
Färbung erkennen lässt. Im Uebrigen ist die Aehnlichkeit des Thieres mit einem Acalles unverkennbar, und
der von Schönherr angeführte Sammlungsname Acalles tripartitus Moritz ohne Zweifel von der Vertheilung der Schuppenfärbung auf den Deckschilden entlehnt.

XXX. Pseudomus Schh.

86. Ps. viduus l. l. IV. 265. n. 2. Der hier von
Boheman gegebenen Beschreibung habe ich nur bei-
zufügen, dass bei den beiden mir vorliegenden Stücken
die vor der Mitte der Deckschilde liegende weisse Querbinde in vereinzelte (2—5) Schuppenflecken aufgelöst, an
der Naht aber weit unterbrochen ist, dass die grübchenartige Punktirung der Deckschilde nur auf dem Rücken

einfache Punktstreifen bildet, seitlich aber in immer
tiefere Längsfurchen eingedrückt ist, dass daher auch
nur die oberen Zwischenräume als wirklick flach bezeichnet
werden können, und dass endlich von jenen beiden an
Länge völlig gleichen Stücken das eine (der Riehl'schen
Sammlung angehörende) hinter den Schultern erheblich
breiter und hinterwärts dann auch wieder stärker verschmälert ist als das andere, welche Verschiedenheit wahrscheinlich auf dem Geschlechtsunterschiede beruht.

Dass Schönherr für die a. a. O. zuerst beschriebene Art von den drei ihm bekannt gewordenen Samm-
lungsnamen (Ps. viduus Dej., signatus Klug und tri-
signatus Grm.) grade den am wenigsten passenden gewählt hat, kann man sich wohl nur aus der fast übertrie-
benen Rücksicht auf dessen Autor erklären, die in seinem
Werke überhaupt so vielfach hervortritt und die wohl mit
dessen verdienstlichen Bemühungen für die Veröffentlichung seines Rüsselkäferwerkes zusammenhängt.

In den Bezirken von *Cardenas* und *Matanzas* gefunden.

87. Ps. notatus Sehh. l. l. IV. 266. n. 3. Auch
bei dieser Art kann ich im Allgemeinen auf die von
Boheman a. a. O. gegebene treffende Beschreibung
verweise. Die Farbe der Deckschilde ist jedoch nicht
pechbraun, sondern wie bei der vorigen Art schwarz, und
auch nicht glänzend, sondern durch die feine Punktirung des
Grundes matt, und dabei mit sehr vereinzelten röthlichgelben Schüppchen besetzt. Nur eines der vorliegenden
Stücke zeigt hinter der Mitte des Rückens jederseits eine
verwaschen bräunlich durchscheinende Stelle, die ich für
das Ergebniss einer unvollkommenen Ausfärbung halten
möchte. Uebrigens gehören alle mir vorliegenden Exemplare zu Schönherr's Var. β mit einem grossen weisslich gelben Doppelfleck an der Wurzel jeder Flügeldecke,
welche Form ich für die Grundform halte. Das Schildchen ist merklich kleiner als bei der vorhergehenden
Art. Letztere wird von der gegenwärtigen an Länge
nur wenig übertroffen, dagegen zeigen alle von mir
verglichenen Stücke des Ps. notatus den hinter den
Schultern stark und breit erweiterten Umriss, wie er

oben bei dem Riehl'schen Stücke des Ps. viduus er-
wähnt ist. In den Sammlungen findet sich die vorliegende
Art auch unter den Namen Ps. calycinus Mus. B. und
Ps. posticatus Mus. B.

Gleichfalls im Bezirke von *Cardenas* einheimisch.

88. Ps. apiatus Sehh. l. l. VIII ᵃ. n. 5. Die Beschreibung dieser Art hat Boheman bei Schönherr
a. a. O. mit gewohnter Genauigkeit gegeben. Der Käfer
ist lang und gestreckt, auch auf dem Rücken merklich
flacher gewölbt als die beiden vorhergehenden, auf den
Deckschilden mit einer gleichen dünnen Beschuppung,
wie der vorige, bestreut, die sich aber sehr leicht abzureiben scheint. Der grosse ziemlich scharf begränzte gemeinsame Hinterfleck der Deckschilde ist bei ganz rein
erhaltenen Stücken sechszipfelig, und streckt vier dieser
Zipfel (zwei auf jeder Seite der Naht) fingerartig nach
vorn, dann noch einen auf jeder Flügeldecke längs der
Naht und derselben parallel nach hinten; die zarten Enden
dieser Zipfel sind aber bei älteren Stücken meist durch
Abreiben oder Abnutzung geschwunden. Unbeschädigte
Stücke zeigen auch noch einen grossen aus weisslichen
Schuppen bestehenden Querfleck auf jeder Flügeldecke
am Ende des ersten Viertels ihrer Länge, von denen bei
den abgeriebenen Exemplaren kaum noch vereinzelte
Atome übrig geblieben sind.

Mit dem vorigen im Bezirke von *Cardenas* gefunden.

89. Ps. rugifer m. Ovatus modice convexus niger
paree albido-squamosus, antennis ferrugineis, thorace obconico
antice obsolete constricto punctato flavo-variegato, scutello
albo, elytris foveolato-striatis, interstitiis planis rugosis,
macula basali alteraque ante apicem flavo-squamosis, femoribus dentatis. Long. $3^{1}/_{2}'''$; lat. $1^{2}/_{3}'''$.

Von dem Habitus der nächst vorhergehenden Arten,
aber fast doppelt grösser, und ausserdem durch die matten,
grob gerunzelten Deckschilde leicht kenntlich. Der fast
gerade Rüssel fein aber deutlich und nicht sehr dicht
punktirt, jeder Punkt mit einem weissen Schuppenhäärchen
besetzt, welche aber vorn meist abgerieben und nur hinten
durchweg erhalten sind, und den Zwischengrund mehr

oder weniger glänzend erscheinen lassen. Die Augen
etwas weiter getrennt als gewöhnlich, die Fühler hell
röthlichgelb. Das Halsschild nicht so lang als hinten
breit, über die Mitte leicht quer aufgewölbt, nach vorn
kegelförmig verschmälert und breit aber sanft eingedrückt,
ziemlich dicht punktirt und die Punkte stellenweise zu
Runzeln verfliessend, mit wenig glänzendem Zwischengrunde. Die schwarze Farbe durch vereinzelte gelbliche
Schuppen gedämpft, und der über den Augen etwas vorgezogene Vorderrand leicht verwaschen gebräunt. Auf
dem hinteren Theile verdichten sich die Schuppen zu
einer fast bis zur Hälfte der Halsschildslänge nach vorn
reichenden weisslichgelben Mittel-Längslinie, eine ähnliche
kürzere zeigt sich jederseits zunächst vor der Schulterbeule, und ausserdem lassen sich bei dem vorliegenden
Stücke (ob allgemein?) noch vier Fleckchen oder Schup-
penbüschelchen erkennen, welche auf der Querwölbung
des Halsschilds, in einer Linie mit der vorderen Spitze
der weisslichen Mittellinie und zu zwei jederseits derselben eine lockere Querlinie bilden, und deren beide
inneren schon dem blossen Auge ohne Mühe wahrnehmbar sind. Das halbkreisförmige Schildchen dünn weisslich
beschuppt und durch diese Farbe seiner Schüppchen
deutlich gegen die gelbliche Mittellinie des Halsschilds
abstechend. Die gestreckt eiförmigen Deckschilde hinter
den abgerundeten Schultern noch etwas bauchig erweitert
und dann hinterwärts allmählich verschmälert, etwa $1\frac{1}{2}$mal
länger als breit, oben mässig gewölbt, die Punktstreifen
grob, aus grübchenartigen Punkten gebildet, mit flachen,
durch gleichfalls flache und nur wenig schmalere Querbrücken zwischen den Punkten gitterartig verbundenen,
durch deutliche Runzeln und Höckerchen matten Zwischenräumen; letztere dabei mit sehr vereinzelten gelblichen Schüppchen bestreut, die sich auf jeder Flügeldecke
an deren Wurzel und Spitze zu einem grösseren Flecke
verdichten; dort ein ziemlich grosser Querfleck nahe am
Schildchen auf dem ersten bis dritten Zwischenraume,
auch die dazwischen liegenden Grübchen des zweiten und
dritten Punktstreifens bedeckend, vor der Spitze eine ge-

lockerte und theilweise zerrissene Querbinde, vom Beginn
der hinteren, kleineren Hälfte ab schräg nach hinten und
aussen ziehend, und mit einem der Naht parallelen Zipfel
fast die Spitze selbst erreichend. Die ebenfalls deutlich
punktirt-runzligen Beine mit mehr ins Weissliche fallenden Schuppen besetzt, die aber den Untergrund nicht
völlig verdecken; die Vorderschienen innerseits leicht geschweift, der Zahn an den Vorderschenkeln kräftig und
spitz, an den hintern kürzer und stumpfer, die Fussglieder
röthlich durchscheinend, mit rothgelbem Krallengliede.

Im Bezirke von *Bayamo*, im Juni.

90. Ps. cacuminatus Sehh. l. l. VIIIª. 390. n. 6.
Ein früher von Dr. G. eingesandtes Stück in Hrn. Riehl's
Sammlung stimmt bis auf das weissfilzige Schildchen genau mit der bei Schönherr a. a. O. von Boheman
gegebenen Beschreibung überein; ein anderes in seiner
letzten Sendung enthaltenes zeigt aber noch bestimmter,
dass jene Beschreibung nach einem abgeriebenen Stücke
entworfen worden ist. Denn bei diesem letzteren ist
ausser dem weissfilzigen Schildchen auch noch die Oberfläche der Deckschilde mit vereinzelten, stellenweise zu
kleinen Büscheln zusammengedrängten weissen und gelblich weissen Schuppen bedeckt, ohne dass jedoch dadurch
die Färbung dem blossen Auge gegenüber sich erheblich
änderte.

In den Bezirken von *Cardenas*, *Trinidad* und *Bayamo* im Mai und November.

91. Ps. fistulosus Sehh. l. l. IV. 268. n. 5. Die
mir vorliegenden Stücke stimmen mit Boheman's Beschreibung bei Schönherr a. a. O. gut überein, und
lassen daher die Vermuthung des Autors: „*specimen de-
scriptum forte detritum*" nicht als wahrscheinlich annehmen. Die Schuppen an der Basis des Halsschilds bilden
nicht sowohl, wie die Diagnose dort angibt, *punctatria
albo-squamosa*, sondern, wie des Autors Beschreibung
besagt, drei aus ihrem Zusammendrängen hervorgegan-
gene Flecke. In der Riehl'schen Sammlung ist der Benennung der Art das Synonym Ps. turgidus Mus. Ber.
beigefügt; in der letzten G.'schen Sendung führt diesen

Namen ein kleiner mit der No. 1175 bezeichneter Käfer,
welcher kaum die Grösse des P s. cacuminatus erreicht,
den ich aber doch — abgesehen von seiner weit geringeren Länge (er ist kaum halb so lang als P s. fistulosus) nicht von dem vorliegenden unterscheiden kann.
Ein etwas glänzenderes, auf den Deckschilden etwas deutlichere Spuren einer zerstreuten weisslichen Beschuppung
zeigendes Stück ist von G. ganz ohne Namen unter der
No. 1404 eingesandt worden; weitere Abweichungen finde
ich jedoch nicht. Der oben beschriebene Käfer führte
bei ihm die No. 170.

In den Bezirken von *Cardenas, Bayamo, Cuba* vom
März bis Juli.

92. P s. maximus m. Ovatus convexus ater niti-
dissimus, squamulis pilisque albidis undulatis adspersus,
antennis ferrugineis, thorace subconico lateribus antice
profunde constricto parcius punctato, elytris foveolato-
seriatis, interstitiis transversim rugulosis, femoribus dentatis. Long. $2^{1}/_{2}$—$4^{1}/_{2}$'''; lat. 1—$2^{1}/_{4}$'''.

Ein grosser schöner Käfer, dessen Länge sich
bis auf 4''' und $4^{1}/_{2}$''' ausdehnt, von dem mir aber auch
ein aus einer früheren G.'schen Sendung herrührendes
Stück von nur $2^{1}/_{2}$''' Länge vorliegt. Abgesehen von
dieser Grösse steht er im Habitus dem P s. viduus und
notatus am nächsten. Der ziemlich lange, mässig gebogene Rüssel ist, wie der gänze Käfer, glänzend schwarz,
flach gewölbt, mit einer nach unten hin mehr zerstreuten,
oberwärts dichter zusammengedrängten Punktirung besetzt, auf dem Rücken mit einer feinen glänzenden Längslinie, die nach den Augen zu deutlicher hervortritt und
hier in einen zarten Längskiel ausläuft. Zwischen den
bräunlichgelben Fühlern zeigt eins der vorliegenden
Stücke noch eine schwache abgekürzte eingedrückte Längslinie. Ueber den Augen ist der Hinterkopf dicht und
derb siebartig punktirt. Das Halsschild ist aus breiter
Basis nach vorn kegelförmig verschmälert, wenig abwärts
geneigt, hinter dem Vorderrande oben breit quer eingedrückt,
welcher Eindruck sich seitlich hinter den Augen zu einer
kräftigen Einschnürung entwickelt. Die Oberfläche spie-

gelglänzend schwarz, mit sehr vereinzelten Punkten bestreut, die am Vorderrande etwas dichter und deutlicher werden; dabei zeigen sich überall mehr oder weniger deutliche Ueberreste einer meistens abgeriebenen weisslichen Beschuppung, die sich bei dem Exemplare der Riehl'schen Sammlung hinterwärts auf der Mitte und an den Seiten zu drei lockeren, aber doch schon ohne Glas erkennbaren weisslichen Längslinien zusammendrängen. Das glänzend schwarze Schildchen halb elliptisch, mit seinen Rändern tief eingesenkt. Die Deckschilde hinter den abgerundeten Schultern noch etwas im Bogen erweitert und dann hinterwärts mit schrägen Seiten fast gradlinig verschmälert, vor der breit zugerundeten Spitze leicht zusammengedrückt, die glänzende Oberfläche mit Längsreihen vereinzelter rundlicher Grübchen von nicht überall gleicher Grösse besetzt, die breiten mehr oder weniger deutlich querrunzligen und fein punktirten Zwischenräume mit unregelmässig vertheilten weisslichen Schuppenhäärchen bestreut, die sich häufig zu eben so unregelmässig vertheilten und zugleich sehr lockeren welligen weisslichen Querbinden zusammengeschoben haben, auch selbst bei den auf dem Rücken abgeriebenen Stücken nach der Spitze zu noch meist deutlich vorhanden sind. Unterseite und Beine gleichfalls glänzend schwarz und mit einer ähnlichen aber mehr gleichmässig vertheilten Beschuppung besetzt, der erste, zweite und letzte Bauchring mit vereinzelten feinen Punkten bestreut und der erste zugleich bei einem der vorliegenden Stücke -mit einer flachen Längsmulde versehen, und die Schenkel mit einem breiten, übrigens nicht sehr grossen Zahne bewaffnet.

Ausserdem bietet der Bau der Beine bei den vorliegenden Stücken noch eine sehr bemerkenswerthe Verschiedenheit dar. Bei dem etwas breiteren (und am besten erhaltenen) Stücke in Hrn. Riehl's Sammlung ist der Schenkelzahn stumpfer und daher anscheinend breiter, die Schienen sind gerade, kaum merklich geschweift; bei einem anderen aus Dr. G.'s letzter Sendung ist der Schenkelzahn ungleich schärfer und spitzer, die Vorderschienen

sind auf der Innenseite leicht doppelt ausgeschweift, und
daselbst in der Entfernung einer reichlichen Schienen-
breite über dem das untere Schienenende beschliessen-
den, fast quer nach innen gerichteten Haken mit einem
breit dreieckigen, schräg nach innen gerichteten, röthlich
durchscheinenden Zahne besetzt. Ich glaube nicht zu
irren, wenn ich in dieser Verschiedenheit einen Geschlechtsunterschied finde, und dies letztgenannte Stück, bei welchem sich zugleich die oben erwähnte Längsmulde auf
dem ersten Bauchringe findet, für das ♂ halte. Das zu
Anfang mit bezeichnete Zwergexemplar würde dagegen
wiederum ein ♀ sein.

93. Ps. bimaculatus m. Ovatus convexus ater
nitidus squamulis albidis paree adspersus, antennis ferrugineis, rostro carinato, thorace subconico profunde punctato, lineata media obsoleta laevi, elytris foveolato-striatis,
interstitiis vix punctulatis, macula ante medium transversa alba. Long. $2^3/4'''$; lat. $1^1/4'''$.

Von der Gestalt des vorhergehenden, aber merklich
kleiner, einem grösseren Stücke des Ps. fistulosus
gleichkommend, aber durch die dichte grobe Punktirung
von allen anderen Arten sehr verschieden. Der lange gekrümmte Rüssel ist vor der Spitze kaum etwas abgeflacht und erweitert, fein punktirt und bis auf die kahle
Spitze selbst eben so fein beschuppt, seiner ganzen Länge
nach fein aber deutlich gekielt, zwischen den sehr genäherten Augen das gewöhnliche Grübchen der Gattung.
Der Oberkopf wieder fein und dicht punktirt, und die
Fühler eben so rostroth wie bei den verwandten Arten.
Das Halsschild merklich kürzer als hinten breit, über der
Mitte ziemlich hoch quer aufgewölbt und nach vorn und
hinten mit leichter Krümmung abfallend, nach vorn zugleich kegelförmig verschmälert und hinter den Augen
schwach zusammengedrückt, grob- und besonders gegen
den Vorderrand hin dicht punktirt mit glänzendem Zwischengrunde, jeder Punkt mit einem feinen, weisslichen
Schüppchen besetzt, vor der Mitte des Hinterrandes und
jederseits vor der Mitte der Flügeldecke ein aus mehr
zusammengedrängten Schuppen gebildetes weissliches

Fleckchen. Ausserdem zeigt sich auf der Mitte eine jederseits abgekürzte schwache glatte Längslinie, die aber eigentlich nur durch ein regelmässigeres Gefüge des Zwischengrundes gebildet zu sein scheint. Das Schildchen halb elliptisch und etwas gewölbt, klein aber deutlich, glänzend schwarz. Die länglich-eiförmigen Deckschilde hinter den abgerundeten Schultern noch etwas im Bogen erweitert und von da ab bis zur Spitze mit fast geradlinigen Seiten verschmälert, vor letzterer leicht zusammengedrückt, auf dem Rücken hochgewölbt, schwarz, mit den gewöhnlichen Reihen tiefer Grübchen besetzt, deren seitliche in breite Längsfurchen eingedrückt erscheinen; die glänzenden Zwischenräume besonders nach den Seiten zu so schmal, dass sie den Querbrücken selbst gleichkommen und die Oberfläche dadurch hier ein regelmässig gegittertes Ansehen erhält; der äusserste Streifen neben der flachen Ausrandung in der Mitte der Flügeldecke so schmal, dass er fast verschwindet und auch weiter hinterwärts nicht wieder die Grösse des Vorderrandes erreicht. Auch in dem vorletzten Streifen sind die hinteren Grübchen etwas kleiner, wenn auch eben so tief, wodurch sich das hintere Ende des vorletzten Zwischenraumes kielartig emporhebt. Der kaum punktirte Zwischengrund glänzend schwarz, überall mit vereinzelten feinen, weisslichen Schüppchen bestreut; an dem Hinterrande des ersten Viertels jeder Flügeldecke auf dem dritten Zwischenraume, theilweise noch die anstossenden Grübchen einschliessend, ein dichter weisser Schuppenfleck. Unterseite und Beine in derselben Weise beschuppt wie die Deckschilde, der letzte Bauchring sehr grob punktirt, die Schenkel derb und kräftig gezähnt.

(Fortsetzung folgt.)

Ueber die Respirationsorgane der Araneen.

Von

Dr. Philipp Bertkau

aus Cöln.

(Hierzu Tafel VII.)

Schon bald nachdem durch Latreille eine auf die Verschiedenheit der Respirationsorgane gegründete Eintheilung der Arachniden in Cuvier's Règne animal aufgenommen war und dadurch eine gewisse Sanktion erhalten hatte, erkannte man das Unnatürliche dieser Eintheilung, die zum grossen Theil auf falschen Voraussetzungen basirte. Nach dieser Eintheilung nämlich gehörten die Araneae zu den Lungenarachniden, indem sie durch 2, seltener 4 Lungen, die sich auf der Unterseite am Anfange des Abdomens befinden, athmen sollten. Nun fand aber schon 1834 Léon Dufour bei Dysdera und Segestria dicht hinter den beiden Lungenstigmen zwei andere, ebenso gebildete, die aber nicht zu Lungen, sondern zu höchst eigenthümlichen Tracheen führten, und Dugès [1]) bestätigte die Beobachtung Dufour's. Einige Jahre später entdeckten Menge [2]) und Grube [3]), ohne von den Arbeiten von Dufour und Dugès Kenntniss zu haben, ein ähnliches Tracheensystem bei Argyroneta

---

1) Vorgetragen in der Acad. d. Sc. und abgedruckt in dem Feuillet. de l'Acad. d. Sc.; Séance du 9 février 1835.

2) Neueste Schriften der Naturforschenden Gesellschaft in Danzig. Bd. IV, Heft I, 1843, pag. 20—24.

3) Müller's Archiv 1842, p. 300. Aus brieflicher Mittheilung an den Herausgeber.

aquatica; Menge ausserdem ein weniger entwickeltes
bei Salticus und Micryphantes, wo es sich am Ende des
Hinterleibes befindet, während er noch bei Epeira, Tegenaria, Linyphia, Lycosa und selbst Thomisus jede Spur
desselben vermisste.   Wie indessen v. Siebold [1]) nach-
wies, besitzen nicht nur die letztgenannten Gattungen, sondern auch Tetragnatha, Drassus, Clubiona, Theridium, Dolomedes ein wenig entwickeltes Tracheensystem, bestehend
in vier einfachen, unverästelten Röhren, zu welchen eine
Spalte am Ende des Hinterleibes, dicht vor den Spinnwarzen, den meist verdeckten Eingang bildet, und v. Siebold hielt sich für berechtigt, dasselbe verkümmerte Tracheensystem allen übrigen Spinnen (mit Ausnahme natürlich der Tetrapneumones, von Dysdera, Segestria, Argyroneta, Salticus und Micryphantes) zuzusprechen.

Die bis dahin gewonnenen Resultate in spekulativer
Weise benutzend, versuchte dann Leuckart [2]) den Nach-
weis zu liefern, dass die sog. Lungen der Arachniden
nur eine besondere Modifikation der dieser Thierordnung
eigenthümlichen Tracheen seien.   Seit jener Zeit sind
keine Erweiterungen unserer Kenntnisse von den Respi-
rationsorganen der Arachniden geliefert worden.   Um so
weniger will ich meine auf diese Organe gerichteten
Untersuchungen länger der Veröffentlichung vorenthalten,
zumal da sich dieselben auf eine grosse Zahl von Gattungen und Species ausdehnen.

A. Die sog. Lungen.

Alle Araneen besitzen auf der Unterseite des Abdomens, dicht hinter dem schmalen Stiel, der Cephalothorax und Abdomen verbindet, zwei Stigmen. Dieselben
sind meist gegen die Längsrichtung des Körpers etwas
schräg gestellt und weiter geöffnet, als es sonst wohl
bei den Stigmen der Insekten der Fall ist. Der Rand
derselben, namentlich der vordere, ist von einem wulst-
förmig aufgeworfenen Saum umgeben, der an dem äusse-

---

1) v. Siebold, Vergl. Anat. der wirbell. Thiere, p. 535.
2) Zeitschrift für wissenschaftl. Zoologie I, 1849, pag. 246—254.

ren, weiter aufklaffenden Ende besonders stark entwickelt
ist und ein Schliessen des Spaltes verhindert. · In der
Verbindungslinie der inneren Ecken der Stigmen ist die
Haut zarter und bildet eine Falte, so dass der Irrthum
Menge's [1]), der annimmt, ein einziger gemeinschaftlicher
Spalt führe zu beiden Lungen, wohl verzeihlich ist.

Diese Stigmen führen nun zunächst in einen Hohlraum (Lufthöhle), der von der sich ins Innere des Hinterleibes
einstülpenden Haut gebildet wird. Dicht über dem Stigma,
welches selbst ja von einem festen, fast hornigen Rande umsäumt wird, ist die Haut äusserst zart, durchsichtig und lässt
keinerlei Struktur erkennen. Die an dem hinteren Stigmenrande ansetzende Haut geht gewöhnlich flach über dasselbe
fort, so dass seine Oeffnung geschlossen erscheint. Bald indess gewinnt die Haut dadurch an Festigkeit, dass ihr
kleine, bisweilen verästelte Chitinstäbchen eingelagert
sind, wodurch sie manchmal das Ansehen gewinnt, als
sei sie mit Sternhaaren besetzt. Bei den grösseren Arten
ragen diese Gebilde als Börstchen über die Fläche der Haut
hervor, wie schon Leuckart bei Epeira bemerkt hat.
So bildet das Stigma den Eingang zu einem kurzen Sack,
dessen untere, dem vorderen Stigmenrande angeheftete
Wand der Haut des Abdomens dicht aufliegt, während
der Boden fast senkrecht auf dieser Haut steht, aber
noch mehr gegen die Längsrichtung des Körpers geneigt
ist, als das Stigma selbst.

Der Grund des Sackes ist nicht geschlossen, sondern
wie ein Ofenrost mit parallel gestellten Spalten versehen
(f Fig. 1 u. 2). Die Stäbe, zwischen denen jene Spalten
sich befinden, sind von fester Beschaffenheit, indem sie
in ihrer ganzen Länge zum grossen Theile aus jener
festeren Substanz bestehen, welche auch die übrigen Einlagerungen bildet, welche letzteren indess auch hier nicht
fehlen, vielmehr in der Form kleiner verästelter Borsten
in den Luftraum hineinragen.

Jede Spalte bildet den Eingang zu einem äusserst
flach gedrückten Säckchen von dreieckiger Gestalt mit

----

1) A. a. O. pag. 21.

abgerundeter Spitze (Fächer, b in Fig. 1). Am Eingange
ist die Weite dieser Säckchen natürlich dieselbe wie die
des Spaltes; bald jedoch verengern sie sich, indem die
beiden Seitenwände einander näher rücken, so sehr, dass
man bald keine doppelte Wand mehr erkennen kann,
vielmehr ein einfaches Blatt zu sehen glaubt. Ihre Wand
wird gebildet von einer zwar zarten, aber festen Chitinhaut, der zahlreiche Körnchen ein- und aufgelagert sind.
Bei einzelnen (namentlich bei Tegenaria domestica sehr
deutlich zu erkennen) hören die Körncheneinlagerungen
in einiger Entfernung vom Ende auf, das hier in eine
lange glashelle Spitze ausgezogen ist. So lange sie mit
Luft erfüllt sind, zeigen sie bei durchfallendem Lichte
eine schwarze, ins Violette übergehende Farbe; auffallen-
des Licht lässt sie rein weiss erscheinen. Ist die Luft
ausgetrieben, was aber wegen der ausserordentlichen Enge
der Säckchen nur sehr schwer und selten ganz vollständig
zu bewerkstelligen ist, so ist die Farbe ein blasses Gelb,
in dem die Einlagerungen als kleine schwarze Pünktchen
erscheinen.

Die Zahl der Fächer ist bei den verschiedenen Spinnen sowohl, wie bei derselben Spinne in den verschiedenen Lebensaltern verschieden; im Allgemeinen ist mit
der Entwicklung des Tracheensystems eine Verkümmerung der Lungen verbunden. So haben die Lungen bei
Dictyna nur 4—5, allerdings lange und stark aufgetriebene Fächer, Segestria 10—12, Thomisus, Xysticus gegen
20, Agelena dagegen und Epeira 60—70. Die grösseren
Arten besitzen nicht nur grössere, sondern auch viel
zahlreichere Fächer als die kleineren.

Das Wachsthum des Luftsackes und die Entwicklung neuer Fächer findet an der der äusseren Stigmen-
ecke genäherten Spitze (c Fig. 1) Statt. Bei einer jungen
Lycosa z. B. ist die Breite des Luftsackes dieselbe wie
die des Stigmas und es finden sich nicht mehr als etwa
10 Fächer. Mit dem Wachsthum der Spinne wächst auch
der Luftsack und zwar stärker als das Stigma, so dass
seine Spitze bald weit von demselben entfernt ist. Die
erste Anlage eines Fächers zeigt sich in Auftreibungen

des Bodens des Luftsackes, von denen die jedesmalig
jüngste dicht neben der nächst älteren entsteht und durch
Intussusception neuen Bildungsmaterials wächst. Anfangs
ist das Lumen des Fächers ziemlich weit, verringert sich
aber bald durch Verdickung der Wand. Das Ende des
Luftsackes unterscheidet sich von diesen seinen Ausstrah-
lungen, nur durch die andere Richtung, die es verfolgt.

Der ganze beschriebene Apparat liegt nun theils in
einer seichten Vertiefung der Haut, die von aussen stärker
gewölbt erscheint, theils ragt er in den Fettkörper des Abdomens hinein. Die Vertiefung der Haut, in der er Platz
findet, hat an der Aussenseite einen scharf vorspringenden
Rand (m Fig. 1 links), der namentlich in seinem unteren
Theile kräftigen Muskeln Ansatzstellen gewährt. Selten
ist er auch an der inneren Seite mit derselben Deutlich=
keit ausgeprägt; letzteres ist besonders bei einigen Theridien der Fall. Die Körperhaut ist an dieser Stelle von
hellerer Farbe und durchsichtig, so dass das ganze Organ
gelb oder röthlich durchscheint. Es fehlen ihr an dieser
Stelle entweder alle Haare und sie ist nur wellenförmig
gerunzelt (dies ist z. B. bei Zilla, Fig. 1, der Fall), oder
sie hat einen Ersatz für den Mangel der gewöhnlichen
Haare in einer eigenthümlichen Modifikation derselben,
die in verästelten, sich a u f der Haut verbreitenden, nicht
ü b e r dieselbe erhebenden Verdickungen besteht. Diese
Haare sind übrigens wie die gewöhnlichen von' einem
Kanal durchzogen (Fig. 3). Sie finden sich besonders
schön und reich bei Oletera, Dolomedes, Ocyale, Lycosa,
während sie bei den Thomisiden, Attiden, überhaupt den
kleineren Arten fehlen; bei Epeira verschmelzen mehrere
derselben zu Querleisten. — Es ist oben bemerkt worden,
dass je ein Stigma zu jeder Lunge, und nicht ein gemeinschaftlicher Spalt zu beiden führe. Die beiden Lungen
treten aber doch in Kommunikation mit einander und
zwar durch ein Band (g Fig. 1 u. 4), das als Anhang
des Luftsackes an der inneren Ecke der beiderseitigen
Stigmen erscheint und von derselben Haut gebildet ist
wie dieser. Sein hinterer Rand gewährt in seiner ganzen Ausdehnung, namentlich aber in der Mitte zwischen

beiden Stigmen kräftigen Muskeln geeignete Stützpunkte. In anderen Fällen (z. B. Thomisus Fig. 4) treten zwei stärkere, dicht neben den Stigmen befindliche Anheftungsstellen von Muskeln deutlicher hervor.

B. Die Tracheen.

Dicht hinter den beiden Stigmen, die alle Spinnen besitzen und die zu den eben beschriebenen Lungen führen, finden sich bei einigen zwei ähnlich gebildete, die entweder ebenfalls zu Lungen führen (Mygaliden oder Tetrapneumones), oder zu Tracheen: das letztere ist, so weit unsere jetzigen Kenntnisse reichen, bei den Gattungen Dysdera, Segestria und Argyroneta der Fall. Ich gebe hier noch einmal eine Darstellung der Tracheen von Dysdera und Segestria nach meinen Beobachtungen, weil die Beschreibung von Dugès etwas dürftig ist, und weil doch das Verständniss der übrigen Arten, bei denen entwickelte Tracheen noch nicht bekannt sind, durch Vergleich mit diesen bedeutend erleichtert wird. Zu Gebote standen mir D. erythrina und D. rubicunda; Segestria bavarica, S. perfida und S. senoculata, während mir das Tracheensystem von Argyroneta aquatica, die in der Umgegend Bonns zu fehlen scheint, durch die Beschreibung Menge's bekannt geworden ist; nach derselben scheint es übrigens näher mit dem von Dysdera als Segestria verwandt zu sein.

Auf die Stigmen, die ganz wie die Lungenstigmen gebildet sind, setzt sich zunächst eine schlaffe, strukturlose Membran, ganz wie bei den Lungen, die aber auch hier bald durch Einlagerung stabähnlicher Chitingebilde an Festigkeit gewinnt. Der sehr kurze, von der strukturlosen Haut gebildete Gang führt nun zu einem kräftigen, sich noch etwas verbreiternden Tracheenstamm (Hauptstamm), der flach gedrückt ist, so dass sein Querschnitt nicht kreisrund erscheint, sondern einer Ellipse gleicht [1]). Die Wand dieses Hauptstammes ist durch die

---

1) Danach ist auch die Abbildung Blanchard's (Annales d. Sc. nat. 1849, Tome 12, pl. 7, fig. 5) zu berichtigen.

Stäbchen besonders verstärkt. Bei Segestria bleiben diese
unverbunden und unregelmässig angeordnet; bei Dysdera und Argyroneta aber verschmelzen sie auf der Innenseite der Röhre zu einem Ringe, der spiralig verläuft
und dem Spiralfaden der Insektentracheen ganz analog
ist. Zwar lässt er sich nicht auf seine ganze Länge ab-
rollen, zerreisst vielmehr gewöhnlich, nachdem drei oder
vier Windungen aufgewickelt sind; auch befinden sich
die Windungen dicht bei einander und sind hin und
wieder durch Querbrücken mit einander verbunden; immerhin aber wird man darin eine Analogie des Spiralfadens sehen; wie dieser ist er dazu bestimmt, die Elasticität der Tracheen zu erhöhen. Der grössere Theil des
Hauptstammes geht nach vorn (Cephalothoraxstamm),
während ein kleinerer Anhang in Gestalt eines längeren
(Dysdera) oder kürzeren (Segestria) Beutels nach hinten
abgeht (Abdominalstamm). Nach der Zeichnung, die
M e n g e von den Tracheen bei Argyroneta entwirft (Taf. I,
Fig. 7 u. 10) fehlt dieser Anhang hier ganz.

Bei Dysdera und Argyroneta gehen nun die beiden
Cephalothoraxstämme, dicht an einander geschlossen,
durch den schmalen Stiel, der Cephalothorax und Hinterleib verbindet, in den ersteren und erreichen hier ihr
Ende, indem sie kopfförmig anschwellen (Fig. 5) und eine
überaus grosse Zahl feinwandiger, unverästelter Röhrchen
aussenden. Bei Segestria bleiben die Hauptstämme im
Abdomen, schwellen auch nicht in der Weise an wie
bei Dysdera und Argyroneta, schicken aber ebenfalls
von ihrem ganzen vorderen Theile dieselben zartwandigen
Röhrchen aus, die nun ihrerseits, in zwei kräftige Bündel
vereinigt, grossen Theils in den Cephalothorax hinauf-
steigen; nur wenige gehen zu den im vorderen Theile
des Hinterleibs befindlichen Organen ab. Von dem Abdominalstamm gehen ebenfalls sehr zahlreiche Röhrchen
zu den Organen des Hinterleibes aus. Auch bei Dysdera
entbehrt dieser Stamm der Andeutung eines Spiralfadens
und unterscheidet sich auch noch dadurch von dem Cephalothoraxstamm, dass er in seinem ganzen Verlauf, nicht
bloss an der Spitze, die Röhrchen entlässt. Diese von

den Hauptstämmen ausgehenden Röhrchen gehen unver-
ästelt und ohne mit einander in Anastomose zu treten,
allmählich an Weite abnehmend bis in die äussersten Enden des Körpers. Die des Cephalothorax begeben sich
in Bündeln von 30—40 Stück in die verschiedenen Glied-
maassen: in die Beine, das Kinn, die Unterkiefer mit den
Tastern, den Epipharynx, die Oberkiefer; bald verlaufen
sie gerade, bald vielfach gewunden zwischen den Muskelbündeln her. · Mit blossem Auge ist ein einzelnes Röhrchen nicht sichtbar, in grösserer Menge vereinigt glänzen
sie mit demselben weissen Lichte, welches die Lungen
bei auffallendem Lichte zeigen, so lange sie mit Luft erfüllt sind; bei durchfallendem Lichte erscheinen sie schwarz,
so lange sie mit Luft erfüllt sind; ist dieselbe ausgetrieben, so sind sie nur noch mit Mühe wahrnehmbar. Ihr
Querdurchschnitt ist kreisförmig und selbst mit der stärksten Vergrösserung lässt sich keine Spur eines Spiralfadens in ihnen entdecken.

  · Die Hauptstämme sind bei Dysdera und Segestria
unverbunden; bei Argyroneta befindet sich nach der Darstellung Menge's ein elastisches Band am Grunde der
Hauptstämme, welches die einzelnen Stämme auseinander
halten soll (Taf. I, Fig. 7 und 10 v) [1]). Wahrscheinlicher
ist, dass sich an dieses Band Muskeln anheften, welche
das Erweitern oder Verengern der Stigmen und Hauptstämme zu bewerkstelligen haben, wie es bei den Lungen
der Fall ist. Auch muss ich noch bemerken, dass bei
Dysdera und Segestria die Röhrchen nicht den Gift-
kanal in der Klaue bis nahe zu seiner Ausmündungsstelle
begleiten, wie Menge es von Argyroneta angiebt. Zweifelhaft erscheint es mir auch bei der letzteren Spinne
deshalb, weil nicht gut Platz für dieselben da ist, weil
man ferner ihren Zweck nicht recht einsieht, da das Blut
nicht bis in das Klauenglied hinein cirkulirt und endlich,
weil wegen der faserigen Struktur der Wand des Gift-
kanals die Möglichkeit einer Täuschung nahe liegt.
  Die Mygaliden und die angeführten drei Gattungen

---

  1) Nicht O, wie es in der Figurenerklärung (pag. 63, fig. 10)
heisst.

sind die einzigen bis jetzt bekannten, welche 4 Stigmen
haben; alle übrigen Spinnen (auch Micryphantes und
Salticus nicht ausgenommen, von denen Menge und
nach ihm v. Siebold [1]) und Leuckart [2]) zwei Stigmen
am Hinterleibsende angiebt) besitzen dicht vor den Spinnwarzen einen längeren oder kürzeren Querspalt, welcher,
da er zu zwei symmetrisch gebildeten Tracheen führt,
wohl aus der Verschmelzung zweier seitlicher Stigmen
entstanden ist. Das durch diesen Spalt mit der Luft in
Verbindung stehende Tracheensystem zeigt so grosse Verschiedenheiten, dass sich kaum etwas Allgemeines darüber
sagen lässt und ich daher zu den einzelnen Gattungen
übergehen werde.

Am engsten an die vorhin beschriebenen, speciell
an Dysdera und Argyroneta, schliesst sich die Gattung
Dictyna Sund. an. Von diesen kleinen Spinnen hatte
ich D. benigna in grosser Menge, D. latens und variabilis
spärlicher zur Verfügung; alle drei leben auf niederem
Gebüsch auf Blättern, wo sie ein sehr kunstloses, aus
wenigen Fäden bestehendes Gespinnst machen. Fig. 7
stellt den unteren Theil des Tracheensystems dar.

Der Spalt ist ziemlich breit; sein vorderer Rand
wird von derselben Haut gebildet, die den grössten Theil
des Hinterleibes überzieht und hier nur reichlicher mit
Haaren besetzt ist, die das deutliche Erkennen aller Verhältnisse etwas erschweren. Der Spalt führt nun zunächst
in eine geräumige, plattgedrückte Höhle, deren untere
Wand von einer festen, in den vorderen Stigmenrand
allmählich übergehenden Haut gebildet wird. Namentlich
an den beiden Ecken des Spaltes verleihen hornartige
Leisten (r Fig. 7) diesem Theile eine besondere Festigkeit.
Vom vorderen Ende der Lufthöhle gehen zwei seitliche
starke Tracheenstämme aus, welche platt gedrückt sind
und, nach aussen gebogen, durch den Hinterleib in den
Cephalothorax steigen, nachdem sie im ersten an drei Stellen
kleinere Aestchen haben abgehen lassen, die eine grosse Zahl
der unverästelten Röhrchen aussenden, wie bei Dysdera

1) A. a. O. pag. 535.   2) A. a. O. pag. 253.

der Kopf des Hauptstammes. Gleich nachdem sie in den Cephalothorax eingetreten sind, lösen sie sich gleichfalls in eine grosse Zahl von Röhrchen auf, die zu den Extremitäten hinlaufen. Die Gestallt der im Allgemeinen flach zusammengedrückten Hauptstämme erleidet in der Nähe der Verzweigungen einige Aenderung, indem sie hier mehr cylindrisch werden. Die Wandung derselben ist ganz wie bei Dysdera durch Leisten elastisch gemacht, die aber hier noch weniger wie dort spiralig verlaufen, sich verästeln und cylindrische Stäbchen, senkrecht zur Oberfläche gestellt, tragen, die sich in ihrer regelmässigen Anordnung in der ganzen Längenausdehnung der Stämme verfolgen lassen. Dieselbe Struktur hat auch der vordere ausgebuchtete Rand der Lufthöhle, während ihre obere Wand von einer strukturlosen, schlaffen Haut gebildet wird, die diese Beschaffenheit erst verliert, nachdem sie hinter dem vorderen Stigmenrande hervorgetreten ist und schon den Schutz der Körpertheile zu übernehmen hat.

Unter den von den Hauptstämmen ausgehenden Aesten sind zwei ganz kurz; der mittlere ist länger, zweigt sich ungefähr in der Mitte des Hinterleibes ab und entsendet in der Nähe der Lungen seine Röhrchen. Da die Länge der Hauptstämme die Entfernung der Spalte von dem Cephalothorax bedeutend übertrifft, so biegen sie sich nach aussen und aufwärts und dann wieder nach der Mittellinie und abwärts, um so den Cephalothorax zu erreichen. Abgesehen von der Zahl der Röhrchen, die hier allerdings viel geringer ist, als bei den drei ersten Gattungen steht dieses Tracheensystem hinter jenen in keiner Beziehung zurück.

Ein schon weniger entwickeltes Tracheensystem findet sich bei den Gattungen Erigone Sav. und Micryphantes Koch. Bei Micryphantes hat es übrigens schon Menge aufgefunden, wenn auch nicht richtig dargestellt. Fig. 9 giebt eine Abbildung von M. rubripes, mit dem die übrigen im Allgemeinen übereinstimmen. Der vordere Rand des Stigmas ist hier doppelt geschweift und von der starken Körperhaut gebildet, die auch hier wieder an den Enden eine hornige Beschaffenheit an-

nimmt. Auch hier ist zunächst ein kleiner Hohlraum
vorhanden, der sich aber rasch verschmälert. Dicht ober
dem Stigma, an dem scharfen Rande des flachgedrückten
Hohlraumes, geht beiderseits eine einfache, unverästelte
Röhre ab (a Fig. 9), die in eine feine Spitze ausläuft.
Oberhalb der Stelle, wo die beiden dünnen Röhren ausgehen, spaltet sich die Lufthöhle in zwei gerade, kurze,
aber breite Stämme (b Fig. 9), die ebenfalls abgeplattet
sind und deren Wand durch senkrecht gestellte Stäbchen
ungefähr dieselbe Struktur besitzt, wie die Hauptstämme
bei Segestria. An dem Aussenrande setzen sich diese
Stäbchen auch auf die Wandung der Lufthöhle bis dicht
vor den Ecken des Stigmas fort, während oben und unten
die Haut der Lufthöhle dieselbe Beschaffenheit zeigt wie
bei Dictyna.

Von der Mitte ihrer Länge an schicken diese Hauptstämme nun die Röhrchen aus, die zum Theil im Abdomen bleiben, zum Theil in den Caphalothorax gehen
und sich in die Extremitäten verbreiten. Diese Tracheen
zeigten Erigone dentipalpus, Micryphantes rubripes, cras-
sipalpus, camelinus, bicuspidatus und andere Micryphantes-
Arten, die specifisch wohl noch nicht recht unterschieden
sind. Ein ähnliches Tracheensystem fand ich bei einer
kleinen grünen Spinne, die in der Augenstellung und
ihrer Lebensweise mit Dictyna übereinstimmt, von Koch
aber noch nicht abgebildet und beschrieben ist. Dagegen
besteht bei M. flavomaculatus das Tracheensystem in 4
einfachen Schläuchen, wie sie bei den meisten Spinnen
vorkommen; auf diesen Unterschied werde ich weiter
unten zurückkommen.

Ein ebenfalls vollkommen ausgebildetes Tracheensystem findet sich bei den Attiden, wo es Menge bei
Salticus beschreibt. Alle Gattungen, die ich habe untersuchen können (es waren dies Dendryphantes, Salticus,
Euophrys, Heliophanus) haben ein ziemlich übereinstimmend gebautes Tracheensystem, welches in zwei sich wenig
verzweigenden Stämmen an einer Spalte vor den Spinnwarzen seinen Ursprung nimmt und in Absätzen eine
grosse Zahl von Röhrenbüscheln entsendet. Als Beispiel

wähle ich Dendryphantes muscosus, wo diese Verhältnisse wegen der Grösse der Spinne am besten zu erkennen sind (Fig. 10). Auch hier ist der vordere Rand der Spalte stark verdickt und eben solche hornige Leisten (r Fig. 10) finden sich hier wie bei Dictyna. Die Leisten neigen vorn etwas zusammen, und hier nehmen zwei platte Tracheenstämme ihren Ursprung, die in ihrem Verlauf nach vorn immer eine Hauptrichtung erkennen lassen, während kurze Seitenäste eine verschiedene Richtung verfolgen.

Die Struktur ihrer Wand ist dieselbe wie bei Micryphantes. Diese Struktur beginnt auf der oberen Wand der Lufthöhle in Gestalt eines V; hinter dieser Stelle ist die obere Wand zart und gewinnt erst jenseits des vorderen Stigmenrandes jene Festigkeit, die sie zum Schutz der inneren Organe befähigt. Auf der unteren Wand der Lufthöhle gehen die Einlagerungen der Stäbchen noch näher an das Stigma heran und hören ohne scharfe Grenze auf.

Die beiden Stämme gehen, wenig divergirend, nach vorne bis zum Anfang des Hinterleibes und schicken aus kurzen Seitenästen, so wie an ihrem Ende büschelförmig die zartwandigen Röhrchen aus. Wenn auch nicht unter allen Verhältnissen optisch wahrnehmbar, so scheint sich doch in diesen Röhrchen die innere Differenzirung eines Spiralfadens anzubahnen; wenigstens bemerkt man an den mit Luft erfüllten Röhrchen feine, quer zur Längsrichtung verlaufende Linien, die sich aber der Anschauung entziehen, sobald die Luft durch eine Flüssigkeit ersetzt ist. Im Verhältniss zur Grösse des ganzen Thieres sind diese Röhrchen die weitesten, die ich bei den verschiedenen Arten gefunden habe. An Zahl kommen sie wohl denen von Micryphantes gleich, bleiben aber auf den Hinterleib beschränkt und erreichen folglich auch nicht die Länge der bei den bisherigen Arten.

Meine Darstelluug weicht in einigen wesentlichen Punkten von der M e n g e's bei Micryphantes und Salticus ab, worüber ich mich noch aussprechen muss. Bei ihm heisst es (Neueste Schriften etc. p. 23) folgendermassen: „Seit ich die Tracheen bei Argyroneta gefunden, habe ich bei

mehreren Spinnen danach gesucht, und sie nur noch
bei Salticus und Micryphantes angetroffen. Es ist zu vermuthen, dass, wenn sie bei einer Art einer natürlichen
Gattung vorkommen, sie auch den übrigen nicht fehlen
werden. Ich habe Salticus scenicus und Blancardi untersucht und sie bei beiden ganz gleich gebildet gesehen.
Die von Micr. rurestris waren denen von Salticus sehr
ähnlich, beide aber von denen bei Argyroneta sehr verschieden. Es fehlen nämlich hier die Kanäle und sind
nur zwei Tracheenstämme vorhanden, welche nicht am
Anfange des Hinterleibes, sondern am Ende, nahe vor
den Spinnwarzen ausmünden. An ihrem Grunde entspringen zur Rechten und Linken Röhren-Bündel, sie
selbst gehen nach vorne, zertheilen sich zuletzt ruthen-
förmig und verbreiten sich auf den Organen des Bauches.
In der Brust habe ich keine Spur derselben gefunden."
Tracheenstämme nennt Menge die Gesammtheit der bei
Argyroneta von dem Kopf der Hauptstämme (die er Kanäle nennt) ausgehenden Röhrchen. Nach seiner Vorstellung, in die man sich schwer hineindenken kann, würden demnach die Röhrchen unmittelbar am Stigma beginnen, ein Theil würde sich rechts und links wenden,
die Hauptmasse, Anfangs vereinigt, nach vorne gehen
und sich dann zertheilen. Von diesem allem findet sich
nun keine Spur, bei Micryphantes eben so wenig wie bei
Salticus. Zunächst sind hier keine zwei getrennten Stigmen, sondern eine gemeinsame Spalte vorhanden. Die
Hauptstämme (Kanäle nach seiner Bezeichnung) existiren
hier eben so gut wie bei Argyroneta, wenn sie auch nicht
mit derselben Leichtigkeit wahrzunehmen sind. Ausser
dem mit a bezeichneten Ast gehen bei Micryphantes
keine Röhrchen in der Nähe des Stigmas ab, und bei
Salticus entspringen dieselben aus den kurzen Seitenästen. Wenn er auch bei Micryphantes im Cephalothorax
keine Röhrchen entdecken konnte, so hat er eben Un-
glück gehabt: am einfachsten und mit der geringsten
Mühe kann man sich von ihrer Anwesenheit dadurch
überzeugen, dass man ein einzelnes Bein unter dem Mikroskop betrachtet; die Röhrchen sind bei frisch getöd-

teten Thieren noch mit Luft gefüllt und fallen durch ihre
schwarze Farbe sofort in die Augen; eine Verwechselung
mit Muskelfasern hat man bei einiger Vorsicht nicht zu
besorgen. Am ehesten ist noch ein Irrthum hinsichtlich
der Duplicität der Stigmen möglich. Die weit aufklaffenden Enden des Spaltes mit ihrem breiten Verdickungs-
saum lassen leicht die verbindende Ritze übersehen und
die sich nur am Aussenrande der Lufthöhle fast bis zu
dem Stigma hinziehende Struktur der Tracheenstämme
begünstigt diesen Irrthum, indem man glauben könnte,
es gingen von den beiden kreisförmigen Oeffnungen rechts
und links zwei engere Stämme aus, die sich vereinigten
und dann wieder in zwei weitere Stämme spalteten, was
allerdings immer noch ganz anders wäre, als wie Menge
die Sache darstellt. Bei genauem Zusehen und namentlich bei einer Betrachtung des Objekts von verschiedenen
Seiten her wird man indess die Ueberzeugung gewinnen,
dass sich die Sache so verhält, wie ich es beschrieben
habe.

Bei allen bisherigen Gattungen liessen sich durch
die verschiedene Struktur ihrer Wand ausgezeichnete
Hauptstämme unterscheiden, von denen an bestimmten,
meist beschränkten Stellen die feinen Röhrchen büschelförmig ausgingen; eine weitere Verkümmerung, zugleich
mit einer räumlichen Reducirung des ganzen Apparates
verbunden findet bei den Thomisiden Statt. In 'dieser
Familie haben die Gattungen Thomisus, Xysticus, Artamus und Philodromus am Ende des Hinterleibes eine
schmale Spalte, die zu einer kleinen Lufthöhle führt, von
der vier Aeste ausgehen (Fig. 11, Thomisus calycinus).
Die beiden seitlichen (a) sind schwächer als die mittleren
(b), alle vier aber schicken auf ihrem ganzen Verlauf,
der auch hier auf den Hinterleib beschränkt bleibt, hin
und wieder Aeste ab, die sich wieder verzweigen, oder
unverzweigt in eine fadenförmige Spitze auslaufen. Die
beiden Gattungen Thomisus und Xysticus haben noch in
dieser Familie am höchsten entwickelte Tracheen, während bei Artamus und Philodromus schon ein Rückschritt
bemerkbar ist, der sich in einer geringeren Zahl der hier

unverästelten Seitenzweige, so wie in einer geringeren Längenentwickelung dieser und der Hauptstämme
zeigt.

Die Wand der Hauptstämme ist ebenso construirt wie
die der Seitenzweige: eine dünne, aber feste Membran,
der kleine punktförmige Körnchen eingelagert sind, ist
äusserlich von einer weichen glashellen Haut überzogen.
Ausserdem findet sich in ihnen, wie in den Lungenfächern
und den Hauptstämmen der früheren Gattungen, die Luft
zwischen den Körnchen in feinzertheiltem Zustande, während sie in den von den Hauptstämmen der früheren Gattungen ausgehenden Röhrchen eine ununterbrochene
Säule bildet.

Der Struktur der Wand nach dem der Thomisiden
gleich ist das Tracheensystem der übrigen Spinnen, steht
aber in seiner Entwicklung auf noch niedrigerer Stufe,
indem 4 einfache Röhren vorhanden sind. Eine schmale
Spalte vor den Spinnwarzen führt zunächst in einen flach
gedrückten Luftraum, der im Allgemeinen ebenso gebildet
ist, wie der entsprechende Theil von Micryphantes oder
Dendryphantes: eine hornige Leiste am vorderen Stigmenrande und zu beiden Seiten des Luftraumes giebt auch
hier dem Skelete eine grössere Festigkeit. An dem vorderen Ende entspringen, Anfangs in einer Ebene liegend, ·
vier einfache Röhren, welche bandartig abgeplattet sind
und keine Spur eines Spiralfadens, vielmehr nur unregelmässig zerstreut feine Körnchen in ihrer Membran enthalten. So lange sie mit Luft erfüllt sind, die in ihnen
ebenfalls in dem fein zertheilten Zustande ist, erscheinen
sie bei auffallendem Lichte weiss und die der grösseren
Arten sind schon mit blossem Auge wahrzunehmen. Ist
die Luft ausgetrieben, so fallen sie wegen des geringen
Brechungsunterschiedes nur wenig in die Augen; immerhin aber lässt sich an den Körncheneinlagerungen ihr
Verlauf vom Ursprung an verfolgen. Dass die Luft durch
Druck ausgetrieben werde und bei aufgehobenem Drucke
zurückkehre, wie v. Siebold[1]) angiebt, kann ich nicht

---

1) A. a. O. pag. 536, Anmerk. 10.

bestätigen. Lässt man nicht die Flüssigkeit, in der sich das Präparat befindet, vollständig verdunsten, so füllen sich die einmal entleerten Kanäle nicht wieder mit Luft, was jedenfalls auf eine geringe Elasticität der Wand hinweist. Ueberhaupt kann man nicht eigentlich von einem Austreiben der Luft reden; wenn man das Vordringen der Flüssigkeit unter dem Mikroskop beobachtet, so sieht man nie sich irgendwo Luftbläschen ansammeln, was wohl nur so zu erklären ist, dass sich die Luft, deren Menge ja in den flach gedrückten, schmalen Röhren gering ist, in der Flüssigkeit löst.

Bei aller Uebereinstimmung in diesen allgemeinen Verhältnissen zeigen sich bei den verschiedenen Gattungen im einzelnen gewisse Abweichungen. Selten treten die 4 Röhren gleich am Grunde als gleichwerthig auf; am häufigsten sind die beiden rechts und links von der Mittellinie gelegenen mit einander verwachsen, so dass in diesem Falle von der kurzen Athemhöhle eigentlich zwei seitliche Röhren ausgehen, die sich früher oder später in zwei schwächere spalten. So ist es der Fall bei Tegenaria, Philoica, Agelena, Clubiona, Drassus, Cheiracanthium, Melanophora, Lycosa, Dolomedes, Sparassus. Weniger häufig ist eine Verschmelzung der beiden inneren Röhren, so dass in diesem Falle drei Röhren von der Athemhöhle ausgehen, von denen sich die mittlere, kräftigere bald in zwei Aeste spaltet; dies letztere Verhältniss findet namentlich bei kleineren Arten von Epeira, Theridium und besonders deutlich bei Zilla calophylla (Fig. 13) Statt. Gewöhnlich sind die äusseren Röhren schmäler, aber länger, wogegen die inneren breiter sind, dafür aber kürzer bleiben, oft sogar um das Doppelte und dreifache ihrer Länge von den äusseren übertroffen werden.

Bei den grösseren Epeira-Arten und ebenfalls bei Zilla calophylla verbreitern sich die kurzen mittleren Röhren bald nach ihrer Trennung von dem gemeinsamen Ursprung blattförmig, und ihr vorderer Rand lässt 3—4 kleine Vorsprünge sehen, die man als den Beginn einer weiteren Verästelung ansehen kann.

Bei der Kleinheit dieser Organe und bei ihrer ausserordentlichen Zartheit ist es mir nie gelungen, ihren Verlauf im ganzen Hinterleib zu verfolgen; so viel steht aber
fest, dass sie, wie sie in der Nähe der Spinnwarzen ihren
Ursprung nehmen, so auch die Spinngefässe noch weiterhin begleiten. Die äusseren gehen bis zu den Lungen,
kehren dann um und laufen dicht vor den Spinnwarzen
in eine feine Spitze aus, wogegen die inneren in der Nähe
der Lungen mit einem stumpferen Ende aufhören. Eine
angenäherte Vorstellung von ihrem Verlauf kann man
bei den kleineren Theridien und bei Tetragnatha extensa
gewinnen. Die ersteren kann man unterm Mikroskop
betrachten, wo sie den Verlauf der schwarzen Fäden bequem verfolgen lassen. Bei Tetragnatha extensa, namentlich den wohlgenährten Exemplaren, ist die Haut des Abdomens so durchsichtig, dass die weissen Tracheen, die
eine Strecke lang dicht unter derselben verlaufen, schon
mit blossem Auge sichtbar sind. Die äussere läuft, von
der Spalte an sich der Seitenlinie des Abdomens nä-
bernd, bis ungefähr zur Mitte, wo sie in der schrägen
schwarzen Linie, die sich hier vom Rücken her herab-
zieht, aufwärts steigt, um sich dann ins Innere zu verlieren. Die innere läuft mehr an der Unterseite des
Leibes hin und lässt sich bis vor die Lungen verfolgen,
wo sie ebenfalls unsichtbar wird. Neben Tetragnatha
extensa ist Sparassus virescens die einzige Art, bei der
ich (an einzelnen günstigen Exemplaren) die Tracheen
äusserlich habe wahrnehmen können.

Bei Oletera, Dysdera und Segestria habe ich nach
diesen einfachen Tracheen am Hinterleibsende vergeblich
gesucht. Wenn dieser Umstand zu der Annahme berechtigt, dass sie hier überhaupt fehlen, so liegt auch die Vermuthung nahe, die Spalte sei aus der Verschmelzung
zweier Stigmen entstanden, die den beiden hinteren Stigmen bei den Mygaliden, Dysdera, Segestria und Argyroneta entsprechen [1]. Diese Verschmelzung, die sich bei

1) Diese Ansicht scheint mir natürlicher zu sein, als die
Leuckart's, der annimmt, dass die Spinnen in der Norm drei

allen Spinnen zeigt, bei denen die Tracheen am Hinterleibsende entspringen, ist nach der Verrückung der Stigmen eine einfache Forderung der Oekonomie geworden.
Demnach würden also die Spinnen eigentlich 4 Stigmen
besitzen, zwei vorn am Hinterleib und entweder zwei
dicht dahinter oder in einiger Entfernung davon am Ende
des Hinterleibes, in welchem letzteren Falle zugleich die
laterale Duplicität verloren geht. Das erste Stigmenpaar
führt nun immer zu Lungen, das zweite entweder zu
Lungen oder Tracheen. Bei letzteren lassen sich immer
je zwei Hauptstämme unterscheiden, von denen bei Dysdera und Segestria der eine (b Fig. 6) nach vorn geht
und den Cephalothorax, der andere (a) nach hinten geht
und den Hinterleib mit Röhrentracheen versieht; bei den
übrigen, bei denen sich eine Spalte am Hinterleibsende
befindet, müssen natürlich beide Stämme nach vorn gehen (a und b Fig. 9—13) wo der äussere dem nach hinten
gerichteten von Dysdera und Segestria entspricht.

Es hat nun etwas Befremdendes, Lungen und Tracheen bei denselben Thieren zu finden; ähnliche Lungen
sind in dem ganzen Thierreich nicht bekannt, und überdies ist man nicht gewohnt, bei den wirbellosen Thieren
Lungen anzutreffen. Die Schwierigkeit, alle Verhältnisse
klar zu durchschauen, hat übrigens lange Zeit die wahre
Natur der bisher als Lungen bezeichneten Organe verkennen lassen. Aeltere Anatomen, wie Treviranus [1]),
Meckel [2]), Brandt und Ratzeburg [3]) nahmen sie für Kiemen, wobei sie den dem Stigma unmittelbar aufsitzenden

---

Paare von Stigmata besitzen, alle drei hinter einander an der Bauchfläche des Abdomens, die beiden ersten im vorderen Theile, das
dritte am Ende. Da nämlich bei keiner Spinne sich wirklich alle drei Stig-
menpaare, wenn auch noch so verkümmert, vorfinden, so muss einmal das mittlere Paar, in anderen Fällen das hintere Paar ganz
ausgefallen sein, was jedenfalls viel verwickelter ist, als eine einfache Verlegung.

1) Ueber den innern Bau der Arachniden, Nürnberg 1812 p. 7
und Vermischte Schriften, Göttingen 1816, p. 25.
2) Cuvier's Vorlesungen üb. vergl. Anatomie. Th. 4 p. 290
3) Mediz. Zoologie, p. 89.

Luftsack vollständig ignorirten, seinen Boden (f Fig. 1)
als Kiemenband bezeichneten und die Lungenfächer für
einfache Blätter (Kiemenblätter) annahmen, die von aussen
von der durch die Spalten zwishen den einzelnen Kie-
menblättern eingetretenen Luft umspült werden sollten.
Zwar vermochten weder Treviranus noch Meckel den Verlauf der Lungenarterien bis zu den vermeintlichen Kiemen zu verfolgen; aber bei einer so total verkehrten
Auffassung darf es gar nicht Wunder nehmen, wenn
Newport [1]) auf den Blättern kernlose Zellen und ein zartes
Kapillargefässsystem entdeckt haben wollte, welches von
einem an dem Ursprung der Blätter hinlaufenden Ast
der Lungenarterie seinen Ursprung nehmen sollte; wahrscheinlich hat er sich durch die Faserbildung in der
Chitinhaut des Lungenskelets täuschen lassen.

Der erste, der diese irrthümliche Auffassung berich-
tigte, war J. Müller, zunächst bei den Skorpionen.[2]),
dann auch bei den Araneen [3]). Derselbe bewies durch
ein eben so nahe liegendes, wie überzeugendes Experiment,
dass es bei unverletzten Lungensäcken unmöglich sei,
durch das Stigma Luft in den inneren Körperraum hin-
einzutreiben, dass dabei vielmehr stets der Luftsack an-
schwelle. Da es ihm übrigens eben so wenig wie seinen
Nachfolgern gelang, auf der Wand der Lungenfächer
die Ausbreitung eines Gefässsystems zu entdecken, so
blieb die einzige Vermuthung, dass das von den Lungenarterien herbeigeführte Blut sich frei in die Körperhöhle
ergösse und so die Platten umspüle, ohne in besondere
Gefässe eingeschlossen zu sein. Diese Vermuthung hat
durch Untersuchungen französischer Anatomen ihre Bestätigung gefunden. Allerdings sind die Beobachtungen
Blanchard's [4]), der zwar die vergleichende Anatomie v.
Siebold's citirt, aber mit ihrem Inhalt gar nicht vertraut zu sein scheint, aus letzterem Grunde von geringer
Bedeutung für die Beantwortung der uns interessirenden

---

1) Philosoph. transact. for the year 1843. p. 295 pl. 14.
2) Meckel's Archiv 1828 p. 39, Taf. 2, Fig. 11—13.
3) Isis 1828 p. 709, Taf. 10, Fig. 4—6.
4) Annales d. Sc. nat. 3me série. 1849 tome XII. p. 316.

Frage. Aber so viel lässt sich aus den Injectionsversuchen
Blanchard's mit Sicherheit entnehmen, dass sich das
Blut aussen um die Lungenfächer ergiesse. Zu demselben
Resultate führen die von Claparède[1]) an lebendigen
Jungen von Lycosa saccata angestellten Beobachtungen.
Uebrigens bemerkt Menge[2]) ganz richtig, dass man
weder den Aus- noch Eintritt von Luft wahrnehme, wenn
man bei lebendigen Thieren den Spalt mit Wasser be-
feuchtet, und eben so wenig eine Bewegung bei Spinnen,
die eine Zeit lang wie todt im Wasser gelegen haben
und sich nun an der Luft allmählich erholen. Aber diese
Umstände rechtfertigen keineswegs die weiterhin von ihm
ausgesprochenen Zweifel an der „angeblichen" Respira-
tion, beweisen vielmehr nur, dass das Einziehen der atmo-
sphärischen Luft und das Ausathmen der Kohlensäure nicht
in periodischen Stössen vor sich gehe. Wenn man nun
die Enge der Lungenfächer bedenkt, so wird man sich
über dieses Verhältniss gar nicht wundern können. Die
sehr kräftigen, an dem verbindenden, Gange (g Fig. 1
und 4) und an dem Rande der Körperhaut angebrachten
Muskeln müssen bei ihrer Zusammenziehung den Lungen-
sack ausdehnen und zugleich eine Erweiterung der zu
den Lungenfächern führenden Spalten herbeiführen. Die
atmosphärische Luft füllt dann den Luftsack und die einzelnen Fächer vollständig an, wobei dann der Austausch
zwischen ihr und der Kohlensäure durch Diffusion Statt
haben mag. Und ganz in derselben Weise wird die Ath-
mung durch die Tracheen vor sich gehen.

Dass somit die vorderen Athmungsorgane keine Kiemen, sondern eher Lungen, d. h. Organe sind, bei denen
die Vermehrung der athmenden Fläche auf einer inneren
Einstülpung beruht, kann nun nicht mehr bezweifelt
werden. Im übrigen aber haben sie mit den Lungen
der höheren Thiere nichts mehr gemeinsam, als dass die
athmenden Flächen auf einen geringen Raum zusammen-

---

1) Mémoires d. l. Société d. Phys. et d'Hist. nat. de Genève,
tome XVII, 1re partie. 1863.
2) A. a. O. pag. 22.

gedrängt sind: weder treten die einzelnen Fächer mit
Ausnahme ihres gemeinsamen Ursprunges aus der Lufthöhle weiterhin in Kommunikation, noch giebt es eine
die Gesammtheit der Fächer umgebende gemeinsame Haut,
so dass sich diese als Zellen desselben Sackes auffassen
liessen. Es wurde daher auch Leuekart nicht schwer,
nachzuweisen, dass die sog. Lungen vollkommen genau
in den Bau der Tracheen hineinpassen, allerdings der
Tracheen, wie sie bei den Araneen üblich sind: nicht in
Gestalt cylindrischer, baumartig verästelter, sondern bandförmig abgeplatteter Röhren, die des Spiralfadens vollständig entbehren und büschelförmig von einem durch
seine Struktur ausgezeichneten Hauptstamme ausgehen.
In der That lassen sich die einzelnen Theile der Lungen
mit den entsprechenden der Tracheen in vollkommene
Analogie setzen: der als Luftsack bezeichnete Theil entspricht dem Hauptstamme, der ja auch mit einer zarten
Haut dem Stigma aufsitzt; die einzelnen Fächer sind ein
Analogon der von dem Ende des Hauptstammes ausgehenden Röhrchen. Aus diesem Grunde scheint es daher
auch angemessen, den Namen „Lungen", der von den
höheren Thieren her eine falsche Vorstellung begünstigt,
mit einem den thatsächlichen Verhältnissen mehr Rechnung tragenden zu vertauschen; ich schlage daher für
diese Organe den Namen „Fächertracheen" vor, den man
nach den vorhergehenden Auseinandersetzungen gewiss
billigen wird.
    Die gewonnenen Resultate sind nun recht geeignet,
Anhaltspunkte für die Beantwortung einiger systematischen
Fragen zu liefern. Vielleicht wird man eine Berücksichtigung der Respirationsorgane bei der Systematik aus
demselben Grunde für unangemessen halten, aus welchem
Dugès die Eintheilung der Arachniden in Lungen-.und
Tracheenarachniden bemängelte: leur situation intérieure
les rend peu propres à fournir des caractères zoologiques.
Aber hierauf ist doch zu entgegnen, dass das natürliche
System kein Repertorium für jede dem jedesmaligen
Forscher unbekannte Gattung oder Art, sondern der ge-
naue und übersichtliche Ausdruck unserer zeitweiligen

Kenntniss vom Gesammtbau der Organismen sein soll.
Deshalb benutzt es auch nicht nur die äusserlich erkennbaren, sondern auch die inneren Organisationsverhältnisse,
und keine einzelne, gesonderte Organe ausschliesslich,
sondern immer nur im Zusammenhang mit den übrigen,
so jedoch, dass den wichtigeren Organen auch ein grösseres Gewicht bei der Klassifikation eingeräumt wird.
Die Wichtigkeit der Respirationsorgane wird nun wohl
Niemand in Abrede stellen; auch ist mit einer anderen
Ausbildung derselben überdies ja eine Aenderung des
Cirkulationssystems wegen der Abhängigkeit beider von
einander verbunden [1]). Selten aber wird man eine Verschiedenheit der inneren Organe und die Bildung äusserlich wahrnehmbarer Theile so Hand in Hand gehen sehen
wie hier. Dazu kommt nun ferner noch eine übereinstimmende Bildung der Respirationsorgane bei unzweifelhaft zusammengehörigen Arten, wogegen die Abweichungen innerhalb einer Familie solche Gattungen und Species
treffen, deren systematische Stellung schon aus anderen
Gründen sehr bedenklich geworden ist. Wenige Andeutungen werden genügen, um die Richtigkeit der aufgestellten Behauptungen einsehen zu lassen.

Die Mygaliden, welche durch den Besitz von nur
4 Spinnwarzen, durch die eigenthümliche Bildung der
Mandibeln ausgezeichnet sind, besitzen zwei Paar Fächertracheen. Die Attiden, welche in den Federhaarbüscheln
ihrer Klauen, dem ungezähnten Klauenglied der Mandibeln, die der Wimperhaare entbehren, dem eckigen Cephalothorax und in ihrem ganzen Habitus und ihrer ganzen
Lebensweise so unverkennbar den Stempel der Familien-
ähnlichkeit aufgedrückt tragen, dass schon Aristoteles
sie als Springspinnen zusammenfasste, besitzen auch in

---

1) Blanchard kommt durch eine Vergleichung des Cirkulationssystems bei Epeira und Tegenaria mit dem von Segestria zu dem
Schluss, dass dasselbe bei den mit Tracheen versehenen Arten auf
einer niedrigeren Stufe steht als bei bloss mit Lungen athmenden
(die einfachen Tracheen am Ende des Hinterleibes waren Blanchard noch nicht bekannt).

den wohl entwickelten Tracheen des Hinterleibes ein gemeinsames Kennzeichen. Die Drassiden, die in den der Afterkralle entbehrenden, mit Federhaarbüscheln versehenen Klauen ein sie gegen die anderen Familien deutlich abgrenzendes Merkmal besitzen, haben vorn am Hinterleib zwei wohl entwickelte Fächertracheen, am Ende desselben die einfachen Röhrentrachen.

Ich komme nun zu den Abweichungen innerhalb der Familien. Da sind zunächst die Thomisiden. Von diesen hatten Thomisus, Xysticus, Artamus und Philodromus verästelte, Sparassus und Thanatus aber unverästelte Röhrentracheen. Nun ist schon das ganze Aussehen eines lang gestreckten Sparassus oder Thanatus ein ganz anderes als das eines in die Breite gezogenen Xysticus etc. Wie ich ferner schon früher [1]) gezeigt habe, ist die Klaue der Oberkiefer bei den ersten Gattungen gezähnt, bei Thanatus und Sparassus ungezähnt. Ein weiterer Umstand, der wenig für die Natürlichkeit der Thomisiden-Familie in dem bisherigen Umfang spricht, ist die Klauenbildung der Füsse. Während Thanatus und Sparassus, und allerdings auch Philodromus und Artamus in zwei Federhaarbüscheln Ersatz für den Mangel einer Afterkralle haben, entbehren Thomisus und Xysticus auch der Federhaarbüschel. Immerhin aber wird man die Ueberzeugung gewonnen haben, dass die Unterschiede in der Tracheenbildung mit anderen zusammenfallen.

In der Familie der sechsäugigen Dysderiden haben wir hoch entwickelte Tracheen bei den Gattungen Dysdera und Segestria, während bei Scytodes die gewöhnliche Spalte am Hinterleibsende zu vier einfachen Röhrentracheen führt. Ich brauche hier nur auf meine früher [2]) ausgesprochenen Zweifel hinzuweisen, um sofort den nöthigen Schluss ziehen zu lassen. Ferner sind schön entwickelte Tracheen bei Dictyna und einem Theil der Arten von Micryphantes vorhanden. Von der ersten Gattung sagt Ohlert [3]): „Durch die Bildung der After-

1) Dieses Archiv XXXVI. Jahrg. 1. Bd., 1870, pag. 112 u. 115.
2) A. a. O. pag. 105 u. 114.
3) Verh. des Zool.-bot. Vereins in Wien, Bd. IV, Jahrg. 1854, p. 241.

kralle weicht Dictyna so weit von allen Theridides ab,
dass sie kaum unter ihnen bleiben kann, und richtiger
zu den Agelenides gestellt würde. Jedenfalls würde sie
den Uebergang zu den letzteren bilden." Auch besitzt
Dictyna den Basalfleck am Oberkiefer, der sonst bei den
Theridides nicht vorkommt. Die schon vielfach ange-
fochtene Gattung Micryphantes Koch, die auf den sub-
tilen Unterschied in der Augenstellung begründet ist, ist
in ihrem von Koch angewandten Umfange ganz unna-
türlich. (S. die Auseinandersetzungen Ohlert's a. a. O.
pag. 241 u. 242.) Von besonderer Bedeutung für unsere
Frage ist es ohne Zweifel, dass Erigone und Micryphantes (mit Ausnahme von M. flavomaculatus), deren Unterscheidung von den übrigen Theridides bisher auf sehr
unbestimmten und schwankenden Kennzeichen beruhte,
durch den Mangel der Tasterkralle sich scharf und bestimmt von allen anderen Theridides absondern.

Die angestellten Betrachtungen werden keinen Zweifel
darüber gelassen haben, dass diese Familien von den
ihnen beigemischten fremden Elementen gereinigt werden
müssen, für die die Aufstellung neuer Familien nothwendig geworden ist. Sparassus und Thanatus (wahrscheinlich auch Micrommata, die ich nicht habe untersuchen können) würden dann eine den Uebergang von
den Thomisiden zu den Lycosiden vermittelnde Familie
bilden. Scytodes würde vorläufig, bis genauere Untersuchungen über amerikanische Gattungen (Nops u. a.)
vorliegen, als einziger Repräsentant einer Familie da-
stehen, während ein eingehenderes Studium der Gattungen
Dictyna, Erigone und namentlich Micryphantes im Koeh'-
schen Sinne die Grenzen der für diese Gattungen zu er-
richtenden Familie zu bestimmen hätte. Ob sich etwa
die merkwürdige Argyroneta aquatica dieser Familie ein-
reihen liesse, bleibt ebenfalls noch eine offene Frage.

Diese Familien, nach ihren Hauptvertretern benannt,
würden etwa durch folgende Merkmale charakterisirt sein.

Fam. *Scytodides.* 6 Augen. Afterkralle fehlt;
keine Federhaarbüschel. Mandibeln klein; kein Basalfleck,

keine Wimperhaare; die Klaue aus breiter Basis plötzlich
verschmälert und ungezähnt. Zwei Fächertracheen vorne,
4 einfache Röhrentracheen am Ende des Hinterleibes.

1. Gattung: Scytodes.

Fam. *Micryphantides.* 8 Augen; Afterkralle vorhanden und gezähnt; ♂ ohne, ♀ mit oder ohne Tasterkralle. Mandibeln mit Basalfleck, ohne Wimperhaare;
Falzrand mit Zähnen; Kralle gezähnt. Vorne am Hinterleib zwei schwach entwickelte Fächertracheen; vor den
Spinnwarzen eine breite Spalte, die zu einem wohl entwickelten Tracheensystem führt, bestehend aus platt ge-
drücktem Hauptstamm mit Verdickungsleisten und von
diesem ausgehenden cylindrischen Röhrchen.

Vorläufige Gattungen: Dictyna, Erigone, Miery-
phantes.

Fam. *Sparassides.* 8 Augen. Afterkralle fehlt,
statt derselben zwei Federhaarbüschel. ♂ ohne, ♀ mit
Tasterkralle; Mandibeln mit Basalfleck, Kralle schwach
gezähnt. Vorn am Hinterleib ein Paar Blättertracheen;
am Ende vier unverästelte Röhrentracheen. Gattungen:
Thanatus, Sparassus (Micrommata?). Die Berechtigung
dieser Familie dürfte vielleicht wegen des durch Artamus und Philodromus von Thomisus und Xysticus ver-
mittelten Ueberganges am ehesten in Zweifel gezogen
werden.

Mit Annahme dieser Familien würde sich dann
eine übersichtliche Anordnung der Arachniden nach der
Verschiedenheit ihrer Athmungsorgane folgendermaassen
gestalten.

2 Paar Fächertracheen: Mygalides (Tetrapneumones).

1 Paar Fächertracheen, 1 Paar büscheliger
Röhrentracheen mit getrennten Stigmen: Dysderi-
des und Argyroneta.

1 Paar Fächertracheen, 1 Paar büscheliger
Röhrentracheen mit gemeinsamer Oeffnung: Micryphantides und Attides.

1 Paar Fächertracheen; 1 Paar baumartig verästelter Röhrentracheen mit gemeinsamer Mündung: Thomisides.

1 Paar Fächertracheen, vier einfache Röhren mit gemeinsamer Oeffnung: Scytodides, Drassides, Agelenides (mit Ausschluss von Argyroneta), Epeirides, Theridides (grossentheils), Sparassides, Lycosides.

Erklärung der Abbildungen.

Tafel VII.

Fig. 1. Fächertracheen von Zilla calophylla. s Stigma, f Grund, c Spitze, b Fächer des Luftsackes. g Verbindender Gang zwischen den beiderseitigen Organen, m Ansatzstellen der Muskeln.

» 2. Einzelne Fächer, stärker vergrössert.

» 3. Haar auf der Haut des Abdomens über den Fächertracheen von Oletera picea.

» 4. Fächertracheen von Xysticus viaticus. Die Buchstaben haben dieselbe Bedeutung wie in Fig. 1.

» 5. Kopf des Cephalothoraxstammes der Röhrentracheen von Dysdera erythrina.

» 6. Rechte Röhrentracheen von Segestria Bavarica. a Abdominal-, b Cephalothoraxstamm.

» 7. Röhrentracheen von Dictyna benigna. r Verdickungsleiste des Randes der Lufthöhle.

» 8. Stück eines Hauptstammes von Dictyna, stärker vergrössert.

» 9. Röhrentracheen von Micryphantes rubripes.

» 10.   »   »   » Dendryphantes muscosus.

» 11.   »   »   » Thomisus calycinus.

» 12.   »   »   » Melanophora subterranea.

» 13.   »   »   » Zilla calophylla.

Die Buchstaben a und b in einer Fig. 6 entsprechenden Bedeutung; r wie in Fig. 7.

Beobachtungen über mehrere Parasiten.

Von

Dr. O. Bütschli

in Frankfurt a. M.

(Hierzu Taf. VIII u. IX.)

1. Der Verbindungskanal des Hoden und der weiblichen Organe bei Distomum endolohum, Duj.

(Siehe Taf. VIII Fig. VIII.)

Im 1. Heft des Jahrgangs 1871 des Archivs für Anat. u. Physiologie theilt S t i e d a Beobachtungen über Amphistomum conicum mit, welche die bis jetzt allgemein adoptirte Ansicht, dass bei vielen Trematoden ein Kanal existire, der die männlichen mit den weiblichen Organen in directe Verbindung setze, so dass eine innere Selbstbefruchtung möglich sei, wenigstens für diesen Trematoden widerlegen und es sehr wahrscheinlich machen, dass bei Distomum hepaticum sich ein Gleiches finde. Es wird dann weiter nachgewiesen, dass dieser Verbindungskanal beider Geschlechtsdrüsen, der nach seinem ersten Entdecker als Laurer'scher Kanal bezeichnet wird, auf der Rückenfläche des Amphistomum frei ausmündet und dass er in Wirklichkeit die Vagina dieses Saugwurms sei. Da dieses Verhalten, wenn es sich bewahrheitet und eine allgemeine Verbreitung unter den Trematoden besitzt, unsere seitherigen Vorstellungen über die Begattung und die Beschaffenheit der Geschlechts-

organe bei diesen Würmern gründlich umgestalten würde,
so halte ich es für nicht überflüssig, hier eine, wenn
auch nur kleine, diesen Gegenstand besprechende Untersuchung mitzutheilen, die ich im Laufe des vergangenen
August anzustellen Gelegenheit hatte.

Die von mir an Distomum endolobum gemachte Beobachtung beschränkt sich im Wesentlichen auf den Nach-
weis des von Stieda beschriebenen Kanals bei diesem
Trematoden, wie denn nicht nur die allgemeinen Lage-
verhältnisse dieses Kanals, sondern auch die Anordnung
der gesammten weiblichen Geschlechtsorgane sehr viel
Aehnlichkeit mit den von Stieda bei Amphistomum ge-
schilderten Verhältnissen besitzen. Ohne mich auf eine
weitläufigere Beschreibung einzulassen, verweise ich auf
die dieser kurzen Notiz beigegebene Abbildung, die die
Vereinigungsstelle der 4 Kanäle, des Laurer'schen Kanals
(l), des aus dem Ovarium kommenden Kanals (ok), des
Dottergangs (d) und des Eileiters oder Uterus, wenn
man so will (ovd), darstellt; diese 4 Kanäle stossen nicht
unmittelbar in einem Punkt zusammen, sondern es findet
wohl eine Vereinigung des Laurer'schen Kanals mit dem,
aus dem Ovarium kommenden kurzen Kanal statt, von
deren Vereinigungsstelle führt dann ein kurzer Kanal
nach der Verbindungsstelle des Dottergangs mit dem
Eileiter.

Was ich über die nähere Beschaffenheit des sog.
Laurer'schen Kanals sagen kann, ist nur weniges; von
seiner Verbindungsstelle mit dem Ausführungsgang des
Ovariums aus läuft er ziemlich direct, nur eine Ausbiegung
nach hinten machend, quer durch den Körper des Thieres
nach der Rückenfläche und mündet hier in der Mittellinie,
soweit ich mich erinnere, ungefähr in der Höhe der ge-
genüberliegenden Geschlechtsöffnungen auf der Bauchseite, in der Oeffnung (m) aus. Der Kanal ist von
einer verhältnissmässig recht starken Ringmuskulatur um-
kleidet und war mit sehr beweglichen Spermatozoën
deutlichst gefüllt; Spermatozoën fanden sich jedoch auch
im Ausführungsgang des Ovariums und im obern Ende
des Eileiters.

Aus dieser kurzen Mittheilung geht hervor, dass
die von Stieda bei Amphistomum beschriebenen Verhältnisse auch noch anderwärts bei den Trematoden vorkommen und dass sie demnach wahrscheinlich noch eine
weitere Verbreitung besitzen werden.

Lage und Beschaffenheit dieses Laurer'schen Kanals
scheinen mir auch bei diesem Distomum für die Stieda'-
sche Deutung desselben als Scheide zu sprechen.

2· Ueber das Männchen des Trichosomum crassicauda Bellingh.
(Siehe Taf. VIII Fig. I—VII.)

Durch Leuckart wurde zuerst auf der Naturforscherversammlung in Frankfurt a. M. 1867 [1]) das eigenthümliche Verhältniss bekannt, in welchem sich das reife
Männchen des Trichosomum crassicauda zu seinem Weibchen befindet; er wies nach, dass die schon einige Jahre
früher von Walter [2]) zum ersten Male gesehenen kleinen
Würmer, die sich im Uterus (nach Walter irrthümlich
in der Leibeshöhle) finden, die erwachsenen geschlechtsreifen Männchen dieses Trichosomum seien. Diese Beobachtung Leuckart's findet sich nur in Form einer
kurzen Notiz, die jedoch sämmtliche hier einschlägigen
Verhältnisse mit völliger Genauigkeit angibt, in dem
Tagblatt der erwähnten Naturforscherversammlung, dem
Leuckart'schen Jahresbericht für die Jahre 1866 und 67
und dem bekannten Parasitenwerk dieses Forschers. Eigenthümlicher Weise hatte Herr Dr. A. Schmidt in
Frankfurt a. M. mehrere Male neben den weiblichen
Thieren in der Harnblase der Ratte auch grosse männliche Thiere gefunden und die hierdurch eventuell noch
möglichen Zweifel an der Richtigkeit der Leuckart'schen
Untersuchungen, ausserdem das hohe Interesse und die
Neugierde, die ein so exceptioneller Fall wie der Para-
sitismus des Männchens in dem Weibchen, denn mit an-

---

1) Tagblätter der Frankfurter Versammlung 1867. S. 55.
2) Walter, 5. Bericht des Offenbacher Vereins für Natur-
kunde 1864. S. 76—77.

dern Worten lässt sich dieses Vorkommen doch eigentlich nicht bezeichnen, in mir erregten, bestimmten mich diese Erscheinungen noch einmal zu prüfen und durch einige Abbildungen zu erläutern. Diese Untersuchungen liessen mich zu meiner grossen Genugthuung die Angaben meines verehrten Lehrers in allen Punkten bestätigen, wie im Verlauf dieser Mittheilung sich genügend ergeben wird.

Die von mir gesehenen Weibchen, deren Uterus mit Eiern ganz erfüllt war, erreichten nie mehr als 17 Mm. Länge und die in ihnen gefundenen Männchen hatten als Maximum eine Länge von 2,5 Mm. Leuckart fand bis zu 5 Männchen in dem Uterus eines Weibchens, ich fand deren einmal 4, gewöhnlich jedoch nur 2 bis 3, meistens sah ich diese Männchen mit dem spitzeren Kopfende nach dem Hinterende des Weibchens schauend im Uterus liegen, jedoch bemerkte ich auch Ausnahmen von dieser Regel; jedenfalls geschieht die Einwanderung der Männchen durch die Vagina in den Uterus mit dem Kopfende voran, wodurch sich die eben erwähnte Lagerung der Männchen im Uterus erklärt, denn ein Umwenden möchte ihnen bei der verhältnissmässig geringen Breite des Uterus schwer fallen.

Betrachten wir nun den anatomischen Bau des Männchens etwas näher; der Bau des Darmkanals entspricht vollständig den für die Trichotracheliden characteristischen Verhältnissen, an den verhältnissmässig kurzen muskulösen Theil des Oesophagus schliesst sich ein langer Zellkörper, der bei dem Männchen regelmässiger gebaut ist, als bei dem Weibchen, jede Zelle mit deutlichem Kern. An diesen Oesophagus, der wohl nicht viel weniger als die Hälfte der Körperlänge erreicht, schliesst sich der Darm, dessen Vorderende etwas aufgetrieben ist, sich jedoch nicht mit seiner breiten Fläche dem Zellkörper direct anlegt, sondern mittels eines schmalen fadenartigen Theils, in dem die Chitinröhre des Oesophagus zur Darmintima läuft. Das Epithel des Darms ist deutlich, enthält ziemlich grosse Kerne und eine beträchtliche Menge feiner Körnchen, die den dadurch verdunkelten Darm von den neben ihm verlaufenden Hoden und Samen-

leiter unterscheiden. Ein beträchtliches Stück vor dem
Hinterende des Thieres vereinigt sich der Darm mit dem
Samenleiter zur Geschlechtskloake ; von einem besonderen
Abschnitt, der als Rectum sich deuten liesse, habe ich
nichts bemerkt.

Die männlichen Geschlechtsorgane bestehen aus
einem Hoden und einem Samenleiter, die beide die Leibeshöhle von dem vordern Ende' der Geschlechtskloake
bis zu dem Hinterende des Zellenkörpers fast vollständig
durchlaufen. Das blinde Ende des Hodens liegt da, wo
sich der Samenleiter und Darm zur Geschlechtskloake vereinigen (Taf. VIII Fig. II) und scheint in einen sich
mehr und mehr verfeinernden Faden auszulaufen. Bis
in dieses blinde Ende des Hodens hinein verfolgte ich
deutlich die gekernten Zellen, die den Inhalt des Hodenschlauchs bilden. Der feinere Bau des Hodens entspricht
dem, was über den Hoden der Trichosomen und Tricho-
cephalen bis jetzt überhaupt ermittelt ist; die Keimzellen
der Spermatozoën, ich sehe hier wie auch im Ovarium
überall nur deutliche Zellen, liegen der Wand des Hodens an, so dass sie in demselben einen weiten Hohlraum
frei lassen (s. Fig. IV); es scheint mir diese Zellenlage
wenigstens an vielen Stellen nicht ein-, sondern mehr-
schichtig zu sein, was Leuckart auch vom Hoden des
Trichocephalus dispar erwähnt [1]). Wie sich aus diesen
Keimzellen die Spermatozoën hervorbilden, habe ich nicht
verfolgt, hierzu eignet sich begreiflicher Weise dieses
Object auch nur wenig; hingegen fand ich deutlich schon
an dem Hoden selbst ein der Membrana propria dicht
anliegendes Epithel, das sich zwar nur durch seine, bei
Zusatz verdünnter Essigsäure als dunkle Strichelchen erscheinende Kerne erkennen lässt. Ob sich dieses Epithel
über den gesammten Hodenschlauch· bis an sein blindes
Ende verfolgen lässt, habe ich nicht festgestellt.

Etwa hinter dem Anfang des Darmes biegt sich
der Hoden in den Samenleiter über, oder es ist vielmehr
der Samenleiter, welchem die Biegung angehört und der

---

1) Leuckart, Die menschlichen Parasiten. Bd. II. S. 480.

sich eine kurze Strecke nach der Umbiegung mit dem Hoden vereinigt. Das Epithel des Hodenschlauchs setzt sich in das des Samenleiters fort, erscheint an diesem nur deutlicher und lässt jetzt auch ein deutliches Protoplasma um die Kerne erkennen (Fig. III). Bei reifen Männchen sah ich den Samenleiter strotzend mit Spermatozoën gefüllt, die sich an ihrem dunkeln, scharf hervortretenden Kernkörperchen leicht erkennen lassen; im Samenleiter platten sie sich gegenseitig zu polygonalen Körpern ab, entleert haben sie hingegen eine ovale, manchmal jedoch auch mit einem Schwänzchen versehene Gestalt; um das Kernkörperchen sieht man einen hellen Hof, ohne Zweifel der Kern (Fig. V). Die Geschlechtskloake läuft als ein gleichmässig weiter mit zelligen Wänden versehener Schlauch zum abgerundeten Hinterende, wo sie durch eine anscheinend sehr feine Oeffnung ausmündet. Begattungsorgane sind, wie schon Leuckart hervorhebt, bei der Lebensweise des Männchens höchst unnöthig, sie sind denn auch ausgefallen.

Das Integument des männlichen Thieres zeigt wie das des Weibchens eine feine Ringelung und ebenso finden sich wie beim Weibchen breite Längslinien, ja noch viel breitere als bei diesem. Ich habe die Lage dieser breiten Längsfelder (Fig. VI) nicht genau feststellen können, nach der Analogie mit dem weiblichen Bau sind es jedoch Seitenfelder, die hier eine so grosse Ausdehnung in der Quere erlangen, dass die Muskelfelder als verhältnissmässig schmale Bänder erscheinen, in welchen ich eine Reihe hinter einander stehender kleiner kernartiger Gebilde gesehen habe. Von Muskelzellen konnte ich bei dem Männchen nichts wahrnehmen, die Muskelfelder zeigen eine einfache fibrilläre Längsstreifung. Die Seitenfelder sind wie bei dem Weibchen aus einer grossen Zahl kleiner Kernzellen gebildet (Fig. VI). Dies ist Alles was ich bis jstzt über das Männchen dieses interessanten Wurms ermitteln konnte und ich habe hier nur noch einer Beobachtung zu gedenken, die schon Leuckart als entscheidend für die Beurtheilung der geschlechtlichen Bedeutung dieser männlichen Thiere hervorhebt, nämlich

die, dass Weibchen, welche durch Zufall von einer Einwanderung dieser Zwergmännchen verschont blieben, zwar
Eier ausbilden, dass diese Eier jedoch nicht zur Entwickelung gelangen. Auch ich habe diese Beobachtung gemacht, jedoch fand ich, dass die Eier ihre Furchung ursprünglich ganz regelmässig begannen, bis zum Stadium
des maulbeerförmigen Dotters sich entwickelten, worauf
aber der weitere Fortschritt sistirte und der Dotter in
eine fettartige Masse zerfiel. Die Schalenbildung war
während dieser Zeit anscheinend ganz regelmässig verlaufen.

An diese Betrachtung der Männchen von Trichosomum crassicauda will ich einige Bemerkungen über
das Weibchen anfügen. Um den muskulösen Theil des
Oesophagus kann ich deutlich einen Nervenring von fase-
riger Beschaffenheit wahrnehmen. In Betreff der Muskulatur muss ich mich der von Leuckart über die
Muskulatur des Trichocephalus dispar geäusserten Ansicht
anschliessen, wie Leuckart Trichocephalus so kann ich
dieses Trichosomum für keinen Holomyarier halten, sondern ich finde hier eine Zusammensetzung jedes Muskel-
feldes aus zahlreichen langgestreckten, spindelförmigen
bis faserartigen Muskel-Zellen, in welchen ich zwar von
Kernen nichts wahrgenommen habe, die ich jedoch in
der Flächenansicht deutlichst verfolgen kann. Eberth[1])
hat uns mit der eigenthümlichen Beschaffenheit der Seitenfelder unseres Wurmes bekannt gemacht; es finden
sich nämlich in dem Vordertheil des Körpers, jedoch
deutlich erst ungefähr an der Vagina beginnend, kegel-
förmige bis halbkugelige Erhebungen des Integuments
über den Zellen der Seitenlinien, wie ich jedoch glaube
nicht über allen. Diese Erhebungen sollen nach Eberth
mit einem centralen Grübchen verbunden sein. Ich möchte
es jedoch für wahrscheinlich halten, dass nicht Grübchen
sondern Oeffnungen in der Haut vorliegen, was ich daraus
zu folgern glauben darf, dass bei Ausübung einigen Druckes
auf das Thier aus diesen vermeintlichen Grübchen eine

---

1) Eberth, Untersuchungen über Nematoden S. 61.

secretartige helle Masse hervortritt, während sonst an keiner Stelle sich etwas Aehnliches zeigt. Wahrscheinlich liegen demnach hier einzellige Drüsen vor, die ihr Secret durch die Oeffnungen auf der Höhe der kegelförmigen Erhebungen ergiessen (s. Fig. III). Uebrigens finde ich diese kegelförmigen Erhebungen in allen möglichen Abstufungen in Bezug auf die Höhe der Erhebung, bis schliesslich die Oeffnung oder Eberth's Grübchen in der Ebene des Integuments liegt, von der früheren Erhebung sich keine Spur mehr wahrnehmen lässt. Das Ovarium läuft fast bis zum Hinterende des Thieres, überall ziemlich gleich breit, an das anscheinend stumpf abgerundete Hinterende desselben schliesst sich jedoch noch ein kurzes nach vorn gerichtetes zipfelförmiges Stück an. Wie schon Eberth[1]) erwähnt, besitzt das Ovarium bis zu seinem blinden Ende ein sehr deutliches Epithel. Als Keime der Eier habe ich nur deutliche Zellen gesehen, die das ganze Ovarium zu erfüllen schienen, nicht nur, wie nach Analogie mit den übrigen Trichotracheliden zu erwarten wäre, auf der Rückenseite des Ovars liegen. Einzelne ohne Regelmässigkeit vertheilte Keimzellen entwickeln sich durch Vergrösserung und Bildung zahlreicher Dotterkörnchen zu den Eiern.

3. Einige Beobachtungen über den Dispharagus denutatus Duj. des Leuciscus erythrophtalmus.
(Siehe Taf. VIII Fig. IX—XI.)

Dieser von Dujardin[2]) entdeckte Nematode findet sich in den genannten Weissfischen des Mains recht häufig und seine Untersuchung hat mir einige Ergebnisse geliefert, die nicht ohne alles Interesse scheinen. Man begegnet den Weibchen dieses Nematoden im Dünndarm des Weissfisches viel häufiger als dem Männchen, von dem ich nur ein Exemplar zur Untersuchung hatte und über das ich daher auch nicht viel mehr als die

---

1) Eberth, a. a. O. S. 53.
2) Dujardin, Histoire naturelle des helminthes p. 69, Taf. 3, Fig. 9.

Stellung der Schwanzpapillen mitzutheilen vermag. Bekanntlich zeichnet sich die Dujardin'sche Gattung Dispharagus dadurch aus, dass der Oesophagus aus zwei
Abschnitten besteht, der vordere, helle und schmale ist
muskulös, an ihn schliesst sich der hintere körnige breitere
Abschnitt, der bei unserm Thier keine Spur von Muskeln
zeigt und dessen eigenthümlichen Bau wir sogleich näher
betrachten werden. Der muskulöse Abschnitt des Oesophagus besteht selbst wieder aus zwei in ihrer Dicke etwas verschiedenen Theilen; einem dünneren und kürzeren
vorderen Abschnitt und einem hinteren dickeren und
längeren Theil. Der erstgenannte Theil besitzt ein weiteres
Lumen als der letztere. Der hintere körnige Abschnitt des
Oesophagus ist ein Repräsentant des sog. Drüsenmagens
mehrerer Nematoden und wohl auch dem Zellkörper der
Trichotracheliden vergleichbar. In der Mittellinie wird dieser
Theil des Oesophagus von einer zarten Chitinröhre durchzogen und zeigt in grösserer oder geringerer Deutlichkeit
eine Art Querstreifung, die eine Zeichnung hervorruft, als
wenn derselbe aus einem Cylinderepithel zusammengesetzt
wäre. Nähere Untersuchung lässt jedoch nichts von Zellen
erkennen; es war mir durch kein Mittel möglich einen
Kern in diesem Abschnitt des Oesophagus zur Ansicht
zu bringen und bei Anwendung von Druck überzeugt
man sich nicht schwer, dass die gesammte Körnermasse
dieses Abschnitts sehr leicht verschiebbar ist, sie fliesst
so ungehindert durch denselben hin, dass von einer Zell-
gränze keine Rede sein kann. Die feine Körnermasse
ist nicht gleichmässig in diesem Theil des Oesophagus
verbreitet, an seinen äussern Rändern läuft ein schmaler
heller Streif, der manchmal und namentlich im vordern
Theil des körnigen Oesophagus gegen den innern dunkeln Theil in einer recht scharfen Linie abgesetzt ist.
Vielleicht hängt dies mit einer sogleich zu erwähnenden
Eigenthümlichkeit dieses Oesophagusabschnitts zusammen.
Wenn derselbe nämlich stark gepresst wird, so sieht man
an den Rändern in den Medianlinien hin ein feines ge-
fässartiges Gebilde hinlaufen, weniger sicher bin ich darüber, ob solche Gefässe auch in den lateralen Theilen

des körnigen Oesophagus sich finden, jedoch habe ich Bilder gesehen, die sich so deuten liessen. Wie diese gefässartigen Bildungen sich im vordern und hintern Theil des körnigen Oesophagus verhalten, ist mir nicht zu ermitteln gelungen. Derartige Kanäle im Oesophagus sind bekannt von Eustrongylus gigas, wo sie in der Dreizahl im vordern Ende beginnen, sich in ihrem Verlauf nach hinten mehrfach. theilen, so dass schliesslich 6—10 derselben auf einem Querschnitt stehen [1]). Der vordere muskulöse Theil des Oesophagus senkt sich, sich allmählig verschmächtigend, eine Strecke weit in den körnigen Theil hinein (s. Fig. X).

Um den hinteren, dickeren Abschnitt des muskulösen Oesophagus findet sich nun ein reich entwickeltes Centralnervensystem, wenn man, was ich übrigens sehr bezweifle, die Gesammtheit der in dieser Gegend den Oesophagus umhüllenden Zellen mit diesem Namen belegen darf. Nach hinten erstreckt sich dieser Zellenbeleg eine kleine Strecke über den Porus des Gefässsystems hinaus und scheint sich hier mit den Längslinien in Verbindung zu setzen; etwas vor der Mitte dieser zelligen Scheide findet sich der sog. Nervenring, ein deutlich fasriges, ziemlich breites Band, das von der Bauchseite nach dem Rücken etwas schief nach vorn aufsteigend auf eine Verdickung der zelligen Scheide auf der Rückenseite des Oesophagus zuläuft, in welcher ich auch deutliche Zellen beobachtet habe (Fig. X g). Von der hinteren Grenze dieser Verdickung entspringt ein fadenartiges Gebilde, das nach der Medianlinie des Rückens läuft und sich in dieser, indem es sich vorher gabelt, verliert. Ob dieses Gebilde wirklich ein oder mehrere Nervenfasern repräsentirt oder ob hier nur eine der die Leibeshöhle vieler Nematoden so reichlich durchziehenden bindegewebartigen Fasern vorliegt, vermag ich nicht zu entscheiden; ähnliche von dem Nervenring ausgehende Fasern habe ich bei freilebenden Nematoden der Gattung Dorylaimus Duj. häufig beobachtet und werde hierauf in einer spätern Abhand-

---

1) S. Schneider, Monographie der Nematoden, p. 193.

lung über die freilebenden Nematoden der Gegend von
Frankfurt a. M. ausführlicher zurückkommen. Die grosse
Menge von Zellen, die den Oesophagus vor und hinter
dem Nervenring scheidenartig umhüllen, können meiner
Ansicht nach nur theilweise dem Centralnervensystem
zugerechnet werden, wahrscheinlich finden sich darunter
auch solche, die mehr eine drüsenzellenartige Beschaffenheit haben und die vielleicht mit dem Gefässsystem in
näherer Verbindung stehen, auch hierüber muss ich auf
die spätere ausführliche Besprechung dieses Gegenstands
verweisen. , Ohne Zweifel finden wir jedoch auch bei unserm Dispharagus Zellen, die sich in nähere Verbindung
mit dem Gefässsystem setzen, ich meine nämlich das
beutelartige Gebilde (Fig. X b), das eine Anzahl Kerne
einschliesst und das von der erweiterten, vielleicht als
Ampulle zu deutenden Stelle des Gefässsystems - nach
hinten gleichsam herabhängt; nach hinten zu setzt es
sich seitlich mit den Seitenlinien in Verbindung und vor
ihm bemerkt man noch kleinere, ebenfalls Kerne ein-
schliessende ähnliche Massen.

Wir haben soeben Gelegenheit gehabt der Seitenlinien zu erwähnen, dieselben stellen körnige, nicht sehr
breite Felder dar, in welchen man an den Rändern je
eine Reihe kleiner Kerne herablaufen sieht, während in
der Mittellinie sich eine Reihe in weiteren Abständen
stehender grösserer ovaler Kerne findet, sie besitzen demnach dieselbe Structur, wie ich sie schon früher von gewissen Oxyuriden zu schildern Gelegenheit hatte [1]). Durch
die Mitte der Seitenfelder verlaufen die geschlängelten,
nicht sehr breiten Gefässe, die durch den schon erwähnten Porus (P) auf der Bauchseite ausmünden; ob auch
noch vor dem Porus in den Seitenlinien ein Ast des Gefässsystems aufsteigt, vermag ich nicht zu sagen.

In Betreff der weiblichen Geschlechtsorgane habe
ich nicht besonders viel zu bemerken, dieselben sind
zweitheilig entwickelt, ein Zweig läuft nach vorn, der
andere nach hinten, beide aus einer stark muskulösen

---

1) Zeitschrift f. w. Zoologie Bd. XXI S. 272.

nach hinten laufenden Vagina entspringend. Es findet
sich im Verlaufe jeder weiblichen Geschlechtsröhre ein
ziemlich langer Uterus, eine Tuba mit Samenblase und
schliesslich das Ovar; das blinde Ende des letzteren, das
mit deutlichen Kernzellen erfüllt ist, besitzt eine Eigenthümlichkeit darin, dass die sich gewöhnlich im blinden
Ende des Ovar's findende sog. Terminalzelle hier sehr
stark entwickelt ist und sich von dem übrigen Ovarium
durch eine Einschnürung absetzt (s. Taf. VIII Fig. IX). Die
Kerne eines das Ovarium auskleidenden Epithels verfolgt
man bis fast in das blinde Ende desselben (Fig. IX k).
Von einer Rhachis sah ich nichts, auch nehmen die Eier
im untern Ende des Ovar's hier nicht die von vielen
Nematoden bekannte geldrollenartige Lagerung ein, sondern liegen immer zu mehreren neben einander, indem
sie sich gegenseitig polyedrisch begrenzen. Ausgezeichnet sind die Eier durch die ungemein geringe Entwickelung die in ihnen die Dotterkörnchen finden, der Dotter
bleibt daher stets hell und durchsichtig und es eignet sich
diese Species daher wohl recht gut zu Untersuchungen der
Entwickelung. Das Hinterende des Weibchens verschmälert
sich vom After ab nur wenig und endet ziemlich stumpf
abgerundet, welche Rundung jedoch noch ein kurzes ke-
gelförmiges Spitzchen trägt. Das obere Ende des ziemlich langen Rectum's ist durch Faserzüge mit den Seitenlinien verknüpft und von drei einzelligen Drüsen umgeben. Die Muskulatur ist die eines Polymyarier's, die einzelnen spindelförmigen Muskelzellen zeichnen sich häufig
dadurch aus, dass sie sich in ziemlich regelmässig auf-
einanderfolgenden Abständen quer falten und so ein
höchst eigenthümliches Aussehen der Muskulatur hervor-
rufen.

Von dem Hinterende des Männchens hat Dujardin
schon eine, bis auf die Zahl der Papillen recht gute Abbildung gegeben [1]), ich finde vor dem After in nach vorn
sich allmählig vergrössernden Abständen 9 Paar ziemlich
stark vorstehender, hinter dem After hingegen 5 Paar

---

1) Dujardin, a. a. O. Pl. g1.

allmählich sich verflachender Papillen. Diese Papillen
besitzen eine faserig körnige Pulpa, durch die ich bei
einigen sehr deutlich einen hellen etwas geschlängelten
Faden verfolgen konnte, der sich in dem vordern Theil
der Pulpa mit einem kernartigen Gebilde in Verbindung
zu setzen schien (s. Fig. XI.). Denselben Faden konnte
ich noch ein Stück weit vor seinem Eintritt in die Pa-
pille verfolgen.

Die Spermatozoën sind sehr kleine, unregelmässige
bis viereckige Körperchen, von dunkelm, glänzendem
Aussehen mit hellem, verhältnissmässig grossem Kern
und einem oder mehreren dunkeln Kernkörperchen.

4. Parasitische Pflanze aus dem Magen von Asellus aquaticus.
(S. Taf. IX Fig. I—II.)

Hauptsächlich durch die Bemühungen von J. Ley-
dy [1]) wurden wir mit einer ziemlichen Anzahl den Darm
von Insekten und Myriopoden bewohnender, pflanzlicher
Organismen bekannt, die wohl sämmtlich ziemlich nahe
verwandte Pilzarten darstellen, über deren Lebensge-
schichte jedoch bis jetzt nur sehr mangelhafte Beobachtungen vorliegen.

Bei der Untersuchung der Asellus aquaticus im
Frühling des vergangenen Jahres fand ich den vorderen
Theil des sog. Chylusdarmes bei vielen der untersuchten
Thiere mit einer dichten Masse algenartig erscheinender
Fäden angefüllt, die sich jedoch bei der Oeffnung des
Darmes und der Entwirrung der verflochtenen Masse als
nur verhältnissmässig wenig Individuen einer pilzartigen
Pflanze angehörig erwiesen. Ein solches Individuum
habe ich in seiner ganzen Ausdehnung, d. h. soweit nicht
schon einzelne Stücke von den Fäden abgerissen waren,
was sehr leicht geschieht, auf Taf. IX Fig. 1 abgebildet.
Wir sehen auf dieser Abbildung deutlich, wie die ge-

1) Leidy, A flora and fauna within living animals. Smith.
Contrib. to Knowledge. V. 5. S. 17.

sammte reiche Verästelung der aus langgestreckten Gliederzellen zusammengesetzten Fäden, von einer eigenthümlich modificirten Zelle, die gleichsam einen Stiel repräsentirt, getragen wird (Fig. I st). Diese Zelle scheint
nach ihrer Anheftungsstelle an der Wand des Darmkanals
zu in zwei dicht an einander liegenden Ausläufern ausgewachsen zu sein. Das entgegengesetzte Ende dieser
Zelle trägt nicht weniger als 7 strahlenartig geordnete
Fäden, die sich selbst wieder nach sehr kurzem Verlauf,
häufig nur aus einer einzigen Gliederzelle bestehend, verästeln, indem sie wie die Figur zeigt in 2, 3 bis 6 Aeste
auseinander fahren. Auch diese Aeste können sich von
neuem verzweigen, jedoch finden wir bei unserm Exemplar nur einen einzigen derartigen Fall. Die freien Enden
der Zellfäden zeigen keine besonderen Eigenthümlichkeiten,
die Terminalzellen spitzen sich ein klein wenig zu und
sind nicht selten etwas aufgebläht.

Die die Fäden zusammensetzenden Zellen lassen
hauptsächlich zwei Modifikationen ihrer Ausbildung unterscheiden, entweder sie besitzen einen wandständigen Pro-
toplasmabelag mit einer ziemlichen Menge feiner Körnchen in demselben (Fig. II a) und einem wasserhellen Zell-
saft im Innern, oder die gesammte Inhaltsmasse der Zelle
besteht aus einer hellen Flüssigkeit, in der sich neben
feinen Körnchen · auch eine ziemliche Menge grösserer
heller Bläschen oder Tropfen findet (Fig. II b). Der gesammte Zellinhalt ist, wie schon zu erwarten war, stets
ganz farblos. Die Grössenverhältnisse der Zellen sind
ziemlich schwankend, ich fand ihre Längenausdehnung
zwischen 0,043 und 0,08 Mm. variirend, hingegen die
Breite ziemlich constant 0,01 Mm.

Ueber die Fortpflanzungsverhältnisse unserer Pilz-
form habe ich nichts zu ermitteln vermocht, wenn man
nicht etwa die Wahrnehmung, dass der hintere Theil
des Magens, in dessen Vordergegend sich die ausgebildeten Individuen fanden, mit einer grossen Zahl kurzer,
aus wenig Gliedern bestehender Fäden erfüllt war, hier-
herziehen will.

In diesem Jahr habe ich, jedoch vergeblich diese

Pflanze in dem Darm der Wasserrasseln gesucht, ich sehe mich daher genöthigt diese Untersuchung, die ich gerne in einer vollständigen Gestalt mitgetheilt hätte, in ihrem jetzigen mangelhaften Aussehen der Beurtheilung der Fachgenossen vorzulegen.

Gelegentlich möchte ich noch mit einigen Worten einer eigenthümlichen Erscheinung gedenken, die mir bei der Untersuchung des Darmkanals von Porcellis seaber mehrfach auffiel und über deren Erklärung ich bis jetzt noch keinen Aufschluss erhalten konnte. Ich fand nämlich in der Wand der hintern Gegend des Chylusdarmes dieses Thiers und zwar wie es mir schien, je in eine Epithelzelle desselben eingeschlossen, sonderbare cystenartige Gebilde in verschiedenster Grösse, von welchen ich auf Taf. IX Fig. III eines abbilde. Der Inhalt der Zellen, in welche jene eigenthümlichen Körper eingeschlossen waren, zeigte eine strahlige Anordnung; der erwähnte Körper selbst bestand aus nicht weniger als 4 in einander steckenden Blasen, die inneren von bräunlicher Färbung, die äussern hingegen farblos und in der innersten dieser Blasen fand sich stets ein unregelmässig gestalteter dunkelbrauner Körper. Nicht selten fand ich auf der Aussenfläche der inneren Blasen eine beträchtliche Menge feiner Körnchen gleichsam niedergeschlagen, namentlich sah ich dies häufig auf der zweitäussersten Blase. Wie schon erwähnt fand ich diese eigenthümlichen Körper in der verschiedensten Grösse, die umfangreichsten waren mit blossem Auge deutlich erkennbar. Wie gesagt ist es mir nicht möglich über die Bedeutung dieser sonderbaren Gebilde jetzt schon eine Ansicht zu äussern, jedoch wird es wohl keinem Zweifel unterliegen, dass hier eine parasitische Bildung vorliegt.

Frankfurt a. M., November 1871.

Berichtigung.

Durch ein Versehen wurde in der Figur X das Centralnervensystem des Dispharagus denutatus um den körnigen hintern Theil des Oesophagus gelagert gezeichnet. Dasselbe umgibt, wie aus der Beschreibung hervorgeht, den vorderen Theil des hintern Abschnittes des muskulosen Schlundes.

Erklärung der Abbildungen.

Taf. VIII. (Fig. I—VII von Trichosomum crassicauda.)

Fig. I. Männchen von Trichosomum crassicauda Belligh. o Mund, oph Oesophagus, i Darm, cl Kloake, t Hoden, vd Samenleiter.

» II. Vereinigungsstelle von Darm (i) und Samenleiter (vd) zu Kloake (cl), dazwischen sieht man das blinde Ende des Hodens (t).

» III. Verbindungsstelle des Hodens (t) mit dem Samenleiter (vd).

» IV. Ein kleines Stück des Hodens im optischen Längsschnitt.

» V. Zwei Spermatozoën.

» VI. Ein kleines Stück der Leibeswand des Männchens, ms Muskelfeld, sl Seitenfelder.

» VII. Zwei der Erhebungen der Haut über den Zellen der Seitenfelder beim Weibchen im optischen Langsschnitt, aus der einen tritt die erwähnte helle secretartige Masse in Tropfen aus.

» VIII. Vereinigungsstelle des Eileiters (ovd), des Dotterganges (d), des Laurer'schen Kanals (L) und des aus dem Ovarium kommenden Kanals (k) (bei Distomum clavigerum Rud.), m die Mündung des Laurer'schen Kanals auf der Rückenseite des Thiers.

» IX. Das blinde Ende eines Ovariums von Dispharagus denutatus, k Epithelkern.

» X. Ein Stück des Oesophagus von Dispharagus denutatus mit der zelligen Scheide, dem Nervenring c der Anschwellung g auf der Rückenseite, dem Gefässporus P, der ampullenartigen Erweiterung des Gefässes a, den mit dem Gefässsystem in Zusammenhang stehenden zelligen Massen b, k grosse Kerne der Seitenlinien.

» IX. Eine Schwanzpapille des Männchens von Dispharagus denutatus.

Taf. IX.

Fig. I. Parasitische Pflanze aus dem Chylusdarm von Asellus aquaticus.

» II. Zwei Gliederzellen derselben stärker vergrössert.

» III. Eigenthümliches, in den Zellen des Chylusdarmes von Porcellis scaber eingeschlossenes Gebilde.

Uebersicht der Glyptodonten.

Von

H. Burmeister.

In seiner Zeitschrift für die gesammten Naturwissenschaften Bd. III der neuen Folge (1871), hat Hr. Prof. Giebel S. 250, bei Gelegenheit der Vorlage des siebenten Heftes meiner Anales de Museo Publico de Buenos-Aires im Naturwissenschaftl. Verein für Sachsen und Thüringen (Sitzung vom 8. März) sich über die verwandtschaftlichen Beziehungen der Glyptodonten dahin ausgesprochen, dass ihre Bildungsverhältnisse die Aufstellung einer eigenen Familie der Edentaten zwischen den Gravigraden und Effodientien vollkommen rechtfertigen, und für diese angeblich neue Familie den Namen Dinochlamidea (zu schreiben: Dinochlamydea) vorgeschlagen. Mein Herr Amtsnachfolger hätte sich diese Mühe, und der Wissenschaft seinen neuen Namen, ersparen können, wenn er mit dem Inhalte des ersten Bandes der Anales vertraut gewesen wäre; er würde darin S. 183 gefunden haben, dass ich ganz dasselbe sage und die neue Familie schon mit dem Gruppennamen: 'Biloricata belegte. Ich stützte meine Ansicht auf folgende fünf Punkte:

1. Auf die kolossalen Dimensionsverhältnisse des Körpers, im Vergleich mit dem der Armadillos.

2. Auf die ungetheilte, gürtellose Beschaffenheit des Rumpfpanzers.

3. Auf die Anwesenheit eines besonderen, ebenfalls sehr dicken Brustpanzers.

4. Auf die grosse Verschiedenheit im Zahntypus, der bei allen nach Form und Zahl der Zähne derselbe ist.

5. Auf die grosse Verschiedenheit im Bau des Skeletes.

Wegen der Anwesenheit des zweiten oder Brustpanzers nannte ich diese neue Gruppe Biloricata, im Gegensatz gegen die von Illiger mit dem Namen Loricata belegten Armadillos der Gegenwart, und schloss meine Aufzählung der genannten Unterschiede mit einem Passus, den ich hier aus dem Spanischen in's Deutsche übertrage: „Wegen solcher Unterschiede ist es nicht gestattet, diese Thiere, welche Owen nach der Form ihrer Zähne sinnreich Glyptodon genannt hat, mit den lebenden Armadillos in dieselbe Gruppe (Unterfamilie) zu stellen; denn sie treten zu letztern ganz in dasselbe Verhältniss, wie die kolossalen Gravigraden zu den lebenden Faulthieren; die wissenschaftliche Classifikation verlangt also für diese ebenfalls kolossalen Effodientien eine besondere Gruppe, welche ich nach dem eigenthümlichen Bau ihres Panzers glaube passend benannt zu haben."

Hierin ist so ziemlich dasselbe gesagt, was Hr. Pr. G. a. a. O. äussert. Das dritte Heft der Anales, welchem die ausgezogene Stelle angehört, erschien aber im Jahre 1866, also 5 Jahre vor Prof. G. Besprechung des siebenten Heftes, auf dessen Inhalt seine Betrachtung sich gründet. In derselben sind überdies einige Irrthümer enthalten:

1) Der Orbitalrand ist nur bei einer Gattung der Glyptodonten (Panochthus) nach hinten geschlossen, bei allen anderen offen.

2) Eine völlige Verschmelzung der Wirbel in allen Gegenden der Wirbelsäule hat nicht Statt, sondern es bleiben stets isolirt der Atlas und gewöhnlich auch der sechste Halswirbel; ferner ist eine nie fehlende Gelenkung zwischen dem zweiten und dritten Rückenwirbel vorhanden, und eine biegsame Stelle zwischen dem letzten Rücken- und ersten Lendenwirbel. Endlich sind die vordersten 6 oder 7 Schwanzwirbel stets für sich beweglich und unverwachsen.

3) Dass die als Eigenthümlichkeit der Glyptodonten

hervorgehobenen Berührungsflächen der Sternocostalknochen auch bei Armadillos vorkommen, lehrt das von mir
dem Hallischen Zool. Mus. einverleibte Skelet von Dasypus
villosus. Auch D. gigas hat sie.

4) Dass der Schwanz ein Stemmschwanz sei und
als Bohrapparat diene, wie Prof. G. annimmt, mag er
nachweisen; Gründe dafür kann ich in seinem Bau nicht
entdecken.

Um nun diese Notiz, welche das übereilte, auf einer
lückenhaften Kenntnissnahme von meinen Arbeiten beruhende Verfahren meines ehemaligen Zuhörers und späteren Kollegen mir abnöthigt, für die Leser dieses Archivs
werthvoller zu machen, will ich hier kurz zusammenstellen,
was meine zehnjährige Beschäftigung mit den Glyptodonten
mir erfahrungsgemäss eingetragen hat, obgleich schon
mehrmals das Skelet dieser Thiere in Reichert's Archiv, Jahrg. 1865 und 1872 von mir besprochen ist.

Die Glyptodonten bilden ihrem ganzen Körperbaue
nach eine den lebenden Armadillos zunächst stehende
Gruppe der Edentaten, welche sich vermöge des Gesetzes
der Analogie, in den massiven Bildungsverhältnissen sich
aussprechend, den Gravigraden nähert, sonst aber nur
eine einzige besondere Eigenschaft, den absteigenden Fortsatz am Jochbogen, mit ihnen gemein hat. Dieser Fortsatz ist indessen bei den Glyptodonten viel grösser und
namentlich viel dicker, als bei den Gravigraden, und
diente zum Schutz der kräftigen Backenmuskulatur beim
Wühlen im Boden, welches die Thiere mit ihrer auffallend
breiten, aber abweichend vom Typus der Armadillos
kurzen dicken Nase bemerkstelligten, wobei ihnen die
zum Scharren tauglichen langkralligen Vorderfüsse be-
hülflich waren. Eigentliche Grabthiere, die in selbst gegrabenen Höhlen lebten, wie die Armadillos, waren sie
nicht; ihr kolossaler, viel mehr sphärischer als cylindrischer Körper spricht dagegen; auch macht der ungemein feste, an manchen Stellen über 1 Zoll dicke Panzer
das Verstecken in Erdlöchern unnöthig; die Thiere duck-
ten sich vielmehr am Boden in offenen Gruben nieder,
zogen die Beine an, klemmten den mit einem festen

Schilde gepanzerten Kopf in die vordere Oeffnung des
Rumpfpanzers, und waren schon durch das enorme Gewicht ihres schweren Körpers vor den Nachstellungen
selbst starker Feinde gesichert. Unter diesen stand Ma-
chaerodus neogaeus oben an; seine langen Eckzähne mit
schneidenden Kanten zeigen darauf hin, dass er solche
gepanzerte Thiere überwinden konnte und da auch die
grossen Gravigraden mit einer harten, Knochenwarzen
einschliessenden Haut, wie ich nachgewiesen habe (in
Reichert's Archiv Jahrg. 1865. S. 334) bedeckt waren,
so hilft uns eben dieser Umstand wohl mit zur Erklärung
der Eigenthümlichkeiten dieses kräftigsten aller bekannten
Raubthiere.

Der Schädel der Biloricaten oder Glyptodonten
weicht übrigens im Gesammtbau durch seine kurze, fast
kubische Form ebenso sehr von dem der lebenden Armadillos, wie von dem der fossilen Gravigraden ab; seine
sehr kurze aber breite, weit geöffnete Schnauze weist auf
eine sehr kräftige fleischige Nase hin und die ganz ungemein kleine Hirnhöhle ebenso sehr, wie der über alle
Maassen grosse, namentlich hohe Unterkiefer, welcher das
Ueberwiegen der vegetativen Funktionen andeutet, auf
ein höchst stumpfsinniges, gleichgültiges Geschöpf. Das
Gehirn hatte wahrscheinlich keine Windungen, wenigstens
zeigen sich keine Spuren von Eindrücken derselben in
die innere Oberfläche der Schädelhöhle; wohl aber ergiebt
sich aus der Betrachtung dieser Höhle, dass ein enorm
grosser Riechkolben vorhanden war, welcher zu der sehr
langen und weiten inneren Nasenhöhle in Beziehung steht.
Das grosse Gehirn war von geringem Umfang und das
kleine nach Verhältniss gross, wie sein Eindruck in dem
Umfang der Schädelhöhle lehrt. — Die mässig grossen
Augenhöhlen haben einen nur bei einer Gattung (Panochthus) geschlossenen Orbitalrand, bei allen andern
sind sie nach hinten weit geöffnet. Eine von der hinteren
Orbitalecke ausgehende, scharfe, schief nach hinten über
den zur Augenhöhle gehörigen Theil des Stirnbeines
herablaufende Leiste bedeckt eine tiefe Furche, welche
der fissura orbitalis superior entspricht, und dem nervus

opticus nebst dem ramus ophthalmicus das trigeminus zur
Aufnahme diente. Das Ausgangsloch jenes (for. opticum)
durchbohrt, wie bei den Armadillos, das Siebbein; letzterer trat mit seiner grösseren den ersten und zweiten
Ast umfassenden Portion durch eine grosse Oeffnung (foramen rotundum) im Flügel des Keilbeines aus der Schädelhöhle und theilte sich ausserhalb derselben in Zweige,
hier in einer besonderen scharf umschriebenen Vertiefung
am Keilbein gelagert, welche vom Eindruck eines grossen
Ganglions herzurühren scheint.   Der dritte hinterste Ast
hatte dagegen seinen besonderen Ausgang durch ein etwas
kleineres Loch (foramen ovale) hinter dem vorigen weiter
nach oben.

Während alle anderen Schädelknochen bald mit einander verwachsen und die Nähte sich schon zeitig verlieren, bleibt das Felsenbein beständig durch Nähte ab-
gesondert; es wurde nach aussen und unten von einer
gewölbten Kapsel zur Bildung der Trommelhöhle bedeckt,
welche mit den benachbarten Knochen nur lose verbunden
war und darum an allen bisher gefundenen Schädeln fehlt.
Ueber dem Felsenbein befindet sich in der Schläfenbein-
schuppe eine weite Höhle, durch welche die Orteria occi-
pitalis in die Schädelhöhle hineindrang, dagegen ist kein
äusserer Gehörgang bemerkbar, er fehlt mit der beschriebenen Kapsel, bis auf eine kleine Stelle des Umfanges,
welche sich am Rande des Schläfenbeines neben dem
Felsenbein erkennen lässt.

Von ganz enormer Länge ist der knöcherne Gaumen;
sein hinterer Rand reicht bis zur Basis des Hinterhauptes,
unter der die ebenfalls sehr weiten Choanen liegen. Je
acht aus drei fast rhombischen Prismen zusammengesetzte,
wurzellose, sehr lange Zähne kommen allen Glyptodonten
zu, doch weichen die verschiedenen Gattungen, und selbst
die Arten einer Gattung, merklich in der Ausführung
des allen gemeinsamen Typus von einander ab.

Der Unterkiefer unterscheidet sich durch die Höhe
des hinteren aufsteigenden Astes und seine Neigung nach
vorn sehr wesentlich von dem der Armadillos und übrigen
Säugethiere; die Glyptodonten haben wahrscheinlich den

relativ kräftigsten Unterkiefer von allen. Seine Zähne
ähneln im Allgemeinen denen des Oberkiefers, sind aber
stets etwas schmäler und in Beziehung auf die drei rhombischen Prismen entgegengesetzt ausgeführt, d. h. an den
oberen Zähnen ist das vorderste Prisma das breiteste und
das hinterste das dickste, an den unteren dagegen jenes
das dickste und dieses das breiteste; stets sind die zwei
ersten Zähne etwas kleiner als die folgenden und abweichend geformt.

Das vorderste Ende beider Kiefer ist zahnlos, doch
die zahnlose Strecke des Unterkiefers viel länger als die
des Oberkiefers. An letzterem bildet diese Strecke zwei
kleine abgerundete Vorsprünge, welche dem Zwischenkiefer angehören. Hinter ihnen öffnen sich die grossen
foramina incisiva. Diese Gegend ähnelt mehr dem Typus
der Faulthiere, als dem der Gürtelthiere, daher ich vermuthe, dass der Zwischenkiefer, wie bei jenen, auf die
Gaumenfläche beschränkt war und die Seitenränder der
Nasenmündung dem Oberkiefer angehören.

Die Eigenthümlichkeiten der Wirbelsäule habe ich
schon in meinem ersten Aufsatze in Reicherts und Du
Bois Raimonds Archiv zur Genüge besprochen, daher
ich sie jetzt nur kurz andeute. Die Wirbelsäule besteht
aus fünf Hauptstücken, die einzeln in sich keine Beweglichkeit besitzen, indem ihre ursprünglich getrennten
Wirbel allmählich mit einander verwachsen. Freie für
sich bewegliche Wirbel giebt es nur im Halse und am
Anfange des Schwanzes. Dort ist zuvörderst der Atlas
immer selbstständig und für sich beweglich. Auf ihn
folgt das aus vier oder fünf verwachsenen Wirbeln bestehende Mittelnackenstück (os mediocervicale) und
diesem im Falle von vier verwachsenen Halswirbeln ein
freier sechster Wirbel, oder im andern Falle fliesst auch
dieser sechste Halswirbel später mit dem Mittelnackenstück zusammen. Der siebente Halswirbel bildet mit den
beiden ersten Rückenwirbeln wieder einen zusammenhängenden Abschnitt der Wirbelsäule, das Hinternacken-
stück (os postcervicale), welches mit dem darauf folgenden, aus 9—11 verwachsenen Wirbeln gebildeten Rücken-

rohr (tubus dorsalis) durch eine sehr bewegliche Gelen-
kung in Verbindung steht. Darauf beruht haúptsächlich
die Beweglichkeit des Kopfes, sein vor- und rückwärts
Gehen, und das Einklemmen in die vordere Panzeröffnung.
Alle diese verwachsenen Wirbel haben keine verdickten
Wirbelkörper, sondern ihre untere Wand ist die dünnste
des gesammten Umfanges. Dasselbe gilt noch von den
Lenden- und Kreuzbeinwirbeln, welche alle zusammen
ein einziges grosses Knochenrohr darstellen, woran das
Becken in der Mitte und am Ende sich fest anheftet.
Vor der mittleren Anheftungsstelle befinden sich 6—8
Lendenwirbel, von denen der vorderste durch eine eigen-
thümliche elastische Verbindung mit dem Rückenrohr
zusammenhängt. Der Theil dieses gemeinsamen Lumbo-
sacraltubus, welcher das Becken trägt, besteht aus 9
oder 10 Wirbeln, von denen die drei vordersten an die
Darmbeine stossen, der hinterste mit den Sitzbeinen durch
lange sehr kräftige Querfortsätze sich verbindet. Er allein
hat einen förmlichen, sehr starken Wirbelkörper, ähnlich
dem der darauf folgenden freien Schwanzwirbel, deren
Zahl 6—9 zu sein pflegt. An sie reihet sich bei mehreren
Arten mit langem Schwanz noch eine Anzahl verwachse-
ner, in ein gemeinsames Panzerrohr eingeschlossener
Wirbel, welehe die Menge aller vorhandenen Schwanzwirbel bis auf 21 steigert. Weniger als 11 und mehr als
21 habe ich bis jetzt nicht wahrgenommen.

Alle Glyptodonten haben sehr dünne, oben flache,
unten drehrunde Rippen, aber kräftige Sternocostalknochen,
die durch mehrere Berührungsflächen fest aneinander hängen. Das Brustbein besitzt ein sehr breites Manubrium,
mit dem das erste sehr kurze und sehr breite Rippenpaar
innig verbunden ist, sogar verwachsen sein kann, ohne
ein dazwischen tretendes Sternocostalstück ; auch das zweite
Rippenpaar stösst noch an das Manubrium, hat aber schon
einen Sternocostalknochen. Ihm folgen noch 4—5 Paare
mit directer Verbindung des Brustbeins, dessen auf das
Manubrium folgende 4—5 isolirte Abschnitte sehr klein
und kurz sind, während ein ziemlich grosser proc. xiphoi-
deus vorhanden gewesen zu sein scheint. In allen diesen

Verhältnissen harmoniren die Glyptodonten mit den Armadillos. Auch das Becken hat analoge Formen, ist aber durch seine enorme Grösse dem aller anderen Säugethiere relativ überlegen; denn auf ihm und zwar auf den Darmbeinkämmen und einem besonderen hohen Sitzbeinflügel jederseits ruhet allein der an allen übrigen Punkten frei über dem Körper schwebende Panzer, mit dessen Oberfläche er nur lose durch Zellgewebe verbunden gewesen zu sein scheint.

Sehr kräftige Extremitäten trugen diesen schweren, mehr kugeligen als ovalen, nie cylindrischen Körper. Die vorderen, viel kürzeren und schwächeren, haben nie mehr als vier Zehen, welche ziemlich lange, etwas gebogene Krallen trugen; aber die fehlende Zehe ist bald die innerste (Panochthus, Hoplophorus), bald die äusserste (Glyptodon). Hiermit verbindet sich ein anderes höchst merkwürdiges Verhältniss: der Oberarmknochen hat im Fall, wo der Daumen fehlt, die bekannte Brücke zwischen der Epitrochlea und der vorderen Mittelfläche, welche auch allen Armadillos zusteht; in dem andern Falle mit mangelndem Kleinfinger fehlt alle Spur dieser Knochenbrücke gänzlich. Jene Gestalten sind überhaupt etwas hochbeiniger und beträchtlich langfüssiger, als diese.

An den sehr kräftigen Hinterbeinen ist der Schenkel enorm dick und breit wegen der grossen Trochanteren, von denen der trochanter tertius, welcher bei den Armadillos die Mitte des Knochens einnimmt, an das untere Ende gerückt und mit dem äusseren Gelenkknorren verbunden ist. Das viel kürzere Schienbein hat völlig oben wie unten zusammengewachsene tibia und fibula, die einander an Stärke ziemlich gleich stehen. Der kurze aber breite Fuss war nicht plantigrad, obgleich der Hacken nur wenig über dem Boden erhaben ist; er ähnelt durch seine kurzen Zehen mit breiten hufförmigen Krallengliedern etwas dem Typus des Elephantenfusses. Die eine Gattung Glyptodon hat alle 5 Zehen in normalem Verhältniss zu einander, den anderen beiden fehlt die Innenzehe ganz, und selbst die Aussenzehe ist bei Panochthus gegen die anderen drei im Rückstande.

Vom Panzer, der diese Thiere bedeckte, können
hier nur einige der allgemeinsten Eigenschaften besprochen werden, weil ein näheres Eingehen auf seinen Bau
und dessen Verschiedenheiten uns zu weit abführen würde
von dem eigentlichen Zweck dieses Aufsatzes, die bis
jetzt bekannten Arten aufzuzählen und sie scharf zu unterscheiden. Darum genügt es, zu erwähnen, dass nicht
bloss der Rumpf in seinem dicken sphärischen oder ovalen,
aber niemals schildförmigen Panzer steckte, sondern dass
auch der Scheitel, die Backen, die Aussenfläche der Pfo-
ten vom Ellenbogen und Knie abwärts, die Brust und
der ganze Schwanz gepanzert waren; letzterer ohne Ausnahme mit einer Anzahl (6—7) beweglicher Panzerringe
am Grunde, die wie die Glieder eines Fernrohres in einander passen, nur sehr viel kürzer sind. Die grösstentheils sechseckigen Platten dieser Panzertheile hingen
durch Nähte oder zwischengelagertes Bindegewebe fest
aneinander, und waren, mit Ausnahme derer der Brust,
auf der freien Aussenseite eigenthümlich skulptirt und zu
äusserst von Hornschildern bedeckt, welche nach der
Form der Oberflächenskulptur der Panzerplatten in Gestalt und Grösse sich richteten. Nur die Brustpanzer-
platten steckten im Zellgewebe unter der Cutis und sind
deshalb stets von 3—6 grossen centralen Löchern durchbohrt, welche den Blutgefässen und Nerven zum Durch-
gange dienten. Mitunter sassen auch steife Borsten in
den Panzerplatten, welche zu dem Ende Gruben von
2—3 Linien Durchmesser und ähnlicher Tiefe führen, in
welchen die Matrix der Borsten eingeschlossen war. Indessen scheinen diese Borsten nur an gewissen Stellen
des Körpers gesessen zu haben und nicht bei allen Individuen derselben Art gleich stark oder zahlreich gewesen
zu sein. Eine besondere Eigenthümlichkeit des Panzers
der meisten Glyptodonten liegt in der Andeutung einer
Zerklüftung der vorderen Seitenränder, unmittelbar neben
und hinter den Vorderpfoten. Hier sind die 3—4 untersten Platten jeder Querreihe mit ihren Rändern nicht
durch Nähte verbunden, sondern übereinander geschoben,
so dass eine gewisse Biegsamkeit des Randes einwärts

und auswärts dadurch ermöglicht wird. Es ist diese Eigenschaft, auf welche Nodot seine Gattung Schistopleurum gründet, allen von mir untersuchten Arten eigen, mit alleiniger Ausnahme der Gatt. Hoplophorus, die diesen Bau entschieden nicht gehabt hat.

Da es mir vergönnt war, acht fast vollständige Panzer zu untersuchen, von denen 6 in unserem Museum sich befinden, so kann ich nachweisen, dass alle früheren Abbildungen fehlerhaft sind, indem ihnen, mit alleiniger Ausnahme der Nodot's, die untere Hälfte der Seiten fehlt, welehe die angegebene Zerklüftung zeigt. Ausserdem ist, wie auch in Nodot's Abbildung, die Anzahl der Querreihen der Platten des Panzers nie richtig dargestellt, sondern stets deren zu wenig, weil die Platten einzeln zu gross. So hat Nodot's Figur nur 28 Plattenreihen, obwohl unser Panzer derselben Art deren 35 zeigt; in Pouchet's Figur von Hoplophorus euphractus sind 33 Plattenreihen angegeben, unser Panzer hat 42; — richtiger ist das Verhältniss in Owen's Figur von Gl. clavipes, aber der Rand ist auch in diesem Bilde ganz unrichtig dargestellt; ingleichen der Schwanz, dem die Ringe an der Basis fehlen.

Was nun die bisher aufgestellten Arten betrifft, so sind dieselben, weil grösstentheils auf einzelne Panzerplatten gegründet, ohne Noth vervielfältigt worden; denn die Platten eines und desselben Panzers haben an den verschiedenen Stellen seines Umfanges ein sehr verschiedenes Ansehen und abweichende Grösse. Die grössten Platten sitzen in der Kreuzgegend, die kleinsten in den Seitenlappen des vorderen Eingangs; letztere betragen nur den vierten bis sechsten Theil des Umfanges der ersteren. Auch die Platten des Randes und die der Ringe des Schwanzes weichen von den übrigen in vielen Punkten ab. Ich bin daher in die Nothwendigkeit gerathen, die meisten der früher aufgestellten Arten, deren Nodot allein 14 unterscheidet, zu verwerfen und die mir bekannten auf anderen Eigenschaften neu zu begründen. Hiernach ist zwar die Menge der Arten kaum geringer, als die von Nodot angenommene, aber meine Begrenzung

und Gruppirung ist eine ganz andere, zumal da dieselbe
sich vorzugsweise auf anatomische Merkmale des Skelets
gründet, welche Nodot nicht berücksichtigen konnte,
weil ihm die mir zu Gebote stehenden reichen Hülfsmittel fehlten.

Zuvörderst theilen sich die Glyptodonten in zwei
scharf unterschiedene Unterabtheilungen nach dem Bau
ihrer Füsse.

I. Die Einen haben vier Zehen an allen
Füssen, indem ihnen sowohl vorn als auch hinten die
innerste Zehe, oder der Daumen und die grosse Zehe
des Menschen fehlen.

Diese Gruppe zeigt noch mehrere wichtige ander-
weitige Uebereinstimmungen. Es gehören dahin:

1. Der relativ grössere Kopf mit stark gewölbter
Stirn, aber kleinerer Nase, kleineren Augenhöhlen, aber
nach vorn sehr hohem Jochbogen, dessen erhabenste
Ecke sich der hinteren Orbitalecke sehr nähert.

2. Die früher besprochene Brücke am Oberarm
zwischen Epitrochlea und Mittelfläche.

3. Relativ etwas höhere Extremitäten und schlankere Füsse mit längeren Zehen, deren Phalangen nur
mässig verkürzt sind.

4. Das erste Rippenpaar ist nicht mit dem manubrium sterni fest verwachsen, sondern durch Knorpel oder
Gelenkung verbunden gewesen.

Diese Gruppe theilt sich in 2 Gattungen:

1. Gatt. *Panochthus* Nobis. Die hintere Orbitalecke
ist mit dem Jochbogen durch eine feste Knochenbrücke
verbunden. Die Panzerplatten haben auf der äusseren
Oberfläche eine gleichförmige, kleinwarzige Skulptur;
nur die Randplatten und einige Reihen vor ihnen besitzen
ein grösseres Mittelfeld. Die vorderen Seiten des Panzers
sind zerklüftet und ein sehr grosses Brustschild ist vorhanden. Der lange Schwanz steckt zur Hälfte in einem
Rohr, das mit grossen Seitenrosetten geziert ist. Die
äusserste kleinste Zehe der Hinterfüsse ist gegen die übrigen im Bau zurück. Der Körperbau ist sehr plump und

die Form des Panzers kurz sphärisch, mit verlängertem hinteren Anhange.

Je nach dem Bau der Schwanzspitze lassen sich wieder zwei Untergattungen aufstellen.

1. Untergatt. *Doedycura* Nobis. ·Die Spitze des Schwanztubus ist kolbig erweitert, und der Panzer überhaupt enorm dick; die Thiere haben die kolossalsten Dimensionen.

1. Art. *Glypt. giganteus* Serres, Pouchet. Journ. d'anat. et de la phys. de Ch. Robin. Jull. 1866. — Anal. del Mus. Públ. II. 140. — *Gl. clavicaudatus* Nobis, Anal. del Mus. Públ. I. 191.

Es ist nicht unmöglich, dass unter dieser Art 2 Species stecken, indem die bekannten Schwanztuben in Grösse und Bau etwas von einander abweichen. Ein" kürzlich hier gefundenes halbes Skelet hat mich mit dem Schädel und den Extremitäten der kleineren Form bekannt gemacht. Darnach sind die übrigen Skelettheile ebenso verschieden von denen des Panochthus tuberculatus, wie das Becken beider Arten, und rechtfertigen die Aufstellung einer Untergattung sehr wohl.

2. Untergattung. *Panochthus* Nobis. Die Spitze des Schwanztubus ist konisch zugerundet und der ganze Panzer, wie auch das Skelet, etwas zierlicher als in der vorigen Gruppe.

2. Art. *Glypt. tuberculatus* Owen, Pan. tub. Nóbis. Anal. etc. I. 192. II. 147.

Mit nur 2—3 Reihen von Platten am Umfange des Panzers, deren Mitte ein grösseres Feld zeigt.

3. Art. *Pan. bullifer* Nobis. Anal. etc. II. 149. — Mit 6—8 solcher Plattenreihen am Umfange, deren Fläche ein grösseres, gewölbtes Mittelfeld besitzt.

2. Gatt. *Hoplophorus* Lund. Die hintere Orbitalecke ist vom hohen Jochbogen durch eine schmale Lücke getrennt. Die Panzerplatten sind dünn und haben auf der äusseren Oberfläche ein 6—8eckiges Mittelfeld, um welches ebensoviel kleinere fünf- oder sechseckige Randfelder herumliegen. Keine Gegend des Randes zeigt die früher beschriebene Zerklüftung. Ein besonderer Brust-

panzer ist bis jetzt nicht wahrgenommen. Der Körper
ist gestreckt oval, viel kleiner und der Skeletbau zierlicher als bei den übrigen Gattungen.

4. Art. *Hopl. euphractus* Lund. Anal. etc. II. 219.
— Glypt. gracilis Nodot, Descr. etc. pag. 97. pl. II. fig. 2, 3.

5. Art. *Hopl. ornatus* Nobis, Anal. etc. ibid. 219 u.
224. 2. Gl. ornatus Owen, Anal. etc. I. 205. 8. — Hopl.
euphractus Pouchet, l. c.

6. Art. *Hoplophorus elegans* Nobis, Anal. etc. II.
219 und 224. 3.

7. Art. *Hoplophorus pumilio* Nobis, Anal. etc. I. 77.
4. und 204. 7. II. 222 und 224.

Ob hierher Hoplophorus minor Lund.?

Ueber die Unterschiede dieser 4 Arten, welche neben
der Grösse in Einzelnheiten der Skulptur des Panzers
liegen, muss ich auf die angezogenen Stellen meiner
Anales verweisen.

II. Die Anderen haben nur vorn vier Zehen, und hinten fünf; aber die dort fehlende Zehe
ist die äusserste, nicht die innerste oder der Daumen.

Diese zweite Gruppe bildet nach meinem Dafürhalten
nur eine einzige Gattung, deren übereinstimmende Bildungsverhältnisse folgende sind.

3. Gatt. *Glyptodon* Owen. Der hochgewölbte, dicke,
fast sphärische oder ovale Panzer hat auf jeder Platte
ein sechseckiges Mittelfeld und ringsumher 6 andere Felder. Im mittleren Theile der Panzeroberfläche sind die
Randfelder jeder Platte ebenso gross, wie das Mittelfeld;
aber nach den Seiten hin bis zum Rande wird das Mittelfeld allmählich immer grösser gegen die stets kleiner
werdenden Randfelder, bis diese sich zuletzt fast ganz
verlieren. Die Zerklüftung der vorderen Seitenränder
des Panzers ist vorhanden, gleichwie auch ein grosses
Brustpanzerschild. — Am Skelet ist der Schädel von ge-
ringerem Umfange, die Stirn nicht gewölbt, sondern mit
dem Scheitel in gleicher Flucht, und die Nasenmündung
viel weiter, also war auch die fleischige Nase grösser.
Die etwas grösseren Augenhöhlen bleiben hinten weit
offen, denn der Jochbogen ist nach vorn sehr schmal,

schmäler als hinten. Das erste Rippenpaar ist mit dem
manubrium sterni fest verwachsen. Dem Oberarm fehlt
die beschriebene Knochenbrücke zwischen Epitrochlea
und Mittelfläche; der Vorderarm ist etwas kürzer und
der Fuss sehr kurz, namentlich verkürzen sich .die Phalangen zu dünnen Scheibchen. Am Rumpf zeigt die
Brusthöhle einen etwas grösseren Umfang, als in der
ersten Gruppe, aber die Beckenhöhle ist etwas kleiner·
Der Hinterfuss ähnelt dem Elephantentypus am meisten.

Will man N o d o t s Gatt. Schistopleurum festhalten,
so ist das nur nach der Schwanzform zulässig; in .allen
anderen Punkten stimmen beide Gruppen mit einander
überein.

1. Untergatt. *Glyptodon* Owen. Der lange Schwanz
endet mit einem nach vorn kolbigen, sanft zugespitzten
Panzerrohr und hat vor demselben sieben (ob mehr?)
bewegliche Ringe mit flachen Panzerplatten, von denen
jede ein ovales oder kreisrundes Mittelfeld ziert.

8. Art. *Gl. clavipes* Owen. Anales etc. I. 195. 3.
Es ist möglich, dass auch unter dieser Art mehrere sehr
ähnliche Species stecken, aber mit den bisherigen Hülfs-
mitteln lassen sich dieselben nicht scharf unterscheiden.
Am meisten Anrechte auf eine besondere Art scheint
mir zu haben:

9. Art. *Gl. reticulatus* Owen's — worüber Anales
etc. I. 205. 9 und Nodot, a. a. O. pag. 91 zu vergleichen.

2. Untergatt. *Schistopleurum* Nodot. Der kurzko-
nische sehr dicke Schwanz ist mit neun Ringen gepanzert, deren obere Randplatten sich in hohe, konische
Warzen oder Spitzen erheben, und endet mit einem kurzen
zehnten, geschlossenen, ovalen Endringe. Eine besondere
Beweglichkeit dieser konischen Ringplatten, welche N o d o t
annahm, findet nicht Statt; der von ihm beschriebene,
sonderbare Bau ist eine krankhafte Bildung gewesen.

Wir haben hier im Museum drei sehr gut unter-
scheidbare Arten.

10. Art. *Gl. asper* Nobis. Anales I. 200. Körperform kurz oval, fast sphärisch; die Panzerplatten mit sehr
rauher, stachelig granulirter Oberfläche. — Diese Art

ist identisch mit Schist. typus Nodot's, und wurde von mir früher Gl. spinicaudus genannt, ehe ich die beiden folgenden sehr ähnlichen Arten aufgefunden hatte.

11. Art. *Gl. elongatus* Nobis, Anales etc. I. 202. — Körperform länglicher, entschieden oval; die Skulptur der Panzerplatten weniger rauh, vielmehr glattkörnig granulirt.

12. Art. *Gl. laevis* Nobis, Anales, I. 204. — Körperform fast ganz sphärisch; die Panzerplatten glatter, ohne förmliche erhabene Granulation, vielmehr nur mit eingedrückten Grübchen.

Dies sind die Arten der Glyptodonten, welche sich nach den mir vorliegenden Präparaten und Skelettheilen des hiesigen Museums mit Sicherheit unterscheiden lassen; die übrigen nominellen Species übergehe ich, weil ich über sie nichts mit Bestimmtheit anzugeben weiss.

Buenos-Aires, den 9. Juni 1872.

Staurotypus marmoratus n. Sp.

Von

Joh. von Fischer

in St. Petersburg.

Hierzu Taf. X.

———

Caput magnum, pyramidatum, ante elongatum, rostratum, sub scuto ne retrahendum, supra planum, squama rhomboïdali obtectum, colore supra fusco, ex flavo albidis maculis quasi marmoratum, infra e griseo fusco ejusdem coloris maculis intermixtum. — Gula 2-barbatula. — Collum longum, cylindricum, supra colore fusco pallidis maculis intermixtum, infra pallide spadiceo maculis striiisque albidis marmoratum. Scutum ovatum ante leviter truncatum, pone latius, supra convexum, tricarinatum, limbo posteriori leviter serratum, supra caudam profunde emarginatum depressumque, colore spadiceo nigris maculis striiisque hic et illic divergentibus striatum et marmoratum, limbo ex flavo albidis maculis cinctum. Sternum breve, ante rotundatum, pone angulatum, planum squamis pectoralibus mobilibus, 7-squamatum, ex albe flavum fusco marmoratum maculatumque. Corpus cute nuda obtectum colore e griseo atro. Pedes palmati, cute nuda obtecti, breves. P. antici quinque P. postici quatuor unguiculis acutis, curvatis, colore fusco, armati. Cauda brevis sub scuto ne prostat, conica, superficie rugosa, fine cornea. Colore corporis extremitatumque.

Habitat. - Mexico, Tejas.

Vorliegende neue Art steht dem Staurotypus triporcatus Wiegmann so nahe, dass ich dieselbe früher für
ein junges Thier der letzteren Art ansah, doch nachdem
ich junge Exempl. von S. triporcatus in den Händen gehabt
fand ich, dass der Schwanz und die Extremitäten, sowie
der Kopf bei denselben verhältnissmässig viel grösser
und länger als bei S. marmoratus sind. Auch waren die
Unterscheidungscharaktere hervortretend.

Durch Vergleich mit mehreren Exemplaren dieser
Art fand ich diese Charaktere constant. Die Consistenz
der Schale zeugt von einem verwachsenen Thier, da bei
jungen dieselbe stets unter den Fingern federt.

Hält man gleich grosse Exemplare von S. marmoratus und S. triporcatus aneinander, so ist eine Verwechselung kaum möglich.

Mit S. Salvinii Gray kann genannte Art gar nicht verwechselt werden. Gestalt und Bau zeugen von grössten
Verschiedenheiten.

Hinsichtlich der Benennung war ich lange unent-
schlossen, ob ich dem Thier den Artennamen marmoratus
oder dityscoides geben soll. Im Schwimmen und Laufen
erinnert diese Art sehr an die Wasserkäfergattung Dityscus.
Die kurzen Beine veranlassen das Thier beim Entkom-
men sprung- und stossweise fortzuschreiten. Jedoch fand
ich diese Bewegungsart auch bei andern Cheloniern, wie
Clemmys leprosa u. a. Dagegen blieb die Benennung
marmoratus haltbar, da selbst bei fast schwarzen Exemplaren die marmorirten Stellen deutlich zu erkennen sind.
Im Laufe der Beschreibung wird sich der Unterschied
zwischen dieser und den verwandten Arten bald zeigen.

Von oben gesehen ist der Kopf in der Hinterhaupts-
gegend kolbenförmig verdickt, fällt von den beiden Mund-
winkeln zur rüsselförmig verlängerten Schnauze stark
ab und erscheint nach derselben zu stark gespitzt. (Bei
St. triporcatus dagegen gedrungener).

Von der Seite gesehen ist er oben flachgedrückt,
zum Kinn von der Nasenscheibe unter sehr spitzem Winkel
abfallend und mit der Kehle unter stumpfem, abgerun-
dcten Winkel zusammcntreffend. Die Oberseite desselben

von einem hautüberzogenen Knochenschilde bedeckt, welches rhombenförmig ist und mit dem einen spitzen Winkel tief ins Hinterhaupt greift. Alle Seiten des Rhomben geradlinig.

Die übrige Bedeckung des Kopfes, sowie des ganzen Körpers und der Extremitäten mit Ausnahme des Schwanzes ist eine feinwarzige Haut ohne Schuppen.

Färbung oben schwarzbraun mit braun-gelben Flecken marmorirt; unten graulich-braun mit schmutzig-weissen Tupfen. An den Wangen heller und umgekehrt marmorirt.

Der Kopf ist wenig einziehbar und im ruhigen Zustande leicht nach unten gerichtet.

Nasenscheibe kreisförmig, auf einer 1,5 Mm. langen Verlängerung der weichen, bräunlich-gelben Schnauze liegend.

Nasenlöcher länglich-rund, rosshaarfein, mit dem grössern Diameter stehend. Dicke der Scheidewand ungefähr 5 Nasenlochbreiten (bei S. trip. viel dünner).

Augen rund, hervorquellend, leicht nach oben gerichtet, im ersten Viertheil der Kopfhöhe und ersten Drittheil der Kopflänge liegend. Nickhaut stark entwickelt.

Iris hell-braun an jeder Seite sowie ober- als unterhalb der Pupille, einen braunschwarzen Tupfen tragend.

Tympanum kaum bemerkbar, nur durch leichte Vertiefung kenntlich.

Kiefer hornig, bräunlich-horngelb, sich bis zur senkrecht vom hintern Augenwinkel gefällten Linie erstreckend.

Oberkiefer vom Mundwinkel zur Spitze convex aufsteigend, vorn mit einem Ausschnitt für den Unterkiefer versehen.

Unterkiefer seiner ganzen Länge nach bogig ausgeschnitten, wodurch vorn ein spitzer hakiger Zahn entsteht, der in den Einschnitt des Oberkiefers passt.

Hals ziemlich lang, dünn, stark-runzelig, braunschwarz mit bräunlich-weissen Tupfen, unten heller mit schmutzig-weissen Flecken durchzogen.

Extremitäten. Alle vier Schwimmfüsse kurz,

fast nur mit dem Hand- und Fussgelenk unter der Rücken-
schale hervorragend, fein-warzig, bräunlich-grau-schwarz.

Stellung der Zehen divergirend mit grossen Schwimm-
häuten verbunden. Diese bis zur Krallenwurzel reichend.
Am freien Ende zwischen den Zehen mit kleinen Schüppchen besetzt, daher gezähnt erscheinend. Vorderfüsse
an der innern Seite des Unterarms drei schmale, quer,
mit der Concavität nach aussen liegende, halbmondförmige, an Grösse zur Handwurzel abnehmende und um $1/3$
ihrer Länge von einander abstehende, hornige Schilder,
von born-gelber Farbe, dunkel-braun gefleckt, tragend.
5 Zehen, 5 Krallen. Diese klein, gebogen, spitz, braun.

Hinterfüsse. An der Ferse ebenfalls einige, unregelmässig gestellte halbmondförmige Schilder. 5 Zehen, 4 Krallen.

Schwanz sehr kurz, conisch, dick, mit feinen hornigen Wärzchen besetzt, Spitze hornig. Angedrückt kaum
ein Drittheil der Inter-Caudalfurche erreichend. Von
der Färbung der Beine.

Rückenschild. Umriss von oben: oval, nach hinten
erweitert (bei S. trip. verschmälert). Vorn leicht gestutzt, hinten zwischen den Caudalen tief ausgebuchtet
und leicht eingedrückt. Hinterrand leicht gezähnt. Von
der Seite: bis zur Mitte der 3ten Vertebrale convex-wage-
recht, bei der 4ten leicht, bei der 5ten stark convex
abfallend. Von vorn: dachförmig, mit Unterbrechung durch
die Rückenleisten, wo das Scutum zwischen Mittel- und
Seitenkiel leicht ausgehöhlt ist. Ueber dem Kopf in der
Marginocollargegend stark, bogig ausgerandet. Von hinten:
durch die geringe Höhe der Leisten daselbst vollständig
dachförmig. Der Rand hinten durch die ganze Breite
des Schildes gehoben, daher flach-bogig ausgeschnitten
erscheinend.

Sculptur. Von der Nuchale über die Mitte der
Vertebralen bis zur Grenze (Vorderrand) der Caudalplatten ein gerader stumpfer und zu beiden Seiten desselben von der Marginocollar-, über die Costalen, bis
zum Aussenrande der Caudalplatten 2 minder hohe, jedoch scharfe, bogige, mit der Convexität nach aussen ge-

richtete Längskiele verlaufend, deren grösster Abstand 22,5 Mm. auf der Mitte der zweiten Costale ist. Vorn und hinten ist der Abstand derselben 13,1 Mm. Aus vorliegenden Maassen folgt, dass die Seitengräthe sich vorn rasch von einander entfernen um sich hinten sanft wieder zu nähern.

Uebrige Sculptur der Platten ziemlich glatt mit Spuren von concentrischen Furchen, sowie von divergirenden Strahlen versehen.

Bedeckung. Vertebralen. 1te V. gleicht einem in die Länge gezogenem Sechseck, dessen Obertheil abgeflacht und die Hinterbasis in der Mitte ausgekerbt ist. Marginocollarseiten und Basis gleichlang, Nuchalseite ein wenig länger, dagegen die Costalseiten 2,75 Basislängen einnehmend. 2te, 3te und 4te einander gleich, in die Breite gezogene Sechsecke, daher die beiden Vertebralseiten klein und ausgekerbt. Costalseiten alle gleichlang, 1,75 Basislängen. Die 4te Vertebrale durch die Abdachung des Schildes hinten leicht abgeflacht, daher fast fünfeckig. 5te Vertebrale ein in die Länge gezogenes, umgekehrtes und an seiner Spitze abgeflachtes Fünfeck, dessen Basis an die 4te V. stösst. Costalseiten 2,3, Caudalseiten 2,0 Basislängen. Alle Seiten, bei allen Vertebralen geradlinig.

Costalen an Grösse zum Schwanze abnehmend. 1te C. ein Trapez mit stark bogiger (convexer) Basis, die längste Seite; vordere Vertebralseite 2mal, obere 2,75, Inter-Costalseite 1,8mal in der Basis enthalten. 2te und 3te gestreckte Fünfecke mit parallelen Inter-Costalseiten. Diese bei der 2ten Platte gleichlang 1,2 der Basislängen, bei der 3ten die hintere 0,75. Vertebralseiten 0,6 der Basis. 4te C. Trapez mit geknickter Basis, Inter-Costal- und hintere Vertebralseite 0,75 der Basis. Obere Vertebralseite 0,4 Basislänge.

Limbus — 23 Platten (mit der Nackenpl.).

Nuchale transversalliegend, viereckig mit ausgekerbter Basis.

Die übrigen Marginalplatten viereckig an Grösse zum Schwanz zunehmend. Marginofemoral- sowie

Caudalplatten die grössten. Caudalplatten, Trapeze
mit ihrer kleinern Basis zusammenstossend. Randseite
convex.

Sutur. Nur durch zusammenstossende Axillar- und·
Inguinalplatten bewerkstelligt.

Axillarplatte ein niedriges mit der Basis zur
Achsel gekehrtes, unregelmässiges Fünfeck, dessen Spitze
gestutzt ist.

Inguinalplatte ein wenig grösser, ganz unregelmässig fünfseitig.

Sternum im Ganzen ziemlich plan, die Mitte der
Abdominalen und Femoralen leicht ausgehöhlt, Anale
plan, dagegen die Pectoralen leicht convex daselbst.
Kurz, bedeckt den Leib unvollkommen, reicht vorn, wo
es abgerundet ist, bis zur Mitte der zweiten Margino-
brachialen, hinten, wo es zugespitzt, bis zum letzten
Drittheil der vorletzten Marginofemoralen. Oberfläche glatt. Auf jeder Platte eine den Seiten parallel-
laufende, folglich concentrische Furche.

Gularen und Brachialen fehlend.

Pectoralen rechtwinklige Dreiecke mit abgerundeter Spitze, convexer Hypothenuse, geradlinigen
grössern (gemeinschaftlichen) und concaven kleinern Ka-
theten, bilden einen beweglichen, dreieckigen, vorn gerundeten, leicht sphärisch convexen Lappen.

Abdominalen unregelmässig, kurz, dagegen sehr
breit.

Femoralen viereckig mit geraden Seiten. Sutu-
ralseite ebenso lang wie die Abdominal- und Mar-
ginalseiten. Analseite 0,6 derselben.

Analplatte einfach (nicht doppelt, wie bei S. triporcatus), rhombenförmig, mit einer kaum merklichen,
nicht bei allen Exemplaren vorhandenen, Längsfurche in
der Mitte. Das freie Ende winkelig-gerundet. Hintere
Seiten 1,3 der vordern. Demnach das Sternum 7-plattig.

Färbung der Schale. Rückenschild hellbraun
mit braun-schwarzen Flecken und divergirenden Strahlen
marmorirt, in der Gegend der Rückenleisten heller, ins
Gelbliche. Grösste Ansammlung der Flecken auf den

Vertebralen, an der hintern Basis, auf den Costalen in der hintern Oberecke des Polygons.

Um das Scutum herum, den Limbus entlang zieht sich ein heller Schein, da die Mitte jeder Marginalplatte einen gelblichen, mit schwarz-braunen Tupfen umsäumten Fleck trägt. Caudalfurche von dunkeln Flecken umsäumt. Sternum und Sternalflügel, sowie die Unterseite des Limbus gelblich-weiss, grau-braun marmorirt. Auf der Caudalfurche ein dreieckiger brauner Tupfen. Am Aussenrande der Pectoralen nahe der Basis ein länglicher braun-schwarzer Fleck. In der Mitte der Abdominalen ein rundlicher, mit dem Aussenrande verschmolzener, grosser, gleichfarbener Tupfen. Analplatte in der End-hälfte ebenfalls braun-schwarz.

Sehr oft variirt die Farbe, indem die ganze Schale oben und unten braun-schwarz ist, dagegen bleibt die Zeichnung stets dieselbe, nur auf dunklerm Grunde. Die Flecken und Tupfen sind bei einer solchen dunkeln Varietät tief-schwarz.

Maasse.

	Millimeter.
Nasenscheibe, Länge	2,5
„ „ Breite	2,9
Hornlippen, Länge (vom Mundwinkel zur Mitte)	9,4
Augenspalte, Länge	3,2
Krallen, Länge	2—2,2
Schwanz, Länge	6,0
Rückenschild, Länge (von dem Nacken zur Caud.)	63,0
„ „ „ nach der Wölbung auf dem Mittelkiel . . .	69,3
„ Breite auf der Mitte der Ster-nalflügel	48,0
„ nach der Wölbung (da-selbst)	62,0
„ „ Grösste Breite (daselbst) . .	48,0
„ „ „ Höhe. In der Mitte der Sternalfl.	22,0
„ Grösste Höhe (auf der ½ Länge der convexen Pectoralen) . .	23,5

	Millimeter.
Brustschild, Länge nach der Mittelnath . .	38,5
Vorderlappen, Länge (n. d. Mittelnath) . .	13,0
„ „ Breite (am Sternalflügel) . .	19,0
Hinterlappen, Länge (n. d. Mittelnath) . . .	16,9
„ „ Breite (am Sternalflügel) . . .	15,0
Sternalflügel, Länge (an der kürzesten Stelle)	7,5

Ich erhielt das erste Exemplar dieser Art im Jahre 1870 durch Herrn Effeldt in Berlin, angeblich aus Texas. In Mexiko soll man später auch einige gefangen haben. Später habe ich mehrere in den Händen gehabt.

Die Lebensweise ist eine nächtliche, am Tage dagegen liegt das Thier auf dem Grunde des Behälters in der dunkelsten Ecke. Erst gegen Abend wird es munterer, schwimmt viel umher und frisst. Ausserhalb des Wassers bewegt es sich wie ein Dityscus, sprungweise das Weite suchend, scheint aber im Trocknen nicht lange auszuhalten.

Während der ganzen Dauer der Gefangenschaft verliess es das Wasser höchst selten und nur auf ganz kurze Zeit.

Kleine Kerb- und Weich-Thiere bilden seine Hauptnahrung. Ausserdem frisst es auch sehr fein geschabtes Fleisch. Die beständige Temperatur des Wassers muss auf + 22° R. erhalten werden, da es sonst nicht frisst, sondern regungslos, mit geschlossenen Augen, wie erstarrt auf dem Boden liegt.

Es beisst, trotz seiner Kleinheit, wüthend in den vorgehaltenen Finger und bleibt an demselben so fest hängen, dass man es emporheben kann.

Ueber die Fortpflanzung ist mir Nichts bekannt.

Beschreibungen von Planarien des Baikalgebietes.

Von

Prof. Dr. Ed. Grube

in Breslau.

(Hierzu Taf. XI und XII.)

Die einzigen Nachrichten, die wir bisher über Planarien des Baikalgebietes besassen, hat Gerstfeldt gegeben. Sie beziehen sich auf die von Maak in der Angara gefundenen Arten, die bei uns so verbreitete *Pl.
torva* O. Fr. Müll. und zwei neue von Gerstfeldt auf-
gestellte: *Pl. Angarensis* und *Pl. guttata*, deren Beschreibungen [1] er leider keine Abbildungen beigefügt hat.
Vor Kurzem hat nun Dr. Dybowski den Baikalsee
selbst in Angriff genommen und seinen dortigen Aufent-
halt mit rühmlichstem Eifer dazu benutzt, dieses gewaltige
Süsswasserbecken zu durchforschen und seine Fauna zu
studiren. Er ist bis auf Tiefen von 300, ja 800 und 1000
Meter vorgedrungen, hat mit besonderer Vorliebe seine
Fisch- und Amphipodenfauna bearbeitet, mir aber eine
Reihe von Planarien zugestellt, welche ebenso wohl durch
ihre zum Theil auffallende Färbung als durch ihre Dimensionen mein Erstaunen erregten, und durch beides mehr
an marine als an unsere bescheidenen Süsswasserformen

---

1) Ueber einige zum Theil neue Arten Platoden, Anneliden,
Myriapoden und Crustaceen Sibiriens. Mémoires des Savants étran-
gers der Petersburger Akademie 1858 Tom. VIII, p. 261.

erinnern. Dybowski's Sendungen enthalten 10 Arten, von denen 3 die oben genannten, auch in der Angara vorkommenden, die übrigen neu sind. Es befinden sich darunter Exemplare von *Planaria Angarensis* und *Pl. (Dicotylus) pulvinar*, welche im Weingeist über 60 und 70 M. bei etwa halb so grosser Breite messen und im Leben gewiss eine Länge von 80 und 90 M. gehabt haben, eine Grösse, die nur von wenigen Meerplanarien, von einzelnen Stylochrus-, Prostoceraeus-, Eurylepta- und Leptoplana-Arten erreicht oder übertroffen wird. Von den meisten liegen zahlreiche Exemplare vor, so dass ich auch Gerstfeldt's Beschreibungen in einigen Stücken ergänzen kann.

Von allen füge ich Abbildungen hinzu, die freilich die Thiere nur in starker Contraction wiedergeben und man hat sie sich natürlich beim Kriechen viel gestreckter zu denken, doch ist immerhin auch die Form der Contraction für die Species etwas charakteristisches und die Exemplare sind meistens so wohl erhalten, als kämen sie eben aus ihrem Elemente, selbst die Färbung dürfte sich nach meinen sonstigen Erfahrungen zu urtheilen, wenig verändert haben.

Alle hier beschriebenen Arten besitzen nur 1 Genitalöffnung (Sectio Monogonopora Dies.) und die Mundöffnung in der Mitte des Bauches oder bald dahinter, die Pharynxröhre, wo sie beobachtet werden konnte, war cylindrisch. Augenpunkte waren bei der Mehrzahl der Arten gar nicht zu entdecken, bei einigen derselben nur an kleineren Exemplaren, sie scheinen hier also mit dem Alter verloren zu gehen — ein Umstand, der die Erkennung der nach der Beschaffenheit der Augen aufgestellten Gattungen erschwert —, bei ein Paar Arten waren sie an allen Exemplaren sichtbar und zwar in mehrfacher Zahl jederseits eine einfache bis dreifache gedrängte Bogenreihe bildend, wie bei manchen Leptoplanen und Polycelis. Wenn man, wozu Schmarda geneigt ist, die Gattung Polycelis dahin beschränkt, dass die Augen nur am Seitenrande selbst stehen sollen, wie bei *P. nigra*, so würde man *Pl. nigrofasciata* und *guttata* zu einer eigenen Gattung oder Untergattung *Sorocelis* erheben müssen, da die Leptoplanen mit 2 Genitalöffnungen versehen, überdies auch Bewohner des Meeres sind. Bei *Pl. guttata* und *pulvinar* kommen am Vorderrande Haftgruben oder Haftnäpfe vor, eine Eigenthümlichkeit, die sonst nur selten beobachtet ist, Fühler aber oder fühlerartige Stirnfalten zeigen sich bei keiner der Baikalarten, wie diese Organe denn überhaupt nur bei marinen Planarieen ausgeprägt sind.

Planaria hepatizon Gr.

Contracta latissime ovata vel ovalis, dorso leniter convexo, margine plano, supra colore hepatico, concolor, linea fusca per longitudinem bipartita, parte frontali angusta a lateribus paulo seposita, haud producta, maculas albas 2 ferente, saepius medio crenata, subtus plana, albida concolor maculis ve subfuscis minutis, maxime marginem versus obfuscata, regione frontali late fusea. Puncta ocularia adultorum nulla, in junioribus observata, in maculis albis illis frontalibus acervulum componentia. Os paulo pone medium situm, apertura genitalis aeque longe ab eo atque a margine posteriore distans.

Im Baikalsee, in Tiefen von 50 bis 150 Meter.

Fast alle Exemplare dieser auffallend consistenten Planarie sind sehr breit eiförmig, und zwar nach vorn, etliche nach hinten verschmälert, sehr wenige breit oval, fast kreisförmig, die Farbe leberbraun, selten dunkler in's Grauliche, fast nie und meist nur bei letzteren fehlen die beiden weissen Flecke hinter dem Stirnrande der Oberseite, die bei der Mehrzahl gegen die braune Färbung des Rückens lebhaft abstechen, zuweilen aber auch so verwischt sind, dass sie wenig in's Auge fallen. Sie haben eine ovale Birnform und stehen auf einem schmalen, gewöhnlich mitten eingekerbten, rechts und links durch eine schwache Furche abgesetzten, unten leicht ausgehöhlten, aber durchaus nicht verlängerten Stirntheil. Mitunter zeigt sich auch nach aussen von jenen beiden Furchen eine weissliche fleckenartige Färbung, doch ist sie immer viel schmäler.

Obwohl ich schon über 30 Thiere dieser Species

untersucht hatte, konnte ich doch niemals Augenpünktchen unterscheiden, bis ich zuletzt an einige kleinere
Exemplare kam, und hier traten deutlich umschriebene
winzige schwarze Pünktchen verschiedener Grösse auf
den beiden inneren der weissen Stirnflecken hervor (die
grösseren oft von halbovaler Form) und über 30 auf jedem
Flecke, in ein längliches oder rundliches Häufchen gruppirt. Diese Pünktchen schienen mir immer kleiner als
bei *Pl. nigro-fasciata*. Demnach würde diese Art entweder zu *Anocelis* Stimpson oder zu *Sorocelis* Gr. (vgl.
pag. 274) gehören, je nachdem man den jüngeren oder älteren Lebenszustand mehr berücksichtigt.

Der Rücken ist durch eine feine schwärzliche, die
ganze Länge durchlaufende Linie halbirt; ich habe sie
kaum bei einem Exemplar vermisst, doch ist sie zuweilen
nur äusserst schwach ausgeprägt, wie eine zarte Furche
und ohne Pigment. Die platte Unterseite ist weisslich,
bei vielen sowohl kleineren als grösseren, und namentlich
gegen den Rand hin durch winzige graubraune Fleckchen, bisweilen auf der ganzen Fläche rauchfarbig, die
Stirnpartie in ziemlicher Ausdehnung gewöhnlich dunkler
braun. Aus der in der Mitte selbst oder nahe dahinter
gelegenen Mundöffnung tritt bei einigen eine weisse bis
3 M. lange Pharynxröhre hervor. Die Genitalöffnung
befindet sich ziemlich in der Mitte zwischen dem Munde
und dem Hinterrande.

Die meisten Exemplare erreichen eine Länge von
18 M. bei 11 M. Breite und 2,5 M. Dicke. Das grösste
aber misst 28 M. in der Länge, 21,5 in der Breite und
3,5 M. in der Dicke, seine Mundöffnung liegt 17 M. vom
Vorderrande, die Genitalöffnung 5,5 M. hinter dem Munde
und 5,5 vom Hinterrande entfernt. Eines der kleinsten,
nur 12 M. lang, ist fast kreisrund, da die Breite 11,3 M.
beträgt und nach vorn und hinten gleichmässig abnimmt;
ihm fehlt das schwarze Pigment der mittleren Rückenlinie und die dunkelbraune Färbung der Unterseite an
der Stirnpartie. Das Exemplar, an welchem ich die
Augenpünktchen entdeckte, gehört zu den kleinsten und
ist nur 11,5 M. lang und 8 M. breit.

Längere Zeit war ich unschlüssig, ob ich eine ansehnlich grosse, oben einfarbig braune, unten weisslishe Planarie, welche durch ihre zwar hinten breit gerundete, nach vorn aber langsam und stark verjüngte Gestalt auffallend abwich, zu dieser Art rechnen sollte. Sie hatte bei einer Länge von 38,5 M. eine grösste Breite von nur 16 M. hinter der Mitte, und eine Breite von 11,5 M. zwischen dem 1ten und 2ten Viertel der Länge, und ihr Mund lag 28 M. vom Vorderende entfernt, also beträchtlich weit hinter der Mitte, die Genitalöffnung 5 M. hinter dem Munde. Aus dieser Genitalöffnung ragte ein weisser 4 M. langer 2 M. breiter, jetzt etwas plattgedrückter Körper vor, der wohl nichts anderes als das von v. Baer beschriebene Begattungsorgan sein kann. Es scheint von einem engen Kanal durchzogen. Diese Planarie drängte zu einem Vergleich mit den einfarbigen Exemplaren von *Pl. guttata*. Da sie aber weder eine Spur von Augenpunkten noch von der mittlern Stirngrube erkennen liess, die ich bei letzterer niemals vergeblich suchte, da ferner die Farbe ganz den leberbraunen Ton der *Pl. hepatizon* wiederholte, auch eine mittlere Längsfurche, wenn gleich nicht schwarz gefärbt, vorhanden war, und auch die Consistenz des Körpers mit jener übereinstimmte, konnte ich kaum zweifeln, dass ich eine *Pl. hepatizon* vor mir hatte, die im Moment des Weiterkriechens mit gestreckter Vorderhälfte gestorben war: Forschern, die diese Thiere lebend zu beobachten Gelegenheit haben, möchte ich noch eine genaue Vergleichung mit Pl. nigrofasciata empfehlen.

Zu unserer Art gehören wohl auch die schwarzen kugelrunden Eikapseln, welche nicht weniger als 4 M. im Durchmesser haben und in demselben Glase lagen.

Planaria (*Anocelis* Stimps.) *tigrina* Gr.

Contracta latissime ovata vel ovalis, paene orbicularis, dorso paulisper convexo, supra umbrina, striis transversis nigris medio multifariam interruptis 9 fere ad 12, parte frontalii medio plicata quasi crenata, minime a lateribus seposita, lata utrinque macula rotunda lucidiore

vel subfulva ornata, vitta augusta nigra arcuata posteriore
circumdata; subtus ex subfusco albida, parte frontali medio
excavata. Puncta ocularia haud observata. Os proxime
post medium situm, apertura genitalis ab eo paulo
minus quam a margine posteriore distans.

Im Baikalsee, in Tiefen von 50 bis 150 Meter.

Von *Planaria tigrina* liegen nicht eben viele Exemplare vor, diese sind in Form und Färbung aber so übereinstimmend, dass ich sie mit grosser Sicherheit von *Pl.*
hepatizon unterscheiden kann, mit der diese Art viele
Aehnlichkeit hat. Der Umfang des Körpers ist bei den
meisten breit oval, Vorder- und Hinterhälfte gleich stumpf
gerundet, selten nach vorn. etwas verschmälert, wie es
bei *Pl. hepatizon* häufig vorkommt, der mittlere Einschnitt
am Stirnrande geht tiefer als dort und es markirt sich
kein durch Seitenfurchen abgesetzter mittlerer Stirntheil.
In der Rückenfärbung erscheint niemals das leberfarbene
Braun jener Art, sondern ein viel düsteres Umbrabraun;
es fehlt die schwärzliche den Rücken halbirende Längslinie, dagegen treten schwarze Querlinien auf, welche
nahe oder an den Seitenrändern selbst beginnen und über
den Rücken laufen, doch nie ohne mehrfach unterbrochen
zu sein, die Streifen der mittleren Partie sind parallel,
an der Vorder- und Hinterhälfte des Rückens gekrümmt.
Die vordersten laufen concentrisch einer sehr markirten
schwarzen schmalen Bogenbinde, welche den breiten
Stirntheil von dem übrigen Rücken abgrenzt. Auf diesem
Stirntheil zu beiden Seiten seiner mittleren Einkerbung
steht ein ziemlich ansehnlicher hellerer rostgelblicher
oder weisslicher, zuweilen etwas verwischter Fleck von
runder Form, beide Flecke sind durch einen dreieckigen
hinten breiten dunkeln Zwischenraum getrennt. Augenpunkte habe ich nirgend bemerken können. Der Rücken
ist sehr schwach gewölbt, der Rand eben, nicht dünn
genug, um durchscheinend zu werden, die Bauchseite
bräunlich weiss, ohne jede Spur von bräunlichen Färbun-
gen, wie sie bei *Pl. hepatizon* so häufig vorkommen,
ebenso fehlt eine braune Färbung der Stirnpartie an der
Bauchseite.

Diese Art erreicht lange nicht die Hälfte der Dimensionen, die wir bei der vorigen angegeben haben. Das grösste Exemplar ist 12 M. lang und 10 M. breit, das kleinste 9 M. lang und 8 M. breit: bei dem ersteren die Mundöffnung 7 M. von dem Vorderrande und 2 M. von der Genitalöffnung entfernt.

Ein drittes war, als es getödtet wurde, gerade im Begriff eine hellbraune Eikapsel von etwa 2 M. Durchmesser zu legen.

Planaria (Anocelis Stimps.) pardalina Gr.

Contracta latius ovalis, vel retrorsum paulo attenuata, foliacea, fronte medio crenata, supra gilva vel silacea maculis variae formae, plerumque crenatis vel ex minoribus compositis, saepe elongatis vel angulatis nigro-brünneis dense conspersa, subtus albida. Puncta ocularia haud observata. Os submedium, apertura genitalis ab eo vix minus quam a margine posteriore distans.

Im Baikalsee, in einer Tiefe von 50 bis 150 Meter.

Diese Art fand sich nur in sehr spärlichen Exemplaren zwischen den erst beschriebenen, und gehört wohl zu den kleinsten, da keines eine Länge von 6 M. überschritt. In Gestalt und Färbung zeigte sich eine grosse Uebereinstimmung; alle waren verhältnissmässig weniger breit als Pl. tigrina, meist gleichmässig oval. Der Stirnrand etwas eingezogen mit kleiner Kerbe, von einem abgesetzten Stirntheil und Augen keine Spur, der Rücken fast flach zu nennen, der Rand ganz eben, zuweilen mit leichten Ausbiegungen, die Oberseite licht ochergelb oder matter, überall dicht mit dunkeln Flecken verschiedener Gestalt überstreut, von denen viele gestreckt oder winklig geknickt, die meisten am Rande gekerbt oder wie zusammengerückte Fingertupfen aussehen, wie beim Pantherfell. Der Mund liegt in der Mitte der weisslichen ganz einfarbigen Unterfläche, ein Rüssel war bei keinem Exemplar vorgetreten, die Geschlechtsöffnung ein wenig hinter dem Munde, von ihm weniger als vom Hinterrande abstehend.

Länge 6 M., Breite 4,2 M., Entfernung des Mundes
vom Stirnrande 3 M., der Geschlechtsöffnung vom Munde
etwa 1,2 M.

Planaria (*Anocelis* Stimps.) *lanceolata* Gr.

Contracta lanceolata, foliacea, fronte anguste truncata,
subtus sulco mediano longitudinali brevi munita, margine
plano, fragilis, parte frontali haud seposita, supra pallide
brunnea, interdum leviter violascens, concolor, raro striis
longitudinalibus fuscis 2 vel 3 ornata, subtus albida. Puncta
ocularia haud observata. Os paulo pone medium situm,
apertura genitalis proxima, a margine posteriore multo
longius distans.

Im Baikalsee in einer Tiefe von 50—150 Fuss.

Eine im Gegensatz zu den bisher beschriebenen wie
es scheint leicht verletzbare und zerreissbare Art; bei
vielen Exemplaren finde ich namentlich die Rückenhaut
längs den Seitenrändern aufgerissen, so dass der Inhalt
des Leibes hervorgedrungen ist, bei anderen ist der Rüssel
durch den Rücken herausgetreten, von noch andern gibt
es nur Vorder- und Hinterhälften. Die Gestalt dieser Art
ist eine von der vorhergehenden sehr abweichende, schmal
und langgestreckt lanzettförmig, vorn schmal abgestutzt,
etliche Exemplare sind etwas breiter und kürzer, manche
an den Seiten unterwärts eingekrümmt, viele schief ge-
dreht oder umgeknickt. Die Oberseite hat eine blass-
braune, mitunter leicht in's Violete fallende eintönige, ·
selten mit 2 dunkeln längs den Seitenrändern hinlaufenden
oder auch noch mit einem Mittelstreif gezierte Färbung, auch
bemerkt man wohl zuweilen noch eine Andeutung von
zarten bräunlichen ästigen Streifen am Hinterrande.
Mehrere kleinere Thiere, welche derselben Art anzuge-
hören scheinen, sind ganz bleich oder weiss. Augenpunkte
habe ich nie wahrnehmen können. Unterseite einfarbig
weiss, am Stirntheil eine leichte kurze mittlere Längsfurche. Die Mundöffnung liegt bei manchen etwas vor,
bei andern hinter der Mitte, die Genitalöffnung sehr nahe
dahinter, weit vom Hinterrande.

Diese Art erinnert in ihrer Gestalt am meisten an
Pl. lactea, die doch aber bei mittelmässiger Streckung
nicht über 10 M. lang zu sein pflegt und nie eine gleichmässig hellbraune Rückenfarbe zeigt, bei der vielmehr
nur die dendritisch verzweigte verdauende Höhle braun
oder violet durchschimmert. Die grössten Exemplare der
Pl. lanceolata sind contrahirt 19 bis 23 M. lang, 4 M.
breit, bei jenen beträgt der Abstand des Mundes vom
Stirnrand 9 M., bei dem 23 M. langen dagegen 12 M.,
die Genitalöffnung liegt 2,5 M. hinter dem Munde, die
Schlundröhre ist öfter herausgetreten und bis 2,5 M. lang.

Planaria (Sorocelis Gr.) nigrofasciata Gr.

Contracta ovalis, plerumque utrinque vel antrorsum
acuminata, pars frontalis a lateribus paulo seposita trian-
gularis seriebus punctorum ocularium 2 longitudinalibus,
posteriora versus leniter extrorsum curvatis, lineam mediam proximis. Puncta ocularia utrinque fere 10 ad 24.
Dorsum leniter convexum, badium vel paulo pallidius,
fasciis nigris 4 (raro 3) plerumque stria quoque media,
eas secante ornatum. Fasciae angustae, paene acque di-
stantes marginem lateralem haud attingentes, extremitatibus
saepius dilatatis. Pars ventralis alba fronte saepius infuscata.
Os proxime pone medium situm, apertura genitalis
ab apice corporis posteriore longius quam ab orie distans.

Im Baikal, aus einer Tiefe von 50 bis 150 Meter.

Man kann diese Art, welche ebenfalls zu den kleineren gehört, und von der mir zahlreiche Exemplare eingeschickt sind, am wenigsten mit einer andern verwechseln, so charakteristisch ist Färbung und Zeichnung. Der
Körper hat die Form eines schmäleren oder breiteren, an
beiden Enden etwas verlängerten, wohl auch zugespitzten
Ovals. Besonders ist der durch 2 seitliche Furchen abgesetzte Stirntheil vorgezogen, so dass er mit seiner vorderen Hälfte wie ein schmäleres Läppchen vorragt. Man
kann ihn, wenn man die Enden jener seitlichen Grenzen
verbindet. als abgerundet dreieckig bezeichnen, eine hintere Begrenzung fehlt, er ist vorn nie eingekerbt, wohl

aber auf seiner Unterseite mit einer Längsfurche ver-
schen, auch wohl rinnenartig ausgehöhlt, auf der Oberseite gewahrt man 2 längliche weisse nach vorn conver-
girende Flecken, welche von der Mitte der Länge eines
dunkeln, etwas breiteren an der Stirnspitze beginnenden
Mittelfeldchens ausgehen. Auf diesen weissen schmalen
Flecken stehen die schwarzen Augenpünktchen zu 2 oder
3 Längsreihen gruppirt, selten weniger als 16, bisweilen
24 und mehr. Sie sind entschieden länglich und fehlen
keinem Exemplar.

Die Oberseite des Körpers ist kastanienbraun mit
schwarzen Zeichnungen, welche fast regelmässig in einer
schwarzen Mittellinie und 4 sie rechtwinklig schneidenden
schwarzen, den Seitenrand selbst nicht erreichenden und
ziemlich gleich weit auseinander liegenden Querbinden
bestehen. Der Abstand der ersten Binde vom Vorder-
und der letzten vom Hinterende kommt den Entfernungen
zwischen den einzelnen Binden selbst nahe, so dass der
Rücken in 5 Abschnitte von ähnlicher Länge zerfällt. In
der Ausdehnung der Querbinden von Rechts nach Links
finden Unterschiede statt. Die zweite pflegt die breiteste,
die dritte und erste minder breit, dagegen stärker zu sein,
und sie erscheinen zuweilen wie 2 durch eine lineare
Brücke verbundene Flecke oder als ein verschmolzener
querer Fleck. Die zweite löst sich zuweilen in 2 getrennte
Hälften auf, dasselbe gilt von der vierten, die an Breite
die dritte zu übertreffen pflegt. An einem sehr kleinen
Exemplar ist nur die zweite und dritte der 4 Querbinden
vorhanden. Die mittlere Längslinie ist bisweilen in ihrer
hinteren Hälfte nicht ausgeprägt, doch pflegt die Endspitze des Körpers selbst schwarz gefärbt zu sein, andrerseits erscheint bei einzelnen Exemplaren noch eine rechte
und linke parallele, die Enden der ersten und zweiten
Querbinde verbindende Seitenlinie.

Die Unterseite des Körpers ist weiss, die äusserste
Vorder- und Hinterspitze oft schwarz gefärbt. Die Mundöffnung befindet sich in oder etwas hinter der Mitte, die
Genitalöffnung ihr etwas näher als dem Hinterende. Bei
wenigen war die Pharynxröhre etwas ausgestreckt. Eine

braunschwarze kugelrunde Eikapsel, die unter diesen Planarien lag, hatte 2,5 M. im Durchmesser.

Die kleinsten Exemplare messen 5 M. in der Länge und 2,5 M. in der Breite bis 7 M. in der Länge und 3,5 M. in der Breite, die mittleren und bei weitem meisten 12 M. in der Länge und 6 M. in der Breite, die grössten 20 M. in der Länge und 15 M. in der Breite und eines sogar 22 M. in der Länge und 12,5 M. in der Breite. Bei letzterem stand der Mund vom Vorderende des Leibes 11 M. und von der Genitalöffnung 4 M. ab. Jedenfalls bedarf Pl. nigrofasciata einer noch eingehenderen Vergleichung mit *Pl. hepatizon* an lebenden Thieren.

Man könnte diese Art, da sie zahlreiche Augenpünktchen besitzt, zur Gattung *Polycelis* Ehrb. stellen, wenn man nicht zu grosses Gewicht darauf legt, dass es *Ocelli marginalis* sein sollen, wie sie bei *Pl. nigra* vorkommen und wie Diesing in die Gattungsdiagnose aufgenommen, im entgegengesetzten Fall müsste man wie bereits oben gesagt, sich zur Errichtung einer eignen Abtheilung *Sorocelis* entschliessen, charakterisirt durch 2 einfache oder mehrfache Bogenreihen von Augenpunkten auf der Mitte des Vordertheils.

Planaria (Sarocelis Gr.) *guttata* Gerstf. char. emend.

Planaria guttata Gerstf. Mém. des sav. étrang. de St. Petersbourg 1858, p. 262.

Contracta ovalis vel oblonga utrinque obtusa, foliacea, margine aequo, fronte haud crenata, fovea minuta media marginali munita, parte frontali haud seposita, supra lutea, pallide brunnea, olivacea, murina vel cervina vel pallide ochracea, concolor vel subtiliter fusce maculata, ordinibus 2 guttarum vel macularum albarum per totam corporis longitudinem patentibus: maculae minutae vel majores subrotundae minime semper per paria dispositae; 2 albae frontales in omnibus observatae, margine interiore et posteriore arcum punctorum ocularium plerumque simplicem ferentes. Pars ventralis alba. Os paulo pone medium situm, apertura genitalis a margine corporis posteriore longius quam ab ore distans.

Theils dicht am Strande des Baikal, theils in grösseren Tiefen gesammelt.

Als Gerstfeldt diese Planarie zu Gesiebte bekam, glaubte er zuerst der Beschreibung nach *Planaria torva* Müll. vor sich zu haben, überzeugte sich dann aber durch Vergleichung mit Exemplaren dieser Art selbst von der Verschiedenheit beider, und fand sie theils in dem Zusammenschliessen der beiden weissen Stirnflecke, (die er Augenflecke nennt), was ihm bei *Pl. torva* nie begegnet war, theils in dem ebenen Körperrand, während derselbe bei den Weingeistexemplaren von *Pl. torva* gekräuselt erschien. Den ersten Charakter kann ich nicht anerkennen, ich sehe im Gegentheil bei allen dunkler gefärbten Individuen, wie sie Gerstfeldt beschreibt, diese weissen Stirnflecke stets durch einen dunkeln Zwischenraum getrennt und nur bei sehr bleichen fehlt derselbe. Viel wichtiger erscheint, dass *Pl. torva* jederseits nur 1 Augenpunkt besitzt, bei *Pl. guttata* hingegen jederseits eine ganze Reihe auftritt. Ausserdem hebt Gerstfeldt selbst hervor, dass er bei *Pl. guttata* nie eine Doppelreihe heller Rückenflecken vermisst habe, die meines Wissens bei *Pl. torva* nie beobachtet ist. Endlich bildet bei letzterer der Stirnrand, worauf schon v. Baer aufmerksam macht [1]), einen stumpfen Winkel.

Auch *Pl. guttata* gehört zu den kleineren Arten. Ihr blattförmiger noch jetzt zuweilen etwas durchscheinender Leib ist breiter oder schmäler oval, aber an den Enden nicht, wie öfter bei *Pl. nigrofasciata* zugespitzt, und hat weniger consistente Wandungen als *Pl. hepatizon*, wie man daraus ersieht, dass bei manchen Exemplaren die Pharynxröhre durch die Rückenwandung gedrungen ist. Die Färbung variirt nicht unbeträchtlich, stimmt jedoch darin bei allen Exemplaren überein, dass hinter dem Stirnrande 2 grössere helle, rostgelbliche oder weisse runde durch einen dunkleren rechts und links ausgeschnittenen Zwischenraum getrennte Flecken vorkommen, längs

---

1) Beiträge zur Kenntniss niederer Thiere. Nov. Act. Caesariae Leopold. Nat. Cuv. Vol. XIII. P. II. p. 705. Taf. XXXIII. F. 4—6.

deren Innen- und Hinterrande sich im Bogen eine einfache Reihe von sehr deutlichen runden Augenpunkten
hinzieht, so dass diese Bogen, wenn sie aneinander rückten,
die Schenkel eines x zusammensetzen würden. Die Zahl
der Augenpunkte in jedem Bogen beträgt meistens 7 bis
8, wobei dann die hintersten wohl auch in 2 Reihen stehen, kann aber auf 5 und selbst 2 sinken, und ist in beiden
Bögen nicht immer dieselbe. Zuweilen sieht man nur
einen rechten und linken kurzen Bogenstrich von schwarzer
Farbe, ohne getrennte Punkte unterscheiden zu können.
Der Stirntheil ist in keinerlei Weise abgesetzt, der Stirnrand aber mit Ausnahme von ein paar Individuen, die
nur eine Andeutung davon tragen, bei allen durch eine
rundliche tiefe, von einem schwachen Wulst umgebene
Grube ausgezeichnet, welche den Eindruck eines Haft-
organs macht. Eine ähnliche Vertiefung gibt auch v.
Baer bei *Planaria lactea* an, O. Fr. Müller wollte hier
eine wirkliche Oeffnung gesehen haben. Die übrige Rückenseite ist bald einfarbig olivengrau oder bräunlich, sehr
fein schwärzlich punktirt, oder hellgelbbraun, mit grösseren
Tüpfelchen dicht überstreut, in beiden Fällen laufen nahe
der Mittellinie, die bisweilen auch durch einen lichten
Streif markirt ist, 2 Reihen von rundlichen Fleckchen, im
ersteren Fall sind sie gewöhnlich klein, wenig in's Auge
fallend, von rostgelber Färbung, so dass die Stirnflecke
viel mehr hervortreten, im andern Fall grösser, ganz ähnlich den beiden Stirnflecken, die man dann als das 1te
Paar dieser Reihen betrachten kann. Sehr selten erscheint
eine ganz blasse gelbliche Färbung ohne Fleckenreihen,
höchstens mit einer leichten Andeutung der Stirnflecken.
Die Zahl der Flecken mit Ausschluss der letzteren schwankt
in jeder Reihe zwischen 5 und 12, auch stehen sie sich
keineswegs immer paarig gegenüber, sind vielmehr öfter
recht merklich gegen einander verschoben. Die Bauchseite ist weisslich; bei einem Exemplar bemerkte ich 2
breite weisse, die ganze Länge durchziehende Binden. Der
Mund liegt wenig hinter der Mitte, die Genitalöffnung
wohl 3mal so weit vom Hinterende als vom Munde.

Eine kugelige Eikapsel von etwas über 2 M. Durchmesser scheint zu dieser Art zu gehören.

Ein olivengraues Exemplar mit 5 Paar rostgelben Fleckchen hinter den viel grösseren weisslichen Stirnflecken 6 M. lang und 3 M. breit, und ein anderes von 7 M. Länge und 2,5 M. Breite sind die kleinsten, bei letzterem liegt der Mund 3,8 M. vom Vorderrande und 2,7 von der Genitalöffnung, das grösste Exemplar misst 16 M. in der Länge und 7 M. in der Breite; die meisten sind etwa halb so lang und breit.

Auch diese Art müsste man zu *Sorocelis* (s. p. 274) rechnen, sie schliesst sich jedenfalls in Bezug auf die Augenstellung am nächsten an *Pl. nigrofasciata* an, andrerseits aber erinnert sie durch die mitten am Stirnrande stehende Haftgrube an die Gattung *Procotyla* Leidig, die freilich nur 2 Augen besitzt.

Planaria Angarensis Gerstf.

Planaria Angarensis Gerstf. l. c. p. 261.

Contracta ovalis, anteriora versus plerumque sensim angustior, margine dense plicato crispata, coriacea, supra plana, pallidius ex griseo brunnea, maculis minutis fuscis ovalibus dense conspersa, pantherina, vel fuscior luteolo maculata, vel omnino concolor griseo-brunnea vel alutacea, subtus albida. Pars frontalis angustior, saepius producta, late rotundata, albida, antice fumigata, ad basin quasi auriculata, albida, vitta transversa lata nigra a corpore separata, raro ab eo haud distinguenda. Puncta ocularia 2, late inter se distantia ad auriculas collocata. Os sub medium, apertura genitalis alterum tantum magis a margine posteriore quam ab ore distans.

Gerstfeldt kennt diese Art nur aus der Angara, alle von Dr. Dybowski eingesandten Exemplare stammen aus dem Baikalsee, wo sie in Tiefen von 50 bis 150 und 300 Meter, einzelne und zum Theil die grössesten selbst aus einer Tiefe von 800 bis 1000 Meter heraufgeholt sind.

Alle Weingeistexemplare dieser blattförmigen Planarie sind oval, nur eines auffallend breitoval, die meisten kleineren langsam nach vorn verschmälert, und haben einen, wie eine Halskrause dicht gefalteten Rand, durch welchen sich diese Art vor allen hier beschriebenen Arten des Baikal auszeichnet. Die Haut ist von noch derberer Consistenz als bei *Pl. hepatizon*, das ganze Thier von lederartiger Consistenz wie auch schon G e r s t f e l d t angibt, schwer zerreissbar, kein einziges Exemplar ist schwerer beschädigt, man sieht höchstens hier und da den Rand verletzt. Der Stirntheil ist nicht durch seitliche Furchen abgesetzt, bei kleineren Exemplaren vorgestreckt und schmäler als die angrenzende Partie des Körpers, vorn breit gerundet und rauchfarbig bräunlich, hinten weisslich, und hier jederseits wie geöhrt und durch eine braunschwarze breite Binde von dem übrigen Rücken getrennt. Nach innen von dem Vorderrande dieser Verbreiterungen bemerkt man einen kleinen schwarzen Augenpunkt, von dem der anderen Seite durch einen breiten Zwischenraum getrennt, öfters nur sehr undeutlich, bei sehr grossen Exemplaren vermisst man dies alles und kann gar keine Augenpunkte erkennen, bei den jüngsten Exemplaren dagegen sind sie am deutlichsten und scheinen zuweilen sogar doppelt. Die mittelmässigen zeigen eine sanft braungraue Rückenfärbung, durch sehr zahlreiche dunkle rundliche Fleckchen gepanthert, oder mit nicht so dunkeln verwischten Tupfen bedeckt, andere und namentlich die grösseren sind ganz einfarbig, düster braun oder ledergelb ohne alle Zeichnungen und dann nur an dem gekrausten Rande erkennbar, aber auch bei kleinerem kann eine ganz bleiche Färbung vorkommen.

Die Unterseite ist weisslich oder graulich, die Mundöffnung bald vor bald hinter der Mitte gelegen und die Genitalöffnung steht viel weniger weit von ihr als vom Hinterrande ab.

Ein kleines Exemplar, blass lehmgelb und ohne Augenpunkte, ist nur 10 M. lang und hinter der Mitte 5,5 M. breit, das kleinste hat nur 6 M. Länge und 3 M. Breite und ist mit deutlichen Augenpunkten versehen. Mittelwüchsige haben eine Länge von 29 M. bei einer Breite von 13 M. und einer Dicke von 3 M., ganz grosse 49 M.

Länge bei 39 M. Breite und 7 M. Dicke und ein wahres
Riesenexemplar blass ledergelb und augenlos erreicht die
für eine Süsswasserplanarie unerhörte Länge von 64 M.
bei einer Breite von 39 M. und einer Dicke von 7 M.
Sein Mund war vom Vorderrande 35 M., von der Genitalöffnung 11 M. entfernt. Auch der Rand des Leibes
hatte eine ansehnliche Dicke, und ich zählte an ihm gegen
40 Falten.

Planaria torva (Müll.) Vâr. *albifrons* Gr. ?

Contracta oblonga, crassior, minus foliacea, postice
attenuata, saepius leniter acuminata, supra sordide nigricans, fronte late rotundata utrinque alba; subtus albida.
Os longius pone medium situm, apertura genitalis
paene aeque longe ab ore atque ab extremitate corporis
posteriore distans.

In den kleinen Seen um den Baikal. Die gesammelten Exemplare sind spärlich, und die Erhaltung kaum
bei zweien befriedigend.

Eine sehr kleine Art, nur 4,5 M. lang, 2 M. breit
aber 1 M. dick, deren Mund 3,4 M. vom Stirnrande ab-
steht. Sie erinnert durch ihre Gestalt und Rückenfärbung,
namentlich durch die beiden weissen seitlichen Stirnflecke
an *Mesostomum personatum*[1]) O. Schmidt, ist aber doch nicht
drehrund wie diese, sondern hat eine plattere weisse
Bauchfläche und einen gegen den starkgewölbten Rücken
abgesetzten schmalen Seitenrand. Ich möchte sie nur als
eine Varietät von *Planaria torva* betrachten, bei unserer
einheimischen Pl. torva habe ich nie die weissen Rand-
flecken an der Stirn bemerkt und andrerseits konnte ich
bei einzelnen Baikal-Exemplaren die beiden auf dem Scheitel
der Pl. torva stehenden winzigen weissen Fleckchen nicht
wahrnehmen, in deren jedem 1 Augenpunkt steht, während
sie bei anderen Exemplaren ganz deutlich sind.

Planaria fulvifrons Gr.

Contracta ovalis teretiuscula margine angusto com-

---

1) Oscar Schmidt, die rhabdocölen Strudelwürmer p. 51.
Taf. IV. Fig. 10.

planata, supra umbrina vel ex olivaceo brunnea, obsolete fuscius maculata, parte frontali haud seposita pallide ochracea, fascia transversa alba inter trientem longitudinis primum et secundum apparente, a cetero corpore sejuncta, subtus pallidius brunnea parte anteriore alba. Puncta ocularia 2 nigra acque inter se atque a margine laterali distantia, a margine frontali minus remota. Os submedium, apertura genitalis proxime os sita.

Aus den kleinen Seen um den Baikal.

Da von dieser Art nur 2 winzige Exemplare eingesandt sind, von denen das eine mit ausgestreckter Schlundröhre in der Mitte gebrochen, bin ich nicht im Stande eine genügende Beschreibung derselben zu geben. Sie ähnelt der *Planaria torva*, welche nach Gerstfeldt in der Angara vorkommt, hat namentlich auch wie diese 2 schwarze Augenpunkte und eine braune Färbung, zeigt aber eine mehr drehrunde an Turbellarien erinnernde Gestalt, doch mit schmalem zusammengedrücktem Rande, wie ich sie nie an Weingeistexemplaren von *Pl. torva* wahrgenommen. Bei dem einen Exemplar ist dieser Rand sogar vom Ende des ersten Drittheils an emporgeschlagen, wodurch an dieser Stelle der vorn breitgerundete Körper etwas verengt erscheint. Die Färbung weicht darin ab, dass sie nicht gleichmässig düster, sondern der vordere Theil blassochergelb und durch eine, wenig scharf begrenzte weisse Binde von dem hinteren dunkel umbra- oder olivenbraunen undeutlich gefleckten geschieden ist. An der lichterbraunen Bauchfläche sieht man an der entsprechenden Stelle eine weissliche sich über den ganzen Vordertheil hinziehende Färbung. Das Hinterende ist oberhalb auch wieder gelblich und dem Vorderende ähnlich gefärbt.

Die Länge des besser erhaltenen Exemplars ist 3,2 M., die grösste Breite 1,3 M., die grösste Dicke 1 M., der Abstand des Mundes vom Vorderende 2 M.

Planaria (*Dicotylus* Gr.) *pulvinar* Gr.

Contracta ex ovali oblonga, crassius foliacea, margine non plicato, haud ita attenuato, mollis, minime fragilis,

supra ex luteo ochracea, subtus per mediam longitudinem
paulo fuscior, vittis latis albidis 2 per totam longitudinem
decurrentibus subparallelis, pone frontem arcu postice an-
gulo confluentibus tripartita. Pars frontalis neque
producta, neque a lateribus seposita, satis lata, utrinque
fovea profunda rotunda, circumcirca tumida munita. Puncta
ocularia haud observata. Os longius pone medium situm,
apertura genitalis aeque longe ab eo atque ab extremitate corporis distans.

Aus dem Baikalsee, ohne nähere Angabe der Tiefe.

Von dieser ausgezeichneten Art liegt nur ein Thier
vor, welches an Grösse den ansehnlichsten Exemplaren
der *Planaria angarensis* gleich kommt. Es hat eine lehm-
farbig-ochergelbe Färbung, welche am dunkelsten in der
Mittelgegend der Bauchfläche ist. Zwei breite weissliche
Längsbinden ziehen über die ganze Bauchfläche. Sie
scheinen nicht sowohl oberflächlich, als in der Dicke der
Wandung selbst zu liegen, gehen vorn hinter der Stirn
durch einen breiten Bogen in einander über, begeben
sich dann etwas aus einander, ebenso weit von einander
als von den Seitenrändern abstehend, nähern sich in der
Mitte und verlaufen darnach ziemlich parallel bis an's
Ende, wo sie sich begegnen. Die Seitenränder sind durchaus nicht wellig gefaltet wie bei *Pl. angarensis*, sondern
eben, die Consistenz des Körpers durchaus nicht lederartig, wie dort, sondern weich und der ganze in der Mitte
merklich verdickte Körper polsterartig, seine Oberfläche
sehr glatt, und fast nirgend sieht man Spuren von Ver-
letzungen. Der Stirntheil ist weder verlängert nach seitlich abgesetzt, sein Vorderrand flach gerundet und sehr
charakteristisch dadurch, dass er jederseits etwas nach
der Bauchseite eine mit einem schwachen Ringwulst ein-
gefasste tiefe Grube trägt, während bei andern Arten wie
bei *Pl. guttata* nur eine einzige mittlere vorkommt; von
diesen Gruben beginnen die eben beschriebenen weissen
Längsbinden. Am Seitenrande, welcher eine ziemliche
Dicke besitzt, bald hinter jeder Grube bemerke ich eine
schwache Längsfurche oder Längsrinne von etwa 8 M.

Länge, welche nicht zufällig zu sein scheint. Nach Augenpunkten habe ich vergeblich gesucht.

Die Länge dieser Planarie betrug nicht weniger als
77,5 M., die grösste Breite 31,5 M., an den Stirngruben,
welche durchaus den Eindruck von Haftorganen machen,
13 M., die Dicke in der Mitte des Leibes 4 M., der Abstand der Mundöffnung, die sich eben zum Hervortreten
der Schlundröhre erweitert hatte, vom Stirnrande 50 M.,
von der Genitalöffnung 14,5 M. Die etwas ovalen Stirngruben hatten einen grösseren Durchmesser von 1,5 M.
und eine Tiefe von mehr als 1 M.

Diese Planarie verdient jedenfalls zu einer eigenen
Gattung oder Untergattung *Dicotylus* erhoben zu werden,
da sie 2 so deutlich ausgeprägte Haftgruben an der Stirn
trägt; vielleicht gehört auch die hinter jeder derselben
befindliche Rinne des Seitenrandes und die entschieden
weit hinter der Mitte gelegene Geschlechtsöffnung zu den
generischen Charakteren.

Erklärung der Abbildungen.

Tafel XI.

Fig. 1.   *Planaria (Anocelis Sorocelis) hepatizon* Gr. von der Rük-
          kenseite, Exemplar ohne Augenpunkte, um die Hälfte
          vergrossert.

» 1a.   Ein anderes Exemplar derselben Art von der Bauchseite
          mit ausgestrecktem Pharynxrohr, ebenso vergrössert.

» 1b.   Eine Eikapsel dieser Art, in natürlicher Grösse.

» 2.   *Planaria (Anocelis) tigrina* Gr. von der Rückenseite, um
          die Hälfte vergrössert.

» 3.   *Planaria (Anocelis) pardalina* Gr. von der Rückenseite,
          $3\frac{1}{2}$mal vergrössert.

» 4.   *Planaria (Anocelis) lanceolata* Gr. von der Rückenseite,
          2mal vergrössert.

» 4a.   Ein anderes Exemplar derselben Art von der Bauchseite,
          mit ausgestreckter Pharynxröhre, ebenso vergrössert.

Fig. 5. *Planaria (Dicotylus) pulvinar* Gr. von der Bauchseite in natürlicher Grösse. Man sieht nur die hinter dem linken Haftnapf gelegene Rinne des vorderen Seitenrandes.

» 6. *Planaria torva* Müll. Var. albifrons Gr. von der Rücken-seite, gegen 7mal vergrössert.

» 7. *Planaria fulvifrons* Gr. von der Rückenseite, gegen 8mal vergrössert. Die Seitenränder sind, wie sie an diesem Exemplar erscheinen, emporgeschlagen gezeichnet.

Taf. XII.

Fig. 8. *Planaria Angarensis* Gerstf., ein mittelwüchsiges Exemplar von der Rückenseite, 2mal vergrössert.

» 8a. Das grösste Exemplar derselben Art von der Bauchseite in natürlicher Grösse.

» 9. *Planaria (Sorocelis) nigrofasciata* Gr. von der Rücken-seite, 2mal vergrössert.

» 9a. Der Vordertheil desselben Thieres stärker vergrössert, um die Augenpünktchen zu zeigen.

» 9b. Ein anderes Exemplar derselben Art von der Bauchseite, mit vorgestreckter Pharynxröhre, 3mal vergrössert.

» 10. *Planaria (Sorocelis) guttata* Gerstf. von der Rückenseite, 4mal vergrössert.

» 10a. Der Vordertheil desselben Thieres stärker vergrössert, um die Stellung der Augenpunkte zu zeigen.

» 10b. Der Stirnrand mit seinem mittleren Haftnapf, noch stärker vergrössert.

» 10c. Ein anderes Exemplar derselben Art mit kleineren Flecken von der Rückenseite, 3mal vergrössert.

Die Familie der Echinocidariden.

Von

Troschel.

———

Wer sich jemals mit der gründlichen Bestimmung von Echiniden befasst hat, wird sich überzeugt haben, auf wie grosse Schwierigkeiten man dabei stösst, und entweder wird man sich mit einer muthmasslichen Bestimmung begnügt, oder das Unternehmen muthlos aufgegeben haben. Die Seeigel bieten zahlreiche und constante Merkmale dar; also liegt die Schwierigkeit nicht an den Objecten selbst, sondern an der Ungenauigkeit und Unzulänglichkeit in der Benutzung der Charaktere. Dazu kommt die Schwierigkeit, sich die sehr zerstreute Literatur zugänglich zu machen.

Solche Werke, die das vorhandene Material vollständig aufarbeiten, fehlen eigentlich ganz, denn der Catalogue raisonné von Agassiz und Desor in den Annales des sciences naturelles reicht nicht aus, namentlich für die Bestimmung der Species, die nur sehr kurz, oft gar nicht charakterisirt sind, und Dujardin's und Hupé's Werk „Histoire naturelle des Zoophytes Echinodermes, Paris 1862" fördert den Zweck wenig oder gar nicht. Es wäre ein grosses Verdienst gewesen, wenn diese Verfasser, denen ja in Paris so grosse Hülfsmittel

zu Gebote standen, mit mehr Sorgfalt und Gründlichkeit
zu Werke gegangen wären. So bleibt eine Arbeit über
die Echiniden, mit ausreichender Unterscheidung der
Species und naturgemässer Gruppirung und Sichtung
der Gattungen, bei gewissenhafter Benutzung der Literatur, noch immer ein Desiderat.

Freilich haben mehrere Forscher neuerlich durch
einzelne Arbeiten einen rühmlichen Schritt zum Besseren
gethan, wie Lütken in Bidiag til Kundscap om Echini-
derne, Meddelelser for de naturh. Forening i Kjöbenhavn 1863, p. 69, Bölsche Zusammenstellung der bis jetzt
bekannten Echiniden aus der Gruppe der Diademiden,
Archiv für Naturgesch. 1865, p. 345, und Andere, aber
es fehlt immer noch ein durchgeführtes, auf gründlicher
Forschung beruhendes Werk über die ganze Abtheilung.
Ebenso ist die Iconographie der Echiniden noch sehr im
Argen. Es gibt einige schöne bildliche Darstellungen,
wie die Abbildungen von Valenciennes in Voyage de
la Venus, aber die meisten sonstigen, namentlich älteren
Abbildungen genügen nicht den Anforderungen, die man
gegenwärtig zu machen berechtigt ist, weil sie die Fragen
nach gewissen wichtigen Organen nicht beantworten. Wie
ersehnt ist ein vollständiges, iconographisches Werk über
die Echiniden! Wie dankbar würde es in weiten Kreisen
willkommen geheissen werden !

Ein solches Werk herauszugeben kann jedoch nur
Jemand unternehmen, dem eine reiche Sammlung zu Gebote steht. Ich selbst bin nicht in der Lage, und meine
Zeit ist ausserdem sowohl durch Berufsgeschäfte, wie
andere begonnene wissenschaftliche Unternehmungen zu
sehr in Anspruch genommen, als dass ich hoffen könnte,
dereinst noch einer solchen neuen Aufgabe gewachsen
zu werden. Ich habe mich jedoch mehrfach mit der Untersuchung von Echiniden beschäftigt, und möchte nicht
gern die erlangten Resultate ganz unbenutzt bleiben lassen.
Daher veröffentliche ich hier meine gewonnenen Ansichten
über einige Gruppen, wie sie sich mir eben aufgedrängt
haben, ohne Anspruch auf abgeschlossene Vollendung,
nur in der Hoffnung, sie möchten künftigen Autoren als

Vorarbeit nicht ganz werthlos sein. Ich denke später Musse zu finden, auch anderen Gruppen meine Aufmerksamkeit zu widmen.

Bei anderen Veranlassungen habe ich die angenehme Erfahrung gemacht, dass von allen Seiten Material herbeiströmt, von Freunden, von Sammlern und von Händlern, wenn man angefangen hat zu publiciren. Diese Erfahrung hat nicht wenig zu dem Entschlusse beigetragen, schon jetzt einen Theil meiner Ergebnisse drucken zu lassen. Ich hoffe, dass manche Seeigel in meine Hände gelangen werden, sei es zur Ansicht und Bestimmung, sei es zum Erwerb für das Bonner Museum, und dass ich dadurch allmählich ein reicheres Material als Grundlage meiner Resultate werde rühmen können.

Was bei der Bearbeitung der Echiniden die grössten Schwierigkeiten machen wird, das ist die Literatur. Zahlreiche Schriften sind über die Seeigel verfasst, seit den ältesten Zeiten haben sie durch ihre wunderliche Gestalt die Aufmerksamkeit der Beobachter auf sich gezogen; es gibt auch viele mehr oder weniger gute Abbildungen. Die Wissenschaft fordert nun mit Recht, soweit es möglich ist, die richtige Feststellung der Synonymie; indessen dieser Forderung stellen sich grosse Schwierigkeiten entgegen. Von vielen, vielleicht den meisten älteren Beschreibungen und Abbildungen wird es kaum möglich sein, die Genera zu bestimmen, denen sie einzureihen sind, geschweige denn die Species. Dass nun unter den Synonymen, wie sie von den Schriftstellern geführt werden, viele sehr unsicher sind und bleiben werden, das ist eine Folge von der Mangelhaftigkeit der Beschreibungen und Abbildungen, und es ist doch auch wohl nicht viel daran gelegen, ob sie noch richtig bestimmt werden können. Indessen darf man sich dadurch nicht verleiten lassen, in der Vernachlässigung der älteren Literatur zu weit zu gehen. Von vielen Arten älterer Schriftsteller lässt sich ganz bestimmt oder doch höchst wahrscheinlich nachweisen, welcher Gattung der Neueren sie angehören, und in vielen Fällen wird sich auch bei recht sorgfältiger Untersuchung die Species nachweisen lassen.

Erschwert wird solche Nachforschung einmal dadurch,
dass die Original-Exemplare von den allerwenigsten älteren Schriftstellern noch nachweislich sind, was um so
mehr zu bedauern ist, da sie gerade am sichersten und
leichtesten zur Entscheidung führen müssten. Ferner
muss ich leider bekennen, dass die Synonymie, wie wir
sie in alten und neuen Büchern, welche über Seeigel
handeln, vorfinden, ausserordentlich im Argen liegt. Obgleich sich, soweit ich es bemerkt habe, wenigstens zuweilen mit Bestimmtheit nachweisen lässt, dass Linné'-
sche und Lamarck'sche Arten entschieden fälschlich citirt,
selbst zu falschen Generibus gezogen worden sind, finden
wir doch so häufig diese falschen Citate wieder abge-
schrieben. Man sollte meinen, diese Annahme der Synonyme bei einer Reihe von Schriftstellern müsste beweisen, dass sie alle sie für richtig erkannt haben; eine
strenge Kritik beweist aber nur, dass viele Schriftsteller
sich gar nicht die Mühe genommen haben, die Citate
zu vergleichen, und die Beschreibungen zu prüfen, sondern dass sie nur leichtgläubig nachgeschrieben haben,
ohne sich zu überzeugen, ob solche Deutungen auch gerechtfertigt waren.

Nachdem ich mich mehrfach von der Richtigkeit
meiner Behauptung überzeugt habe, darf ich wohl eine
kritische Beleuchtung aller wichtigeren Schriften über
Seeigel für höchst nothwendig erklären, um zu einer
brauchbaren Synonymie zu gelangen. Jedoch ist eine
Durchführung dieser Arbeit mit vielen Schwierigkeiten
verbunden, und erfordert grossen Zeitaufwand. Hierin
liegt der Hauptgrund, dass ich hier vorläufig nur mit
einer einzigen kleinen Gruppe von Seeigeln die Veröffentlichung meiner Studien beginne.

Bereits im Juni des Jahres 1871 habe ich die regulären Seeigel in eine Anzahl wohl zu unterscheidender
Familien zerlegen zu dürfen geglaubt, deren Schema in
den Sitzungsberichten der niederrheinischen Gesellschaft
für Natur- und Heilkunde p. 90 abgedruckt ist, und welches ich hier wiederhole:

A. Höcker durchbohrt (Cidaris Lam.).

  a. Höcker glatt (bei den lebenden); Ambulakralfelder sehr schmal, ohne durchbohrte Höcker; Interambulakralfelder mit zwei Reihen grosser durchbohrter Höcker; keine Ocularplatte erreicht das Periproct; Mundohren nicht geschlossen; Porenpaare in einer senkrechten Reihe; keine Mundeinschnitte . . . . . . 1. Fam. *Cidaridae*.

  b. Höcker crenulirt; Ambulakralfelder schmal, mit durchbohrten Höckern; Interambulakralfelder mit mehreren Reihen grosser durchbohrter Höcker; alle Ocularplatten erreichen das Periproct; Mundohren geschlossen, drei Porenpaare in schrägen Querreihen; Mundeinschnitte deutlich, nicht tiefer als breit . . . . . 2. Fam. *Diadematidae*.

B. Höcker nicht durchbohrt (Echinus Lam.).

  a. Höcker crenulirt . . . 3. Fam. *Salmacidae*.

  b. Höcker glatt.

    α. Suturalporen . . . 4. Fam. *Mespiliadae*.

    β. Keine Suturalporen.

      * Vier Platten schliessen das Periproct.
        5. Fam. *Echinocidaridae*.

    ** Viele Plättchen auf dem Periproct.

    † Körper kreisförmig oder pentagonal.

    | Drei Porenpaare in jedem Bogen.

    — Mundeinschnitte seicht, keine Ocularplatte erreicht das Periproct.
        6. Fam. *Echinidae*.

    = Mundeinschnitte tiefer als breit, zwei Ocularplatten erreichen das Periproct.
        7. Fam. *Tripneustidae*.

    ‖ Mehr als drei Poren in jedem Bogen.
        8. Fam. *Toxopneustidae*.

    †† Körper elliptisch.
        9. Fam. *Echinometradae*.

Es bedarf wohl kaum der Erwähnung, dass die genannten Familien nicht durch die kurzen Kennzeichen obiger Uebersicht charakterisirt sind, sondern dass noch andere Merkmale durchgreifend hinzutreten. Ich habe mich hier mit der Angabe derjenigen Charaktere begnügt, welche hinreichend sind, um jeden vorliegenden regulären Seeigel in seine Familie zu verweisen, und werde bei den einzelnen Familien die übrigen Differenzen erörtern. Meinen ersten Versuch mache ich mit der Familie Echinocidaridae, weil mir grade von ihr ein ziemlich reiches Material zu Gebote steht.

Familie *Echinocidaridae.*

Reguläre Seeigel von kreisförmiger Gestalt mit undurchbohrten, glatten Höckern, niedriger als hoch. Die Ambulakralfelder schmal, mit zwei Höckerreihen. Die Porenpaare der Ambulacren bilden eine senkrechte Reihe, die sich auf der Bauchseite verbreitert, und dort drei bis fünf Porenpaare in jeder schrägen Reihe erkennen lässt. Das Peristom ist sehr gross, grösser als der halbe Durchmesser der Schale, pentagonal, mit abgerundeten Ecken. Keine Mundeinschnitte. Die Säulen der Aurikeln (Mundohren) getrennt. Ein Sphäridium (Lovén) nahe dem Peristom in einer Nische am Grunde der Ambulacren. Das Periproct ist durch vier dreieckige Platten geschlossen. Füsschen zweierlei Art: die unteren mit Saugplatten, die Dorsalen gefiedert.

Diese Familie entspricht Blainville's Section A, sowie der Gattung Echinocidaris Desmoulins = Arbacia Gray.

Es fällt für die Abtrennung und Sicherstellung der Echinocidariden als eigene Familie sehr ins Gewicht, dass nach den Untersuchungen Johannes Müller's die Echinocidaris in dem Verhalten der Saugfüsse, die auf der Rückseite des Seeigels gefiedert sind und kiemenartig werden, eine Verwandtschaft mit den Spatangen angedeutet ist, während sie anderseits mit den Diadema und Cidaris einige Beziehung haben.

Da ein Hauptcharakter in den vier Platten liegt, welche das Periproct bedecken, so wird zunächst zu untersuchen sein, ob die Gattungen Temnotrema, Parasalenia, Podocidaris und Trigonocidaris, welche Alexander

Agassiz aufgestellt hat, und denen er vier Analplatten zuschreibt, dieser Familie angehören.

Die Gattung Temnotrema, Proceedings of the Academy of natural sciences of Philadelphia 1863, p. 358, ist folgendermassen charakterisirt: „Small sea-urchin, almost globular, with marked grooves at the suture of the plates, as in Salmacis. Two principal vertical rows of tubercles; smaller tubercles crowded irregularly over the rest of the plate. Abactinal system pentagonal, with prominent angles, the anal system consisting of four plates as in Echinocidaris. Spines like those of Salmacis, though finer in proportion and more deeply grooved. Pairs of pores arranged in a single vertical row".

Im Berliner Museum habe ich mich überzeugt, dass Temnotrema sculpta A. Agass. nichts anderes ist, als der Jugendzustand von Temnopleurus japonicus v. Martens. Ein kleines Exemplar von 11 Mm. Durchmesser und 6 Mm. Höhe, welches A. Agassiz bei seiner Anwesenheit in Berlin im Jahre 1870 selbst als Temnotrema sculpta bestimmt und anerkannt hatte, fiel mir dadurch auf, dass es nicht vier, sondern fünf Platten zum Verschlusse des Periproctes besitzt. Ein Exemplar von 19 Mm. Durchmesser und 11 Mm. Höhe, das als Temnopleurus japonicus richtig bestimmt ist, hat deren eine ganze Menge, doch so, dass die vorderen Platten viel grösser sind als die hinteren. Bei einem Exemplar von 34 Mm. Durchmesser und 17 Mm. Höhe ist die Zahl der Periproctplatten noch viel grösser. Dass mit dem Wachsthum die Zahl der Periproctplatten bei den Seeigeln, welche nicht der Familie Echinocidaridae angehören, im Allgemeinen zunimmt, ist nicht zu bezweifeln. Wir erfahren bestimmt durch Lovén in seiner Abhandlung über den Bau der Seeigel, welche so eben erschienen ist, Öfversigt af kongl. Vetenscaps Akademiens Förhandlingar 1871, Archiv für Naturgeschichte 1873, p. 16, dass bei ganz jungen Seeigeln das Periproct zuerst mit einer einzigen Platte bedeckt ist, und dass sich allmählich mehrere hinzubilden. Es ist daher anzunehmen, dass Alexander Agassiz junge Exemplare von Temnopleurus japonicus vor sich hatte, die sich auf einem Stadium befandèn, wo ihr Periproct mit vier Platten verschlossen war, was ihn verleitete, eine neue Gattung darauf zu gründen. Diese Gattung muss demnach eingezogen werden.

Eine andere Gattung Parasalenia stellte A. Agassiz, Bull. Museum comp. zool. 1863, p. 22, auf, und gab ihr folgende Diagnose: Resembles Salenia in having the abactinal system raised. There are only four anal plates, as in Echinocidaris, otherwise resembles Echinometra. The genital and ocular plates are smooth. Pores in pairs, forming an irregular vertical line. Im Berliner Museum liegen zwei kleine Seeigel mit ziemlich langen Stacheln, die noch von der Handschrift·Johannes Müller's als Tetrapygus bezeichnet, und im Jahr 1870 von Alexander Agassiz selbst als Parasalenia gratiosa bestimmt worden sind. Die Gattung Parasalenia hat nach der Diagnose von Agassiz als wesentlichen Charakter vor Echinometra nur die vier Periproctplatten voraus. Wie erstaunt musste ich sein, als ich bei beiden Exemplaren sehr deutlich fünf Platten auf dem Periproct sah, nicht vier, wie man nach Müller's Bezeichnung und nach Agassiz' Beschreibung doch vermuthen musste. Diese Sache interessirte mich um so lebhafter, als ich so eben bei dem angeblichen Temnotrema dasselbe gefunden hatte, und mich zu eigener grössten Ueberraschung überzeugen musste, dass Temnotrema der Jugendzustand von Temnopleurus sei. Dieselben Gründe sprechen nun in der That auch für die Identität der Parasalenia mit Echinometra. Es ist bei der grossen·Sachkenntniss und Zuverlässigkeit,· deren sich Alexander Agassiz rühmen kann, nicht zu bezweifeln, dass ihm Exemplare mit vier Periproctplatten vorgelegen haben, aber eben so sicher besitzen die Berliner Exemplare fünf Platten 'zum Verschluss der dorsalen Oeffnung. Die ein wenig vom kreisrunden abweichende, also elliptische Schale, die in Bogen gestellten Porenpaare, die Höcker, die Stacheln, — Alles spricht für eine junge Echinometra. So ist denn auch die Gattung Parasalenia zu tilgen, und dadurch wird die Atmosphäre der Familie der Echinocidariden vollends ge-

reinigt. Die sogenannten Uebergangsformen sind ab-
gewiesen, und nicht nur die Echinocidariden bleiben
schärfer geschieden, sondern auch die crenulirten Höcker,
die geschlossenen Aurikeln, die elliptische Gestalt bleiben
Charaktere mit vollem Werth für ihre Familien.

In welcher Beziehung die Echinometra Arbacia Lütken, Vidensk. Meddelelser naturh. Foren. i Kjöbenhavn
1863, p. 160, zu Agassiz' Parasalenia steht, vermag ich
nicht aufzuklären. Sie hat auch vier Periproctplatten.

Man könnte sagen, der Charakter der vier Periproctplatten würde dadurch werthlos, dass junge Seeigel
aus anderen Familien ebenfalls vier Platten besitzen, dass
sie also während eines gewissen Stadiums ihres Lebens
Echinocidaris waren. Das ist jedoch nicht richtig. Echinocidaris ist eben nur ein solcher Seeigel, bei dem die
Zahl der Periproctplatten bis zum Ende seines Lebens
stets auf vier beschränkt bleibt, und der auch sonst noch
Charaktere besitzt, welche ihn hinreichend von allen
übrigen Seeigeln unterscheiden.

Ich muss hier noch eines sehr interessanten Seeigels
erwähnen, der sich ebenfalls im Berliner Museum befindet,
und den dasselbe unter dem Namen Parasalenia von Go-
deffroy in Hamburg erhalten hat. Herr Dr. v. Martens
theilte mir mit, dass Alexander Agassiz ihm gesagt
hat, er wolle denselben als neue Gattung unter dem
Namen Cladosalenia beschreiben. Das Exemplar ist in
Weingeist aufbewahrt und vollständig gut erhalten. Dasselbe hat sehr deutlich vier Periproctplatten. Die Genitalplatten sind in einer Weise geordnet, wie es mir noch
von keinem lebenden Seeigel bekannt ist. Vier von ihnen,
nämlich die Madreporenplatte, das hintere Paar, und die
hintere unpaarige Geschlechtsplatte haben eine solche Ausdehnung, dass nicht nur alle fünf Ocularplatten, sondern
auch die linke Platte des vorderen Paares vom Periproctrande
ausgeschlossen sind. Die Madreporenplatte und die linke
Platte des hinteren Paares stossen in einer Naht aneinander. Ich vermuthe, dass wir es hier auch mit einer
jugendlichen Form zu thun haben, und dass sich später
die jetzt noch ausgeschlossene Genitalplatte zwischen

die beiden benachbarten Platten einschieben, werde, um
dann auch den Periproctrand zu erreichen, und dass sich
zu den vier Periproctplatten noch weitere Platten hinzubilden werden. Die Stacheln sind dick, rund, stumpf,
gestreift, roth und weiss geringelt, was mich in der Vermuthung bestärkt, dies sei der Jugendzustand einer Art
der Gattung Acrocladia. Hierfür spricht auch einigermassen noch der Umstand, dass bei erwachsenen Acro-
cladien zwar die linke Genitalplatte des vorderen Paares,
also die zunächst neben der Madreporenplatte liegende,
das Periproct erreicht, aber immer mit einem Rande, der
bei weitem kleiner ist, als der der übrigen Genitalplatten,
woraus hervorzugehen scheint, dass diese Platte sich erst
später, wenn das Periproct grösser wird, hineinschiebt.

Dann beschreibt A. Agassiz im Bulletin of the
Museum of comparative zoology 1869 p. 258 noch eine
neue Gattung Podocidaris, die ebenfalls vier Analplatten
besitzt. Ich habe sie nicht gesehen, kann mich aber der
Annahme nicht verwehren, dies sei ebenfalls der Jugendzustand irgend welches anderen Seeigels. Die Mundöffnung ist gross mit seichten Einschnitten; ihre Haut ist
mit kleinen Platten bedeckt. Das dorsale Plattensystem
liegt in einer Einsenkung. Es sind vier Analplatten vorhanden, und grosse Genital- und Ocularplatten, die jedoch nicht nackt sind, sondern kleine rudimentäre knopf-
förmige Stacheln tragen; die Genitalöffnungen liegen
nahe dem Periproct. Die Ambulacren haben eine Porenreihe, die sich gegen das Peristom nicht erweitert. Ob
die Höcker der grossen Stacheln durchbohrt sind, ist
nicht angegeben. Die Bestachelung der Schale wird sehr
eigenthümlich geschildert. Die grossen Höcker allein
tragen eine glatte Warze, während der übrige Theil der
Schale mit rudimentären Stacheln bedeckt ist, die in regelmässigen verticalen Reihen geordnet sind, von denen
vier in der Mitte der Interambulakralfelder ein erhabenes
Band bilden, begleitet von drei mehr oder weniger deutlichen; auf den Ambulakralfeldern stehn bloss zwei solcher Reihen dicht an den Ambulacren. Diese rudimentären knopfförmigen Stacheln sind scharf gesägt, und

stehen nicht auf Höckern, sondern entspringen direct von der Schale, wie bei sehr jungen Seeigeln, und sind an der Basis durch eine Leiste verbunden, die eine etwa viereckige Grube zwischen je vier Stachelchen lassen.

Endlich stellt A. Agassiz ib. p. 263 noch eine Gattung Trigonocidaris auf, die auch vier Analplatten besitzt, von denen jedoch die eine viel grösser ist, als die anderen. Die Mundöffnung ist nur von mässiger Grösse mit seichten Einschnitten, die Aurikeln sind offen; die Ambulakren sind einreihig; die Bildung von Leisten ist ähnlich wie bei Podocidaris. Es unterliegt wohl keinem Zweifel, dass auch diese Gattung, schon wegen der kleineren Mundöffnung nicht in die Familie der Echinocidariden gehört. Es muss vorläufig dahin gestellt bleiben, ob nicht auch sie ein Jugendzustand einer anderen Gattung ist. Es scheint, als ob sie in die Familie Salmacidae gehöre.

Wenn wir somit die Familie der Echinocidariden auf die Gattung Echinocidaris Desmoulins = Arbacia Gray beschränken müssen, so kommen wir zunächst zu der Erörterung der Frage, ob die hierher gehörigen Arten in so wichtigen Charakteren von einander abweichen, dass es geboten oder doch erlaubt wäre, innerhalb derselben Genera zu unterscheiden.

L. Agassiz hat bekanntlich die Gattung Echinocidaris in zwei Gattungen gespalten, Agarites und Tetrapygus. Bei ersterer sind im oberen Theile der Interambukralfelder nackte, stachelfreie Stellen vorhanden, die einen Stern um den dorsalen Pol bilden; bei letzteren treten die Stachelreihen bis an die Genitalplatten, ohne solche nackte Räume offen zu lassen. Dieser Unterschied erscheint jedoch mehreren neueren Autoren nicht haltbar, weil sich Uebergänge finden. Bei einigen Arten ist allerdings eine Anzahl der oberen Platten der Interambulakralfelder sehr eigenthümlich gebildet. Es lassen sich auf ihnen zwei Abschnitte unterscheiden, von denen der äussere in der Umgebung des Stachelhöckers mit kleinen Granulen besetzt ist, der innere gar keinen Stachelhöcker besitzt und durch feinere Granula gleichsam punktirt erscheint. Dieser letztere Theil ist von den

Autoren als nackt bezeichnet._ Die Zahl der obercn Platten, welche mit dieser Sculptur versehen sind, wodurch
um den dorsalen Pol ein fünfstrahliger Stern gebildet
wird, ist verschieden bei den Species, meist 6 bis 8. Der
punktirte, nackte Theil nimmt an den oberen Platten die
Hälfte derselben ein, wird aber nahe der Peripherie kleiner, so dass es nicht leicht ist, genau zu bestimmen wo
er ganz fehlt, und wie viele Platten ihn überhaupt besitzen. Zuweilen ist ein nackter kurzstrahliger Stern
vorhanden, wo sich die nackte Stelle nicht auffallend
durch die punktförmige Sculptur auszeichnet, z. B. bei
Echinocidaris grandinosa Val. und bei Echinocidáris loculata Blainv. Man kann hier zweifelhaft sein, in welche
der beiden Genera man die Art bringen soll. Ein
anderer Charakter, auf welchen die Autoren bisher zu
geringen Werth gelegt haben, obgleich er nicht unbe-
achtet geblieben ist, liegt in dem Verhalten der Ocularplatten. Lovén sagt in seiner Abhandlung über den
Bau der Echinoideen, Öfversigt kongl. Vetensk. Akad.
Förhandlingar 1871, Archiv für Naturgeschichte 1873, p. 63,
dass die Ocularplatten immer in der Jugend von dem
Periproct ausgeschlossen seien, dass sie sich aber später
zwischen die Genitalplatten einschieben, und alle oder
zum Theil den Rand des Periproctes erreichen. Ich glaube,
dass hierin ein sehr constantes Merkmal gefunden wird,
welches sich vortrefflich zu generischer Trennung eignet,
und welches ich auch hier, wie in anderen Familien benutze. Es gibt Familien, bei denen stets alle Ocularplatten von dem Periproct ausgeschlossen sind, die Cida-
riden, Salmaciden, Echiniden, bei den Diademiden erreichen alle Ocularplatten das Periproct, bei den Tri-
pneustiden erreichen immer zwei Ocularplatten das Periproct, und bei den übrigen Familien scheint das Verhalten
der Ocularplatten nicht constant zu sein, indem alle Ocularplatten vom Periproct ausgeschlossen sein können, oder
einige bis an den Rand desselben vordringen. Da dieses
Merkmal bei den Species ganz constant ist, so halte ich
es für besonders geeignet, nicht nur für Bestimmung der
Species, sondern auch für Gründung und Umgrenzung

der Gattungen. In unserer Familie der Echinocidariden sind die Ocularplatten bei den meisten Arten vom Periproct entfernt, weil die Genitalplatten gross genug sind, um sich mit ihren Seiten zu berühren, bei zwei Arten jedoch dringen zwei Ocularplatten bis an den Rand des Periprocts vor und trennen die benachbarten Genitalplatten von einander. Dies ist der Fall bei Echinocidaris nigra und spatuligera. Ich halte mich um so mehr berechtigt sie generisch den andern Arten gegenüber zu stellen, als noch ein anderer Charakter hinzutritt. Während nämlich bei den anderen Arten auf jeder Platte der Interambulakralfelder nur eine einzige Querreihe von Stachelhöckern steht, in der Zahl 2 bis 6, so trägt Echinocidaris nigra auf den Platten noch ausserdem kleinere Stachelhöcker, die eine zweite Reihe über der Hauptreihe bilden. Bei Echinocidaris spathutigera sind diese kleineren Höcker zwar sehr sparsam, von Valenciennes in Voyage Venus Zoophytes pl. V, fig. 2 aber sehr deutlich abgebildet; bei den meisten der von mir untersuchten Exemplare fehlen sie.

Zu meinem Bedauern bin ich gezwungen einen neuen Gattungsnamen einzuführen, obgleich schon die Namen Echinocidaris, Arbacia, Agarites und Tetrapygus in unserer Familie figuriren. Echinocidaris Desm. und Arbacia Gray sind vollkommen identisch, sie entsprechen der Blainville'schen Section Echinus A. und dürfen daher nicht in verschiedenem Sinne angewendet werden. Mit dem Namen Arbacia ist zumal viel Unfug getrieben worden. Agassiz und Desor wendeten ihn in dem Catal. rais. auf eine fossile Gattung an; Alexander Agassiz gebraucht ihn im Sinne von Tetrapygus. Verrill setzt ihn für Echinocidaris nigra. Bei solcher willkürlichen Verschiedenheit der Verwendung kann nur Verwirrung die Folge sein. Echinocidaris spatuligera gehört in die Gattung Agarites Agass. und Echinocidaris nigra in Tetrapygus Agass. Daher würde keiner der beiden Agassiz'schen Namen nach der von ihm gegebenen Definition, mit der meinigen zusammenfallen. Unter diesen Umständen erhalte ich für die meisten Arten, die ausserdem allein

in der Section A bei Blainville aufgezählt sind den
Namen *Echinocidaris*, und gebe der neuen, hier zuerst in diesem Sinne und Umfange abgetrennten Gattung
den neuen Namen *Pygomma* [1]), wodurch ich auszudrücken
beabsichtige, dass sich die Augen dem After nähern.

Synopsis der Arten.

Wir treten nun an die Aufgabe, die Species durch
sichere Charaktere zu unterscheiden. Ich lasse vorläufig
die Synonymie dahin gestellt, und beabsichtige in einem
ferneren Abschnitt gründlich zu untersuchen, welehe Arten die zahlreichen Autoren vor Augen gehabt haben,
soweit sich dies aus ihren Angaben ermitteln lässt. Daraus wird sich dann die Zusammenstellung der Synonymie
ergeben. Ich kenne aus eigener Ansicht folgende Arten.

1. *Echinocidaris* Desmoul.

Keine Ocularplatte erreicht das Periproct; die Platten
der Interambulakralfelder tragen nur eine Querreihe von
Stachelhöckern.

Aus dieser Gattung unterscheide ich mit völliger
Sicherheit 8 Arten, die sich im Agassiz'schen Sinne in
zwei Abtheilungen bringen lassen, und die man als Subgenera ansehen kann.

a. Die oberen Platten der Interambulakralfelder haben
einen inneren stachellosen, fein punctirten Theil,
wodurch ein nackter Stern um den dorsalen Pol
entsteht. *Agarites* Ag.

1. *E. punctulata* Lam. Höcker der Ambulakralfelder mit der Basis sich fast berührend, nach oben verschwindend, wenige einzelne Granula zwischen den Hök-
kern; der dorsale Stern erstreckt sich über fünf Platten;
an der Peripherie zwei (bei sehr grossen bis vier) grosse
Stachelhöcker auf jeder Platte der Interambulakralfelder,
welche mit ihren Basen sich berühren, und die ganze
Höhe der Platten einnehmen; auch an den oberen Platten

---

1) πυγή Steiss, ὄμμα Auge.

nehmen diese Höcker fast die ganze Höhe der Platten ein.

2. *E. Dufresnii* Blainv. Höcker der Ambulakralfelder mit der Basis sich fast berührend, nach oben schwindet die eine der beiden Reihen; wenige Granula zwischen den beiden Höckern; der dorsale Stern erstreckt sich über sieben Platten; an der Peripherie drei grosse Stachelhöcker auf jeder Platte der Interambulakralfelder, welche mit ihren Basen sich berühren, und die ganze Höhe der Platten einnehmen; an den oberen Platten nehmen die Höcker der äusseren Reihe die ganze Höhe der Platten ein, neben ihnen steht, mit Ausnahme der drei obersten Platten noch ein kleinerer Höcker, der auf die untere Hälfte seiner Platte beschränkt ist. Farbe des nackten Sterns grün.

3. *E. alternans* n. sp. Die Höcker der Ambulakralfelder stossen auf der Unterseite bis zur Peripherie an einander, oberhalb sind sie kleiner und beide Reihen von einander entfernt, zwischen ihnen sehr grobe, unregelmässige Granula, eine der beiden Reihen schwindet oben; der nackte Stern erstreckt sich auf acht Platten; an der Peripherie drei Höcker auf jeder Platte der Interambulakralfelder, oberhalb besteht die äussere Reihe alternirend aus grösseren und kleineren Höckern, und nur die Platten mit grösseren Höckern tragen noch einen zweiten kleineren nach innen.

4. *E. loculata* Blainv. Die Höcker der Ambulakralfelder berühren sich fast, lassen nur einen geringen Zwischenraum, in welchem nur einzelne Granula bemerkt werden; der dorsale Stern erstreckt sich über drei Platten; an der Peripherie drei Höcker auf jeder Platte der Interambulakralfelder, welche sich mit ihren Basen berühren und die ganze Platte einnehmen; an den oberen Platten nehmen die Höcker nur etwa zwei Drittel der Plattenhöhe ein, der freie Theil der Platten ist mit sehr groben getrennten Granula besetzt. Der nackte Theil der obersten Platten, welcher den Stern bildet, ist mit groben Querfurchen versehen. Man kann zweifelhaft sein, ob diese Art zu der Gruppe Agarites gehört.

5. *E. stellatus* Blainv. ist mir nicht aus eigener Anschauung bekannt. Ich kenne kein Exemplar, welches sich auf die Blainville'sche Beschreibung beziehen liesse. Aus ihr ergibt sich nicht, ob die Art zu Echinocidaris oder zu Agarites gehört; es scheint zu ersterer Gruppe. Aus den Beschreibungen von Lütken und Verrill ergiebt sich: Höcker der Ambulakralfelder werden oben sehr klein, und schwinden bevor sie die Ocularplatten erreichen; der dorsale Stern erstreckt sich bis zur Hälfte der oberen Seite; an der Peripherie drei Höcker auf jeder Platte der Interradialfelder, die sich nicht berühren (which are not crowded, Verrill); Farbe des nackten Sterns roth.

b. An den oberen Platten der Interambulakralfelder lässt sich kein fein punktirter Theil unterscheiden, kein nackter Stern um den dorsalen Pol. Echino- cidaris s. str.

6. *E. pustulosa* Klein. Die Höckerreihen der Ambulakralfelder berühren sich nicht, sind durch einen mit Granula leicht besetzten Raum getrennt, der an der Peripherie fast halb so breit ist, wie die Basen der Höcker; beide Reihen werden oben durch höckerlose Platten unterbrochen; auf jeder Platte der Interambulakralfelder fünf bis sechs Höcker, die fast die ganze Höhe ihrer Platten einnehmen, dazwischen wenige Granula; auf den oberen Platten der Interradialfelder sind die Höcker kleiner, nehmen nur die Hälfte der Plattenhöhe ein und sind über und unter sich mit groben Granula gepflastert.

7. *E. aequituberculata* Blainv. Die Höckerreihen der Ambulakralfelder berühren sich fast, haben nur wenige einzelne Granula zwischen sich, die eine Reihe schwindet oben ganz; auf jeder Platte der Interambulakralfelder an der Peripherie vier bis fünf Höcker, die die ganze Höhe ihrer Platten einnehmen, dazwischen nur vereinzelte Granula; auch auf den oberen Platten nehmen die Höcker fast die ganze Höhe ihrer Platten ein, so dass nur Raum für eine einfache Granula-Reihe bleibt.

8. *E. grandinosa* Val. Die Höckerreihen der Ambulakralfelder berühren sich nicht, auf dem schmalen Zwischenraum stehen aber nur wenige Granula, beide

Reihen werden oben durch höckerlose Platten unterbrochen; auf jeder Platte der Interambulakralfelder an
der Peripherie vier bis fünf Platten, welche die ganze
Höhe ihrer Platte einnehmen, dazwischen nur vereinzelte
Granula; auf den oberen Platten nehmen die Höcker
nicht die ganze Höhe ihrer Platten ein und lassen Raum
für sehr grosse, langstreckige, flache Granula.

9. *E. australis* n. sp. Die Höckerreihen der Ambulakralfelder sind durch einen Raum getrennt, der mit
zwei welligen, dicht geschlossenen Reihen grober Granula besetzt ist, die durch die mittlere Zickzacklinie
von einander deutlich geschieden sind; beide Reihen erreichen ziemlich vollständig die Ocularplatten; auf jeder
Platte der Interambulakralfelder sechs Höcker, welche
an der Peripherie die ganze Höhe ihrer Platten einnehmen, zwischen ihnen ziemlich viele einzelne Granula, die
zuweilen zwischen zwei benachbarten Höckern einer Platte
zusammenhängende Binden bilden; auf den oberen Platten
nehmen sie nicht die ganze Plattenhöhe ein und sind von
groben, convexen Granula pflasterartig umgeben.

2. *Pygomma* Trosch.

Eine oder mehrere Ocularplatten erreichen das Periproct.

a. Die oberen Platten der Interambulakralfelder haben
einen inneren stachellosen, fein punktirten Theil,
wodurch ein nackter Stern um den dorsalen Pol
entsteht. *Pygomma.*

10. *P. spatuligerum* Val. Die Höckerreihen der
Ambulakralfelder berühren sich nicht, der unterhalb bis
zur Peripherie schmale, oberhalb der Peripherie ziemlich
breite Zwischenraum mit Granula besetzt, oben schwinden
beide Reihen. Der dorsale Stern erstreckt sich über
11 Platten. Auf jeder Platte der Interambulakralfelder
stehen an der Peripherie 4 bis 6 Höcker, von denen die
vier äusseren die ganze Höhe ihrer Platten einnehmen,
ausserdem zuweilen noch kleinere Höcker, die jedoch auch
fehlen können und wenige Granula; auf der Oberseite

sind alle Höcker kleiner, in der äusseren Reihe lassen
sie über sich Raum für grobe Granula, die übrigen inneren Höcker stehen an der unteren Grenze des nackten
Theils der Platten, sind sehr klein.

b. Kein nackter Stern um den dorsalen Pol. *Tetra-*
pygus Ag.

11. *P. nigrum* Molina. Die beiden Höckerreihen der
Ambulakralfelder berühren sich fast, nur eine Reihe Hök-
ker zwischen ihnen, die eine Reihe schwindet erst auf
den obersten 3 bis 4 Platten. Auf den Interambulakralfeldern an der Peripherie vier grosse Höcker in einer
Querreihe, ausserdem einige kleine Höcker über ihnen
und mit ihnen alternirend; letztere werden oberhalb häufiger, bilden eine zweite obere Reihe auf jeder Platte.
In den Zwischenräumen überall Granula, welche die
Höcker meist in einreihigem Kranze umgeben.

Historisches.

Um die Synonymie möglichst sicher festzustellen
habe ich die allermeisten älteren und neueren Schriften
über Seeigel genau verglichen. Es ist eine zeitraubende
und schwierige Arbeit gewesen, und ich will dem Leser
im Folgenden dieselben vorführen, soweit sie sich auf
unsere Familie beziehen, um zu zeigen, mit welcher Sorgfalt ich diese Arbeit ausgeführt habe. Ich hoffe dadurch
den erlangten Resultaten grösseres Vertrauen zu ver-
schaffen, als wenn ich einfach bei den einzelnen Arten
die Synonymie zusammenstellen würde. Ich finde dadurch
zugleich Gelegenheit, die Gründe für meine Deutungen
darzulegen.

1705.

Die erste Abbildung eines Seeigels, die allenfalls
für eine Echinocidaris genommen werden kann, und auch
genommen worden ist, findet sich in der Amboin'schen Ra-
riteitkamer von Rumphius Tafel XIV. Fig. A. Die Figur ist
von oben dargestellt, so dass man die Gestalt des Peristoms
nicht sieht, die Platten der Analöffnung fehlen, die Poren-

paare auf den Ambulakren sind nicht angegeben. So fehlt eigentlich jeder bestimmte Anhalt, ob wir wirklich eine Echinocidaris vor uns haben. Die Ambulakren sind allerdings schmal, die Höcker sind so gestellt und in solcher Zahl vorhanden, dass man wohl vermuthen könnte, diese Abbildung sei einer Echinocidaris punctulata entnommen; es bleibt aber eben, nur Vermuthung. Im Text pag. 31 wird die Art Echinus saxatilis genannt. Sie wird in der Grösse mit einer Wallnuss verglichen, hellroth und weiss von Farbe, nicht leicht zerbrechlich, die Höcker gross, die Stacheln ein Fingerglied lang, steif und scharf. Sie halten sich in Höhlungen der Korallen auf, in denen sie zuweilen derartig wachsen, dass man sie nicht heraushohlen kann. Als Nahrung sind sie nicht beliebt, da ihre Eier etwas bitter schmecken. Da nun Sicheres für die Bestimmung der Gattung oder Art sich weder aus der Figur noch aus dem Texte ergiebt, und da doch die Vermuthung nahe liegt, Rumphius habe einen Seeigel aus dem Meere bei Amboina abgebildet, wiewohl eine besondere Vaterlandsangabe nicht gemacht wird, es jedenfalls unwahrscheinlich ist, dass ihm ein Seeigel von den Antillen, wo Echinocidaris punctulata lebt, zugekommen sei, so erscheint es wohlgethan, die Bestimmung dieser Figur so lange auszusetzen, bis es gelingt eine Art von Amboina mit ihr zu identificiren. Da es ein unnützer Ballast ist, solche unsicheren Synonyme weiter fortzuführen, so lassen wir lieber dieses Citat ganz auf sich beruhen. Selbstredend kann auch der Name Echinus saxatilis keinen Anspruch auf Berücksichtigung machen.

1734.

Von Klein's Dispositio naturalis Echinodermatum, Gedani 1734, erschien eine französische Uebersetzung mit nebenstehendem lateinischen Texte, mit dem Titel Ordre naturel des oursins de mer, Paris 1754. Wie für die Ordnung der Seeigel überhaupt, ist dies Buch auch die erste Quelle für die Echinocidariden. Die Figuren C, D und E der Tafel VI stellen unzweifelhaft Arten unserer Familie dar, die Species zu bestimmen, wird gleichfalls

möglich. Dass es Echinocidaris sind, lässt sich namentlich an der Grösse und Gestalt des Peristoms erkennen,
welches durch die ausgebuchtete Form sich von allen
übrigen Seeigeln unterscheidet. Im Text heisst es:
Species V. Pustulosa.

α, Densa, quasi pustulis maturis, subdiaphanis, scabra;
   ore magno, sinubus arcuatis. Tab. VI. C.

β, rarioribus pustulis; ore sinuoso. Tab. VI. D.

γ, rarissimis, ano et ore parvis; Thesauri Regii Dresd.
   Tab. VI. E.

Aus diesen kurzen Angaben ist natürlich nicht viel
zu entnehmen; indessen scheint sich durch einen glück-
lichen Umstand die Sache völlig aufzuklären. Alexander Agassiz hat mir bei seiner Anwesenheit in Bonn
im Jahre 1870 mitgetheilt, dass die Klein'sche Sammlung
der Echinodermen sich in Erlangen befinde. Ich wandte
mich daher an den Director des dortigen Museums, Herrn
Professor Ehlers, und erhielt von ihm auf die zuvor-
kommendste Weise nicht nur Auskunft, sondern er hatte
auch die Güte, mir die entsprechenden Stücke zur Ansicht zu übersenden. Leider enthält die Sammlung kein
authentisches Original-Exemplar, d. h. ein durch Klein'-
sche Etiquette beglaubigtes. Die drei Exemplare stammen
jedoch nach ihrem ganzen Aussehen, wie Ehlers bemerkt, aus der Klein'schen Zeit, und ich habe bei der
Uebereinstimmung mit den Abbildungen keinen Zweifel,
dass sie die Arten sind, welche Klein abgebildet hat.

Es sind zwei verschiedene Species, das eine Exemplar scheint wirklich für die Figuren C und D das Original zu sein, und ich fühle mich vollkommen berechtigt,
ihr den Namen E. pustulosus zu lassen. Die Ansicht des
Exemplars war mir sehr interessant, denn da ich diese
Art bisher nicht gesehen hatte, sie befindet sich nicht
in den Museen zu Bonn, Stuttgart und Berlin, so war ich
in Gefahr die Klein'schen Figuren anders zu deuten.
Die beiden anderen Exemplare sind entschieden die E.
punctulata, und geben also eine gute Sicherheit, dass
Fig. E auf diese Art bezogen werden muss. Diese dadurch erlangte Sicherheit für die Bestimmung der Klein'-

schen Arten wird áuch später für die Arten anderer Autoren maassgebend sein können, namentlich, wo die Klein'schen Figuren citirt sind. Citirt wird bei den meisten Autoren nur die Leske'sche Bearbeitung des Klein'schen Werkes.

1758.

In dem berühmten Thesaurus von S e b a, Locupletissimi rerum naturalium Thesauri accurata descriptio et iconibus artificiosissimis expressio per universam physices historiam, lassen sich die Figuren der Tafel X des dritten Bandes 8, 9, 10 und 15 als Echinocidaris erkennen, aber sie gehören zu den mindest gelungenen des ganzen Werkes. Die Figuren 8, 9 und 10 sollen sich nach S e b a's Angabe núr durch die Farbe unterscheiden, 8 soll rosenfarbig, 9 orange, 10 purpurfarbig sein; Fig. 15 ist Echinus marinus colore Kermesino venustus genannt. Es will mir scheinen als wären die Figuren 8, 9, 10 am ersten noch auf Echinocidaris punctulata, Fig. 15 auf Echinocidaris pustulosa zu beziehen, jedoch ist dies mit Sicherheit nicht zu behaupten. So wird man sie denn als ziemlich überflüssiges Citat bei diesen Arten weiter zu führen haben. Ebenso wenig ist auf die Citate dieser Figuren bei späteren Autoren ein hoher Werth zu legen.

1765.

Es erschien in diesem Jahre eine Encyclopédie ou Dictionnaire raisonné des sciences, des arts et des métiers, par une Societé de gens de lettres. Mis en ordre et publié par M... fol. Ich erwähne dieses Werk hier nur beiläufig, um an seine Existenz zu erinnern. Für die Geschichte der Echinocidariden ist es ohne Einfluss. Es hat im Tome XI, p. 717 einen Artikel "Oursin" worin es heisst: Nous croyons, avec Mr. D'Argenville, qu'on peut rapporter tous les oursins sous six genres, savoir: 1. L'oursin de forme ronde; on en voit de la Mediterranée et de l'Oecan, de rouges, de verds, de violets. 2. L'oursin de forme ovale; il y en a de la grande et de la petite espèce. 3.

L'oursin de figure à pans de couleur verte, il y a aussi
de rougeâtres et de grise cendré. 4. L'oursin de forme
irrégulière ; ce genre est très-étendu, on connait des oursins grands et petits, faits en forme de tonneau, d'autres
en disque, d'autres applatis, formant une étoile, d'autres
faits comme des fesses, d'autres en coeur à quatre ou
cinq rayons, et a doubles rayes. 5. L'oursin plat et etoilé.
6. L'oursin de couleur violette, de forme ronde à piquans
faits en pignons de pommes de pin ; ce dernier vient de
l'île de France en Amérique.

    Eine andere Ausgabe in 8⁰, Mis en ordre et publié
par M. Diderot et d'Alembert à Berne et à Lausanne
1780 enthält denselben Artikel in Tome XXIV. p. 192.

    Der vierte Band der Folio-Ausgabe p. 212 enthält einen
Artikel Oursins de mer fossiles, worin der Verf. seine
Eintheilung in sechs Klassen mit deren Unterabtheilungen,
und die Uebersicht der Eintheilung von Klein giebt.

    Offenbar zählt der Verf., wenn er überhaupt eine
Art unserer Familie gekannt hat, dieselbe in seine erste
Gattung, von runder Form. Auf Arten lässt er sich jedoch gar nicht ein. Einige lebende Seeigel sind Tome VI
pl. 59—61 abgebildet, darunter aber keine Echinocidaris.
Band VIII, p. 160, bei dem Artikel Hérisson de mer,
werden die Schriftsteller citirt, welche Seeigel beschrieben
oder abgebildet haben. Der Curiosität wegen sei hier
noch angeführt, dass im X. Bande dieser Encyclopédic
p. 860 in dem Artikel Multivalvées auch der Oursin figurirt, während er im Band VIII, p. 160 zu den Fischen
gezählt wird.

1766.

    Die zwölfte Ausgabe von Linné's Systema naturae
enthält I. p. 1102 die Gattung Echinus. Er unterscheidet
schon regulares und irregulares, und führt unter den
regulares elf Arten auf, unter denen jedoch keine Eehi-
nocidaris enthalten ist.

1767.

    Nicht unbeachtet möchte ich hier ein Buch lassen,
obgleich es nicht direct auf die Geschichte der Gattung

Echinocidaris Bezug hat, nämlich Catalogue systematique
et raisonné des Curiosités de la nature et de l'art, qui
composent le Cabinet de M. Davila.- Paris 1767. Darin
findet sich I. p. 408 ein Artikel Oursins.

Der Verf. theilt die Seeigel in sechs Genera, denen
er auch Namen gibt.

1. Seeigel von hemisphärischer oder sphäroidaler Form.
   Cidaris.
2. Seeigel von ovaler Gestalt, an einer Seite ausgeschnitten, an der Basis ein wenig abgeplattet und
   oben gefurcht. Spatagus.
3. Seeigel von ovaler Gestalt ohne Ausschnitt, und
   sehr convex von dem Munde bis zur abgestutzten
   Spitze. Brissus.
4. Seeigel mit unregelmässigen Seiten (à pans irré-
   guliers), breit und wenig gewölbt, und auf ihrer
   convexen Partie mit einer Art Blume von fünf
   Blättern geziert. Scutum.
5. Seeigel von platter Gestalt, auf beiden Flächen mit
   fünf Blättern geziert, und von einigen länglichen
   Löchern durchbohrt, oder nicht. Placenta.
6. Seeigel von derselben Form, aber bei denen die
   Hälfte oder mehr des Umfanges strahlig oder rad-
   artig gezähnt ist, während die andere Hälfte ganz
   und abgerundet ist. Rotula.

Alle diese Gattungen sind ganz gut charakterisirt,
und man versteht vollkommen, was der Verf. gemeint hat.
Während die irregulären Seeigel, deren Differenzen leichter in die Augen fallen, in fünf Gattungen gespalten
werden, fasst er alle regulären noch unter dem Namen
Cidaris zusammen. Unter diesen würde auch Echinocidaris enthalten sein; es war ihm jedoch keine Art dieser
Gattung bekannt.

1778.

Als ein sehr wichtiges Buch für die Kenntniss der
Seeigel aus älterer Zeit ist immer Klein's Naturalis
dispositio Echinodermatum, aucta a Nathanaele Godofredo
Leske angesehen worden. Es ist die wichtigste ältere

Quelle. Als Cidaris pustulosa sind auf tab. XI. fig. A,
B, C, D Seeigel abgebildet, die zu Echinocidaris gehören,
und die von den späteren Autoren zuweilen. als verschiedene Arten genommen sind. Trotz der ziemlich langen
Beschreibung würde doch die Art nicht völlig sicher zu bestimmen sein, wenn nicht die oben erwähnten Klein'schen
Originalexemplare die Zweifel beseitigten. Die Höhe
soll geringer sein als der halbe Durchmesser, die Höcker
reichen bis gegen das Periproct hinauf. Die Figuren A,
B, C stellen kenntlich E. pustulosa dar. Fig. D ist E.
punctulata. Er citirt Seba III, tab. X, fig. 8—10; fig. 15
sei eine grössere Varietät. Die Anordnung der Poren
beschreibt er nicht ganz richtig, indem er sagt, dass sie
nahe dem Munde 4—5 Paare in schiefen Reihen bilden.
Es sind vielmehr nur drei Porenpaare in einem Bogen.

1782.

Von dem Molina'schen Werke, Saggio sulla storia
naturale del Chili del Signor Abate Giovanni Ignazio
Molina, Bologna 1782, erschien eine französische Uebersetzung, Essai sur l'histoire naturelle du Chili par M. l'Abbé
Molina; traduit par Gruvel. Paris 1789, und eine englische
Uebersetzung, The geographical, natural and civil history
of Chili, by Abbé Don I. Ignatius Molina, illustrated by
a half sheet map of the country, with notes from the
spanish and french versions and an appendix containing
copious extracts from the Araucana of Don Alonzo de
Ercilla. Transtaled from the original Italian, by an American Gentleman. Vol. I, 1808. Aus dem Original-Werke
übersetze ich folgende Stelle p. 200 (französische Ausgabe
p. 175, englische p. 139) ins Deutsche, weil sie sich auf
Seeigel bezieht, von denen uns der eine hier besonders
interessirt: „Von Seeigeln oder Seeeiern gibt es einige
Species, aber vor allen sind der weisse und der schwarze
zu nennen. Der weisse Seeigel (Echinus albus) ist von
kugliger Gestalt und hat etwa drei Zoll im Durchmesser;
Schale und Stacheln sind weiss, aber die innere Substanz ist gelblich und von vortrefflichem Geschmack. Der

schwarze Seeigel (Echinus niger) ist etwas grösser als der weisse und von ovaler Gestalt; das Aeussere und die Eier sind schwarz; er wird Teufels-Igel genannt, und wird niemals gegessen.

Auf p. 348 in dem Abschnitt Vermes, Mollusca werden dann die beiden erwähnten Seeigel folgendermassen charakterisirt.

Echinus albus hemisphaerico globosus, ambulacris denis, areis longitudinaliter verrucosis.

Echinus niger ovatus, ambulacris quinis, areis muricatis, verrucosis.

In der ganzen neueren Literatur findet sich kein Zweifel darüber, dass die letztere Art, Echinus niger, eine Echinocidaris ist, und sie wird von allen Schriftstellern Echinocidaris nigra genannt. Ich zweifle auch nicht, dass diese Ansicht als die richtige festgehalten werden muss. Dass Molina diesen Seeigel eiförmig nennt, kann allerdings auffallen, da Echinocidaris rund ist, aber es lässt sich vermuthen, dass dieser Forscher mit der eiförmigen Gestalt die seitliche Ansicht bezeichnen wollte, die viel länger als hoch ist, im Gegensatze zu dem viel höheren Echinus albus, der sich auch in der Seitenansicht dem runden nähert. Dass die weisse Art zehn, die schwarze nur fünf Ambulakren haben soll, ist unglücklich ausgedrückt, darf aber nicht als ein Widerspruch gegen die Bestimmung der Art angesehen werden. Die schwarze Farbe, das Vaterland und die Häufigkeit des dortigen Vorkommens berechtigen wohl zu der Annahme, dass Molina wirklich den unter dem Namen Echinocidaris nigra allbekannten Seeigel gemeint habe. Er wird also auch den Namen nigra behalten, können und müssen.

1788.

In Linné's Systema Naturae ed. XIII. cura J. F. Gmelin ist nur ein Echinus enthalten, welcher von den späteren Schriftstellern bei der Gattung Echinocidaris citirt wird, Echinus pustulosus p. 3179, No. 38. Bei der Berühmtheit des Linné'schen Werkes wird es nicht ohne Interesse sein, zu prüfen, ob er wirklich eine Echinocidaris vor

sich gehabt hat, und ob sich vielleicht aus seinem Texte
ein Schluss auf die Species ergeben dürfte. Dabei ist
nicht zu übersehen, dass diese Species von Gmelin hinzugefügt ist, und dass man nur diesen Autor dafür ver-
antwortlich machen darf.

Die Diagnose der Art ist folgende: Echinus arearum
majorum medio sutura interstincto; verrucarum seriebus
transversis plurimis medium versus numero increscentibus, areis minoribus elevatioribus. Hieraus ergibt sich
nicht viel, denn diese Angaben möchten auf viele Seeigel
passen. Sie widersprechen nicht der Gattung Echinocidaris, sprechen aber auch in nichts für dieselbe. Die
Naht in der Mitte der grossen Felder, der Interradien,
bedeutet nicht viel; dass viele Querreihen von Höckern
vorhanden sind ist richtig, würde aber auch von anderen
Seeigeln gesagt werden können, und dass sie nach der
Mitte an Zahl zunehmen könnte nur etwa, angenommen
dass Gmelin wirklich eine Echinocidaris vor hatte, die
Anleitung geben, dass es nicht eine E. punctulata war,
sondern eine andere Art. Bei punctulata sind auch in
der Mitte, Gmelin meint doch gewiss mit der Mitte die
Peripherie, nur vier höchstens sechs Höcker vorhanden,
und das hätte ihn gewiss nicht zu dieser Aeusserung verleitet. Dass die kleineren Felder erhabener sein sollen,
ist gleichfalls kein Charakter von Werth, denn dies kommt
vielen Seeigeln zu und ist bei Echinocidaris nicht einmal
sehr auffällig.

Die Citate, welche dann folgen, müssen allerdings
auf Echinocidaris führen, und sie sind auch unzweifelhaft
die Ursache gewesen, dass man in Gmelin's E. pustulosus
eine Echinocidaris erkannt hat.

Zuerst wird Leske apud Klein echinod. p. 150, t. 11
A, B, C, D citirt. Diese Figuren stellen ohne Zweifel
Echinocidaris pustulosa dar, wie wir oben bereits aner-
kannt haben. Dann folgt unter den Citaten Phelsum
Zee-eg.

Leider kann ich dies Buch nicht nachsehen, glaube
mich aber zu erinnern, dass damit nicht viel zu machen ist.
Von Seba Thesaurus wird III, tab. 10, fig. 8—10, 15

citirt. Auch in allen diesen Figuren ist Echinocidaris zu
erkennen, die Species glaube ich, wie oben erörtert, nur
mit Wahrscheinlichkeit so deuten zu dürfen, dass die
Figuren 8, 9 und 10 Echinocidaris punctulata darstellen,
15 dagegen pustulosa.

Das Vaterland, welches noch am besten über die
Species Aufschluss geben würde, ist Gmelin leider unbekannt gewesen.

Nun folgt eine weitere Beschreibung, die wir vorzugsweise zu prüfen haben, da uns alles Frühere nur auf
die Gattung Echinocidaris geführt hat.

Zuerst wird die Grösse und das Verhältniss der
Höhe zum Durchmesser angegeben: „vix pollicem altus,
diametri bipollicaris." Die Höhe ist also etwas geringer
als der halbe Durchmesser, das passt auf Echinocidaris
pustulosa und aequituberculata.

Die Farbe „ex brunneo cinereus, in rubrum vergens,
areis minoribus dilutioribus, basi magis albida, verrucis
rubellis" bedeutet zwar nicht viel für die Unterscheidung
der Species, schliesst aber doch E. pustulosa und aequituberculata nicht aus. Die mehr weissliche Basis stimmt
mehr für pustulosa, die röthlichen Höcker mehr für aequituberculata.

Auch die Beschreibung der Sculptur der Platten
und die Vertheilung der Höcker passt am besten zu E.
aequituberculata: „areis decem majorum disco aspero,
sutura utrinque granulis minimis cincta, extimo utrinque
verrucarum ordine solitaria verruca, altero duabus com-
posito, ut in medio senarium numerum assequatur, areis
minoribus verrucarum ordinibus 2, quibus linea serrata,
et granula minima interjacent." Die Platten in den Interradien sind also rauh, ihre Nähte jederseits mit kleinen
Granula umgeben, die obersten haben nur einen Höcker,
die zweiten zwei Höcker, und so nehmen die Höcker nach
der Peripherie bis sechs zu, in den Ambulakralfeldern
zwei Höckerreihen, zwischen denen sehr kleine Granula
liegen. Hierdurch sind die Arten mit oben nackter Stelle
in den Interradien ausgeschlossen, und wir werden auf

pustulosa oder aequituberculata geleitet. Die Zahl sechs
der Höcker an der Peripherie spricht mehr für pustulosa.

   Wenn aber nun Gmelin folgen lässt „pororum in
ambulacris paribus 4—5, so ist das geradezu unbegreiflich.
Das lässt sich nur auf eine Art aus der Familie Toxo-
pneustidae deuten. Sollte Gmelin einen Toxopneustes
für identisch untergemischt und verwechselt haben? Sollte
er somit Charaktere von sehr verschiedenen Arten vereinigt und dadurch eine Beschreibung geschaffen haben,
die widerspruchsvoll und räthselhaft ist? Vielleicht lässt
sich aus Leske's Beschreibung der Poren eine Aufklärung
finden. Derselbe sagt von den Poren, dass sie in einer
senkrechten Reihe verlaufen, und dass sie nahe dem
Munde 4—5 Paare in schiefen Reihen bilden. Möglich,
dass Gmelin dies von Leske entnommen und im Streben
nach Kürze die Hauptsache unberücksichtigt gelassen hat.
Uebrigens stehen auch am Munde bei keiner Echinocidaris
4—5 Poren in einer Reihe, sondern immer nur drei.
Allein E. nigra macht eine Ausnahme, sie hat deren vier
in jedem Bogen. An diese Art ist jedoch weder bei
Leske noch bei Gmelin zu denken.

   Was endlich den Schluss betrifft „ore late sinuoso,"
so passt er wieder vollkommen auf Echinocidaris.

   Wenn ich aus allen obigen Betrachtungen das Resultat ziehe, so muss ich anerkennen, dass der Gmelin'-
sche Echinus pustulosus, trotz des einen Fehlers in Betreff der Anordnung der Poren, zu der Gattung Echinocidaris gehört. Bei der Feststellung der Species kann
ich nur zwischen Echinocidaris aequituberculata und
pustulosa zweifeln. Es ist nicht ganz unwahrscheinlich,
dass Gmelin die mittelmeerische aequituberculata gemeint hat. Dafür spricht die leichtere Zugänglichkeit
und das häufigere Vorkommen in den Sammlungen. Entscheiden lässt es sich jedoch nicht, und ebenso gut wie
Klein kann auch er die wirkliche pustulosa vor sich gehabt haben. Wenn gleich sich aus den Citaten ergiebt,
dass Gmelin's pustulosus eine Sammelart war, dass er
mindestens zwei Arten, pustulosa und punctulata identi-
ficirte, so ist es doch aus seiner Beschreibung erweislich,

dass diese sich auf eine Echinocidaris bezieht, da sie Agarites ausschliesst. Ich werde also die Gmelin'sche Art bei pustulosa citiren.

1797.

In dem Atlas zu Voyage de la Pérouse autour du monde publié par Millet-Mureau. Paris 1797 ist eine Tafel No. 27 enthalten, auf welcher Seeigel abgebildet sind, die ich nirgends citirt sehe. Leider kann ich in dem vierbändigen Texte dieses berühmten Werkes keine Erwähnung dieser Tafel finden. Es ist auffallend, dass alle Figuren sehr deutlich vier Periproctplatten zeigen, wodurch man auf den ersten Blick verleitet sein wird, sie alle für Echinocidaris zu halten. Die Tafel enthält eine obere und eine untere Abtheilung, und ist unterschrieben: Oursins de la côte du N. O. de l'Amérique, die Seeigel stammen also, nach dem Gange der Reise zu schliessen, aus Californien, wahrscheinlich von Monterey. Die obere Tafel ist wohl nicht zu verkennen, ihre Figuren stellen alle Podophora dar, die ja durch die niedrigen Stacheln der Oberseite so sehr ausgezeichnet ist; aber vier Periproctplatten sind deutlich zu sehen. Auf der unteren Abtheilung sind zwei Arten abgebildet. Fig. 1, 2 und 3 ist wohl ein Toxopneustès. Zwei Ocularplatten, die beiden hinteren, erreichen das Periproct; die Ambulakren sind zwar nicht sehr deutlich dargestellt, scheinen aber mehrere Porenpaare in schrägen Reihen zu besitzen. Wieder hat der Zeichner, Prevost, vier Periproctplatten gemacht. Die Figuren 5 bis 9 sind aber entschieden einem Echinocidaris angehörig, und, wie die ganze Tafel, gar nicht übel gezeichnet, und sogar in wesentlichen Details kenntlich dargestellt. Der Mund ist gross, fünfeckig mit ausgebuchteten, abgerundeten Ecken; die Porenpaare in einer schmalen, senkrechten Reihe, am Munde verbreitert; auf den Ambulakralfeldern zwei Reihen Höcker, die nicht ganz die Ocularplatten zu erreichen scheinen; vier Periproctplatten; keine Ocularplatte erreicht das Periproct; auf den Interambulakralplatten nur eine Querreihe von Höckern auf jeder Platte, an der Peripherie deren fünf;

kein nackter Stern um das Periproct; die Stacheln (Fig. 8,
9) sind an der Spitze abgerundet, platt, gekielt, und man
sieht deutlich, dass der Zeichner das Lakirte hat andeuten
wollen. Da das Vaterland Nordwest-Amerika ist, so muss
die Art entweder grandinosa sein, oder neu. Dass auch
bei der Podophora und bei dem Toxopneustes vier Periproctplatten dargestellt sind, lässt freilich auf eine Ungenauigkeit des Zeichners schliessen; vielleicht lässt sich
dieselbe dadurch erklären, dass an den Exemplaren das
Periproct ausgebrochen, oder durch Stacheln verdeckt
war, und dass derselbe sich hat verleiten lassen, nach
dem Beispiel von der Echinocidaris den Mangel zu ergänzen (?).

1816.

Die erste Ausgabe von Lamarck's Histoire naturelle des animaux sans vertèbres macht in sofern für die
Geschichte der Seeigel einen wesentlichen Fortschritt,
als in ihr 1) die Arten mit Diagnosen versehen sind, 2)
dass bei den meisten das Vaterland, wenn auch zuweilen
nicht richtig, angegeben ist, 3) dass die regulären Seeigel
in zwei Gattungen getheilt werden, je nachdem die Höcker
undurchbohrt (Echinus) oder durchbohrt (Cidarites) sind.

Die zweite Ausgabe dieses berühmten Werkes ist
von Dujardin besorgt, soweit es die Echinodermen angeht, und der dritte Band, der die Seeigel enthält, 1840
erschienen. Dujardin hat, soweit es die uns jetzt interessirenden Arten angeht, nur eine Anzahl von Synonymen hinzugefügt, und eine Anmerkung in Beziehung
auf die Gattungen Arbacia und Echinocidaris gemacht.

Von den Lamarck bekannten Arten sind nur zwei
der Gattung Echinocidaris angehörig, nämlich No. 18
Echinus punctulatus und No. 24 Echinus pustulosus.

Echinus punctulatus ist mit völliger Sicherheit zu
erkennen: orbicularis, convexo-conoideus, assulatus, purpurascens; assulis punctulatis; fasciis pororum coloratis,
nudis, biporis; verrucis dorsalibus perpaucis. Die con-
vexconoidische Gestalt und die sehr wenigen dorsalen
Höcker deuten die Art an.

Auch das Synonym der ersten Ausgabe, Seba III,
tab. 10, fig. 10, a, b, lässt sich nicht füglich anders als
auf punctulata beziehen, so schlecht die Abbildungen
sind. Die Synonyme der zweiten Ausgabe sind von
Dujardin richtig hierhergezogen.

Als Vaterland gibt Lamarck „Océan des Grandes
Indes" an, ein offenbarer Irrthum, da die Art bei den Antillen lebt. Indessen kann diese falsche Angabe nicht
gegen die Deutung der Species sprechen.

Die weitere Beschreibung lässt dann gar keinen
Zweifel mehr übrig. Die conoidische Form, die röthlich
aschgraue Färbung, die fein punktirten Interradien mit
einer Höckerreihe jederseits, die gegen die Basis zu vier
und endlich zu sechs Reihen werden, sind für Echinocidaris punctulata ganz charakteristisch.

Anders verhält es sich mit Lamarck's Echinus
pustulosus. Die Diagnose „E. hemisphaericus, assulatus,
albido-rubellus, ambulacris angustis, verrucarum seriebus
transversis versus marginem numero increscentibus" lässt
kaum eine Echinocidaris, viel weniger eine Species erkennen. Dass Lamarck in der ersten Ausgabe Leske
apud Klein p. 150, tab. XI, Fig. D citirt, während er kurz
vorher p. 364 bei E. punctulatus sagt, diese Figur könne
vielleicht diese letztgenannte Art darstellen, hilft auch
nicht weiter. Dass die Höcker in den Reihen nach dem
Rande hin allmählich an Zahl zunehmen sollen, schliesst
die Arten aus, bei denen die obere Mitte der Interradien
höckerlos ist. So scheinen also pustulosa, acquitubercu-
lata, australis und grandinosa übrig zu bleiben. In der
ersten Ausgabe ist kein Vaterland angegeben; in der
zweiten Peru, und wenn man darauf einen Werth legen
wollte, so müsste man grandinosa den Vorzug geben.

Auf die Synonyme, welche Dujardin der zweiten
Ausgabe hinzugefügt hat, ist natürlich nicht viel zu geben.
Dabei hat sich der Herausgeber offenbar durch den Namen pustulosus leiten lassen. Es wird bei dieser Unsicherheit am besten sein, das Citat fraglich zu pustulosus zu stellen.

Beiläufig sei bemerkt, dass sich Dujardin in der

Note 1 unter dem Text eine kleine Nachlässigkeit hat zu Schulden kommen lassen, wenn er sagt „par la largeur de ses aires ambulacraires qui est au moins triple de celle des autres aires", da gerade umgekehrt die Interambulakralfelder viel breiter sind als die Ambulakralfelder.

1824.

Der zweite Band der Encyclopédie méthodique ist den Zoophytes ou animaux rayonnés gewidmet, und von Dèslongchamps bearbeitet. Der Text hat gar keinen Werth, da er ein wörtlicher Abdruck aus Lamarck's Animaux sans vertèbres ist. Wichtig sind also nur die Abbildungen. Pl. 141, fig. 6 und 7 sind im Text gar nicht erwähnt. Die Figur 5 stellt eine Echinocidaris dar, wie aus der Gestalt des Peristoms zu erkennen ist. Diese Figuren sind Copien von Klein, Leske Tab. XI, Fig. A, B, also ergibt sich die Bestimmung als Echinocidaris -pustulosa von selbst.

1825.

Delle Chiaje beschrieb in Memorie sulla storia e notomia degli animali senza vertebre del Regno di Napoli im zweiten Bande, p. 364 einen neuen Seeigel unter dem Namen Echinus neapolitanus. Die Diagnose lautet: Corpore hemisphaerico, fusco, superne spinis subcompressis, brevibus, apice cinereis, rotundato-ancipitibus, inferne longissimis, subulatis, omnibus striatis; fasciis decem, rectis, supra foveis porosis trifariam, subtus bifariam digestis, poris geminis; tuberculorum areis majorum ovalibus; ano valvulis quatuor triangularibus clauso. Dass es sich hier um eine Echinocidaris handelt, daran ist kein Zweifel. Die vier Analplatten sprechen dies deutlich aus, und die Abbildungen tav. XXII, fig. 11—22 bestätigen es. Weder Text noch Abbildungen ergeben eine Differenz von der im Mittelmeer so häufigen Art, die unter dem Namen E. aequituberculata allgemein bekannt ist. Was der Verf. mit den Worten „supra foveis porosis trifariam, subtus bifariam digestis" sagen will, ist mir nicht verständlich.

In demselben Jahre erschien eine der wichtigsten
Arbeiten über die Seeigel von de Blainville im Dictionnaire des sciences naturelles Tome 37, p. 59—103 als
Artikel Oursin, Echinus. In längerer Einleitung schildert
der Verf. den Bau und die Zusammensetzung der Schale.
Er unterscheidet die Coronalplatten und Terminalplatten,
schliesst die Seeigel mit durchbohrten Höckern aus, und
beschreibt dann auch die inneren Organe: die Kiefer mit
ihren Muskeln, den Darmkanal, das Herz, die Geschlechtsorgane, Nervensystem, Bewegungsorgane u. s. w. Diese
Einleitung macht einen guten Fortschritt in der Erkenntniss des Wesens der Seeigel gegen alle früheren Arbeiten
und bildet die Grundlage, auf der Desmoulins und
Andere später weiter gebaut haben. Was ferner die
Species-Unterscheidung betrifft, so ist auch hierfür diese
Arbeit als Hauptquelle anzusehen, obgleich es wohl schwerlich gelingen möchte, danach die Arten mit Sicherheit
zu bestimmen, namentlich, wenn man nur einzelne Arten
vor sich hat. Wir sehen ja auch, wie vielfach die Blainville'schen Arten verkannt und missverstanden sind. Nachdem ich ein gründliches Studium der Literatur durch-
gemacht und alle Blainville'schen Echinocidaris-Arten,
mit Ausnahme von stellatus vor mir gehabt habe, glaube
ich jedoch über die Bestimmung derselben ziemlich sicher
zu sein. Schätzenswerth ist die Unterscheidung von acht
Sectionen, welche die Grundlage für die späteren Gattungen geboten haben. Hätte Blainville diesen Sectionen Namen gegeben, dann wäre er der Gründer eines
grossen Theils der neuen Gattungen, zum Theil der Familien gewesen. Sein Verdienst ist es immerhin, eine
solche Unterscheidung zuerst vorgenommen zu haben.
Seine erste Section interessirt uns hier allein: A. Espèces parfaitement régulières, ordinairement déprimées;
les aires très inégales; les ambulacraires très-étroites, bor-
dées par des ambulacres presque droits et composés, à droite
et a gauche, d'une double série de pores rapprochés; les
auricules divisées et spatulées. Er fügt hinzu das sehr
grosse Peristom und die vier Periproctplatten. Die Gattung Echinocidaris ist dadurch vollkommen bestimmt.

Verf. unterscheidet in dieser Section sechs Arten:
E. pustulosus Lam., punctulatus Lam., loculatus, stellatus,
aequituberculatus und Dufresnii. Die vier letzteren sind
von ihm gegründet. Bei der Unterscheidung dieser Arten
bleibt man zuweilen rathlos. So citirt er Klein Leske's
Figur tab. XI D sowohl bei pustulosus Lam., wie bei
seinem loculatus. Das lässt auf den Zweifel des Verf.
schliessen, auf welche von seinen beiden Arten er die
Figur beziehen sollte. Wir wollen die einzelnen Arten
etwas näher betrachten, indem wir die brauchbaren Charaktere hervorheben.

1. E. pustulosus Lam. „Die beiden Höckerreihen
der Ambulakralfelder stehen gedrängt. Zehn Höckerreihen in den Ambulakralfeldern, auf dem Rücken wenig
markirt; Farbe grau-röthlich, Höcker roth". Obgleich
diese Merkmale nicht viel errathen lassen, muss man die
Art für pustulosa Klein, Lam. nehmen, weil kein direkter
Widerspruch dagegen vorliegt. Gewonnen ist durch diese
Diagnose nichts, wenn man nicht in dem „tubercules des
aires ambulacraires serrés" einen Gegensatz zu dem très
serrés anderer Arten sehen will. Die später von Blainville in seinem Manuel d'Actinologie gegebene Abbildung beseitigt jeden Zweifel.

2. E. punctulatus Lam. Schale ziemlich klein, kreisförmig, etwas conoidisch, viel mehr Höcker an dem Umfange als auf dem Rücken. Die Zwischenräume fein
punktirt; zwei seitliche Reihen in der oberen Hälfte, die
sich gegen die Peripherie in den Interambulakralfeldern
verdoppeln; Ambulakren schmal und purpurfarbig. Lässt
kaum ein Bedenken gegen die Richtigkeit zu. Das Vaterland „Ocean des grandes Indes" ist irrthümlich.

E. loculatus Blainv. Die Nähte sollen sehr markirt
sein, zwei Reihen kleiner wenig gedrängter Höcker auf
den Ambulakralfeldern, höchstens vier auf den Interambulakralfeldern; die Doppelporen der Ambulakren in einer
einzigen Vertiefung und wie confundirt. Auffallender
Weise sagt Verf., er habe diese Art nicht gesehen; wonach hat er sie aufgestellt? Ich nehme sie für die an

den südafrikanischen Küsten des atlantischen Oceans vorkommende Art, und lasse ihr den Blainville'schen Namen.

E. stellatus Blainv. Die beiden Höckerreihen der Ambulakren sind deutlich und getrennt, und vier grössere in der ganzen Ausdehnung der Interambulakralfelder; die obere Oeffnung ohne deutliche Porenplatte; Farbe rosenfarbig, mit einem hübschen Stern von dunklerem Roth auf der Mitte der Schale. Nach dieser Beschreibung müsste man die Art in die Abtheilung Echinocidaris s. str. bringen, da ausdrücklich gesagt ist, dass vier grössere Höcker dans toute l'étendue des anambulacraires stehen. Dagegen spricht freilich wieder der dunkelrothe Stern auf der Mitte und die hinzugefügte Bemerkung, Verf. habe diese Art nach einem Exemplar der Sammlung des Museums aufgestellt, die fälschlich mit punctulatus Lam. confundirt worden sei. Alle späteren Schriftsteller haben sie zu Agarites gesetzt, woraus ich schliessen möchte, dass dies nach Vergleichung des Original-Exemplars, namentlich durch Agassiz geschehen sei. Wenn sich nicht durch dieses Exemplar die Sache mit Sicherheit aufklären lässt, wird die Blainville'sche Art eine zweifelhafte bleiben. Das Vaterland ist nicht angegeben. Mir ist kein Exemplar bekannt, welches sich hierauf beziehen liesse.

E. aequituberculata Blainv. Es ist nicht zweifelhaft, dass Blainville die mittelmeerische Art vor sich gehabt hat, obgleich er ihr Vaterland nicht kennt. Die grossen Höcker, die vorstehenden Ambulakralfelder, welche das Ansehen der Schale pentagonal erscheinen lassen, die Farbe, Alles stimmt ganz gut. Die Art ist gewiss identisch mit E. neapolitanus Delle Chiaje. Welcher von beiden Arten die Priorität zukommt, wird schwer zu entscheiden sein, da beide Autoren die Species in demselben Jahre aufgestellt haben. Der Blainville'sche Name ist allgemein angenommen, und daher wollen auch wir ihn festhalten.

E. Dufresnii Blainv. Die Höcker der Interambulakralfelder sind klein; auf jeder Seite der Interambulakralfelder auf der ganzen Oberseite nur zwei Höcker, von denen der innere sehr klein, an der Peripherie stehen

vier auf jeder Platte; ein nackter Stern von grüner
Farbe, die Höcker weiss. Die Farbe macht diese Art
kenntlich. Ich erkenne für sie zwei Exemplare, welche
meinem Freunde Dunker in Marburg gehören, und die
derselbe aus Valdivia erhielt. Blainville giebt Terre
neuve als muthmasslichen Fundort an.

1826.

Unter den Echiniden, welche Risso im 5. Bande
seiner Histoire naturelle des principales productions, de
l'Europe méridionale et principalement de celles des en-
virons de Nice et des Alpes maritimes aufzählt, scheint
fast sein Echinus purpureus p. 227, No. 25 zu Echinocidaris zu gehören. Er bezeichnet ihn als hemisphärisch
mit ungetheilten Porenbändern, was wohl die Anordnung
in einer Reihe bedeuten soll; die Stacheln sind verlängert,
purpurfarbig. Man wird daher diese Risso'sche Art unter
die Synonyme der Echinocidaris aequituberculata auf-
nehmen können, wenn man sie nicht ganz der Vergessen-
heit übergeben will. Desmoulins hält ihn für identisch
mit Echinus vulgaris.

1830.

In Dictionnaire des sciences naturelles Tom. 60, p. 207
hat Blainville wieder einen Artikel, Oursin, Echinus.
Dies scheint nur ein Abdruck, resp. Auszug des früheren
Artikels Oursin zu sein.

1834.

Blainville zählt in seinem Manuel d'Actinologie
ou de Zoophytologie p. 226 unter Echinus Sect. A. die
sechs Arten auf, welche er im Dictionnaire des sciences
naturelles tome 37 aufgestellt hatte, in derselben Reihenfolge und mit denselben Citaten, ohne Hinzufügung der
Beschreibung. Auffallender Weise ist auch, hier wieder
die Figur Klein, Leske tab. XI, Fig. D sowohl bei pustulosus, wie bei loculatus citirt, wie früher. Die Abbildung
von Echinus pustulosus pl. 20, Fig. 2 ist werthvoll, weil
sie die Art, Echinocidaris pustulosa, recht deutlich er-

kennen lässt. In Fig. 2a ist richtig dargestellt, dass keine Ocularplatte das Periproct erreicht.

Agassiz betrat in einer kurzen Notiz in Oken's Isis 1834, p. 254 für das Stadium der Echinodermen eine neue Bahn, indem er den Bau derselben eingehender zu untersuchen begann, als es bisher geschehen war. Er suchte nach der Gesetzmässigkeit in dieser Klasse, um die Analogie der verschiedenartig ausgebildeten Theile festzusetzen und eine allgemeine Terminologie schaffen zu können. Hauptsächlich macht er in dieser vorläufigen Notiz darauf aufmerksam, dass der Bau der Echinodermen nicht ein einfach strahliger sei, sondern dass sich bei ihnen überall ein vorn und hinten, ein rechts und links unterscheiden lasse. Wenn er auch dabei nicht ganz das Richtige traf, so hat er doch dadurch die erste Anregung zu weiteren folgenreichen Untersuchungen gegeben. Er deutete schon an, dass die von ihm angegebenen Verhältnisse eine andere Feststellung der Genera erheischen, und dass sie die Bestimmung der Arten ungemein erleichtern.

Unabhängig von ihm wurde sehr bald durch zwei andere Autoren ein anderer wichtiger Schritt für die Erkenntniss der Seeigel gethan, von denen der eine Desmoulins eine hervorragende Bedeutung hat.

1835.

Das Jahr 1835 ist für die Geschichte der Echiniden wichtig geworden, und ist das Geburtsjahr der Gattung, welche der Familie der Echinocidariden zu Grunde liegt. Es erschienen zwei Abhandlungen, von J. E. Gray im April, von Desmoulins im August desselben Jahres. Dabei ist jedoch nicht ausser Acht zu lassen, dass Desmoulins die Tabelle vom Juli 1834 datirt.

J. E. Gray, Proceedings of the zoological society of London, April 28, 1835, p. 57, verkündete seine Ansichten über die Unterabtheilungen der Gattung-Echinus im Lamarck'schen Sinne, und theilt dieselbe in vier Genera. Er hält sie für natürliche, und sehr geeignet, die Unterscheidung der Arten dieser zahlreichen Gruppe zu

erleichtern. Die bis dahin benutzten Charaktere, wie die
Zahl der Platten und der Poren in den Ambulakren,
hält er für unbrauchbar, weil sie mit dem Wachsthum
der Individuen sich verändern. Die vier Gattungen sind:
Arbacia, Salenia, Echinus und Echinometra.

Von der Gattung Arbacia wird gesagt: Corpus depressum; Areae ambulacrorum angustissimae: ambulacra
angusta, recta, singulo e serie simplici tesserarum bipo-
rosarum superpositarum efformato; tesserae ovariales et
interovariales mediocres; anus valvis quatuor spiniferis
tectus.

Was kann deutlicher sein? Die senkrechten Reihen
der Poren in den Ambulakren und die vier Periproctplatten
charakterisiren die Gattung hinreichend. Zum Ueberfluss
fügt er noch hinzu: Diese Gattung entspricht der Section A
von Blainville, und enthält Arbacia pustulosa (Echinus
pustulosus Lam.) und Arbacia punctulata (Ech. punctulatus
Lam.) etc. Ein Zweifel über den Umfang der Gattung
ist kaum möglich. Ich will das Verdienst Gray's dabei
nicht allzu hoch anschlagen, denn er hat eigentlich nur
der bereits von Blainville zehn Jahre früher unterschiedenen Gruppe einen Namen gegeben, aber nach den
allgemein anerkannten Gesetzen für die Nomenclatur
„hat der Name seine volle Berechtigung. Gray's Verdienst wird vielleicht noch ein wenig dadurch geschmä-
lert, dass er einige bereits von Blainville ausgesprochene
Charaktere mit Stillschweigen übergeht, namentlich die
getrennten Säulen der Mundohren, und den grossen pen-
tagonalen Mund, aber sein Streben nach Kürze und Deutlichkeit wird ihn wohl geleitet haben. Er konnte die
Wiederholung dieser Merkmale füglich unterlassen, da
er ausdrücklich sich auf Blainville's Section A bezieht,
und die beiden ersten von Blainville erwähnten Arten
als Typen seiner Gattung Arbacia nennt, die übrigen
durch sein etcetera einschliessend. Nicht verständlich ist
mir, weshalb Agassiz und Desor später in ihrem Catalogue raisonné den Namen auf eine andere fossile Gruppe
bezogen.

Des Moulins veröffentlichte die erste seiner drei

vortrefflichen und gründlichen Abhandlungen über die Echiniden in der vierten Lieferung des siebenten Bandes der Actes de la Societé Linnéenne de Bordeaux, welche am 15. August 1835 erschien, datirt aber die Arbeit vom Juli 1834, um sich die Priorität zu sichern. In der Tabelle No. I charakterisirt er die Gattung Echinocidaris folgendermassen: Bouche centrale, symmetrique, appareil buccal osseux complet. Point de supports osseux, ambulacres complets. Cinq pores genitaux; ouverture anale du test perpendiculairement opposée à la bouche; cinq dents; appareil masticatoire composé de 15 pièces naturellement separables, savoir: 5 machoires dont les deux osselets sont soudés, et deux appareils intermaxillaires et differents, formé chacun de 5 pièces mobiles et pareilles. (Damit sind die regulären Seeigel charakterisirt, seine Gattungen Echinometra, Echinus, Echinocidaris, Diadema und Cidaris.) Dents trilamellaires; tubercules spinifères non perforés (wodurch Diadema und Cidaris ausgeschlossen werden); auricules imparfaites (apophyses rapprochées mais non soudées au sommet), pièces terminales anales au nombre de quatre seulement. Forme generale circulaire, bouche enorme, pentagonale, à côtes régulièrement et obtusement sinueux, à angles non fissurés, appareil masticatoire comme dans les oursins, si ce n'est que les cornes supérieures des osselets sont largement séparées, au lieu d'être soudées. In der Tabelle No. II, in welcher er beabsichtigt besonders die fossilen Seeigel zu unterscheiden, lässt er einige der Charaktere der ersten Tabelle fort, die an den fossilen Arten meist nicht zu beobachten sind. Hier sind die Charaktere: Bouche centrale symmetrique; point de supports osseux, ambulacres complets; 5 pores genitaux, anus perpendiculairement opposé à la bouche, et beaucoup plus petit qu'elle; tubercules spinifères non perforés; forme génerale circulaire, bouche énorme, pentagonale, à côtes régulièrement et obtusement sinueux, à angles non fissurés, aires anambulacraires au moins triples des ambulacraires.

Es fällt vielleicht auf, dass der Verf. in dieser zweiten Tabelle einen Hauptcharakter weggelassen hat, nämlich

die vier Periproctplatten. Er hat dies offenbar gethan,
weil bei fossilen Stücken das Periproct sehr oft verloren
gegangen ist, also für die Bestimmung der Gattung nicht
benutzt werden kann. Für die Gattung Echinocidaris
selbst fällt dies nicht ins Gewicht, da aus ihr noch keine
fossilen Arten bekannt geworden sind. Es spricht sehr
für die Natürlichkeit der Gattung, dass sie sich auch ohne
dieses Merkmal charakterisiren, und sicher von allen
übrigen Echiniden unterscheiden lässt.

Weiter im Texte p. 34 wird den obigen Charakteren
der Tabellen noch hinzugefügt: Forme génerale parfaitement régulière, circulaire, deprimée en dessus; surface
inférieure applatie, légèrement concave; ambulacres complets, lancéolés, droits, planes, bordés de chaque côté
d'une seule paire de pores; épines: les unes aciculaires,
les autres terminées par une bouton émaillé, tres caduc,
subspatuliforme, en forme de fer de pique à quatre arêtes
inégales; anus rigoureusement médian. Verf. kennt 6 Arten,
alle lebend, von denen eine an den französischen Küsten
vorkommt. Die Beschreibung der Arten ist für die dritte
Abhandlung vorbehalten. In einer Anmerkung p. 35
hebt er als die wesentlichsten Merkmale der Gattung
hervor: die Trennung der oberen Hörner der Knöchelchen am Kauapparat, die getrennten Säulen der Aurikel,
und die vier Periproctplatten. Er giebt ferner an, dass
die Gattung der Section A von Blainville entspricht
und wundert sich, dass dieser Gelehrte nicht eine eigene
Gattung daraus gebildet hat.

Es entsteht nun die Frage, ob man dem Namen Arbacia von Gray, oder Echinocidaris von Desmoulins
die Priorität zusprechen müsse. Beide haben offenbar
ganz unabhängig von einander die Gattung erkannt, beide
sind auf Blainville's Schultern dazu gelangt, beide
haben die Gattung vollkommen gleich umgrenzt, und
beide haben dieselben wesentlichen Charaktere benutzt.
In der Veröffentlichung geht Gray (April 1835) einige
Monate vor Desmoulins (August 1835) voraus. Es
kommt indessen hierbei noch der Umstand in Betracht,
dass Desmoulins p. 3 seiner Abhandlung sich ausdrück-

lich darauf beruft, um sich die Priorität zu wahren, dass
er seine Arbeit bereits im Juli 1834 abgesandt hatte, um
sie in den Suites à Buffon drucken zu lassen, und dass
er die Tabellen seiner Abhandlung vom Juli 1834 datirt.
Strenge genommen kann zwar das Datum erst von der
wirklichen Veröffentlichung gelten, aber in diesem Punkte
lässt sich auch die Publication des Gray'schen Artikels
schwerlich mit Sicherheit feststellen. Er hat seine Resultate allerdings am 15. April der zoologischen Gesellschaft in London mitgetheilt, aber wann die Proceedings
erschienen sind, ist ungewiss. In neuerer Zeit wenigstens
geht meist eine längere Zeit hin, bevor sie gedruckt und
ausgegeben werden. So bleibt es zweifelhaft, welche
von beiden Abhandlungen früher in den Händen des
gelehrten Publicums war. Dazu kommt, dass doch auch
wohl Desmoulins schon früher seiner Societé Linnéenne
de Bordeaux mag Mittheilung von seinen Untersuchungen
gemacht haben, obgleich dazu freilich ein sicherer Anhalt
fehlt, zumal der Verf. in Lanquais wohnte. Wenn ich
mich bei dieser Ungewissheit entschliesse, dem Desmoulins'schen Namen Echinocidaris den Vorrang zu geben,
so lege ich dabei noch in die Waagschale, dass fast alle
späteren Schriftsteller diesen Namen angenommen haben,
und dass er also den Zoologen der geläufigste ist.

In der zweiten Abhandlung, welche am 15. De-
cember 1835 und gleichfalls in den Actes de la Societé
Linnéenne de Bordeaux erschien, behandelt Desmoulins im Allgemeinen den Bau der festen Theile der Echiniden, und auch diese Abhandlung verdient wegen ihrer
Gründlichkeit, mit der sie allen Vorgängern voraus eilt,
die grösste Beachtung. Ich hebe aus ihr hier nur dasjenige
hervor, was unmittelbare Beziehung auf die Gattung Echinocidaris hat. Es wird p. 108 und p. 147 hervorgehoben,
dass Echinocidaris die einzige Gattung sei, bei der der
After wirklich genau in der Mitte liege, bei allen übrigen
sei er ein wenig zur Seite gerückt. Er wiederholt dann
p. 150, dass bei Echinocidaris der After rigoureusement
médian sei, in der Mitte der vier gleichen Afterplatten.
Daran schliesst dann unser Verf. eine Bezeichnung für die

Verschiedenheit der Lage der das Periproct umgebenden
Platten, die er noch alle zehn für Genitalplatten nimmt.
Wenn die kleineren (Ocularplatten) vom Periproct ausgeschlossen sind, nennt er den Apparat rosenförmig (rosa-
ciforme); wenn alle das Periproct berühren, sternförmig
(stelliforme); nur bei einer Art E. elegans sind alle zehn
Platten zu einem Ringe verschmolzen, in dem man nur
durch die Lupe die Platten und ihre hintere Verlängerung
unterscheiden kann, das nennt er randförmig (margini-
forme). Den Fall, wo ein Theil der Ocularplatten das
Periproct berührt, hat er nicht gekannt, oder doch nicht
berücksichtigt. Es wird dann hinzugefügt, bei Echinocidaris
sei der Apparat rosenförmig, was jedoch für E. nigra
und spatuligera nicht richtig ist. Bei der Beschreibung
der Platten, welche das Periproct bedecken, und die
Verf. einem Sphincter vergleicht, da nach Beendigung
seiner Function derselbe immer geschlossen bleibt, wird
p. 163 wiederholt, dass bei Echinocidaris nur vier Analplatten vorhanden sind, sehr gross, regelmässig, kreuz-
förmig gestellt, und dass der After genau die Mitte einnimmt. Von den Platten, welche sich in der Mundhaut
finden, wird für Echinocidaris gesagt (p. 167), dass wie
bei allen Echinus, Echinometra und Diadema fünf Paare
rundlicher Schuppen nahe dem Munde und alternirend
mit den Zähnen vorhanden sind, durchbohrt für den
Durchtritt eines langen und kräftigen Tentakels. Ausserdem trägt die Mundhaut eine Anzahl undurchbohrter
Platten, die bei Echinocidaris ähnlich sind, wie bei Echinometra atrata, nur weitläufiger gestellt, d. h. sie sind
quer verlängert, sehr klein, schwach, dünn, zahlreich,
wenig deutlich. In Betreff des Kauapparates giebt Verf.
für Echinocidaris an, dass er sich von dem der Echinus
und Echinometra nur dadurch unterscheide (p. 194), dass
1) die oberen Hörner der Knöchelchen kurz und weit
getrennt sind, anstatt an ihrem Ende verschmolzen zu
sein, 2) dass die Aurikeln unvollständig sind, indem die
Enden ihrer Apophysen sich kaum berühren, ohne verschmolzen zu sein. Er findet dann in dem Kauapparat
einen vortrefflichen Charakter für die Unterscheidung

seiner Gattungen der regulären Echiniden, die er in folgendes Schema bringt.

A. Obere Hörner der Knöchelchen verschmolzen. Echinus und Echinometra.

B. Obere Hörner nicht verschmolzen.

    a. Knöchelchen bis zur Mitte verschmolzen.

        1. Zahn dreiblättrig . . . . . Echinocidaris.

        2. Zahn zweiblättrig . . . . . Diadema.

    b. Knöchelchen bis zur Spitze verwachsen . . . . Cidaris.

1837.

Kein Theil der ganzen Literatur über Seeigel hat mir so viel Schwierigkeit gemacht zu beschaffen, wie die dritte Abhandlung von Desmoulins, welche gleichfalls in den Actes de la Societé Linnéenne de Bordeaux enthalten ist, und zwar im 9. Bande. Diese Zeitschrift scheint kaum in einer deutschen Bibliothek vollständig vorhanden zu sein, wenigstens blieben meine Nachsuchungen und Anfragen in Bonn, Berlin, Leipzig und Göttingen vergeblich. Directe Anfragen in Bordeaux blieben erfolglos. Endlich hat mir das Antiquariat von Friedlaender und Sohn in Berlin ein vollständiges Exemplar verschafft, wofür ich diesen Herren zu Dank verpflichtet bin.

Die Abhandlung schliesst die Arbeit von Desmoulins noch nicht ab, vielmehr wird für die ausführliche Beschreibung der Arten noch eine vierte und fünfte Abhandlung in Aussicht gestellt, die niemals erschienen ist. Die vorliegende dritte Abhandlung ist der Erörterung der Synonymie gewidmet, und besteht hauptsächlich aus einer langen Tabelle, p. 211—413, mit fünf Spalten. In der ersten steht der acceptirte Name, in der zweiten die Synonymie der Autoren, welche Verf. selbst verglichen hat, in der dritten die Synonymie der Autoren, welche Verf. aus anderen entnommen hat, ohne sie selbst nachsehen zu können, in der vierten das Vaterland, die fünfte ist Bemerkungen gewidmet.

In Betreff der Gattung Echinocidaris sagt Verf. in

einer Note unter dem Text, sie sei synonym mit Arbacia
Gray, die in dem Philosophical magasine für October
1835, p. 329, 330 publicirt sei. Er habe die Priorität,
weil seine erste Abhandlung, worin die Gattung aufgestellt,
bereits im Juli 1834 ausgearbeitet und im August 1835
veröffentlicht sei. Dabei ist freilich zu berücksichtigen,
dass wie wir oben bereits erwähnt haben, die Gray'sche
kleine Abhandlung bereits im April 1835 in den Proceedings of the zoological Society.of London erschienen ist.

Es verdient besonders beachtet zu werden, dass D e s-
m o u l i n s bei drei Arten angiebt, dass er sie nicht aus
eigener Ansicht kennt, bei E. punctulata, stellata und
Dufresnii. Ihm waren also nur E. pustulosa, loculata und
aequituberculata bekannt.

Ein ferneres Kapitel derselben Abhandlung enthält
dann ein Repertoir, in welchem er von 28 Schriften angiebt, wie die Arten auf seine Nomenclatur zu beziehen
sind. Diese Schriften sind nach den Autoren alphabetisch
geordnet, und sind mit Uebergehung derjenigen, welche
ausschliesslich fossile Arten behandelten, und soweit Echinocidaris darin zur Sprache kommt, die folgenden: Agassiz
Prodrome, Blainville Dictionnaire des sc. nat., Encyclopédie methodique, Favanne, Klein, Lamarck, Leske,
Linné, Risso, Rumph, Seba. Die Bestimmung der Arten
beruht auf der subjectiven Ansicht von D e s m o u l i n s,
und ist nicht überall maassgebend. Der grosse Fleiss,
welchen der Verf. auf diese Arbeit verwendet hat, verdient die vollste Anerkennung.

P h i l i p p i hat im Archiv für Naturgeschichte Taf. V,
Fig. 8, als er über die Abweichung von der Symmetrie
bei den regelmässigen Echiniden und von ihrem Wachsthum sprach, einen Theil der Echinocidaris aequituberculata abgebildet. Die Analgegend ist ziemlich gut ausgefallen, die Höcker sind viel zu klein, und scheinen nur
die Warze derselben darzustellen. Es kam ihm nur darauf an, die Anordnung in Reihen anzudeuten.

1840.

Ueber die zweite Ausgabe von L a m a r c k's Histoire

naturelle des animaux sans vertèbres, worin Dujardin die Echinodermen bearbeitet hat, ist hier nicht viel - zu sagen, da die der Gattung Echinocidaris zufallenden Arten bis auf die Hinzufügung einiger Synonyme unverändert geblieben sind. Wir können einfach auf das verweisen, was oben bei der ersten Ausgabe gesagt ist.

Grube beschrieb unter dem Namen Echinus neapolitanus Delle Chiaje eine Echinocidaris in seiner Schrift Actinien, Echinodermen und Würmer des Adriatischen und Mittelmeers, Königsberg 1840, p. 31. Es ist unzweifelhaft Echinocidaris aequituberculata. Grube findet den After von drei harten Klappen umgeben, erwähnt jedoch, dass Delle Chiaje deren vier zählte. Die Dreizahl kann sich nur auf eine Monstrosität beziehen.

1841.

In Descrizione e Notomia degli Animali Invertebrati della Sicilia citeriore. Tomo IV, Napoli 1841, p. 34 beschreibt Delle Chiaje wieder seinen Echinus neapolitanus, diesmal in italienischer Sprache. Die Abbildungen Tav. 118, fig. 11—22 sind Copien des im Jahr 1825 erschienenen Werkes. Ueber die Deutung der Species kann kein Zweifel bestehen.

1846.

In dem berühmten Catalogue raisonné des familles, des genres et des espèces de la classe des Echinodermes par L. Agassiz et Desor, welcher in den Annales des sciences naturelles, troisième serie tome VI erschien, ist p. 353 für unsere Gruppe der Desmoulins'sche Name Echinocidaris gewählt, während der Gray'sche Name Arbacia für fossile Arten verwendet worden ist. Letzteres war eine nicht berechtigte Willkür, da die Gattungen Echinocidaris und Arbacia sich vollkommen decken. Die Verf. unterscheiden zwei Subgenera. Sie nennen diejenigen Arten, welche einen nackten Stern auf der Oberseite tragen, Agarites, die ohne solchen nackten Stern Tetrapygus.

Zu Agarites zählen sie punctulata, stellata, Dufresnii, spatuligera und loculata. Ueber die Speciesbestimmung von punctulata und spatuligera hege ich keinen Zweifel. Ob die Verf. mit stellata dieselbe Art bezeichnet haben,

welche Blainville beschrieben hat, könnte zweifelhaft
sein, wenn es nicht sehr wahrscheinlich wäre, dass
Agassiz in Paris das Blainville'sche Exemplar in Händen
gehabt hätte. Ich muss in dieser Art Seeigel vermuthen,
die mit punctulata· nächst verwandt sind, und mit dieser
verwechselt werden konnten. Von den mir zugänglichen
Seeigeln kann ich keinen auf diese Art beziehen. Dufresnii und loculata sind kaum charakterisirt, man wird
sie also ohne Schaden und unbedenklich als Synonyme
führen können.

Dass die Untergattung Tetrapygus ebenso, wie die
Gattung Agarites Verschiedenartiges enthält, habe ich
bereits oben p. 304 dargelegt. So wie bei dieser E. spatuligera Val. wegen des anderen Verhaltens der Ocularplatten auszuscheiden ist, so muss bei Tetrapygus E. nigra
von den übrigen aus demselben Grunde getrennt werden.
Sie, wie aequituberculata, pustulosa und grandinosa sind
übrigens gut zu unterscheidende Arten.

Valenciennes hat in Voyage autour du monde
sur· la frégate la Venus par Du Petit Thouars Zoophytes
pl. V, fig. 2 eine vortreffliche Abbildung von Echinocidaris
spatuliger geliefert. Drei Ocularplatten erreichen das
Periproct, auf den Platten der Interambulakralfelder an
der Peripherie stehen ausser der Reihe der grossen Höcker
noch einige kleinere Warzenhöcker, über und unter der
Hauptreihe; die Aurikeln berühren sich am Ende nicht;
die Rückenstacheln sind klein, oval, die übrigen meist
am Ende breit, spatelförmig. Die Eigenthümlichkeit der
Art ist also nicht zweifelhaft. Die Lage der Ocularplatten nähert die Art an Echinocidaris nigra an, und
auch die Warzenhöcker ausser der Hauptreihe sprechen
für die Annäherung an E. nigra. Freilich scheint diese
Art einiger Variation unterworfen zu sein, da ich nicht
bei allen Exemplaren die Nebenhöcker auf den Interambulakralplatten finde. Auch die Ocularplatten dringen
nicht immer alle bis an den Rand des Periprocts vor,
zuweilen nur eine, die hintere der linken Seite.

1850.
Aradas, Monographia degli Echinidi di Sicilia. Ca-

tania 1850 und 1851 in Atti della Accademia Gioenica
ist mir nicht zugänglich geworden. Darin könnte nur
von der Mittelmeerischen Art Echinocidaris aequituberculata die Rede sein.

1851.

Busch schilderte in seinen „Beobachtungen über
Anatomie und Entwickelung einiger wirbellosen Seethiere.
Berlin 1851" p. 88 die Entwickelung des Echinocidaris
neapolitanus nach künstlicher Befruchtung.

1852.

Johannes Müller zählte in seiner vierten Abhandlung über die Larven und die Metamorphose der
Echinodermen p. 10 die Seeigel aus den Gattungen Echinus
und Echinocidaris auf, welche im Mittelmeer vorkommen,
darunter Echinocidaris aequituberculata Desmoulins. Er
fand ihn an der Dalmatischen Küste.

1854.

Die berühmte Abhandlung von Johannes Müller
„Ueber den Bau der Echinodermen," die soviel Einfluss
auf die bessere Erkenntniss der Organisation dieser Thiere
gehabt hat, hat sich nach ihrem ganzen Plane mit der
Unterscheidung von Gattungen und Species nicht beschäftigt, ist auch für unseren Zweck nur kurz zu erwähnen. Von Echinocidaris ist darin nur die Rede p. 26
bei der Besprechung der Füsschen, die bei allen Species
dieser Gattung zweierlei Art sind, auch ist daselbst die
Identität von Echinocidaris neapolitanus Delle Chiaje mit
E. aequituberculata anerkannt.

Gay hat in der Historia fisica y politica de Chile.
Zoologia Tomo VIII. Paris, Chile 1854, p. 417 die Gattung
Echinocidaris folgendermassen charakterisirt: Corpus sub-
conicum, tenue; tubercula imperforata, basi laevigata; foramina ambulacrorum bifariam disposita; spinae cylin-
dricae, tenuistriatae. Os maximum. Membrana buccalis
laminis decem munita. Anus superus, laminis quatuor
aequalibus tectus. Es werden dann zwei Arten dieser
Gattung beschrieben, E. spatuliger und nigra, gegen deren
richtige Bestimmung sich nichts einwenden lässt. Verf.
citirt zu nigra, ausser Agassiz und Molina, noch E.

purpurascens Val. Voy. Venus, was wohl richtig sein
wird, und pustulosus Desm. (non Lam.), was gewiss irrthümlich ist.

1855.

Johannes Müller beschreibt in seiner siebenten
Abhandlung über die Metamorphose der Echinodermen
p. 10 eine der Gattung Echinocidaris verwandte Larve,
die er als die Larve von E. aequituberculata deutet, da
das die einzige Art der Gattung im Mittelmeer ist.

In einem Arrangement of the families of Echinida,
Proceedings zool. soc. of London 1855, p. 35, abgedruckt
in Annals of natural history 17, p. 279, vergl. auch Archiv
für Naturgesch. 1857, II, p. 218, unterscheidet J. E. Gray
die Familien Cidaridae, Diademidae, Arbaciadae, Hippo-
noidae, Echinidae und Echinometradae. Die Familie,
welche uns hier interessirt, ist die der Arbaciadae. Sie
hat nach Gray's Charakteristik undurchbohrte Höcker,
schmale Ambulakralfelder, die Ambulakren mit einer
einzigen Reihe Doppelporen, kreisförmigen Körper und
kurze, solide Stacheln. Alles richtig, nur die kurzen
Stacheln passen nicht. Die vier Analplatten, und viele
andere Charaktere sind nicht erwähnt. In dieser Familie
nimmt dann Gray zwei Gattungen an: 1) Agarites, mit
stachellosen Flächen auf den Interambulakralfeldern.
2) Arbacia, die Interambulakralfelder sind ganz mit Stacheln bedeckt. Er acceptirt also einfach die Agassiz'schen
Subgenera, und ändert nur den Namen Tetrapygus Agass.
in Arbacia, beschränkt also seinen Namen Arbacia, den
er früher alle Arten dieser Familie umfassen liess, auf
einen Theil derselben. Der Name Echinocidaris bleibt
ganz unerwähnt. Wird durch diese Abänderung der
Name Arbacia, dessen Gültigkeit wir oben schon be-
leuchtet und in Zweifel gezogen haben, in ein besseres
Rechtsverhältniss gestellt? Ich glaube nicht. Vielmehr
hatte Gray nicht das Recht, den Namen Tetrapygus unberücksichtigt zu lassen, um seinen mindestens zweifel-
haften Namen Arbacia zu retten. Dass er als Autor selbst
diese neue Deutung vorgenommen hat, kann an dem
Rechte nichts ändern. Vor dieser Arbacia hat Tetra-

pygus jedenfalls die Priorität. Auf Species lässt sich Verf. nicht ein.

1857.

M. Sars erwähnte in Bidrag til kundskaben om Middelhavets Littoral-Fauna, Nyt Magazin for Naturvidenskaberne p. 110. Echinocidaris aequituberculatus ohne Beschreibung. Er sagt, diese dem Mittelmeer eigenthümliche Art sei bei Neapel ziemlich häufig an-den Felsen zwischen Balananen dicht unter dem Wasserspiegel, wo sie nicht selten trocken sitzt. Die Farbe ist dunkelbraun oder fast pechschwarz, die Höcker hellgelb, die Stacheln braunschwarz oder braunviolett oder fast ganz schwarz.

In demselben Jahre beschrieb Philippi im Archiv für Naturgesch. p. 130 vier neue Echinodermen des Chilenischen Meeres. Darunter befindet sich Arbacia oder Echinocidaris Schytei aus der Magellan-Strasse. Ich habe keinen Seeigel gesehen, den ich für diese Art nehmen könnte, und kann daher über die Berechtigung der Art nicht urtheilen. Ueber die Ocularplatten ist nichts gesagt. Die wesentlichen Charaktere setzt Verf. in den nackten Stern um das Periproct, vier Höcker auf jeder Interambulakralplatte, und dass die Oeffnung der Eileiter in einer Grube auf den ausgezeichnet runzligen Ovarialplatten liegt. Allem Vermuthen nach ist die Art wirklich eigenthümlich, und gehört in die Gruppe Agarites. Für die Eigenthümlichkeit spricht auch, dass die Höhe etwas grösser ist als der halbe Durchmesser. — Daselbst spricht Philippi auch über eine Art aus dem Norden Chiles, die er für E. spathuliger hält. Dies ist jedenfalls irrthümlich, da kein nackter Stern vorhanden sein soll. Das Vaterland lässt auf grandinosa und nigra schliessen, möglicherweise auf stellata im Blainville'schen Sinne. Von E. nigra muss abgesehen werden, da Philippi diese Art ausserdem als chilenisch aufzählt. Also werden wir wohl nicht fehlgreifen, wenn wir die Philippi'schen Bemerkungen auf grandinosa beziehen.

1858.

Desor, Synopsis des Echinides fossiles. Paris 1858, p. 112, giebt die Gattungscharaktere von Echinocidaris

Desm. Er sagt in einer Anmerkung, dass sich zwischen
den Agassiz'schen Untergattungen Agarites und Tetrapygus solche Uebergänge finden, dass er genöthigt ist,
sie vollständig aufzugeben.

1859.

Castelnau, Animaux nouveaux et rares, recueillis
pendant l'expedition dans les parties centrales de l'Amé-
rique du Sud, de Rio de Janeiro à Lima, et de Lima à
Para verzeichnete in Partie VII, p. 97 drei Arten der
Gattung Echinocidaris, ohne Beschreibung. Diese sind
E. pustulosus von Brasilien, aequituberculatus, die er bei
Madeira gefunden hat, und grandinosus von Peru.

1861.

Grube führt in seiner Schrift „Ein Ausflug nach
Triest und dem Quarnero" p. 76 und 130 Echinocidaris
aequituberculata (Echinus neapolitanus delle Chiaje) als
bei Cherso vorkommend an, ohne weitere Beschreibung.

1862.

Dujardin et Hupé, Histoire naturelle des Zoophytes
Echinodermes. Paris 1862. Ueber dieses Buch hat sich
die Kritik nicht eben günstig geäussert, und wenn ich
derselben auch keinesweges zu widersprechen vermag,
und es vollständiger und sorgfältiger bearbeitet gewünscht
hätte, so ist es doch nützlich, weil es mehr Material zusammengetragen hat, als bisher irgendwo in einem
Buche vereinigt gefunden wird. Man kann es benutzen,
wenn man dabei gehörige Vorsicht anwendet. Was die
Gattung Echinocidaris betrifft, so berufen sich die Verf.
auf Desor, welcher Uebergänge zwischen den Agassiz'-
schen Agarites und Tetrapygus constatirt habe, um diese
Subgenera aufzugeben. Für die Arten nehmen sie den
Pacifischen Ocean als das vorwiegende Vaterland an, da
die meisten Arten an der Westküste Amerikas leben,
während einige auch im Mittelmeer und im Atlantischen
Ocean vorkommen. Sie zählen 10 Arten auf, die sie jedoch nur oberflächlich charakterisiren und mit einer Synonymie begleiten, die grossentheils richtig genannt werden kann. Die Arten sind E. stellata, punctulata, Dufresnii, spatulifera, loculata, aequituberculata, pustulosa,

nigra, grandinosa und Scythei. Nur bei stellata, punctulata, Dufresnii und spatulifera sind einige charakterisirende Worte hinzugefügt, die jedoch nicht ausreichend sind, um die Arten erkennen zu lassen. Das ganze Buch ist eine Compilation, und so sind auch die Arten von Echinocidaris nicht auf eigener Beobachtung begründet, sondern aus den früheren Schriftstellern zusammengetragen.

Ueber die Flüchtigkeiten in der Synonymie nur noch einige Worte. Bei E. aequituberculata wird citirt Sars, Midd. Fauna Norw. 1857, p. 54, No. 30, sollte heissen Middelhavets Littoral-Fauna, 1857, p. 110, No. 30. Das Wort „Norw." muss gestrichen werden. Die falsche Seitenzahl 54 statt 110 ist aus einem Separatabdruck entnommen. Die Abhandlung erschien in Nyt Magazin for Naturvidenskaberne, und es wäre besser gewesen diese Zeitschrift zu citiren. Wer nicht in der Literatur bereits Bescheid weiss, wird sonst das Citat nicht finden. Freilich kommt in diesem Falle nicht viel darauf an.

Bei E. pustulosa steht Deslongchamps Encycl. méthod. t. 2, f. 591, was auf eine Abbildung schliessen lässt. Es muss heissen p. 591.

Zu E. nigra wird citirt Echinus pustulosus Desmoulins (non Lamarck), was ganz unbegründet ist, da Desmoulins bei seiner pustulosa Lamarck citirt. Dann wird die Encyclopedie méthodique pl. 141, fig. 6, 7 citirt; sie gehört als Copie von Klein doch gewiss zu pustulosus, ist also hier gleichfalls zu streichen.

1863.

Alexander Agassiz veröffentlichte im Bulletin of the Museum of Comparative zoology No. 2 ein Verzeichniss der Echinoderms sent to different Institutions in Exchange for other Specimens, with Annotations. In demselben unterscheidet er die Gattungen Echinocidaris Desm. = Agarites Ag. und Arbacia Gray (non Ag.) = Tetrapygus Ag. Von Echinocidaris ist E. punctulata von Süd-Carolina genannt und zwei neue Arten sind aufgestellt: 1) E. Davisii, von punctulata durch eine grössere Anzahl von dicht zusammen gedrängten Höckern unterschieden; Stacheln ganz kurz, die Granulation um die

Haupthöcker sehr hervorragend; Farbe der Schale und
der Höcker dunkel violett, fast schwarz; Höcker in den
Ambulakralfeldern sehr gedrängt, von Massachusetts, süd-
lich vom Cap Cod. 2, E. incisa Abactinal-System sehr
vorstehend, Nähte zwischen den Platten sehr deutlich;
Höcker gross, Stacheln kurz, stark, Farbe gelblich-braun,
von Guayamas, Panama. Von Arbacia werden angeführt
A. nigra und aequituberculata, erstere von Mejillones,
letztere von Fayal. Nach diesen kurzen Beschreibungen
ist es schwer zu bestimmen, ob die beiden neuen Arten
wirklich als eigene Arten bestehen können. E. Davisii
scheint nach Agassiz eigener späterer Ansicht nur Localvarietät von punctulata zu sein, E. incisa zieht Verrill,
s. unten, zu stellata. Von Davisii habe ich Exemplare,
die von Agassiz herrühren, im Stuttgarter Museum
gesehen.

Ueber die Gattung Parasalenia, welche A. Agassiz
daselbst p. 22 aufstellte, die durch die vier Analplatten
mit Echinocidaris, sonst mit Echinometra übereinstimmen
soll, habe ich mich schon oben p. 300 ausgesprochen, und
dieselbe als Jugendzustand von Echinometra anerkannt.
Sie gehört demnach nicht hierher.

In demselben Jahre hat Alexander Agassiz auch
in Proceedings of the Academy of natural sciences of
Philadelphia p. 352 eine Synopsis of the Echinoids col-
lected by Dr. W. Stimpson on the North Pacific Explo-
ring Expedition, under the Command of Captains Ring-
gold and Rodgers bekannt gemacht. Daselbst p. 355 ist
wieder Parasalenia gratiosa genannt, und zwar in einer
Reihenfolge, zwischen Colobocentrotus und Echinometra,
welche zu erkennen giebt, dass Agassiz diese neue
Gattung näher zu Echinometra als zu Echinocidaris stellt,
also selbst nicht die vier Periproctplatten als ausreichen-
den Charakter ansieht, um seine vermeintliche Gattung
in die Familie der Echinocidariden zu stellen. — Arbacia
aequituberculata kommt hier wieder vor, mit Madeira
und den Cap-Verdischen Inseln als Vaterland. — Verf.
stellt p. 358 die Gattung Temnotrema auf, welche ich oben
p. 299 für den Jugendzustand von Temnopleurus erklärt habe.

Lütken beschrieb in Videnskabelige Meddelelser fra den naturhistoriske Forening i Kjöbenhavn for Aaret 1863, p. 97 die Echinocidaris punctulata von Südcarolina unverkennbar. Er fügt über diese und einige andere Arten folgende Bemerkung hinzu, die bei der gründlichen Kenntniss des Verf. wohl zu beachten ist:

„Nach Lamarck's. Beschreibung ist es kaum zweifelhaft, dass er jüngere Exemplare dieser Art vor sich gehabt hat, obgleich er sie nach dem indischen Ocean verlegt. ' Die anderen von Lamarck und Blainville beschriebenen Echinocidaris-Arten (E. stellata, Dufresnii, loculata, aequituberculata und pustulosa) sind dagegen noch sehr unvollständig bekannt. Was E. pustulosa betrifft, so bemerkt Lamarck, dass Klein t. XI, fig. A, B, C wahrscheinlich auch zu dieser Art gehört, aber dass Fig. D (die einzige, welche er wirklich zu E. pustulosa citirt), doch am besten das Individuum wiedergiebt, welches er vor Augen hatte. Ueber diese Figur, welche von Blainville sowohl bei E. pustulosa wie bei E. loculata citirt wird, von der ich aber annehme, dass sie E. punctulata darstelle, wird jedoch zwei Seiten vorher bemerkt, dass sie vielleicht zu dieser letzten Art gehöre. Man scheint hiernach vermuthen zu können, dass Lamarck's punctulata und pustulosa nur eine und dieselbe Art seien; und wenn die genannte Figur endlich von Blainville mit Recht zu E. loculata gezogen worden ist, würde diese Art dasselbe Schicksal haben. Und ist nun E. Dufresnii, nach Blainville von Terre neuve, nach Agassiz Desor Catal. rais. von Cumana (Antillen), wirklich verschieden? — Klein's Figuren A—C, die wie gesagt von Lamarck bei E. pustulosa citirt werden, stellen meiner Meinung nach die mittelmeerische E. aequituberculata Blv. dar, und dasselbe gilt, wie ich glaube, von der als Ech. pustulosus in Blainville's Act. t. 20, fig. 2 (copiert in Cuvier's Regne animal t. 13, f. 3) gegebenen Figur. Es besteht somit noch eine bedeutende Unsicherheit in Beziehung auf verschiedene Arten dieser Gattung; die Zahl der aufgestellten Arten wird wahrscheinlich zum Theil reducirt werden. Aus dem atlan-

tischen Ocean und seinen Buchten kenne ich nur zwei:
E. aequituberculata im Mittelmeer und vermuthlich zugleich an südeuropäischen Küsten des atlantischen Oceans,
und E. punctulata an den südlichen Freistaaten, und ich
bin sehr geneigt zu glauben, dass, in Wirklichkeit daselbst nicht mehr als diese beiden Arten bekannt sind."

So sehr ich dieser Erörterung Lütken's nach dem
dermaligen Zustande der Kenntniss der Echinocidaris-
Arten die Berechtigung zusprechen muss, zumal ich früher
dieselbe Ansicht hatte, so bin ich doch zu anderen Resultaten gekommen. Mir sind ausser punctulata von den
Antillen und aequituberculata aus dem Mittelmeer und bis
nach den Azoren noch zwei Arten des atlantischen Oceans
bekannt, die ich für pustulosa und loculata halte. Erstere
scheint an der brasilianischen Küste zu leben, letztere
besitzt das Bonner Museum von der Goldküste. Die
Exemplare, die aus der Klein'schen Sammlung herstam-
men, und die mir Herr Prof. Ehlers anvertraut hat, wie
ich bereits oben aus einander gesetzt habe, zeugen dafür,
dass Klein punctulata und pustulosa besessen hat, und
dass pustulosa von aequituberculata verschieden ist. Das
letztere lässt sich auch an den Abbildungen erkennen,
wenn man erst auf die Differenz aufmerksam geworden ist.

In demselben Aufsatze behandelt Lütken p. 128
die Echiniden der Westküste Amerikas. In der nament-
lichen Aufzählung der Arten werden Echinocidaris stellata Blv., longispina n. sp., purpurascens Val., spatuligera
Val., grandinosa Ag., Schythei Phil. genannt, von denen
Verf. jedoch nur longispina und purpurascens im Kopen-
hagener Museum zu Gebote standen.

Die neue Art longispina wird fraglich mit stellata
als identisch bezeichnet. Die Beschreibung ist im Vergleich zu punctulata angefertigt, und zwar mit jüngeren
Exemplaren, da die Exemplare der neuen Art nur 30 Mm.
im Durchmesser hatten, und Verf. angiebt, dass sich einige
Merkmale mit dem Alter verändern. Die Höcker der
Ambulakralfelder sind oben kleiner, aber doch auch deutlich in zwei Reihen geordnet. Von den grossen mit der

Basis fast zusammenstossenden, aber doch von einzelnen Granula umgebenen Interambulakralhöckern stehen auf jeder Platte zwei, auf den vier oder fünf obersten nur einer, es ist also ein nackter Stern vorhanden. Ueber die Lage der Ocularplatten ist nichts gesagt; indessen ist es wohl kaum zweifelhaft, dass die Art zu unserer Untergattung Agarites gehört. Nach diesen Merkmalen gehört die Art weder zu punctulata, noch zu Dufresnii, alternans, oder loculata. Ob sie mit stellata zu vereinigen ist, oder nicht, kann ich um so weniger entscheiden, als ich keine echte stellata kenne, d. h. ein Stück, welches ganz auf die von stellata gegebenen Beschreibungen passte. Was die Farbe betrifft, so sagt Verf.: Wenn die Schale von ihrem schwärzlichen Ueberzuge befreit ist, ist sie hübsch gezeichnet, oder würfelig von dunklem rosenroth und weiss oder hellroth; auf jeder Interambulakralplatte, besonders mitten unterhalb des oberen Theils der Felder, findet sich nämlich ein grosser, scharf begrenzter rother Fleck, und von derselben Farbe finden sich an anderen Stellen der Schale mehr oder minder deutliche Flecken und Streifen, z. B. längs der Ambulakren unterhalb. Diese rothe Farbe spricht allerdings für stellata. Ich nehme also vorläufig an, dass longispina = stellata ist.

In derselben Abhandlung p. 157 hebt Lütken hervor, dass wenn die drei Porenpaare der schrägen Reihen eine senkrechte oder fast senkrechte Stellung annehmen, dieselben eine fortlaufende oder nur wenig gebogene Linie bilden, in der sich die trigeminate Anordnung weniger leicht erkennen lässt. So ist es bei Diadema und bei den meisten Echinocidaris. Nur E. purpurascens Val., die er mit nigra Ag. identificirt, ist es anders; da stehen in dem obersten Bogen 3, dann meist 4, in den untersten 5—6 Porenpaare in jeder Reihe. Ich erkenne diese Anordnung der Porenpaare bei E. nigra an. Bei E. spathuligera ist es anders, sie sind trigeminat. Ich stimme auch Lütken bei, dass dieser Umstand E. nigra nicht in die Familie der polygeminaten Seeigel, also der Toxopneustiden verweisen darf, sehe aber darin einen ferneren Grund, dieselbe als eigene Gattung aufzufassen.

1867.

Verrill lieferte in Transactions of the Connecticut
Academy of arts and sciences Vol. I, Part 2 eine ausge-
dehnte Arbeit über die Radiata in the Museum of Yale
College, with descriptions of new genera and species. -

Er beschreibt in dem Abschnitt über die Echinodermen
von Panama und der Westküste Amerikas p. 298 Echinocidaris stellata, zu welcher er Echinocidaris incisa A.
Agass. und longispina Lütken als Synonyme zieht. Er
hat zahlreiche Exemplare vor sich gehabt von Californien
bis nach Chile hinab. Keine Ocularplatte erreicht das
Periproct, ein nackter Stern auf den Interambulakralfeldern, an der Peripherie 6 Reihen Höcker, die nicht
gedrängt stehen, die Höcker beider Reihen der Ambulakralfelder werden oben sehr klein und schwinden bevor
sie die Ocularplatten erreichen. Die Farbe ist an getrockneten Exemplaren grau oder purpurbraun, in pur-
purweiss oder rosa abändernd, die untere Hälfte tief purpurfarbig, auf dem nackten Stern doppelte Reihen eckiger
Flecke. Es scheint, dass die rothe Farbe charakteristisch
für diese Art ist.

Dann folgt p. 300 die Beschreibung von Echinocidaris spatuligera, welche die Species vollkommen kenntlich macht. Die Ocularplatten trennen meist die Genitalplatten, mit Ausnahme der beiden neben der Madreporenplatte liegenden. Von den Höckern auf den Interambulakralplatten über und unter der Hauptreihe, wie
sie Valenciennes abbildet, thut Verf. keine Erwähnung.
Ich schliesse daraus, dass dieselben nur ausnahmsweise
vorkommen.

Arbacia nigra Gray wird ferner p. 301 erwähnt.
Zu ihm citirt Verf. Echinus purpurascens Val. und fraglich grandinosus Val.

In dem Abschnitt über die geographische Verbreitung der Echinodermen an der Westküste Amerikas verzeichnet Verrill die Arten, welche an den verschiedenen Localitäten gefunden sind. In der Margarita Bay
und Cape St. Lucas, bei Acapulco, Mazatlan und in dem
Meerbusen von Californien, an der Westküste von Cen-

tralamerika und in dem Meerbusen von Panama an der
Westküste von Ecuador und dem südlichen Theil von
Neu-Granada, bei Zorritos in Peru kommt nur Echinocidaris stellata vor; dagegen in Peru von Paita und südwärts Echinocidaris stellata, spatuligera, nigra und grandinosa; an der Küste von Chili Echinocidaris spatuligera
und nigra; an der Südspitze von Südamerika und den
benachbarten Inseln Echinocidaris Schythei.

1866.

Stewart schrieb in Transactions of the Linnean
Society of London XXV, p. 365 über die Spicula der
Echinoideen. Er war nicht im Stande solche bei Arbacia
zu finden, obgleich er die Füsschen, den Darm, und die
Ovarien darauf sorgfältig untersucht hat.

1868.

Heller beschrieb in seiner Abhandlung „Die Zoo-
phyten und Echinodermen des Adriatischen Meeres," herausgegeben von der zoolog.-botan. Gesellschaft in Wien,
p. 67 Echinocidaris aequituberculatus von Lesina und Lissa.

1869.

Charles Desmoulins hat sich in den Actes de
la Societé Linnéenne de Bordeaux 27. Bd. Juli mit den
Stacheln der Echinocidaris beschäftigt und sieht in dem
eigenthümlichen Anhange an der Spitze der grösseren
Stacheln, der glänzend, gleichsam lackirt erscheint, ein
Mittel zur Unterscheidung der Species. Er besass die
Stacheln nur von vier Arten, deren Spitzen denn auch
stark vergrössert abgebildet sind. E. punctulata hat auf
dem fast spatelförmigen Anhange ausser einem Rand-
wulste noch ein bis drei Leisten an der Bauchseite, und
eine oder zwei Leisten an der Rückenseite. Bei E. loculata ist der Anhang stumpf spiessförmig, unten mit
einer grossen Leiste nebst Rudimenten von Leisten oder
Riefen, oben nur mit Riefen. E. nigra hat an vielen Stacheln einen schief gestellten Anhang, der oval und unten
mit einem Wulste umgeben ist; die ovale Scheibe ist mit
mehreren (3—7) unregelmässigen, unterbrochenen zuweilen
anastomosirten, parallelen Runzeln versehen, die von der
Basis nach der Spitze der Scheibe verlaufen, und ihr

das Ansehen einer Madreporenplatte der Seesterne geben. Diese Art ist die einzige der hier beschriebenen, welche nur undeutlich zwischen den Runzeln mit äusserst feinen Punkten versehen ist. E. aequituberculata unterscheidet sich von loculata dadurch, dass der Anhang an der Rükkenseite viel kürzer ist, kaum übergreifend, und dass die Bauchseite mit einer dicken Wulst gerandet ist; an der Bauchseite ist nur eine dicke Leiste in der Mitte, welche ganz oder durch eine Längsfurche getheilt ist. — Von grandinosa besitzt Verf. keine authentischen Exemplare; die er dafür hält, sind ähnlich denen von E. nigra. — Die interessanten und neuen Resultate dieser kleinen Arbeit fordern zu weiteren Untersuchungen der Stacheln der Echinocidaris nicht nur, sondern der Seeigel überhaupt auf. Es ist keinem Zweifel unterworfen, dass ein genaues Studium derselben manche Eigenthümlichkeiten erkennen lassen wird, die für die sichere Unterscheidung der Arten von Einfluss sein werden.

Im Bulletin of the Museum of comparative Zoology p. 253 berichtete Alexander Agassiz über die im Tiefwasser zwischen Cuba und Florida durch de Pourtales beim Schleppnetzfange erlangten Seeigel und Seesterne. Er sagt in der Aufzählung der Arten, p. 257, dass die gesammelten Exemplare ihn überzeugt haben, dass seine Echinocidaris Davisii nur eine Localvarietät von punctulata sei. Er bemerkt: „Alle Echinocidariden sind schwierig zu unterscheiden, da dieselbe Species in Zahl und Anordnung der Höcker sehr variirt; und die Charaktere, durch welche Davisii von punctulata getrennt war, finden sich bei der grossen Reihe junger Exemplare, wie sie Pourtales bei Cap Fear in Nord-Carolina gesammelt hat, nicht beständig. Lütken betrachtet Echinocidaris pustulosa Lam. als eine Nominal-Species; eine ganze Anzahl Exemplare sind durch die Thayer-Expedition von Brasilien mitgebracht worden. Es ist möglich, dass eine noch grössere Reihe die Identität mit punctulata nachweisen könnte, aber nach dem vorhandenen Material muss ich sie als eine gute, eng mit aequituberculata verbundene Art betrachten. Ich bin geneigt, anzunehmen, dass die verschiedenen Arten der Westküste sich in zwei, oder höchstens drei Species zusammenziehen lassen, nämlich E. stellata und nigra, vielleicht E. spatuligera."

So sehr ich dem Urtheil Agassiz' über die Identität von E. Davisii mit punctulata, nachdem ich ein von Agassiz herstammendes Exemplar von Davisii im Museum zu Stuttgart gesehen habe, und über die Verschiedenheit von E. pustulosa von punctulata, nach Ansicht des Klein'schen Original-Exemplares, wonach sich sogar die Möglichkeit der Uebereinstimmung ausschliesst, beistimme, so wenig kann ich seinen letzten Ausspruch als begründet annehmen, dass sich die westlichen Arten auf zwei oder drei reduciren lassen. E. nigra und spatuligera sind jedenfalls sehr eigenthümliche und leicht zu erkennende Arten. Alle übrigen Arten in stellata zusammen zu fassen, ist gewiss unthunlich. E. Dufresnii und alternans sind durch den nackten Stern mit stellata nächst verwandt und gehören mit ihr in die Gattung Agarites, aber ich glaube sie sind nicht identisch mit ihr; E. grandinosa gehört in die Gattung Echinocidaris und ich wüsste nicht, wie die Variation so gross sein könnte, um sie mit stellata oder einer der übrigen genannten Arten zu vereinigen.

Bei Echinocidaris punctulata wird Holmes P. F. pl. 2 citirt, und zwar Echinus punctulata fig. 5 und Anapesus carolinus fig. 2. Leider kenne ich diese Schrift nicht.

Was Alexander Agassiz weiter unten in derselben Abhandlung p. 283 von dem Wachsthum der jungen Echinocidaris angiebt (vergl. die Uebersetzung in unserem Archiv 1870, p. 132), ist sehr interessant, bezieht sich aber weniger auf die Unterscheidung der Arten. Gegen die Ausführung, dass die Trennung der Gruppen mit nackten oder bestachelten Interambulakren nicht natürlich sei, und dass man sehr häufig junge Echinocidaris punctulata finde, welche für junge Arbacia gelten könnten und junge Arbacia aequituberculata, welche man für junge Echinocidaris nehmen könnte, kann ich die Bemerkung nicht unterdrücken, dass sie mir nicht beweiskräftig erscheint. Zugegeben, dass die Thatsache richtig sei, so scheint mir das früheste Jugendstadium nicht entscheidend zu sein.

Jugendzustände können scheinbar sehr ähnlich sein, und sich doch sehr verschieden entwickeln, und man wird exclusive und constante Differenzen der Erwachsenen nicht abweisen können, selbst wenn sie sich aus Aehnlichem, scheinbar Gleichem entwickelt haben. Im Samen und in den ersten Zuständen nach dem Keimen wird man nahe verwandte Pflanzen, im Ei und den ersten Entwickelungsphasen wird man Thiere vielleicht kaum unterscheiden können, während sie doch im ausgebildeten Zustande bestimmte, oft grosse Verschiedenheiten darbieten, die eine specifische Gleichstellung nicht erlauben. Das wird von Arten, noch mehr von Gattungen gelten. Wenden wir es auf unseren Fall an. Die dem Peristom nächst gelegenen Platten entwickeln sich beim jungen Seeigel zuerst. Sie sind vollständig mit Stacheln besetzt, erst die später entstehenden, dem dorsalen Pol genäherten Platten haben bei Agarites den nackten Theil. Wie soll man also bei ganz jungen Exemplaren schon den Charakter wahrnehmen können, der sich erst später ausbildet? An dem eben geborenen Säugethier kann man das spätere Gebiss, an dem eben dem Ei entschlüpften Vogel kann man die Befiederung nicht beobachten, weil beides noch nicht existirt, und doch hat das Gebiss der erwachsenen Säugethiere, das Gefieder der erwachsenen Vögel den grössten Werth für die Unterscheidung von Arten und Gattungen. Aehnlich ist es auch bei den niederen Thieren, und ich meine, Agassiz hätte dem bei seinen Schlussfolgerungen in seiner so schönen und wichtigen Abhandlung über die Jugendzustände der Seeigel nicht genügende Rechnung getragen.

1871.

In der Abhandlung von Lovén über den Bau der Echinoideen, der in Öfversigt af kongl. Vetenskaps-Akademiens Förhandlingar 1871, No. 8 erschien und von der die Uebersetzung im Archiv für Naturgeschichte 1873 p. 16 abgedruckt ist, ist auch auf die Echinocidaris Rücksicht genommen. Zunächst ist hervorzuheben, dass Lovén ein eigenthümliches Organ nahe dem Peristom entdeckt hat, welches er als Geschmacksorgan ansprechen möchte.

Es sind kleine Kügelchen, die regelmässig angeordnet sind, und die er Sphäridien nennt. Echinocidaris weicht dadurch von allen übrigen regulären Seeigeln ab, dass in jedem Ambulakrum nur ein einziges Sphärid vorhanden ist, das in einer runden Nische in der Naht, ganz nahe dem Rande steht. Diese Eigenthümlichkeit wird also unter die Charaktere der Familie aufzunehmen sein und ist ein neuer Zeuge für die Selbstständigkeit der Familie. Ich habe mich bei mehreren Arten von der Richtigkeit überzeugt, gewissermassen bei allen, da wenn auch das Sphärid selbst an den trockenen Exemplaren verloren gegangen ist, doch die Nische, in welcher es sich befand, überall leicht zu erkennen ist. — Weiter unten (Archiv p. 63) spricht Verf. von dem Verhalten der Ocularplatten zu den Scheitelplatten (Genitalplatten). Er sagt, anfänglich seien die Ocularplatten ganz von der Analhaut getrennt, weil sich die Genitalplatten berühren, später schiessen sie zwischen die Genitalplatten hinein. Dass in dieser Hinsicht bei den Arten und Gattungen constante Verschiedenheiten herrschen, und dass das Verhalten der Ocularplatten daher einen vortrefflichen Gattungscharakter, zuweilen sogar Familiencharakter abgiebt, scheint er nicht erkannt zu haben, wenigstens hat er es nicht ausdrücklich hervorgehoben.

1872.

Greeff sagt in seiner kleinen Schrift „Madeira und die Canarischen Inseln in naturwissenschaftlicher besonders zoologischer Beziehung, Marburg 1872" p. 13, dass dort ziemlich häufig einige Arten von Echinocidaris vorkommen. Es ist zu vermuthen, dass es nur eine Art, nämlich Echinocidaris aequituberculata ist, von der Verf. auch einige Exemplare dem Bonner Museum verehrt hat.

Verrill giebt in Dana und Silliman American Journal of science and arts III, 1872, p. 438 an, dass Echinocidaris punctulata im Mexikanischen Meerbusen bis Long Island Sound und Vineyard Sound vorkomme.

Während diese meine kleine Abhandlung bereits im Druck war, kam mir durch die Güte des Verf., die grosse mit prächtigen Abbildungen geschmückte Arbeit

von Alexander Agassiz zu: „Revision of the Echini
Parts I—II," welche in dem Illustrated Catalogue of the
Museum of comparative Zoology at Harvard College 1872
erschienen ist. Dem Verf. steht ein ungemein reiches
Material zu Gebote, und er hat auf einer Reise zu den
meisten Europäischen Sammlungen ausserordentlich viele
Arten, selbst in Original-Exemplaren, gesehen, so dass
ihm darin kein Anderer gleich kommt. So schien es
mir anfänglich wahrscheinlich, meine Publication werde
durch das Agassiz'sche Werk ganz überflüssig werden.
Bei näherer Einsicht des Werkes, soweit es sich auf die
Familie der Echinocidariden bezieht, sehe ich jedoch,
dass Agassiz zu etwas anderen Resultaten in der Beurtheilung der Arten gekommen ist, als ich, und ich muss
versuchen, meine gewonnene Ansicht zu rechtfertigen.

In dem vorliegenden Part I und II, dem noch Part III
und IV folgen sollen, sind die Arten noch nicht beschrieben, wenigstens nur zum kleineren Theil, nämlich
nur die von der Ostküste der vereinigten Staaten. Indessen in einem Abschnitt, Synonymy überschrieben,
ersieht man, dass Verf. in der Gattung Arbacia Gray,
welchem Namen er die Priorität giebt, nur 6 Arten unterscheidet, nämlich 1) Arbacia Dufresnii, wozu Echinocidaris Schythèi Phil. gezogen wird, 2) Arbacia nigra,
wozu E. pustulosa Desm. 1837 und purpurascens Val. gezählt werden, 3) Arbacia punctulata mit Einschluss von
E. Davisii Ag., 4) Arbacia pustulosa, womit aequituberculata, loculata, neapolitana und grandinosa identificirt
werden, 5) Arbacia spatuligera und 6) Arbacia stellata,
wozu incisa Ag. und longispina Lütk. gehören.

Gegen diese Synonymie habe ich nur bei Arbacia
pustulosa eine Einwendung, indem ich aequituberculata,
loculata und grandinosa für eben so viele verschiedene
Species halte. Ich halte die Differenzen für erheblich
genug, um sie zu unterscheiden, und werde darin bestärkt,
weil die geographische Verbreitung gleichfalls für Trennung spricht: E. pustulosa lebt in Brasilien, aequituberculata im Mittelmeer, loculata an der africanischen Küste
und grandinosa an der Westküste Amerikas.

Die bereits oben besprochenen Agassiz'schen Genera Parasalenia und Temnotrema, die ich aus der Familie Echinocidaridae ausweisen musste, hält auch Agassiz in dieser neusten Schrift nicht in der Familie fest. Parasalenia stellt er als eigene Gattung dicht neben Echinometra, und Temnotrema zieht er zu Temnopleurus, indem er seine Temnotrema sculpta als Synonym zu Temnopleurus Hardwickii bringt, wozu er auch Temnopleurus japonicus Mart. zieht.

Dagegen setzt er seine Gattungen Podocidaris und Coelopleurus neben Arbacia in unsere Familie. Beide sind hier beschrieben. Sie sind jedenfalls generisch von Echinocidaris verschieden. Ob sie wirklich derselben Familie angehören, muss ich vorläufig dahin gestellt sein lassen, da ich keine Exemplare gesehen habe, und mich nur auf die nun vorliegende Agassiz'sche Beschreibung beziehen kann. Wir wollen sie hier etwas näher betrachten, da ich bei der Beschreibung der Species, die im nächsten Jahrgange des Archiv folgen soll, nicht wieder auf sie zurückkommen kann.

Von seinem Coelopleurus floridanus kennt Verf. nur Fragmente der Stacheln, die er generisch feststellen zu können glaubt, seit er in Paris den Keraiophorus Maillardi Michelin von Isle de Bourbon hat studiren können. Er meint seine Stacheln stimmen mit denen von Keraiophorus überein, unterscheiden sich jedoch in so weit, dass sie einer anderen Species angehören. Es ergiebt sich, dass die Gattung Coelopleurus noch auf sehr unsicherer Basis ruht. Die Charaktere der Gattung fasst Verf. folgendermassen, wobei nicht ausser Acht zu lassen ist, dass er nur die Stacheln kennt, und aus ihnen nur die Identität des übrigen Thieres mit dem Seeigel von Isle de Bourbon vermuthet: General appearance of Arbacia; narrow poriferous zone, simple pairs of pores above ambitus, tubercles imperforate and not crenulate. Actinostome small, not cuts; tubercles of median ambulacra have a broad bare space entirely covered by minute granulations, forming undulating zigzag lines from one side of the interambulacrum to the other. The tubercles of

ambulacra extend to the apex in two more or less irregular vertical rows. — Sutural impressions along median
line, at junction of ambulacral plates only on the actinal
side, do not extend to the ambitus. The spines, as far as
the are known from the only living species, are extraordi-
nary, far surpassing in length those of the Diadematidae
in proportion to the test. They are long, curved trian-
gular spines, tapering very gradually, while on lower
surface they resemble those of the other Arbaciadae, and
have the same cellular structure so characteristic of Arbaciadae. Outline of test less conical chan in Arbacia.

Das kleine Peristom, die Sutural-Eindrücke, und
die langen dünnen Stacheln, die den Fühlhörnern der
Cerambyciden verglichen werden, passen wenig zur Gattung Echinocidaris.

Der Gattungscharakter von Podocidaris ist schon
oben p. 302 mitgetheilt. Aus ihm ergiebt sich, dass die
Gattung Podocidaris nicht zur Gattung Echinocidaris gehören kann, und es ist kaum anzunehmen, dass sie ein
Jugendzustand sei, der sich noch in eine wirkliche Echinocidaris umwandeln könnte. Für die Verschiedenheit
spricht besonders die Gestalt des Peristoms mit wenig
tiefen aber ziemlich scharfen Einschnitten, ferner dass
sich die einfache Porenreihe der Ambulakren am Peristom nicht verbreitert. Für den Eintritt in die Familie,
neben Echinocidaris in weiterem Sinne, sprechen allein
die vier Analplatten. Die grössten Exemplare der Art,
Podocidaris sculpta, messen nur 11 Mm. im Durchmesser.

Verf. fügt in einer Note hinzu, das Genus repräsentire Temnopleurus unter den Arbaciadae; es sei nahe
verwandt mit Glypticus, wo sich die primären Höcker
allmählich in unregelmässige Leisten umändern, und den
oberen Theil der Schale bedecken.

Die ausführliche Beschreibung der Arten der alten
Gattung Echinocidaris lasse ich im nächsten Jahrgange
folgen.

Monographie der Eurychoriden (Adelostomides Lac.).

Von

Dr. Haag-Rutenberg

in Frankfurt a. M.

Die Familie der Eurychoriden ist eine der natür-
liebsten und bestbegrenzten Gruppen unter sämmtlichen
Tenebrioniden. Sie ist ausgezeichnet durch das Kinn,
das den Ausschnitt, in welchem es sitzt, vollkommen
ausfüllt, so dass nur die äussersten Spitzen der Mandibeln und Taster sichtbar bleiben, durch den meistens
tief in das Brustschild eingelassenen Kopf, durch die
vollkommen getheilten Augen und endlich durch die
10gliedrigen Fühler. Sie steht in nächster Verwandtschaft mit den Stenosiden und ihre kleineren Formen
zeigen auch grosse Aehnlichkeit mit dieser Gruppe, wie
z. B. Herpsis mit Stenosis oder Geophanus mit Hexagono-
cheilus, welch letztere Gattung ja auch getheilte Augen
und verbreitertes Halsschild hat, stets aber unterscheiden
sie sich durch die 10gliedrigen Fühler. Lacordaire
spricht (Genera d. Col. Band V. p. 100) von einem
neuen Leconte'schen Genus Dacoderus und vermuthet,
dass dasselbe eine Zwischenform von Eurychoriden und
Stenosiden bilden dürfte. Nach der Beschreibung ist
nun allerdings die Kinnbildung wie bei Eurychora, dagegen sind die Augen ungetheilt und was die Fühler
betrifft, so konnte ich darüber nicht ins Klare kommen,
da ich das Genus in Natur nicht kenne und Lacordaire

in der Diagnose von 11 Gliedern spricht (4—10 trans-
versaux, 11 arrondi), in der Anmerkung dagegen sagt:
on voit que le genre a commun avec les Adelostomides
des autennes de dix articles. Es ist also jedenfalls hier
irgendwo ein Irrthum untergelaufen, ich glaube aber,
und Lacordaire neigt sich auch zu dieser Meinung,
dass wegen des Vaterlandes Californien Dacoderus eher
zu den Stenosiden zu stellen sei, denn bis jetzt kennt
man keine Eurychoridenform aus der neuen Welt.

　　Lacordaire nannte die Gruppe die Familie der
Adelostomiden. Ich bin ihm darin nicht gefolgt, weil meines Erachtens nach eine Familie den Namen des Genus
führen muss, in dem die Familienkennzeichen am deutlichsten ausgeprägt sind. Eurychora ist nun ohne Zweifel
das Genus, in dem dies am meisten der Fall ist; nebenbei ist es auch das an Arten bei weitem zahlreichste
und fast 40 Jahre früher aufgestellt, als Adelostoma.
Letztere Gattung dagegen umfasst nur die kleinsten
Arten der Familie und zeigt überdies noch Uebergangsformen zu anderen Gruppen auf; sie hat nur das für
sich, dass der einzige europäische Repräsentant der ganzen Familie in dasselbe fällt, dies ist aber, da wir nicht
specielle Entomologie treiben, kein Grund, die ganze
zahlreiche Familie danach zu benennen.

　　Ebenso habe ich die Familie nicht, wie Lacordaire, in 2 Theile, in ächte Adelostomiden und Eurychoriden getheilt, sondern die Gruppe als eine ganze
behandelt, denn nach den neueren Entdeckungen ist diese
Lacordaire'sche Eintheilung unhaltbar, da sich bei den
kleinen Arten vollkommene Uebergänge von dem in das
Halsschild eingelassenen bis zum vollkommen freistehen-
den Kopfe nachweisen lassen.

　　Nach dem v. Harold und Gemminger'schen Cata-
log waren bis 1869 6 Gattungen und 25 Arten beschrieben. Hierzu kommen die neueren Publicationen von
Fähraeus, Gerstäcker, Kirsch und Baudi, wodurch die Anzahl der Gattungen auf 7 und die der Arten auf 32 stieg. Von diesen letzteren fallen durch
Synonyme 8 und als Varietäten 3 weg, so dass noch

7 Gattungen und 24 Arten bleiben. In dieser kleinen
Arbeit nun werden 15 Gattungen und 55 Arten ohne
die Varietäten aufgeführt, so dass der Zuwachs bei der
verhältnissmässig kleinen Familie nicht unbeträchtlich
genannt werden kann. Die Arten selbst sind fast sämmtlich auf Afrika beschränkt. Zwei finden sich in dem
anstossenden Theile Asiens, in Arabien und Syrien und
eine endlich in Europa. Schliesslich erlaube ich mir,
allen den Herren, die so freundlich waren, mich bei
dieser Arbeit mit Material zu unterstützen, meinen ver-
bindlichsten Dank auszusprechen, namentlich den Herren
Fred. Bates, vom Bruck, Deyrolle, Dohrn,
Gerstäcker, Gestro, Javet, de Marseul,
Kraatz, Pictet, Redtenbacher und Stål.

Tabelle zur Bestimmung der Gattungen.

Endstacheln der Schienen deutlich (grosse Arten) . . 1
„ „ „ undeutlich (kleine Arten) . . 6
1. Fühler dick und kräftig 2
„ verhältnissmässig dünn und kurz . . . 4
2. Fühlerglied 3 so gross als 4 und 5 zusammen oder
grösser; Flügeldecken an den Thorax nicht anschliessend; letzterer seitlich vorgezogen und mit
den abgerundeten Schultern einen deutlichen grossen
Winkel bildend . . . . . . I. *Eurychora* Thunb.
Fühlergl. 3 etwas kleiner als 4 und 5 zusammen, Thor.
an die Flügeld. dicht anschliessend, beider Basis
stark behaart 3
3. Epipleuren der Flügeld. von denselben durch einen
scharfen Rand getrennt . . II. *Peristeptus* n. gen.
nicht durch einen scharfen Rand getrennt
III. *Pogonobasis* Sol.
4. Hinterleibssegmente mit 2 Längskielen über die Mitte
IV. *Steira* Westw.
ohne diese Längskiele 5
5. Fühlerrinne kaum angedeutet
V. *Lycanthropa* Thoms.
sehr tief . . . . . VI. *Hidrosis* Haag.

6. Epipleur. d. Flügeld. mit einem kleinen schrägen
Leistchen an der Schulter[1]), Kopf mehr oder minder in den Thorax eingelassen 7
Epipl. ohne Leistchen, Kopf mehr oder minder
frei 13
7. Flügeld. nicht an den Thorax anschliessend
VII. *Aspila* Fåhr.
„ an den Thorax anschliessend 8
8. Einzelne Fühlerglieder borstig, breit, becherförmig,
gleichsam auf kleinen Stielchen ineinandersitzend
X. *Smiliotus* n. g.
Einzelne Fühlerglieder von gewöhnlicher Form,
schnurförmig aneinander gereiht 9
9. 3. Glied so gross, als 4. und 5. zusammen
XII. *Acestus* n. g.
„ „ kleiner, als 4. und 5. zusammen . . . 10
10. Fühlerfurche schwach, Thor. am Hinterrand ohne
Ausschnitte . . . . IX. *Psaryphis* Er.
Fühlerf. tief, Thor. am Hinterr. mit Ausschnitten 11
11. Thor. seitlich kaum verbreitert, Flügeld. bedeutend
breiter, als derselbe . . . . XIII. *Eutichus* n. g.
Thor. seitlich verbreitert, Flügeld. so breit, wie
derselbe 12
12. Fühler dick, vom 3. Glied an viel breiter als lang
XI. *Platysemus* n. g.
Fühl. dünn, vom 3. Gl. an kaum breiter als lang
VIII. *Geophanus* n. g.
13. Epipleuren von den Flügeld. durch eine scharfe
Kante getrennt . . . . . XIV. *Adelostoma* Dup.
Epipl. ohne Kante in die Flügeld. übergehend
XV. *Herpsis* n. g.

---

1) Dieses kleine feine Leistchen entspringt in der Regel unterhalb der Schulter und zieht in einer glänzenden Linie schräg nach
unten nach der Wurzel der Hinterfüsse zu. Manchmal geht es
noch etwas weiter neben dem Rande hin und verbindet sich mit
einer der Punktreihen der Epipleuren, manchmal auch ist es kürzer und endet schon zwischen den Mittel- und Hinterfüssen. Wo
die Sculptur der Epipleuren rauh ist, ist es nicht leicht aufzufinden
und bedarf es einiger Uebung, dasselbe zu sehen.

1. Eurychora.

Thunb. nov. Jns. Sp. 1791 p. 116. Lac. Gen.
V. p. 95.

Ueber die Details der Gattung vgl. Lac. a. a. O.
Trotz vielfältiger Untersuchungen wollte es mir nicht
gelingen, die Geschlechtsunterschiede aufzufinden. Die
♂ scheinen im Allgemeinen kleiner als die ♀ zu sein,
die Fühler sind etwas schlanker und die Flügeldecken
etwas gestreckter; ein bestimmter Unterschied aber, etwa
an den Hinterleibssegmenten oder an den Beinen ist
nicht aufzufinden. Die Gattung selbst ist keine scharf
begrenzte und die Unterschiede von den folgenden, Peristeptus und Pogonobasis sind nur sehr geringe, so dass
es mir zweifelhaft erscheint, ob die 3 Gattungen neben
einander aufrecht erhalten bleiben können (vgl. weiter
unten die Gattung Peristeptus).

Die Arten sind auf Süd-Afrika beschränkt.

Uebersicht der Arten.

Börstchen an Beinen und Schienen schwarz 1
Börst. an Bein. u. Sch. heller oder dunkeler rostbraun 3
1. Flügeldeckennaht erhöht, besonders nach dem Schildchen zu . . . . 2. *Batesi* n. sp.
   Flügeldeckennaht nicht erhöht 2
2. Fühler lang, gestreckt, besonders das 3. Glied
   4. *terrulenta* n. sp.
   Fühler kurz . . . . 8. *luctuosa* n. sp.
3. Spitze der Flügeldecken ausgeschnitten
   1. *dilatata* Er.
   Spitze der Flügeld. nicht ausgeschnitten . . . 4
4. Flügeldeckenrand mit deutlichen Stacheln . . 5
   Ders. ohne Stacheln, höchstens undeutlich gekerbt 8
5. Epipleuren d. Flügeld. sehr fein punktirt, Käfer
   lang behaart . . . . 14. *murina* n. sp.
   Epipl. der Flügeldecken grob punkt., Behaarung
   schwächer 6
6. 6—9. Fühlerglied breiter als lang 17. *crenata* Sol.

6—9. Fhlgl. kaum breiter, od. schmäler als lang   7

7. 6—9. Fühlerglied kaum breiter als lang.

16. Fåhraei n. sp.

6—9. Fühlergl. schmäler als lang   18. similis n. sp.

8. Parapleuren des Thor. einzeln grob punktirt.   .   9
     Parapl. glatt, od. nur fein punktirt od. gekörnt   10

9. Epipleur. d. Flügeld. ähnlich grob punktirt

3. angolensis n. sp.

nur zerstreut punktirt . . . . .   11. villosa n. sp.

10. Obers. d. Flügeld. dicht und grob punktirt

15. punctipennis n. sp.

— entweder nicht oder nur vereinzelt punktirt   11

11. Zwischen dem höchsten Punkte der Flügeldecken
und dem Seitenrande derselben zeigt sich eine mehr
oder minder starke Vertiefung längs dem letztern,
so dass der Seitenrand, wenn auch oft nur gering,
aufgebogen erscheint 13
     Diese Vertiefung fehlt, der Seitenrad ist nicht auf-
gebogen, vielmehr etwas nach unten gedrückt; die
Flügeld. erscheinen schwach kuglig gewölbt   .   12

12. Fühler dünn und schlank -. 13. convexiuscula n. sp.
     „   kräftig, kurz . . . . . . 12. barbata Ol.

13. Flügeldeckennaht mit aufrecht stehenden langen Haaren besetzt, bes. am Schildchen   .   5. suturalis n. sp.
     nicht oder nur einzeln behaart   14

14. Spitze d. Flügeld. vollkommen abgerundet

7. tumidula n. sp.

— mehr oder weniger vorgezogen 15

15. Flügeld. in d. Mitte d. Naht deutlich erhaben . 16
     — fast flach . . . . 9. planata n. sp.

16. Flügeld. je mit 3 Reihen rostrother Haare

10. trichoptera Gerst.

Hin und wieder behaart, aber nicht in Reihen

6. ciliata Fab.

1. *Eurychora dilatata* Er. *Rotundata, parum nitida,
nigra vel nigro-picea, fulvo-ciliata; antennis compressis, articulis 4—9 longitudine latioribus; elytris disco convexis,*

margine lato, elevato, apice suturam versus oblique truncato. — long. 13—18, lat. 10—13 mill.

, Erich. Wieg. Arch. 1843 I. p. 240.

Benguela und Angola. Nicht selten.

Diese Art ist die einzige mir bekannte, deren Flügeldeckenrand an der Spitze stark ausgeschnitten ist und sie ist daran auf den ersten Blick zu erkennen. Fühler kräftig zusammengedrückt und nicht so gestreckt, wie bei ciliata. Das 3. Glied ist so lang, als 4. und 5. zusammengenommen; 4.—9. gleich breit, etwas breiter als lang, 10. grösser als das 9., an der Spitze beiderseits abgeschnitten, glänzend. Kopf durchaus fein spitzig gekörnelt mit stark erhabener Stirne. Halsschild mit sehr stark blätterartig ausgebreiteten, aber schwach aufgebogenen Rändern, vornen tief ausgeschnitten, hinten in der Mitte vorgezogen und beiderseits schräg nach vornen laufend, so dass der Winkel zwischen der Basis der Flügeldecken und den Halsschildseiten sehr auffallend hervortritt. Die Scheibe ist glatt, quereingedrückt, die verbreiterten Ränder dicht und fein gekörnelt. Flügeldecken so lang als breit, mit fast gerader Basis, stark vorstehenden Schultern und durchaus sehr verbreitertem Rande, der an der Spitze schräg nach innen ausgeschnitten ist. Der höchste Punkt der Flügeldecken liegt kurz vor der Mitte und verflacht sich gleichmässig nach allen Seiten; ausser dem verbreiterten Rande, welcher dicht spitzig gekörnelt ist, zeigen die Flügeldecken fast kaum eine Spur von Sculptur. — Bei meinen Exemplaren sind sämmtliche verbreiterten Ränder mit kurzen wolligen gelblichbraunen Haaren dicht bedeckt. — Die Parapleuren sind nur sehr einzeln, die Epipleuren dagegen an ihrem äussern Rand dicht spitzig gekörnelt.

Die Farbe des Käfers schwankt zwischen Schwarz und Dunkelbraun.

Die ♂ sind klein und haben ein kürzeres, seitlich etwas mehr aufgebogenes Halsschild.

Bei den circa 30 Exemplaren, die mir vorlagen, fand ich keins, das mit Ausschwitzungen bedeckt gewesen wäre.

2. *Eurychora Batesi* n. sp. *Rotundata, obscure brunnea, parum nitida; antennarum articulo 3° tribus sequentibus fere longiore; thorace triangulari, marginibus explanatis,
obscure brunneo ciliatis; elytris rotundatis, circuli formam
imitantibus, sutura marginibusque elevatis, ciliatis; pedes
nigri, nigro-setosi.* — long. 16—17, lat. 11—12 mill.

Süd-Afrika (Coll. Bates, Haag). Nolagi (Mus. Holm.).

Fühler zusammengedrückt, schwarz behaart; drittes
Glied sehr lang, fast länger als die 3 folgenden zusammen;
diese länger als breit, bis zum 9. langsam an Länge abnehmend, das 10. nicht breiter als das 9., nur an der Spitze
leicht angeschwollen und zweiseitig abgestutzt. Kopf matt,
schwarz, durch spitzige Körnchen rauh erscheinend. Halsschild sehr breit und kurz, fast dreieckig, mit gradem,
nur beiderseits leichtgeschwungenem Hinterrande, verbreiterten, aber neben nicht gerundeten, sondern grade
abgeschnittenen, kaum aufgebogenen Seiten. Der Kopf-
ausschnitt ist nicht sehr tief, zeigt aber in den Ecken
noch kleine Einschnitte; die Vorderwinkel sind nicht sehr
scharf, die Hinterwinkel dagegen spitz ausgezogen und
an der äussersten Spitze abgerundet. Die Scheibe ist der
Queere nach vertieft, einzeln punktirt, die Seiten dagegen
fein gekörnt; der ganze Umkreis ist mit langen, aber
nicht sehr dicht stehenden bräunlichen Haaren besetzt.

Flügeldecken etwas breiter, als der Thorax, und
vollkommen kreisrund, kaum gewölbt, mit bis zum letzten
Dritttheil angeschwollener Naht, schmal abgesetztem, leicht
aufgebogenem nicht crenulirtem Seitenrand, welcher, ähnlich wie der Thoraxrand, behaart ist. Die Oberfläche ist fein
zerstreut punktirt, Parapleuren fein gekörnt, Epipleuren
sehr fein punktirt, am äussersten Rände fein gefältelt. —
Die Beine sind gestreckt und matt schwarz behaart.

Wenn der Käfer mit Ausschwitzungen bedeckt ist,
so ist er fast nicht zu erkennen. Diese, welche in einer
dichten schmutzigen mit Erdtheilen vermischten filzigen
Masse bestehen, setzen sich hauptsächlich in den langen
Wimpern des Thorax, des Flügeldeckenrandes und der
Naht fest und bilden dort dicke unförmliche Wulste, die
die ursprüngliche Form und Sculptur vollkommen ver-

bergen. Der Käfer ist aber dann immer an dem 3. langen Fühlergliede und den schwarz behaarten Beinen zu
erkennen.

3. *Eurychora angolensis* n. sp.

*Oblongo-ovata,
nigra, parum nitida; thorace brevi, valde transverso, antice profunde et late emarginato, lateribus foliaceis; elytris breviter ovalibus, dorso transversim elevatis, lateribus nonnullum dilatatis,
punctatis; parapleuris grosse, epipleuris minus - fortiter
punctatis.* — Long. 12, lat. 8 mill.

Aus Angola. Meine Sammlung (Mouflet).

Fühler gestreckt; 3. Glied so gross als 4. und 5. zusammen genommen; 4.—9. länger als breit, 10. nicht breiter, aber länger als 9. und in der gewöhnlichen Weise
abgestutzt. — Kopf ziemlich dicht, rauh gekörnelt. Halsschild sehr kurz und sehr breit, ungefähr viermal breiter,
als in der Mitte lang, vornen sehr weit und tief ausgeschnitten, so dass der Kopf vollkommen frei sitzt und
man zwischen dem Halse und dem Thorax bequem
durchsehen kann. Die Seiten sind breit blätterartig verbreitert, seitlich gerundet und sanft in die Höhe gebogen, der Hinterrand ist gerade, die Vorder- und Hinterwinkel fast spitzig. Die Scheibe, welche undeutlich
eingedrückt ist, ist sehr einzeln punktirt, die Seitenlappen etwas uneben und undeutlich granulirt; sämmtliche
Ränder sind mit kurzen gelben Härchen bekleidet. Flügeldecken so breit als der Thorax, sehr kurz eiförmig
mit vorgezogener Spitze. — Ueber die Mitte läuft eine
Quererhöhung, welche sich nach dem Schildchen und
der Spitze zu abflacht. Der Rand ist schmal abgesetzt
und etwas aufgebogen und leicht gefältelt; die Schultern
stehen bemerklich vor; die Scheibe ist sehr unregelmässig mit grösseren und kleineren Punkten bedeckt, der
Rand dünn und fein behaart. Parapleuren mit grossen,
aber wenig zahlreichen Punkten, Epipleuren dichter,
aber fein punktirt und längst dem Rande fein gefältelt.

Die Art erhält durch den weit ausgeschnittenen,
kurzen Thorax, an welchem die Seitenlappen wie Flügel
vorstehen und durch den in der Ruhe vollkommen frei-

stehenden Kopf ein von den verwandten Arten sehr
verschiedenes Aussehen, und ist daran, abgesehen von
den tief punktirten Parapleuren, leicht zu erkennen.

4. *Eurychora terrulenta* n. sp. *Oblongo-ovata, nigra, nitida; articulo 3º antennarum longitudine tribus sequentibus aequali; thorace dilatato, lateribus rotundatis, planis;
elytris breviter ovalibus, fere planis, marginibus vix elevatis, nigro ciliatis. —* long. 17, lat. 11 mill.

Fühler in ähnlichem Längenverhältnisse, wie bei
Batesi, doch ist das 3. Glied gerade so gross, wie die
3 folgenden zusammengenommen und die Fühler erscheinen nicht so zusammengedrückt. Kopf durch feine
spitze Körnchen rauh erscheinend. Thorax ungefähr 3-
mal so breit, als in der Mitte lang, mit ziemlich gradem
Hinterrande, verbreiterten, aber seitlich gerundeten, kaum
aufgebogenen, kurz schwarz bewimperten Seitenrändern,
abgerundeten Hinter- und Vorderecken und auf der
Scheibe mit einem Quereindruck; diese ist einzeln gekörnelt, die Seiten dagegen sind durch ziemlich dichte
Runzeln uneben. Flügeldecken kurz eiförmig, fast flach,
mit kaum erhabenem, schwarz behaartem, Seitenrande.
Die Scheibe ist etwas uneben runzelig und einzeln mit
schwarzen Häärchen besetzt. Die Parapleuren sind ziemlich grob gekörnelt, die Epipleuren dagegen glatt. Die
Beine sind lang gestreckt, schwarz behaart.

Das einzige Exemplar des Stockholmer Museums,
welches mir zu Gesicht kam und welches von Wahlberg in Nolagi (Süd-Afrika) gesammelt wurde, ist sowohl oben wie unten durchaus mit einem erdgrauen
Filze so dicht bedeckt, dass man von der Sculptur absolut nichts erkennen kann; die Art ist aber mit keiner
andern zu verwechseln, da die beiden anderen mir sonst
bekannten schwarz behaarten Arten — die E. luctuosa m.
und Batesi m. — auf den Flügeldecken gewölbt sind und
ganz andere Längsverhältnisse der einzelnen Fühlerglieder
aufweisen.

5. *Eurychora suturalis* n. sp. *Oblongo-ovata, nigra,
opaca, parum flavobrunneo pilosa; capite carinato; thorace mar-*

ginibus foliaceis, elevatis, disco transversim profunde sulcato, medio laevi, lateribus granulatis; elytris rotundatis, medio elevatis, margine laterali plicato; parapleuris epipleurisque opacis, laevibus. — long. 20, lat. 13 mill.

Süd-Afrika. Meine Sammlung.

Die Fühler sind leider bei dem einzigen Exemplar, welches mir zur Verfügung steht, verstümmelt und nur von dem einen derselben sind 4 Glieder vorhanden. Nach diesen zu urtheilen sind dieselben kräftig, denn das 3. Glied ist verhältnissmässig sehr kurz und wird wohl kaum etwas länger sein, als 4 und 5 zusammen- genommen. Kopf gross, tief in den Thorax eingelassen, mit starkem Längskiele auf dem Clypeus und kräftigen Augenschwielen; vornen undeutlich dicht, Stirne nur einzeln punktirt, fast glatt.

Halsschild seitlich sehr stark verbreitert, vornen tief ausgeschnitten, hinten beiderseits weit ausgebuchtet, mit etwas vorgezogenen Hinterwinkeln; Scheibe matt, unpunktirt, kräftig queer eingedrückt; Seitenlappen stark gehoben, einzeln granulirt und mit gelblich braunen Börstchen besetzt; ausserdem ist der ganze Umkreis des Thorax mit ähnlich gefärbten abstehenden Haaren bekleidet. Flügeldecken in ihrer grössten Breite, kaum breiter als das Halsschild an der Basis, fast cirkelrund, mit zurückgezogenen, kaum angedeuteten Vorderecken und schwach vorgezogener Spitze. Die Mitte ist erhaben und verflacht sich allmählich gegen den Seitenrand, welcher sehr deutlich, ungefähr 3 mill. breit abgesetzt und gefältelt ist; ausserdem ist er besonders an den Schultern in die Höhe gebogen. Die Oberseite ist matt und zeigt nur an der Naht einige wenige schwache Punkte; auf der Scheibe selbst stehen nur ganz vereinzelte Haare, dagegen ist der Rand sehr dicht und die Naht, besonders nach dem Schildchen zu, mit langen abstehenden lebhaft rostfarbenen Haaren besetzt. Para- und Epipleuren matt und gänzlich unsculptirt. Beine kräftig, durchaus fein mit braunen Börstchen besetzt.

Die Art gleicht ungemein auf den ersten Blick der

ciliata F. var. major, sie unterscheidet sich aber von derselben

 1) durch die Stirnschwiele,

 2) durch das Halsschild, welches am Hinterrande
nicht so stark vorgezogen ist, wie bei ciliata,

 3) durch die kreisrunden Flügeldecken,

 4) durch die behaarte Naht und endlich

 5) durch den abgesetzten gefältelten Flügeldeckenrand.

 6. *Eurychora ciliata* Fab. *Ovata, nigra, nitida; thorace valde transverso, lateribus foliaceis, rotundato-ampliatis;
elytris latitudine vix latioribus, dorso plus minusve elevatis,
postice declivibus; marginibus vix elevatis, rufo ciliatis;
pedes fulvo-setosi.*

 Pimelia ciliata F a b. Spec. Ins. I. 1781 pg. 319.
 Eurychora ciliata T h u n b g. Nov. Ins. spec. pg. 116.
 III. pg. 234.
 O l. Ent. III. 59 pg. 26 t. 2 f. 19. a. b.
 S o l. An. Fr. 1837, pg. 157 t. 7 fg. 1—5.
 F å h r. act. reg. sc. ac. holm. 1870 pg. 249.
 Eurych. modesta H b s t. Käf. VIII pg. 37 t. 119 f. 10.
 var. *major, elytris dorso magis elevatis.*
 Eur. major S o l. An. Fr. l. c. pg. 158.
 Eur. ciliata H b s t. l. c. pg. 36.

 long. 11—19. lat. 7—13 mill.

 Cap. Sehr gemein.

 Die gemeinste und bekannteste Art der Gattung.
Fühler gestreckt; erstes Glied doppelt so gross als das 2.;
dieses klein, knopfförmig, an der Basis etwas ausgeschnitten; 3. Glied gut so lang, als 4 und 5 zusammen;
4. und 7. Glied gleich lang, etwas länger als breit; 8.
und 9. etwas kürzer, so lang als breit; 10. doppelt so
gross als 9., an der Spitze an beiden Seiten schief abgeschnitten, mit gelblicher Schnittfläche. Bis auf die Spitze
des 10. Gliedes, welche glänzt, sind die Fühler matt und
mit kleinen gelblichen Börstchen besetzt. Das Kopfschild
ist vornen halbrund ausgeschnitten, mit einigen undeut-

lichen Zähnchen in der Ausrandung. Die Stirne selbst ist matt, kaum punktirt, nach vornen zu mit wenigen eingestochenen Punkten. Thorax sehr breit, vornen mit tiefem Ausschnitte für den Kopf, hinten fast gerade, mit blätterartig verbreiterten, weit gerundeten, in die Höhe gebogenen Seiten und einem undeutlichen Queereindruck über die Scheibe. Die Sculptur ist sehr variabel. In der Regel ist die Scheibe glatt und glänzend, die Seitentheile dagegen durch Runzeln etwas uneben, nur hin und wieder mit kleinen spitzigen Körnchen bedeckt. Sämmtliche Ränder sind dicht mit längeren und kürzeren gelblichen oder rostrothen Börstchen besetzt. Das Schildchen ist klein, spitz dreieckig. Die Flügeldecken sind kaum länger als breit, hinten mit etwas vorgezogener Spitze und von ihrem höchsten Punkte an, der etwas vor der Mitte liegt, nach der Basis und der Spitze zu abgeflacht, besonders nach hinten, wo häufig in der Abflachung die Naht etwas hervortritt. Der Rand ist kaum abgesetzt und überall dicht mit Börstchen besetzt. Die Oberfläche ist in der Regel glatt, doch sieht man hin und wieder einzelne Punkte, in denen kleine Börstchen stehen.

Die Parapleuren des Thorax sind matt, etwas runzelig uneben und zerstreut undeutlich punktirt; die Epipleuren der Flügeldecken dagegen glänzend und nur hin und wieder mit mikroskopischen Körnchen besetzt. Die Beine sind normal, durchweg gelblich beborstet und behaart.

Das ♂ ist kleiner und die Halsschildseiten sind im Verhältniss zu den Flügeldecken etwas breiter. Die Ausschwitzungen bestehen in der Regel in blendend weissem spinnwebartigem Ueberzug, der die ganze Oberseite des Köpers dicht bedeckt.

Die Varietät major Sol., deren Type ich in der Melly'schen Sammlung verglich, unterscheidet sich ausser durch Grösse und etwas gewölbteren Flügeldecken in Nichts von den typischen Exemplaren. Der Grössenangabe nach muss die Herbst'sche ciliata zu dieser Varietät gezogen werden; die modesta Hbst. ist wohl aus gleichen Gründen die typische ciliata Fab., dagegen glaube

ich, dass pusilla Hbst. zu einer andern Art zu ziehen ist.

7. *Eurychora tumidula* n. sp. *Ovata, nigra, parum -
nitida; thorace transverso, lateribus foliaceis, rotundato-ampliatis, crenulatis; elytris latitudine non latioribus, dorso elevatis,
marginibus distincte ·crenulatis, rufo-ciliatis.* — long. 14,
lat. 9 mill.

Cap. Meine Sammlung.

Der ciliata sehr ähnlich, doch in folgenden Punkten
von ihr verschieden:

1) Das 3. Fühlerglied ist etwas gestreckter und
länger.

2) Die Seitenränder des Thorax sind mit deutlichen
spitzen Zähnchen besetzt.

3) Die Flügeldecken sind vollkommen kreisrund,
und hinten nicht vorgezogen. Ihr höchste Punkt liegt
genau in der Mitte und ihre Ränder sind leicht abgesetzt
und deutlich crenulirt.

8. *Eurychora luctuosa* n. sp. *Oblongo-ovata, atra,
parum nitida; thorace transverso, lateribus foliaceis, rotundato
ampliatis, atro-ciliatis; elytris latitudine nonnullum longioribus, dorso plus minusve elevatis, marginibus crenulatis,
atro-ciliatis.* — long. 14—15, lat. 9—10 mill.

Süd-Afrika; Malmesbury. Coll. Bates, Haag.

Fast vollständig von der Körperform der Ciliata,
aber auf den ersten Blick dadurch von derselben unterschieden, dass sämmtliche Härchen und Börstchen am
ganzen Körper anstatt gelb oder rostfarben, tief schwarz
sind. Ausserdem sind die Fühler unter den gleichen
Längsverhältnissen etwas kürzer und kräftiger und der
Rand der Flügeldecken ist sehr schmal abgesetzt und
deutlich crenulirt. Parapleuren und Epipleuren matt, unpunktirt, Segmente kaum sculptirt. Ausschwitzung dicht
weisslich, spinnwebartig.

9. *Eurychora planata* n. sp. *Oblongo-ovata, nigra,
nitida; thorace minus transverso, lateribus foliaceis, denticulatis, vix recurvis, fulvo ciliatis; elytris breviter ovalibus, in
dorso fere planis, vix punctatis, margine nonnullum incras-*

sato, crenulato, fulvo ciliato; parapleuris epipleurisque opacis, fere laevibus. — long. 13—16, lat. 7—10 mill.

Cap. Coll. Bates, Javet, Haag.

Drittes Fühlerglied fast etwas länger als 4. und 5. zusammen genommen; 4—7. so lang als breit, 8—10. etwas breiter als lang, letzteres zweiseitig abgestutzt; die Fühler erscheinen im Ganzen kurz und plump; Clypeus rauh punktirt, Stirne glatt und matt. Thorax im Vergleich mit den andern Arten schmal und seitlich nicht so stark blätterartig verbreitert. Vorderrand tief ausgeschnitten, Hinterrand beiderseits nach vornen gezogen; sämmtliche Ränder ziemlich lang bräunlich bewimpert; der Seitenrand sanft gerundet und sehr deutlich und kräftig gezähnt. Flügeldecken eirund, an der Spitze schwach vorgezogen, auf dem Rücken fast platt; Seitenrand etwas verdickt, in die Höhe gebogen, crenulirt und mit braunen Börstchen besetzt; die Scheibe ist glänzend, einzeln punktirt. Epi- und Parapleuren matt und nur ganz zerstreut mikroskopisch fein punktirt.

Von den verwandten Arten (ciliata, tumidula) ausser anderm durch die flachen Flügeldecken und die kurzen anders gebildeten Fühler geschieden.

10. *Eurychora trichoptera* Gerst. *Ovata, atra vel nigro-brunnea, fulvo ciliata; thorace lateribus foliaceis, erectis; elytris cordiformibus, disco convexiusculis, triseriatum fulvo-pilosis, parapleuris minutissime granulatis, epipleuris vix punctatis.* — long. 12—16, lat. 8—11 mill.

Mozambique. Berliner Mus. Meine Sammlung.

Gerst. Monatsb. d. Berl. Ac. 1854 p. 531. Pet. Reis. 1862 p. 276 t. 16 f. 5.

Fühler sehr gestreckt; 3. Glied länger als 4. und 5. zusammengenommen, 4—9. länger als breit, allmählich an Länge abnehmend. Thorax seitlich verbreitert und stark in die Höhe gerichtet; Hinterrand in der Mitte gerade, an den Ecken schief nach vorne abgeschnitten; Scheibe stark eingedrückt und nur einzeln granulirt. Flügeldecken kurz herzförmig, so breit als lang, etwas vor der Hälfte queer gewölbt und nach dem Schildchen und der

Spitze zu schräg abfallend; Schultern abgerundet, aber
deutlich; Spitze leicht vorgezogen; Scheibe kaum punktirt, wenig glänzend, rings am Umfange rostgelb behaart
und auf jeder Flügeldecke drei Reihen ähnlicher Haare.
Parapleuren sehr fein granulirt, Epipleuren kaum punktirt; Beine lang und schlank.

Die Art ist nur mit ciliata zu verwechseln, welcher
sie auf den ersten Blick sehr ähnlich sieht, doch unterscheidet sie von ihr, ausser der schlanken Fühlerbildung,
die eigenthümliche Flügeldeckenwölbung und die Behaarung.

11. *Eurychora villosa*.n. sp. *Breviter ovalis, nigra,
nitida; thorace lateribus foliaceis, rotundatis, longe brunneo-ciliatis; elytris longitudine latitudine aequali, laevibus, alte medio
elevatis, marginibus non incrassatis, longe ciliatis; parapleuris
profunde punctatis, epipleuris laevibus.* — long. 14—15,
lat. 9—10 mill.

Dama Rald. (Coll. Bates, Haag.)

Fühler kräftig, gedrungen; 3. Glied so lang als 4.
und 5. zusammen; 4.—9. so breit als lang, 10. etwas kräftiger. — Kopf gross, matt, sehr einzeln fein spitz gekörnelt. Halsschild seitlich blätterartig verbreitert, sanft
aufgebogen; hinten fast gerade, beiderseitig leicht ausgebuchtet; Scheibe sehr tief queer gefurcht, glänzend, sehr
einzeln, die Seitentheile dagegen matt aber kräftig punktirt. Die sämmtlichen Ränder desselben sind mit langen
dichtstehenden Borsten besetzt. Flügeldecken so breit
als der Thorax, fast kreisrund, mit etwas vorgezogenen
Schultern. Genau in der Mitte sind sie hoch erhaben
und diese Erhabenheit verflacht sich ganz gleichmässig nach
allen Seiten. Die Scheibe ist glänzend, glatt, mit einigen
wenigen Punkten, theilweise in Reihen geordnet; der
Rand ist weder abgesetzt, noch verdickt, aber mit vielen
sehr langen braunen Borsten besetzt. Die Parapleuren
zeigen einzelne tiefe grubenförmige Punkte, zwischen
welchen mikroskopisch kleine Körnchen stehen; dagegen
sind auf den Epipleuren nur bei starker Vergrösserung

einzelne fast in Reihen geordnete Punkte zu erkennen. Die Beine sind kurz und kräftig.

Diese Art ist wegen der tief punktirten Parapleuren mit keiner andern zu verwechseln, denn angolensis m., welche ähnlich sculptirte Parapleuren hat, hat eine ganz andere Form und ist unbehaart.

12. *Eurychora barbata* Ol. *Oblongo ovalis, nigra, nitida; thorace lateribus foliaceis, rotundatis, brunneo-ciliatis; elytris oblongo-ovalibus, immarginatis, inaequaliter indistincte punctatis; dorso serie-villosis; plarapleuris indistincte minutissime granulatis, epipleuris vix punctulatis.* — long. 10—18, lat. 7—10 mill.

Caffraria, Cap; gemein und in allen Sammlungen vertreten.

Oliv. Ent. III. 1795 p. 26 t. 4 F. 7.

Herbst Käf. VIII. 1799 p. 38 t. 110 F. 12.

Eur. cinera Sol. An. Fr. 1837 p. 159.

— *pusilla* Herbst. l. c. pg. 38 t. 4 F. 11.

var. major, *elytris magis oblongis et deplanatis, punctis majoribus, distincte seriehispidis, epipleuris magis punctatis.*

Eurychora hirta Winth. i. l.

var. nitida, *elytris brevioribus, marginibus pube ferruginea dense tectis, in dorso vix pubescentibus, laxe punctatis.*

Eurychora nitida m.

var. nitida, *elytris magis in medio elevatis, basi fere rectis, angulum cum thoracis basi vix formantibus, in dorso granulis minutis in seriebus dispositis, praesertim versus marginem, obsitis.*

Eurychora granulosipennis m.

Eine gemeine, aber äusserst variabele Art, von deren extremsten Formen man kaum glauben könnte, dass sie einer Art angehören. Bei dem vielen Material aber, welches mir vorlag, war es mir nicht möglich, die Formen auseinander zu halten und ich kann, da die Uebergänge vorhanden, nur eine einzige Species annehmen. Ich habe übrigens den sehr abweichenden Formen Namen gegeben und sie kenntlich gemacht.

Die Art ist vor allen Dingen daran zu erkennen,

dass die Wölbung der Flügeldecken eine ganz andere
ist, wie bei den übrigen Arten (sie ist hier nur mit convexiuscula m. zu vergleichen). Die Flügeldecken sind
nämlich wenig gewölbt und senken sich seitlich ganz
gleichmässig gegen den Rand zu, ohne dass sich längs
dem letzteren eine Längsvertiefung bildet, wie z. B. bei
ciliata, dilatata etc. Der Rand scheint in Folge dessen
eher etwas herabgezogen, als aufgerichtet. Ausserdem
ist die Fühlerbildung eine nicht gewöhnliche, indem dieselben etwas platt gedrückt erscheinen und das 4. bis 9.
Glied bedeutend breiter als lang ist, was dem ganzen
Fühler ein plumpes Aussehen gibt. Endlich hilft bei
reinen Exemplaren die auf den Flügeldecken in Reihen
stehende lange Behaarung zur Erkennung, da eine derartige
Pubescenz meines Wissens ausser bei villosa m. und trichoptera Gerst. bei keiner andern Art vorkommt. Fühler
kurz, plump; 3. Glied etwas länger als 4. und 5. zusammengenommen, 4.—9. breiter als lang, das letzte abgestutzt, an der Spitze glänzend und gelblich tomentirt.
Kopf gewöhnlich. Halsschild seitlich sehr stark verbreitert, hinten fast grade, in der Mitte queervertieft; seitlich stark in die Höhe gebogen, daselbst undeutlich granulirt und rings herum mit langen rostgelben Haaren
besetzt.

Flügeldecken fast kreisrund, die Schultern sehr stark
abgerundet, die Spitze etwas vorgezogen, die Wölbung,
wie oben angegeben. Die Scheibe ist durch kleine Längs-
fältchen etwas uneben, einzeln punktirt, rings herum rostroth behaart und zeigt auf jeder Flügeldecke zwei mehr
oder minder deutlich röthliche Haarreihen, zwischen
welchen hin und wieder noch einzelne Börstchen stehen.

Die Beine sind kräftig, die Parapleuren sehr fein
gekörnt und die Epipleuren äusserst fein punktirt.

Diese Beschreibung selbst ist nach der Solier'schen
Type entworfen; es unterliegt aber wohl keinem Zweifel,
dass Solier die Olivier'sche Art nochmals beschrieb.
Letztere war ein unausgefärbtes Exemplar, wie mir ein
ganz gleiches aus der Bates'schen Sammlung vorliegt
und die Beschreibung ist durchaus treffend.

Die Art variirt nun in jeder Beziehung; in der Grösse
von 10—18 Mill., in der Behaarung, die manchmal ganz
verschwindet, in der Punktirung, die die verschiedenartigste
Stärke annimmt und endlich und hauptsächlich in der
Form der Flügeldecken, von denen mir Uebergänge von
den plattesten gestrecktesten Formen bis zu fast kreisrunden erhabenen vorliegen.

Var. *hirta*, ist durchgängig gross, die Flügeldecken
sind sehr platt, fast vollkommen herzförmig, zeigen wie
auch deren Epipleuren, eine recht deutliche Punktirung
und sind endlich die Haarreihen sehr kräftig.

Var. *nitida* ist von mittlerer Grösse, glänzend schwarz,
wenig punktirt; die Flügeldecken sind kurz, nach hinten
und vornen steiler, wie gewöhnlich abfallend und ebenso
wie der Thorax, am ganzen Rande mit dichter, lebhaft
rostrother Behaarung eingefasst. Sie stammt von den
Diamantfeldern und dem Limpompo-Flusse.

Var. *granulosipennis* ist die abweichendste und ich
bin wirklich noch im Zweifel, ob hier nicht eine gute
Art vorliegt. Ich besitze aber nur ein Exemplar und
ziehe es desshalb vor, es vor der Hand als Varietät zu
betrachten.

Die Flügeldecken sind bei diesem Exemplar an den
Schultern fast nicht abgerundet, sondern schliessen fest
an den Thorax an. Sie sind ferner sehr kurz und in der
Mitte verhältnissmässig hoch erhaben. Ihre Scheibe ist
endlich, besonders am Rande, auf der Naht und auf einem
Streifen dazwischen mit Körnchen bedeckt. Die Art wurde
von Dr. Fritsch in Curumann gesammelt.

Die Art *pusilla* Hbst. scheint mir hierherzuziehen
zu sein. Zu ciliata passt sie nicht recht, wegen der
Grösse und Punktirung; ohne aber der Beschreibung
Zwang anzuthun, passt sie recht gut auf diese Art und
da doch nicht mehr festzustellen sein wird, was Herbst
unter pusilla verstand, so mag sie hier als synonym eingereiht werden.

13. *Eurychora convexiuscula* (Bohem i. l.) n. sp.
Oblongo-ovalis, nigra, opaca; antennis gracilibus, articulo tertio

*tribus sequentibus longitudine aequali; thorace lateribus fo-
liaceis, prorectis; elytris cordiformibus, elevatis, vix punctatis,
parce flavo pubescentibus; parapleuris epipleurisque opacis, im-
punctatis; pedibus gracilibus.* — long. 12—13, lat. 8 mill.

Süd-Afrika. Wiener Museum und meine Sammlung.

Diese Art hat im Körperbau grosse Aehnlichkeit
mit der barbata, hat aber eine ganz andere Fühlerbildung,
ist ausserdem matt, kaum punktirt und sehr sparsam
behaart.

Fühler gestreckt, 3. Glied so lang als 4., 5. und
6. zusammengenommen, 4.—9. länger als breit, langsam
an Länge abnehmend. Kopf rauh punktirt, mit starken
Augenschwielen. Thorax vornen tief ausgeschnitten, seitlich verbreitert, aber verhältnissmässig nicht sehr stark,
die Basis desselben beiderseits sehr vorgezogen, so dass
der Winkel zwischen Schultern und Thorax sehr gross
erscheint; auf der Scheibe queer eingedrückt und wie es
scheint unsculptirt. Flügeldecken kaum breiter, wie das
Halsschild, herzförmig, gleichmässig gewölbt, ähnlich wie
bei barbata ohne Spur von abgesetztem Rande; Schultern
sehr zurückgezogen und abgerundet, Spitze leicht vorgezogen, Oberfläche matt, Punktirung nur bei starker Vergrösserung zu bemerken, der Rand mit einzelnen aufrechtstehenden gelblichen Haaren besetzt. Parapleuren und
Epipleuren matt, glatt; Beine sehr gestreckt, an den Schenkeln fein greis, an den Schienen rostroth behaart.

Die Ausschwitzungen dieser Art bestehen in schnee-
weissen und gelblichen Flocken, die besonders am Thorax
stark auftreten.

14. *Eurychora murina* n. sp. *Ovata, atra, opaca, fla-
vopilosa, tota indumento griseo dense tecta, antennis gracilibus,
articulo tertio tribus sequentibus longitudine fere aequali;
thorace lateribus foliaceis, elevatis, spiculosis; elytris convexis,
ovatis, thorace nonnihil latioribus, opacis, parce granulatis,
longe pilosis, margine denticulato; epipleuris minutissime granulatis.* — long 11, lat. 7 mill.

Eine sehr auffallende Art, ausgezeichnet durch ihren
gelblich grauen Ueberzug, welcher nicht von Ausschwit-

zungen herrührt, durch ihre gleichmässig lange bräunliche Behaarung und durch ihre gleichmässig gewölbten Flügeldecken. Am nächsten der Form nach verwandt ist sie mit Fähraei und punctipennis, von beiden unterscheidet sie sich aber auf den ersten Blick durch die fehlende Punktirung der Flügeldecken.

Fühler gestreckt, 3. Glied länger als 4. und 5. zusammengenommen, 4.—9. Glied länger als breit; Kopf mit starken Augenschwielen; Thorax seitlich verbreitert, die Seitenlappen aufgebogen, nach vorne stark verschmälert; Hinterrand fast grade, nur vor den Ecken leicht ausgebuchtet, Seitenrand spitz gezähnt, Mitte queer eingedrückt. Kopf und Thorax sind mit einem dichten graugelben Ueberzuge und letzteres ausserdem überall mit langen aufrechtstehenden Haaren bedeckt; so dass eine Sculptur nicht zu erkennen ist, doch scheint der stark aufgebogene Seitenrand des Halsschildes granulirt zu sein.

Flügeldecken nicht viel breiter als der Thorax, sehr kurz, fast kreisrund, in der Mitte ziemlich hoch gewölbt. Die Wölbung senkt sich allmählich gegen die Seiten und geht in den Rand über, so dass die Flügeldecken, ähnlich wie bei barbata und convexiuscula kugelförmig gewölbt erscheinen; Seitenrand spitz crenulirt, Oberfläche anscheinend matt, nur hin und wieder mit einzelnen Granulationen besetzt; die ganze Scheibe ist ausserdem mit langen Haaren bedeckt. Die Parapleuren sind deutlich, die Epipleuren dagegen nur verwischt punktirt. Beine normal.

Ausser dem graulichen Ueberzuge zeigt das einzige Exemplar, welches mir vorliegt, und welches aus dem Stockholmer Museum stammt (von Wahlberg in Nolagi, Südafrika, gesammelt) noch Spuren von einer schneeweisen Ausschwitzung.

15. *Eurychora punctipennis* n. sp. *Oblongoovalis, nigra, nitida, thorace lateribus foliaceis, minus elevatis, angulis posticis prorectis, elytris globosis, irregulariter rude punctatis, parce fulvo hirtis; parapleuris granulatis, epipleuris forte punctatis.* — long. 10, lat. 6 mill.

Benguela. Meine Sammlung.

Diese Art ähnelt in der Körper-, besonders Flügel-
deckenform sehr der murina m., doch fehlt ihr die reich-
liche Pubescenz, die Hinterecken des Halsschildes sind
vorgezogen und die Flügeldecken grob punktirt. Fühler
mässig gestreckt, 3. Glied so gross wie 4. und 5. zusammengenommen, diese so wie das 6. etwas länger als breit,
langsam an Länge abnehmend, 7.—9. etwas breiter als
lang, das 10. in der gewöhnliche Weise abgestutzt. Kopf
verworren rauh punktirt. Halsschild verhältnissmässig
nicht sehr breit, vornen tief ausgeschnitten, seitlich mässig
verbreitert und nicht sehr stark aufgebogen, nach vornen
im Halbkreis verengt, hinten beiderseits weit ausgeschnitten,
so dass die Hinterwinkel vorstehen, gleichsam als wollten
die sie Flügeldecken umfassen. Die Oberfläche ist queer
eingedrückt, seitlich auf den Lappen undeutlich punktirt
und granulirt und theilweise, besonders am Rande mit
rostfarbenen Borsten besetzt. Der Seitenrand ist undeutlich crenulirt. Die Flügeldecken sind kaum breiter als der
Thorax, fast kreisrund, kuglich gewölbt, ohne abgesetzten
Seitenrand, mit zurückgezogenen aber doch deutlichen
Schultern, und leicht vorstehender Spitze. Die Oberfläche
ist grob, fast in Reihen punktirt, auf der Scheibe einzeln,
am Rande dicht mit rostfarbenen Börstchen besetzt.

Parapleuren matt, deutlich granulirt, Epipleuren glänzend, sehr grob punktirt; Beine ziemlich kräftig, dicht
mit rostfarbenen Börstchen bedeckt.

16. *Eurychora Fåhraei* n. sp. *Breviter ovata, nigra,
nitida, parce pubescens; antennarum articulis 5—9 transversis;
thorace marginibus lateralibus foliaceis, elevatis, serratis, disco
transversum-sulcato; elytris antice subdepressis, margine
denticulato, punctatis; parapleuris minutissime granulatis,
epipleuris seriatim punctatis.* — long. 9, lat. 5 M.

Eurychora crenata Fåhr. (nec Sol.) l. c. pg. 250.

Caffraria. 1 Exemplar aus dem Stockholmer Museum.

Von der Grösse der crenata Sol. aber in den Flügeldecken weniger parallel und verhältnissmässig viel breiter.
Fühler wie bei crenata, nur sind die Glieder vom 3.
bis zum 9. nicht so stark quer. Kopf ohne Längs-

schwiele, mit schwachen Augenkielen, verworren runzlich
punktirt. Halsschild wie bei crenata. Flügeldecken breiter
als dasselbe, sehr kurz, kaum breiter als lang, gewölbt,
vornen etwas niedergedrückt, seitlich mit kleinen Stacheln
besetzt, auf der Scheibe einzeln verworren punktirt und
hin und wieder mit Häärchen besetzt. Vorderecken deutlich, aber nicht aufgebogen. Parapleuren sehr fein gekörnt; Epipleuren fast reihenweise grob punktirt. Beine
dünn und klein.

Fahraeus hielt diese Art für crenata Sol. und
stellte demgemäss die Diagnose.

17. *Eurychora crenata* Sol. *Parallela, depressa, obscure brunnea; thorace lateribus foliaceis, vix elevatis, spiculosis;
elytris thorace fere angustioribus, parallelis, deplanatis, humeris productis, recurvis, rude punctatis, margine spiculosis;
parapleuris epipleurisque grosse punctatis. —* long. 8—11,
lat. 4—5 mill.

Cap.; wie es scheint nicht selten.
Eurychora crenata Sol. An. Fr. 1837 pg. 159.
—   *terrestris* Fåhr, act. reg. sc. Holm 1870 p. 250.
—   *punctata* Dj. Cat. 1837 p. 201.
—   *mucorea* Chev. i. l.

Kopf gross, von der gewöhnlichen Form, sehr grob
zusammenfliessend punktirt, mit starken Augenschwielen
und einem Längskiele. — Halsschild seitlich stark verbreitert, vornen tief ausgeschnitten, hinten beiderseits nur
leicht gebuchtet, nach vornen wenig, nach hinten kaum verschmälert, oben stark queer eingedrückt, die punktirten und
am Rande stachelichten Seitenlappen sind nur wenig gehoben. Fühler gedrungen, 3. Glied so gross als 4. und 5.
zusammengenommen, 4.—9. etwas breiter als lang. Bei
den kleinen, wie es scheint, männlichen Exemplaren,
sind die Glieder 4—9 etwas gestreckter. Flügeldecken
fast schmäler als das Halsschild, $1\frac{1}{2}$ mal so lang als
breit, bis zu $\frac{2}{3}$ parallel und dann plötzlich zusammengezogen, oben fast flach, hinten schwach abfallend. Die
Schultern stehen spitz hervor und sind etwas in die Höhe
gebogen, der Rand ist ringsum mit Stacheln besetzt und

die Oberfläche ist dicht und tief punktirt; zwischen den Punkten, besonders nach dem Rande zu, stehen einzelne bräunliche Haare. Parapleuren granulirt und punktirt; Epipleuren grob, fast reihenartig punktirt.

Die Art ist nur mit der folgenden zu verwechseln und an ihrer Kleinheit, ihren tief punktirten, parallelen, niedergedrückten Flügeldecken leicht zu erkennen.

Fåhraeus hat am a. O. irrthümlich die von mir als Fåhraei beschriebene Art für crenata Fab. gehalten und demgemäss seine crenata als terrestris beschrieben. Es lag mir sowohl seine, als die Solier'sche Type vor.

18. *Eurychora similis* n. sp. *Praedenti simillima, sed differt antennis articulis 4—9 longioribus quam latioribus, humeris rotundatis, punctatione elytrorum minus forte. — long. 8, lat. 4 mill.*

Cap. Meine Sammlung.

Der vorhergehenden Art täuschend ähnlich und mit ihr leicht zu verwechseln. Sie unterscheidet sich aber in folgenden Punkten:

1) sind die mittleren Fühlerglieder länger als breit.

2) sind die Schultern abgerundet und nicht, wie bei crenata, vorgezogen und umgebogen;

3) sind die Flügeldecken in der Mitte etwas gewölbter und ist die Punktirung derselben schwächer und besteht aus grossen und kleinen Punkten gemischt.

II. Peristeptus.

περίστεπτος, umkränzt.

Mentum, palpi, oculi ut in genere Eurychora; antennae robustae; articulo tertio duobus sequentibus, simul sumtis, longitudine aequali vel breviore; thorace transverso, antice profunde emarginato, marginibus lateralibus foliaceis, ad basin fere recto, ab elytris non disjuncto; scutello minutissimo; elytris oblongo ovalibus, margine acuto ab epipleuris disjunctis, ad basin dense villosis.

Aus der Diagnose ist ersichtlich, dass dieses Genus die Charactere von Pogonobasis zeigt, nämlich kürzeres

3. Glied der Fühler, dichtes Anschliessen des Thorax an die Flügel und endlich die wollige Behaarung an der Basis der Flügeldecken. Von Pogonobasis unterscheidet es sich aber sofort durch den scharfen Flügeldeckenrand, der ganz wie bei den kleineren Arten von Eurychora gebildet ist. Es bildet demgemäss den Uebergang von Eurychora zu Pogonobasis und in Wirklichkeit ist die Aehnlichkeit der Arten mit diesen beiden Gattungen so gross, dass die betreffenden Autoren selbst über das zu wählende Genus im Unklaren waren, denn Gerstäcker z. B. stellt die Art laevigata zu Pogonobasis, Fåhraeus dagegen die Art ovata, welche auf den ersten Blick kaum von laevigata zu unterscheiden ist, zu Eurychora. Der Unterschied zwischen Peristeptus und den kleineren Arten von Eurychora, z. B. crenata, similis etc., welche auch schon eine ganz ähnliche Fühlerbildung zeigen, ist auch in Wirklichkeit unbedeutend und beschränkt sich lediglich auf das Fehlen des seitlichen Winkels zwischen Thorax und Flügeldecken, d. h. die Basis des Thorax ist bei Peristeptus fast gerade und schliesst ziemlich eng an die Flügeldecken an. Auf die Fühlerbildung an und für sich ist im Ganzen bei dieser Familie wenig Werth zu legen, denn wir haben bei Eurychora gesehen, wie sehr die Längsverhältnisse der einzelnen Glieder differiren. Die Aehnlichkeit auf der andern Seite mit Pogonobasis ist ebenfalls sehr gross, besonders in der Körperform und es ist lediglich die Randleiste der Flügeldecken, welche die beiden Genera unterscheidet. In dieser Beziehung nun kenne ich allerdings keinen Uebergang. Trotzdem habe ich lange geschwankt, ob hier eine neue Gattung aufzustellen sei, oder ob nicht durch diese Uebergangsform die Zusammengehörigkeit von Eurychora und Pogonobasis bewiesen wäre. Schliesslich entschloss ich mich zu Ersterem und zwar hauptsächlich desshalb, weil noch keine Uebergänge von Peristeptus zu Pogonobasis bekannt sind, weil ferner, falls diese aufgefunden werden, die Gattungen immerhin als Unterabtheilungen bestehen bleiben müssen und endlich weil die drei Gattungen, wie es scheint, an ganz verschiedenen Theilen Afrikas auftreten, nämlich

Eurychora im Süden, Peristeptus mehr im Südosten. (Mozambique, Abyssinien etc.) und Pogonobasis hauptsächlich
im Nordwesten (Senegal und Aegypten.)

Uebersicht der Arten.

3. Fühlerglied so gross als 4. und 5. zusammengenommen   1
„   „   kaum grösser als das 4. 5. *platessa* Gerst.
  1. Flügeldecken kurz, kaum länger als breit
                                        4. *Gestroi* n. sp.
    Flügeldecken gestreckter, 1½—2 mal länger als
    breit 2
  2. Flügeldeckenrand, wenn auch fein, aber deutlich
    crenulirt 3
    Flügeldeckenrand glatt . . . . 1. *laevigatus* Gerst.
  3. Punktirung auf den Flügeldecken schwach
                                    2. *ovatus* Fahr.
    Punktirung auf dem Flügeldecken stärker.
                                    3. *cribratus* Gerst.

1. *Peristeptus laevigatus* Gerst. *Oblongo-ovalis,
niger, nitidus; thorace lateribus explanatis, crenulatis, antice
profunde marginato, postice fere recto, ad angulos leviter si-
nuato; elytris disperse punctatis, parce fulvo pilosis; parapleuris minutissime granulatis, epipleuris punctatis. — long.*
10, lat. 4½ M.
  Pogon. laevigata Gerst. Monatsb. Berl. Ac. 1854. p.
531. Pet. Reis 1862. p. 277 t. 16. F. 7.
  Mozambique, Zambesi; Berliner Mus., Bates, Haag.
  Fühler kräftig, 3. Glied so lang als 4. und 5. zusammen, diese bis zum 9. langsam an Länge abnehmend,
fast so breit als lang; Kopf gross, durch eingestochene
Punkte rauh, vornen im Ausschnitt mit zwei kleinen Spitzen;
Thorax seitlich mässig verbreitert, nicht stark in die
Höhe gebogen, nach vornen etwas mehr, als nach hinten
verengt, hinten fast gerade, nur vor den Hinterecken leicht
ausgebuchtet; Oberseite glänzend, undeutlich queer ein-
gedrückt, auf der Mitte sehr einzeln punktirt, auf den
Lappen hin und wieder crenulirt; der ganze Umkreis, be-

sonders die Basis, ist mit lebhaft rostrothen Börstchen besetzt; der Seitenrand spitzig gezähnt. Flügeldecken so breit wie der Thorax, nicht ganz zwei mal so lang als breit, seitlich nur wenig bauchig, bis zum letzten Drittel fast parallel, Oberseite leicht gewölbt, glänzend, einzeln punktirt und behaart, nur an der Basis und besonders an den leicht abgerundeten Schultern stärker behaart; Seitenrand nicht crenulirt; Epipleuren weitläufig grob punktirt.

2. *Peristeptus ovatus* Fåhr. *Oblongo-ovatus, ater, opacus; thorace marginibus explanatis, reflexis; elytris punctatis; thorace elytrorumque marginibus lateralibus denticulatis.* — long. 10—11½ lat. 5½—6½ mill.

Eurych. ovata Fahr. l. c. p. 250.

Caffraria. Mus. Holm. (v. Wahlbg. gesammelt).

Gleicht dem vorigen sehr, so dass eine nähere Beschreibung nicht nothwendig ist; nur ist er etwas grösser, nicht glänzend und die Seiten der Flügeldecken sind deutlich gezähnt.

3· *Peristeptus cribratus* Gerst. *Oblongo-ovatus, niger, parce fulvo-pilosus, elytris subnitidis, profunde punctatis.* — long. 12; lat. 7 mill.

Mozambique. Berl. Mus.

Es liegt mir augenblicklich die Type nicht vor; nach meinen Notizen hat sie ganz dieselbe Körperform, wie die vorhergehenden, ist aber etwas grösser und sind die Punkte auf den Flügeldecken viel kräftiger.

4. *Peristeptus Gestroi* n. sp. *Breviter ovatus, niger, nitidus, parce pubescens; elytris latitudine vix longioribus, punctatis, marginibus lateralibus non denticulatis; epipleuris parce punctatatis.* — long. 10—13. lat. 6—8 M.

Abyssinien. Coll. Bates, Haag.

Diese Art ist in den Flügeldecken ganz anders gebildet, wie die vorhergehenden. Diese sind nämlich kaum länger als breit und der ganze Käfer erhält dadurch ein kurzes, plumpes Aussehen. Fühler und Kopf genau wie bei laevigatus; Halsschild ganz ähnlich gebildet, doch ist es seitlich etwas stärker verbreitet und weniger auf-

gebogen; auch ist die Mitte stärker queer eingedrückt, so
dass sich an der Basis ein kleiner Wulst bildet. Flügeldecken sehr kurz, leicht gewölbt, deutlich einzeln punktirt, mit glattem, höchstens hin und wieder ganz undeutlich gekerbtem Seitenrand. Behaarung, wie bei den übrigen
Arten. Epipleuren einzeln fein punktirt, Parapleuren mit
ein bis zwei Reihen grober Punkte längs den Segmenten,
auf der übrigen Fläche nur einzeln punktirt.

Herrn Dr. Gestro vom Museum in Genua gewidmet.

5. *Peristeptus platessa* Gerst. *Minor, ovalis, niger,
parce pilosus, minus nitidus, deplanatus; antennis articulo tertio
quarto vix longiore; thorace lateribus explanatis, denticulatis;
elytris ovalibus, parce punctatis, margine acute denticulatis;
epipleuris vage punctatis.* — long. 6—7, lat. 4 mill.

Eurychora platessa Gerst. Wieg. Arch, f. Nat. XXXII.
Bd. 1 pg. 59.

Zanzibar. See Jipe. Mus. Ber., meine Sammlung.

Die kleinste Art der Gattung, an der flachen Gestalt, den kurzen Fühlern und dem scharf crenulirten
ganzen Umfange nicht zu verkennen. Fühler 3. Glied
kaum grösser als das 4., 4.—9. breiter als lang. Halsschild seitlich verflacht, am Rande sehr spitz gezahnt, in
der Mitte queer eingedrückt; Flügeldecken dicht an den
Thorax schliessend, fast flach, kurz eiförmig, seitlich spitz
crenulirt, einzeln punktirt; Behaarung rostfarben, an der
Basis stärker. Epipleuren vereinzelt punktirt; Beine klein
und kurz.

III. Pogonobasis.

Sol. An. Fr. 1837. p. 161. — Lac. l. c. p. 96.

Die Unterschiede von den verwandten Gattungen
sind weiter oben besprochen worden. Vergl. auch Lac.
a. a. O. Wenn Lacordaire daselbst meint, diese Thiere
seien nicht den Ausschwitzungen unterworfen, so irrt er,
denn dieselben kommen zwar selten vor, sind aber vorhanden und bestehen in dichten gelb und weissem flockigem
Schimmel. Sämmtliche Arten haben grosse Aehnlichkeit
unter einander, sind, wie es scheint, fast sämmtlich häufig

und sind den verschiedensten Variationen unterworfen. Sie finden sich am Senegal, in Aegypten und in Arabien.

Uebersicht der Arten.

4.—9. Fühlerglied viel breiter als lang 1. *verrucosa* Er.

4.—9. Fühlerglied kaum breiter als lang 1

  1· Halsausschnitt tief, die Vorderecken weit vorgezogen 2

         „   zwar scharf, aber wenig tief, die Vorderecken weniger vorgezogen . . . 5. *Raffrayi* n. sp.

  2. Käfer kurz, gedrungen, Halsschildseiten stark verbreitert 3

    Käfer lang, gestreckt, Halsschildseiten weniger verbreitert . . . . 4. *ornata* Sol.

 3. Flügeldecken deutlich stark punktirt.

                 2· *rugulosa* Guér.

    Flügeldecken matt runzelig . . . 3. *opaca* n. sp.

1. *Pogonobasis verrucosa* Er. *Oblongo ovalis, nigra, opaca, parce fulvo-pubescens; thorace brevi, margine dilatato, leviter elevato, parce granulato; elytris subovatis, dense fortiter-que punctato-rugosis, granulis acutis, sparsis, praecipue versus latera asperatis, punctis suturam versus anterius subseriatis; parapleuris minutissime granulatis; epipleuris rude rugoso punctatis. — long. 9—12, lat. 5½—7 mill.*

  Er. Wieg. Arch. 1843. I p. 240.

  Benguela und Angola. Gemein. Ein Stück in der Marseul'schen Sammlung soll vom Cap. stammen; ich halte aber diese Angabe für einen Irrthum.

  Die Art ist von allen andern durch die breiten mittleren Fühlerglieder zu unterscheiden, deren 5.—9. viel breiter als lang sind; ausserdem durch die grobe rauhe Punktirung der Flügeldecken, die nur Raffrayi in ähnlicher Weise aufzuweisen hat. Manchmal sieht man auf den Decken längs der Naht wie eine kleine Leiste hinlaufen.

2. *Pogonobasis rugulosa* Guér. *Oblongo-ovalis, nigra, parce pilosa, subnitida; thorace lateraliter valde explanato,*

*elytris suboratis, distincte grosse punctatis; parapleuris
minutissime granulatis, epipleuris rude punctatis.* — long.
9—12, lat. 5—7 mill.

> *Pogonobasis rugul.* Guér. Ic. regn. an. p. 113. t. 28.
> - F. 10. — Cast. Hist. nat. II p. 192.
> *E. opatroides.* Sol. l. cit p. 163. t. 7 F. 6—8.

Die bekannte sehr gemeine Art vom Senegal, die,
was Körperform betrifft, nur mit der vorhergehenden
und folgenden Art verwechselt werden kann, von beiden
sich aber hinlänglich, von ersterer durch die Fühlerbildung
und Sculptur, von letzterer durch die Sculptur unterscheidet. Sehr häufig aber findet man diese Art mit ornata Sol. verwechselt; die Unterschiede dieser beiden Arten
werde ich bei ornata auseinandersetzen.

Unter den vielen Exemplaren, die mir vorlagen,
fanden sich auch einige als von Egypten und Arabien
stammend, bezettelt. Ich halte beides nicht für wahrscheinlich.

3. *Pogonobasis opaca* n. sp. *Statura praecedentis,
cinerea, opaca, parce pubescens; elytris anterius indistincte
rugoso-punctatis, posterius rugosis, opacis, sine ulla punctatione; epipleuris rude punctatis.* — long. 11, lat. 6 mill.

Arabia. Meine Sammlung.

Vollkommen von derselben Gestalt, wie die vorhergehende Art, doch in folgendem verschieden:

1) der ganze Käfer dunkel matt grau,
2) die Flügeldecken zeigen auf der vorderen Hälfte
   undeutliche eingedrückte Punkte, welche durch leder-
   artige Runzeln verbunden sind; auf der hinteren
   Hälfte sieht man keine Spur von Punkten, dort ist
   die ganze Fläche verschwommen runzelig.

Die Behaarung wie bei den übrigen Arten, an der
Basis des Thorax und der Flügeldecken stärker auftretend.

Es könnte diese Art immerhin möglicherweise eine
Varietät von rugulosa sein, da ich ausser der Sculptur
keine Unterschiede auffinden konnte. Da aber gar keine
Uebergänge vorlagen und ausserdem das Vaterland ein
anderes ist, so habe ich dieselbe vor der Hand als selbstständig aufgestellt.

4. *Pogonobasis ornata* Sol. *Elongata, nigra, parce pubescens, nitida; thorace lateribus minus explanatis, aequaliter rotundatis; elytris distincte punctatis.* — long. 8—11, lat. 4½—5½. mill.

Pogonobasis ornata Sol. l. c. p. 163.

— *elongata* Klg. Dj. Cat. ed. 3 p. 201.

var. major, *punctis elytrorum majoribus.*

Diese in Aegypten sehr häufige Art stimmt in der Punktirung vollkommen mit rugulosa überein und wird sehr häufig mit ihr verwechselt.

Sie unterscheidet sich aber in folgenden Punkten:

1) ist ornata viel gestreckter und länger, besonders in den Flügeldecken, welche lang eiförmig sind, während die von rugulosa nur eiförmig sind;

2) ist der Seitenrand des Thorax bei ornata nicht so verbreitert wie bei rugulosa, seitlich auch fast ganz gleichmässig gerundet, während er bei rugulosa nach vornen zu mehr verengt ist, als nach hinten;

3) sind die Schultern bei rugulosa mehr vorgezogen, als bei ornata;

4) ist das Vaterland der letzteren Aegypten und sind mir keine Exemplare, welche sicher vom Senegal stammen, bekannt.

Beide Arten nun vaiirren sehr bedeutend, sowohl in Grösse, als in Form und Punktirung. In den normalen Formen sind sie leicht auseinander zu halten, aber es ist oft schwer, kleinere schlankere ♂ der rugulosa von grösseren breiteren ♀ der ornata zu trennen. So steckt z. B. selbst in der Gory'schen (jetzt durch Melly Genfer-Museums-) Sammlung ein von Solier stammendes als ornata sibi bezetteltes Stück der rugulosa.

Die grossen Stücke mit starker Punktirung kommen in Cordofan vor, sie entsprechen der var. a von Solier.

Ein ebenso grosses Stück, mit etwas schwächerer Punktirung, aber etwas breiteren Halsschildseiten, von Bahr el Abiad aus dem Stockholmer Museum, kann ich vor der Hand auch nur als eine Varietät dieser Art ansehen.

.5. *Pogonobasis Raffrayi* n. sp. *Elongata, nigra, opaca, parce pilosa; thorace parum lateraliter dilatato, antice minus excavato, angulis anticis parum prominulis, parce tuberculato, medio transversim impresso; elytris elongatis, parallelis, rude densissimeque punctatis; parce pilosis; parapleuris disperse granulatis, epipleuris punctatione elytrorum.* long 9¹⁄₂—11, lat. 5—5¹⁄₂ mill.

Abyssinien, von Raffray gesammelt. Bogos (Keren) von Beccari gesammelt. Meine Sammlung.

Fühlerbildung wie bei ornata, Kopf gross, sehr grob zusammenfliessend punktirt, mit stark vertieften Augen und in Folge dessen hoher Augenschwiele; Halsschild sehr klein, kaum doppelt so breit als der Kopf, mit ganz schmal abgesetztem schwach aufgebogenem Seitenrand bei dem ♂ und etwas stärker verbreitertem bei dem ♀, der Hinterrand ist fast grade und nur am Schildchen etwas vorgezogen, der Vorderrand scharf, aber verhältnissmässig nicht tief eingeschnitten, so dass die Vorderecken wenig vorstehen; Scheibe des Halsschildes in der Mitte queer eingedrückt, mit einzelnen gleichmässig vertheilten Granulationen besetzt, Seitenrand gekerbt und fast ganz gleichmässig abgerundet. Flügeldecken breiter als der Thorax, über doppelt so lang als breit, auf der Scheibe niedergedrückt, seitlich fast parallel, mit vorgezogenen, aber gleichmässig abgerundeten Schultern; auf der Scheibe sehr dicht, tief punktirt, mit einzelnen Häärchen besetzt, welche an der Basis dichter stehen; Naht glatt. Parapleuren einzeln granulirt; Epipleuren wie die Flügeldecken punktirt; zwischen den Punkten sieht man auch, ähnlich wie auf dem Rücken, einzelne kleine Granulationen.

Eine sehr ausgezeichnete Art, die in der Körperform mit den grösseren gestreckteren Exemplaren von ornata übereinstimmt, dabei aber die Sculptur von verrucosa zeigt. Am auffallendsten aber ist die Bildung des Thorax, die sehr schmal gleichmässig abgesetzten Seiten desselben, vornen der kleine Ausschnitt mit den kaum vorstehenden Vorderecken und endlich die eigenthümliche Granulation der Scheibe.

IV. Steira.

Westw. Guér. Mag. Zool. 1837. t. 176.

Die Gattung Steira ist eine der bestgeschiedensten der ganzen Gruppe, hauptsächlich ausgezeichnet durch die eigenthümliche Bildung der Vorder- und Mittelbrust, der Bauchsegmente, und durch die zahnförmig verbreiterten Vorderschienen, welches letztere Merkmal nur wenigen andern Gattungen eigen ist. Die Vorderbrust ist an ihrem vorderen Rande durch eine tiefe Furche abgeschnürt; der Prosternalfortsatz ist zwischen den Vorderhüften schmal, verbreitert sich etwas nach hinten und zeigt eine tiefe Rinne; der Raum zwischen den Hüften der Mittelbrust ist etwas abgeplattet und beiderseits durch eine hohe Kante begrenzt, welche sich bis zum drittletzten Bauchsegmente hinzieht und sich hier mit der tief eingeschnittenen Naht dieses Segmentes verbindet. Dieselben tiefen etwas gebogenen Einschnitte sind auch zwischen den beiden letzten Bauchsegmenten vorhanden und ist besonders derjenige zwischen dem 3. und zweitletzten der tiefste. Diese Einschnitte sind nicht etwa sexuell, — wie es mir überhaupt bei circa 20 untersuchten Exemplaren, ausser vielleicht der bemerkbaren Kleinheit des ♂ und der vielleicht etwas tieferen Abdominaleinschnitte beim ♀ nicht gelingen wollte, einen Geschlechtsunterschied aufzufinden — sondern finden sich bei beiden Geschlechtern vor.

Die Voderschienen sind kurz, kräftig nach vornen verbreitert und in einen nicht sehr spitzen Zahn ausgezogen.

Die Fühlerfurchen sind schwach angedeutet.

Wenn Westwood a. a. O. sagt, die Augen seien dorsales, so ist dies eben ein einfacher Irrthum, denn die Augen sind nicht anders gebildet, als bei den andern Gattungen, d. h. zweitheilig, nur ist das untere Auge, welches am Hinterrande der Fühlergrube sitzt, wegen des tief eingelassenen Kopfes häufig bedeckt und nicht so leicht zu sehen.

Die Gattung ist, wie es scheint, auf das südliche Afrika beschränkt.

Uebersicht der Arten.

Flügeldeckenrand sehr stark verbreitert und nach unten
  gebogen . . . . 3. *Ståli* n. sp.
Flügeldeckenrand wenig verbreitert und nach aufwärts
  gebogen 1
  1. Die Rippen der Flügeldecken vereinigen sich kurz
     vor der Flügeldeckenspitze . . . . 1. *costata* West.
     Dieselben vereinigen sich ungefähr am 3. Viertel
     der Naht . . . . 2. *Dohrni* n. sp.

1. *Steira costata* Westw. *Rotundata, depressa, obscure brunnea; capite carinato; thorace explanato, parce scrabroso, in dorso bicarinato, carinis postice divergentibus; elytris valde deplanatis, scabrosis, sutura nonnullum, duabusque costis, circulum fere imitantibus, elytrorumque apicem subatingentibus alte elevatis.* — long. 9—11, lat. 6^1/$_2$—9 mill.

Cap. Fast in allen verglichenen Sammlungen.

Westw. Guér. Mag. zool. 137. t. 176.

Eurychora complanata. Dj. Edit. III. pg. 201.

Die bekannteste Art der Gattung und Type derselben. Kopf in dem tiefen Ausschnitt des Thorax sitzend, nach vornen stark verbreitert; dicht rauh gekörnt, mit durchlaufender, vornen schwächer werdender Längsleiste und starken bogenförmigen, mitten auf der Stirne sich vereinigenden Augenschwielen. Der Thorax ist viel breiter als lang, vornen sehr tief zur Aufnahme des Kopfes ausgeschnitten, seitlich stark blätterartig verbreitert, hinten beiderseitig etwas ausgebuchtet, aber dicht an die Flügeldecken anschliessend. Ueber die Mitte der Scheibe laufen zwei sehr stark erhabene, hinten divergirende Längsleisten. Die verbreiterten Seiten sind durch kleine Runzeln etwas uneben und dicht mit kleinen spitzigen Körnchen besetzt, während die Mitte der Scheibe nur letztere Körnchen allein zeigt.

Die Flügeldecken sind so breit wie das Halsschild,

breiter als lang, so dass sie mit dem Thorax fast einen
Kreis bilden. Sie sind sehr flach, haben einen schmalen,
etwas aufgebogenen Seitenrand und eine ziemlich kräftig
erhöhte Naht. Ausserdem zeigt jede derselben eine stark
erhöhte, nach auswärts halbmondförmig gebogene Längsleiste, welche sich nahe an der Flügeldeckenspitze mit
der correspondirenden fast vereinigt. Diese Leisten sind
so stark erhöht, dass sie die Flügeldeckenspitze über-
ragen und diese desshalb, von oben gesehen, unsichtbar
ist. Die Sculptur ist dieselbe wie auf dem verbreiterten
Rand des Halsschildes; ausserdem bemerkt man noch in
den Schulterecken ein kurzes erhabenes Fältchen. Der
umgeschlagene Rand der Flügeldecken zeigt grobe eingedrückte Punkte, die diese Parthie etwas uneben erscheinen lassen, die Vorderbrust ist nur einzeln gekörnt,
die Mittelbrust und der Hinterleib etwas dichter. Ich besitze eine sehr hübsche Varietät, bei welcher die beiden
gebogenen Rückenrippen stark geschlängelt sind.

2. *Steira Dohrni* n. sp., *Rotundata, depressa, obscure
brunnea; thorace explanato, scabroso; in dorso bicarinato,
carinis postice divergentibus; elytris deplanatis, breviter rotundatis, scabrosis, singulo in disco carina curvata elevata
instructo, elytrorum apicem non attingente, cum opposita
conjuncta fere circulum immitante, suturaque partim alte
elevata.* — long. 10—12, lat. 8—9½ mill.
Süd-Afrika; Ovumbo, Coll. Dohrn, Haag.
In der Gestalt der vorhergehenden Art ungemein
ähnlich und auf den ersten Blick mit ihr zu verwechseln,
aber durch die Sculptur und die Lage der Rippen scharf
geschieden. Kopf und Halsschild vollkommen, wie bei
costata gebildet; letzteres ebenso am Hinterrande fein
gezackt und mit gelblichen Börstchen besetzt, dagegen
sind die verbreiterten Seitenränder nicht durch Runzeln
uneben, sondern genau so, wie die Scheibe, dicht mit
einzelnen spitzigen Körnchen besetzt. Die Form der
Flügeldecken ist gleichfalls genau, wie bei costata, doch
laufen die beiden gebogenen Rippen mehr über die Mitte
der Scheibe und vereinigen sich, nicht wie bei costata,

erst kurz vor der Flügeldeckenspitze, sondern ungefähr
schon am 3. Viertel der Naht, so dass natürlich der
Kreis, welchen sie einschliessen, kleiner erscheint, der
Raum dagegen zwischen dem Vereinigungspunkt und
der Flügeldeckenspitze weitaus grösser. Die Naht ist nur
bis zum Vereinigungspunkt erhöht. Die Sculptur ist insofern anders, als auf der Oberseite die runzeligen kleinen Erhabenheiten von costata nicht vorhanden sind,
dagegen hier die kleinen spitzigen Höckerchen viel dichter stehen und sich zwischen Rippe und Rand hin und
wieder zu kleinen Gruppen vereinigen. Der umgeschlagene Rand derselben zeigt keine eingedrückten Punkte,
sondern nur kleine spitze Höckerchen, die übrige Unterseite ist ungefähr wie bei costata.

3. *Steira Ståli* n. sp. *Rotundata, obscure brunnea,
minus depressa; thorace lateribus valde explanatis, dorso
carinis duabus minus elevatis, postice divergentibus, scabroso;
elytris multo latioribus, quam longioribus, scabrosis, lateribus
valde explanatis, deflexis, singulo carina minus curvata instructo, elytrorum apicem non attingente, cum opposita conjuncta, sutura partim elevata.* — long. 13, lat. 12¹⁄₂ mill.

Ich sah nur 1 Exemplar aus dem Stockholmer
Reichsmuseum, von Wahlberg in Kuisip in Süd-Afrika
gesammelt.

Eine sehr ausgezeichnete Art, bedeutend grösser,
wie die vorhergehenden und fast kreisrund. Der Kopf
ist wie bei costata gebildet, doch sind die Augenschwielen etwas kräftiger. Das Halsschild erscheint durch die
sehr starke seitliche Verflachung viel breiter wie bei den
anderen Arten, dagegen sind die Rückenleisten weniger
erhaben und nicht so stark nach hinten divergirend. —
Die Flügeldecken sind viel breiter als lang; sie sind
seitlich sehr stark verbreitert (ungefähr den dritten
Theil ihrer ganzen Breite) und der äussere Rand ist nicht,
wie bei costata und Dohrni etwas aufgebogen, sondern
stark heruntergezogen und dadurch erhält diese Art
ein ganz anderes cassidenartiges Aussehen, indem sie
mehr gewölbter erscheint. Die Rippen auf der Scheibe

liegen weniger nach aussen, sind nicht so stark sichelförmig gebogen und stossen an der Naht nicht direct auf einander, sondern biegen sich hier etwas einwärts und vereinigen sich mit der bis zu diesem Punkte erhöhten Naht. Die Flügeldecken zeigen, wie der Thorax, sehr feine dicht stehende spitzige Körnchen, die nur auf dem verbreiterten Rande etwas runzelig zusammenfliessen, haben auch das kleine charakteristische Fältchen in der Nähe der Schultern und sind an ihrer äussersten Spitze leicht ausgeschnitten. Umgeschlagener Rand der Flügeldecken nicht allzudicht punktirt und mit kleinen feinen gelblichen Börstchen in den Punkten besetzt; die übrigen Theile ähnlich, wie bei den Vorhergehenden.

V. Hidrosis.

ἡ ἴδρωσις (das Schwitzen).

Haag. Deutsch. Ent. Zeit. 1875, p. 120.

Fühler kurz, gedrungen; 1. Glied das grösste, doppelt so gross, als das 2.; dieses knopfförmig, etwas grösser als das 3.; 3.—6. klein, knopfförmig, gleichgross, 7.—9. unmerklich sich vergrössernd, 10. doppelt so gross als die vorhergehenden, an der Spitze schief abgeschnitten. Fühlerfurchen sehr tief eingeschnitten, nach hinten divergirend. Die Mundtheile und Augen sind gebildet, wie bei Steira. Halsschild viel breiter als lang, vornen ausgeschnitten, doch nicht so stark, als bei Steira, seitlich verbreitet, Hinterrand beiderseits ausgebuchtet, Hinterecken ausgezogen; Oberseite mit Längserhabenheiten. Die Flügeldecken sind schmäler, als der Thorax, niedergedrückt, mit stark vorspringenden Schultern, stachlichem Rand und mehreren mehr oder minder deutlichen ähnlich gebildeten Rückenleisten. Die Vorderschienen sind kurz, kräftig, nach vornen verbreitert und daselbst schräg abgeschnitten, einen undeutlichen Zahn bildend.

Diese Gattung, deren Type die Steira crenato-costata Redt. ist, unterscheidet sich von Eurychora und verwandten Gattungen durch die Fühlerbildung, von Steira, welcher sie am nächsten steht, durch die tiefen Fühler-

furchen, die schmäleren Flügeldecken, durch die stach-
lichte Randleiste und das Fehlen der eigenthümlichen
Bildung auf Mittelbrust und Segmenten. Die Arten scheinen weniger auszuschwitzen, wie Eurychora, ich konnte
nur bei einzelnen Exemplaren Reste eines feinen weisslichen Schimmels finden; wahrscheinlich aber waren dieselben abgerieben. Die Gattung scheint sich auf Aegypten und Algier zu beschränken, denn ich vermuthe, dass
der Angabe Redtenbachers, dass Steira crenato-
costata, welche gelegentlich der Reise der Novara gesammelt wurde, vom Cap stamme, ein Irrthum zu Grunde
liegt. Sämmtliche Exemplare, die ich besitze, und die
ich von den verschiedensten Seiten erhielt, stammen aus
Aegypten und Syrien; die 2. Art ist die Eurych. Levaillanti, vom Djebel-Amour in Algier.

1. *Hidrosis crenato-costata* Redt., *oblongo-ovalis,
depressa, brunnea; thorace transverso, lateribus dilatato, postice bisinuato, supra bicarinato; elytris thorace angustioribus, deplanatis, humeris productis, acutis, margine duplici
duabusque costis plus minusve distinctis spiculosis.* — long.
7—8, lat. 4—5 mill.

Syrien, Aegypten. — Fast in allen verglichenen
Sammlungen (Type im Wiener Museum).

Steira crenato-costata Redt. Reise Nov. 1868 II.
pg. 120.

Steira aegyptiaca Kirsch. Berl. Ent. Zeit. 1870 p. 389.

Eur. squalida Baudi. Deut. Ent. Zeit. 1875 p. 65.

Kopf nach vornen verbreitert, clypeus leicht ausgeschnitten, Stirne mit kleinen Längsleisten, durchaus sehr
fein mit kleinen Körnchen besetzt. Thorax seitlich stark
verbreitert, nach hinten vorgezogen, beiderseits stark
ausgeschnitten mit etwas nach hinten gerichteten Hinterecken; Scheibe durch einige Eindrücke etwas uneben,
mit 2 hinten verschwindenden, in der Mitte etwas aus-
einandergehenden feinen Längskielen. Die Sculptur
ist ähnlich, wie die des Kopfes. Schildchen gross und
deutlich. Flügeldecken schmäler als der Thorax, bis
zum letzten Dritttheil fast parallel und dann rasch zu-

gerundet. Der Seitenrand besteht aus zwei dicht überein-
anderliegenden Leistchen, welche an den stark spitzig
vorstehenden Schulterecken beginnen, an der Flügeldeckenspitze etwas divergiren und von welchen die obere
aus einzelnen kleinen Stacheln besteht und wie stark gesägt erscheint. Unmittelbar neben diesen Randleisten zieht
sich eine ähnliche an der Basis etwas stärker geschwun-
gene nach der Spitze zu verschwindende weniger stark
gezähnte Rückenleiste, hin und zwischen dieser und der
etwas angeschwollenen Naht sieht man in der Regel auf
der hintern Hälfte noch Spuren einer dritten ähnlichen
Rippe. Die Sculptur der Flügeldecken besteht in nicht
sehr dicht, theilweise fast in Reihen stehenden grob eingedrückten Punkten, zwischen welchen mikroskopisch
feine Körnchen stehen. Ausserdem zeigen reine Exemplare an den Rändern der Flügeldecken einzelne längere
gelbliche Haare, welche sich an der Basis derselben,
ähnlich wie an der Basis und dem Vorderrande des
Thoraxes etwas dichter stellen. Die Epipleuren der Flügeldecken sind grob, fast reihenweise punktirt. Vorder-
und Mittelbrust und Segmente mehr oder weniger fein
gekörnt.

Die ♂ sind kleiner und auf den Segmenten in der
Mitte etwas stärker gekörnt.

Ueber die Synonymie vergl. Haag a. a. O.

2. *Hidrosis Levaillantii* Luc. *Elongata, depressa,
obscure-brunnea; thorace transverso, lateribus explanatis, postice
bisinuato, supra inaequalis, breviter bicarinato; elytris elongatis, scabrosis, carina laterali simplici, tribusque costis plus
minusve distinctis spiculosis.* — long. 7, lat. 3½ mill.

Eurychora Levaillantii Luc. An. France 1850. Bull.
    pg. 7; Recap. Rev. Zool. 1853 pg. 33. t. 1
    fg. 6—7.

Von Djebel-Amour in Algier.

Von Lucas an beiden a. O. sehr ausführlich beschrieben. Die Art unterscheidet sich von der vorhergehenden hauptsächlich durch ihre langgestreckte Form,

die einfache Randleiste und die rauhe Sculptur der Flügeldecken.

Ich sah nur ein Exemplar in der Bates'schen
Sammlung und erkannte daraus, dass diese Art in diese
Gattung einzureihen sei. Aus der ausführlichen Beschrei-
bung selbst wäre dies nicht zu erkennen gewesen, da
Lucas auffallender Weise gerade die 3 charakteristischen
Kennzeichen dieser Gattung, nämlich Fühler, Fühlerrinne
und Vorderschienen nicht erwähnt.

VI. Lycanthropa.

. Thoms. Mus. scient. 1860 pg. 20.

Zygas, Pasc. Somn. of Entom. II. 1866 p. 487.

Die Gattung ist, trotz ihrer eigenthümlichen runden
und flachen Gestalt nicht scharf von Eurychora geschieden. Von Steira allerdings, mit welcher sie Lacordaire
(Anmerkg. pg. 98), und Thomson vergleichen, unterscheidet sie sich sehr gut durch die Fühlerbildung, von
Eurychora dagegen, mit welcher sie dieselbe vollkommen
gemein hat, müsste sie durch andere Merkmale abge-
schieden werden. Die einzige obigen Autoren nur bekannte Art, die cimicoides Quens., nun unterscheidet sich
allerdings durch ihre kreisrunde Form und besonders
durch ihre vorgezogenen Schultern gut von derselben,
die andern aber unterdessen bekannt gewordenen und
hier beschriebenen Species zeigen diese Merkmale weit
weniger entwickelt und erschweren das Auseinander-
halten beider Gattungen. Ein Unterschied jedoch ist constant und sehr in die Augen fallend, das sind die verhältnissmässig sehr dünnen und zarten Fühler dieser Gattung, während dieselben bei Eurychora, Pogonobasis etc.
weitaus massiver und kräftiger sind. Bei dieser Gelegenheit will ich erwähnen, dass es ein Irrthum ist, wenn
Thomson die Fühler als elfgliedrig angibt, sie haben einfach, wie bei allen Eurychoriden nur zehn Glieder.

Uebersicht der Arten.

Hinterer Rand des Thorax auf den Seiten ausgeschnitten
und nach vorne gezogen 1

Hinterer Rand des Thorax fast gerade, höchstens seitlich ausgerandet, aber nicht nach vornen gezogen . . 3

1. Flügeldecken an den Schultern vorgezogen, zusammengenommen viel breiter als lang

1. *cimicoides* Quens.

Flügeldecken an den Schultern nicht vorgezogen, zusammengenommen kaum breiter als lang oder sogar länger als breit 2

2. Flügeldeckenrand kaum abgesetzt und aufgebogen

2. *denticollis* n. sp.

derselbe sehr bemerklich abgesetzt und aufgebogen

3. *depressa* n. sp.

3. verbreiterter Rand der Flügeldecken quergefältelt

4. *plicata* n. sp.

derselbe nicht quergefältelt . . . 5. *plana* n. sp.

1. *Lycanthropa cimicoides* Quens.

Eurych. cimicoides. Quens. Schönh. Syn. S. L. p. 137 not. t. 2 f. 5.

Eurych. rotundata Cast. Hist. nat. II pg. 192.

Lyc. cimicoides Quens. Thoms. l. c. pg. 20.

Zygas. cimicoides Quens. Pasc. l. c. pg. 487.

Lac. Gen. *V.* pg. 98 not.

Rotundata, nigra vel nigrobrunnea, opaca, parum pubescens, thorace valde dilatato, inaequali, lateribus foliaceis, crenulatis, elytris thorace latioribus, latioribus quam longioribus, medio subconvexis, lateribus explanatis, praesertim versus humeros, dorso punctatis disperseque granulatis. — long. 6½—11, lat. 6—9 mill.

Cap. Fast in allen Sammlungen vertreten.

Die Art ist die bekannteste der Gattung und unterscheidet sich von den anderen Arten auf den ersten Blick durch die sehr kurzen breiten Flügeldecken und durch den besonders an den Schultern stark verbreiterten und daselbst vorgezogenen Rand derselben. Kopf tief in den Thorax eingelassen, zwischen Stirn und Clypeus mit einem breiten flachen Quereindruck; Augen nicht vertieft sitzend, etwas vorstehend, kurz eiförmig mit kleinem Augenkiel, Kopfschild verbreitert, mit einer starken

Ausrandung in der Mitte. Fühler schwach und dünn, 3. Glied so lang als 4. und 5. zusammengenommen, die folgenden an Länge langsam ab- und an Breite zunehmend, letztes Glied etwas grösser, als das 9., nach zwei Seiten abgestutzt, glänzend. Thorax vornen tief, fast winklich, ausgeschnitten sehr queer, mit sehr stark verbreiterten nicht aufgebogenen Seiten und gekerbtem Seitenrande. Der Hinterrand ist in der Schildchengegend sanft ausgeschnitten und von da ab nach vornen gezogen, so dass der Winkel, welchen er mit der Basis der Flügeldecken macht, recht bemerkbar ist. Scheibe mit tiefem Quereindruck, fast nicht sculptirt, Seitentheile einzeln mit spitzigen Granulationen besetzt. Flügeldecken breiter, als der Thorax, zusammen viel breiter als lang, seitlich gerundet, die hintere Spitze kaum vorstehend, Seitenrand stark verbreitert, an den Schultern abgerundet und daselbst etwas vorgezogen und aufgebogen. Mitte des Rückens erhöht, der Rand fein crenulirt, die ganze Oberfläche schwach punktirt und einzeln mit kleinen Granulationen besetzt. Frische Exemplare sind dürftig mit langen weichen Haaren bedeckt, welche sich am Umkreise des Thoraxes und der Flügeldecke dichter stellen. Unterseite durchaus einzeln und fein punktirt, die Segmente etwas kräftiger; Beine dünn, etwas gestreckt.

Die Art variirt etwas in der Sculptur, indem die Granulationen der Flügeldecken und der Thoraxseiten manchmal stärker hervortreten.

Die ♂ scheinen sich durch eine kleine Anhäufung von Granulationen auf der Mitte des ersten und zweiten Abdominalsegmentes auszuzeichnen. Ich besitze auch ein von Mouflet in Benguela gesammeltes Exemplar, das sich durch etwas gestrecktere Flügeldecken auszeichnet, aber sonst keine weiteren Verschiedenheiten bietet.

2. *Lycanthropa denticollis* Chev. i. l. *Ovalis, nigra vel nigropicea, opaca, parum pubescens; thorace transverso, lateribus explanatis, recurvis, acute sed irregulariter dentatis, elytris longitudine vix latioribus, humeris nonnullum*

dilatatis, subreflexis, medio subconvexis, punctatis et disperse granulatis, marginibus denticulatis; subtus ut in praecedenti. long. 8—9, lat. 6—7 mill.

Cap. Coll. Bates, Mus. Vind., Haag.

Die Art unterscheidet sich von cimicoides durch das schmälere, seitlich mehr aufgebogene, daselbst sehr spitz gezähnelte Halsschild und durch die Flügeldecken, welche kaum breiter als lang und deren Ränder nur äusserst wenig verbreitert sind. Kopf wie bei der vorigen Art; Fühler lang und dünn, 3. Glied so gross als 4., 5. und 6. zusammengenommen. Thorax kürzer als bei cimicoides, vornen tief ausgeschnitten, die Seitenränder stark verbreitert und leicht in die Höhe gebogen, der Rand selbst mit zahlreichen scharfen grossen und kleinen Zähnehen besetzt; Scheibe stark queer eingedrückt, einzeln punktirt. Flügeldecken nur wenig breiter als der Thorax, so lang als breit, seitlich mehr parallel, hinten nicht so abgerundet, wie bei cimicoides, sondern deutlich in eine gemeinsame Spitze sanft auslaufend. Basis fast gerade, Seitenränder sehr schmal abgesetzt, mit ähnlichen Spitzchen wie der Thorax besetzt, Oberfläche leicht aber gleichmässig gewölbt, fein punktirt, mit einzelnen grösseren Granulationen bedeckt. Der ganze Käfer ist überdies, wie die vorige Art, einzeln mit längeren Härchen besetzt, die an den Rändern dichter stehen. Unterseite wie bei cimicoides.

3. *Lycanthropa depressa* n. sp. Ovalis, obscure brunnea, opaca, parum pubescens; thorace transverso, lateribus dilatatis, crenulatis; elytris vix elevatis, longioribus quam latioribus, lateribus dilatatis, reflexis, crenulatis, dorso punctatis et disperse granulatis. — long. 7½—10, lat. 5½—7 mill.

Cap. Coll. Bates, Javet, Marseul Mus. Holm, Mus. Vind., Haag.

Fühler dünn und schlank, 3. Glied etwas länger als 4. und 5. zusammengenommen. Kopf und Halsschild gebildet und sculptirt, wie bei cimicoides, doch ist hier der Rand etwas ungleichartiger gezähnelt. Flügeldecken kaum breiter, als der Thorax, länger als breit, oben kaum gewölbt, Rand leicht verbreitert und etwas in die Höhe gebogen, besonders nach den Schultern zu; diese selbst nicht vorgezogen, sondern · eher etwas zurücktretend. Sculptur, Behaarung und Unterseite wie bei den vorhergehenden Arten; doch ist diese Species fast stets mit einer, weisslichen oder erdfarbigen Ausschwitzung dicht überzogen, was ich bei keiner der anderen Arten gefunden habe.

Die Art unterscheidet sich, abgesehen von der ·Fühlerbildung, von cimicoides durch die schmalen parallelen Flügeldecken, von denticollis durch die seitlich deutlich abgesetzten und etwas aufgebogenen Flügeldeckenränder und von beiden noch ausserdem durch ihre auffallend flache Gestalt, von den folgenden plana und plicata, end-·lich durch den seitlich nach vorne vorgezogenen Hinterrand des Thoraxes.

♂ mit einer kleinen Anhäufung von Granulationen auf der Mitte des 1. und 2. Abdominalsegments.

4. *Lycanthropa plicata* n. sp. ·*Ovalis, nigro-brunnea, subnitida, depressa, parum pubescens; capite ut in caeteris, thorace lateraliter valde dilatato, foliaceo, basi fere· recto, angulis posticis subrecurvatis; elytris thorace non latioribus, depressis, lateribus explanatis plicatisque, supra granulationibus minutissimis acutis, majorisbusque intermixtis, instructis.* — long. 9½, lat. 6½ mill. ·

Cap. Meine Sammlung.

Fühler verhältnissmässig dicker erscheinend, als bei den vorhergehenden Arten; 3. Glied so lang als 4.—6. zusammen. Kopf wie bei cimicoides, die Vertiefung aber vor den Augen ist äusserst flach und kaum bemerkbar. Thorax tief ausgeschnitten mit sehr stark wagrecht verbreitertem Seitenrande. Hinterrand fast grade, die Ecken spitz, etwas zurückgebogen; Scheibe leicht queereingedrückt und dürftig punktirt, Seitenflügel fein spitz granulirt, ihr Rand gekerbt. Flügeldecken so breit als der Thorax an seiner Basis, mit demselben ein vollkommen

regelmässiges Eirund bildend; hintere Spitze kaum vorgezogen. Seitenrand verbreitert, besonders nach der
Schulter zu, daselbst aber nicht vorgezogen; Basis fast
grade und eng an den Thorax anschliessend, so dass gar
kein Winkel bemerkbar ist. Der Rücken ist niedergedrückt, mit dem Thorax fast eine Fläche bildend, zerstreut sehr fein spitzig granulirt und stellenweise durch
etwas grössere Granulationen uneben; der Rand ist auf
seiner Verbreiterung eng queergefältelt und crenulirt.
Behaarung ist bei meinen Exemplaren fast nicht bemerkbar, nur am Rande des Thorax und der Flügeldecken
befinden sich einige dichter stehende gelbe Härchen. Die
Unterseite ist wie bei den anderen Arten, nur dass hier
auf dem äusseren Rand der Epipleuren die kleinen Queer-
fältchen auftreten.

♂ mit Granulationen auf dem 1. und 2. Abdominalsegmente.

Die Art kann wegen ihrer niedergedrückten Form
und dem seitlich nicht vorgezogenen Hinterrand des
Thorax nur mit der folgenden verwechselt werden, welche diese Eigenschaften mit ihr gemein hat, von dieser
aber unterscheidet sie die Grösse und die Sculptur des
Flügeldeckenrandes.

5. *Lycanthropa plana.* n. sp. *Breviter ovalis, brunnea, depressa, parum nitida, thorace lateraliter valde foliaceo,
lateribus crenulatis, basi fere recto; elytris thorace paululum
latioribus, margine vix dilato, in dorso granulationibus minutissimis piliformibus instructis.* — long. 6½, lat. 5 mill.

Cap. Meine Sammlung.

Diese Art ist, wie schon bei der vorhergehenden
erwähnt ist, mit keiner andern, als mit dieser zu verwechseln und ich beschränke mich darauf, die Unterschiede zwischen beiden aufzuführen. Die Fühler sind
hier sehr fein, klein und dünn und das 3. Glied ist nur
so lang, als 4. und 5. zusammengenommen. Die Flügeldecken sind an der Basis zwar nicht breiter als der Thorax,
erweitern sich aber etwas nach hinten und bilden mit

dem Thorax ein regelmässiges kurzes Eirund. Ihre Mitte ist nicht so flach, wie bei depressa, sondern leicht gleichmässig erhaben, ihre Seiten sind kaum verbreitert und nicht quergefältelt. Endlich sind die Beine weitaus schmäler und dünner.

VII. Aspila.

Fåhr. Col. Caffr. act. reg. ac. sc. holm 1870 p. 251.
Ausführlich a. a. O. Vergessen ist der kleinen Epipleurenleiste Erwähnung zu thun.

1. *Aspila bicosata*. Fåhr. *Oblongo ovata, atra, opaca, epistome late emarginato, bidenticulato; thorace brevi, granulato-punctato, lateribus valde explanatis, reflexo-marginatis, regulariter rotundato ampliatis, postice in dentem productis; scutello triangulare; elytris profunde, densissime punctatis, ovalibus, humeris parum prominulis, a thorace disjunctis, supra antice depressis, margine laterali carinisque duabus disci distincte crenulatis; parapleuris granulatis, epipleuris profunde densissimeque punctatis; pedes nigrobrunnei.* — long. 7—8 $\frac{1}{2}$, lat. 2 $\frac{1}{3}$—4 mill.

Caffraria. Mus. Holm. (Type), Mus. Vindob.
Fåhr. l. c. p. 251.
Die Art hat das Aussehen einer kleinen Pogonobasis und ist sehr kenntlich an ihrer Punktirung, den beiden Flügeldeckenleisten und an der Bildung des Thorax, der nicht an die Flügeldecken anschliesst, sondern mit denselben einen starken Winkel bildet.

VIII. Geophanus n. gen.

γεωφανής, wie Erde aussehend.

Psaryphis Lac. a. a. O. p. 98 (nec Erichs.).
Urda, Buq. i. l.
Fühler dünn; 3. Glied etwas kleiner als 4. und 5. zusammengenommen; die folgenden etwas breiter als lang, an Länge langsam abnehmend; Endglied grösser, knopfförmig, an der Spitze beiderseits abgeschnitten.

Kopfschild ausgerandet. Halsschild seitlich verbreitert, vornen tief ausgeschnitten, den Kopf aufnehmend, Hinterrand fast grade mit 2 kleinen Ausschnitten, welche dem Rande des Eindrucks auf der Scheibe correspondiren. Fühlerfurchen tief, deutlich auf den Seiten der Vorderbrust fortgesetzt. Flügeldecken parallel, an den Thorax anschliessend. Parapleuren derselben breit, mit einer kleinen Leiste, welche von der Schulter aus schräg nach unten verläuft. Segmente an Länge abnehmend, die beiden letzten an ihrer Basis mit einem tiefen Quereindruck. Beine klein und dünn; Schenkel unten schwach gerinnt zur Aufnahme der Schienen; Tarsen kurz und dünn, erstes Glied der Hintertarsen fast doppelt so lang, als die beiden folgenden zusammengenommen.

Die Gattung hat grosse äussere Aehnlichkeit mit Psaryphis und Platysemus, von beiden ist sie aber durch die dünneren Fühler und von ersterer ausserdem durch die tiefen Fühlerrinnen gut geschieden.

Lacord. hat am angeführten Orte diese Gattung als Psaryphis Er. diagnosticirt, denn er kannte die Psaryphis nana Er. nicht und benutzte zur Beschreibung der Gattung die in den Sammlungen verbreitete Urda pygmaea Reiche (den jetzigen Geophanus confusus Fåhr.), von welcher Erich. a. a. O. sagt, es sei eine 2. Art von Psaryphis. Erichson hatte sich hierin getäuscht, denn die beiden Gattungen Geophanus und Psaryphis bieten sehr bedeutende Unterschiede. Dass Lacordaire diese Species vor Augen hatte, geht deutlich aus seiner Beschreibung hervor. Er gibt z. B. die Flügeldecken auf den Seiten gerandet an und beschreibt den Thorax als fortement échancré en avant und den Kopf als à moitié libre — alles Angaben, welche auf Geoph. pymaeus Rch. gut passen — während Erichson bei der Beschreibung von Psaryphis ausdrücklich sagt: die Flügeldecken fallen an den Seiten rundlich ab, ohne einen scharfen Rand zu bilden und weiter: und die Halsschildseiten sind nach vornen nicht so verlängert, dass sie den Kopf umfassen, daher ist der Kopf frei, wie bei Adelostoma. — Lacordaire hat ohne Zweifel die Erichson'sche Beschreibung der Gattung nicht nachgesehen, denn sonst hätte er diese widersprechenden Angaben nicht machen können.

Uebersicht der Arten.

Rücken der Flügeldecken mit Leisten 1

    „   „   „   ohne Leisten

                       3. *sepulchralis* n. sp.

1. Seiten der Flügeldecken fast parallel

                       1. *confusus* Fåhr.

    „   „   gerundet 2. *tristis* n. sp.

1. *Geophanus confusus* Fåhr.

Psaryphis confusa Fåhr. l. c. pg. 252.

    „   *pygmaea* Erich. Wieg. Arch. 1843 I. pg. 242.

    „   *pygmaea* Buq., Lac. Gen. Atl. t. 49 f. 2.

Urda pygmaea, Buq., Reiche, Gory. i. l.

    „   *longiuscula* Chev. i. l.

Oblongus, sublinearis, niger vel nigro-piceus, opacus, parce pubescens, capite thoraceque scabris, hoc marginibus lateralibus foliaceis, subdeplanatis, crebre denticulatis; elytris parallelis, subseriatim profunde punctatis, sutura leviter margine laterali carinisque duabus dorsalibus magis elevatis, crenulatis. — long. $4^1/_2$—6, lat. $2^1/_2$—3 mill.

Die bekannteste Art der Gattung, in allen Sammlungen vertreten und wie es scheint nicht selten. Sie ist hauptsächlich unter dem Namen Psaryphis oder Urda pygmaea Buquet verbreitet und auch Erichson erwähnt ihrer am angeführten Orte, ohne sie näher zu beschreiben. Erst Fåhraeus gab eine ausführliche Beschreibung von derselben in seiner Ins. Caffr. und zwar unter dem Namen Psaryphis confusa, unter welcher Bezeichnung die Art schon längere Zeit von Bohemann in den Sammlungen verbreitet worden war. Diese letzteren Exemplare, welche aus Caffrarien stammen, sind zwar durchgängig etwas grösser, als diejenigen, die sich am Cap und am Natal vorfinden und welche hauptsächlich als Psaryphis pygmaea in den Sammlungen figuriren, ich war aber nicht im Stande bei einer grossen Anzahl von Exem-

plaren irgend ein anderes Unterscheidungsmerkmal aufzufinden. Die angeführte Abbildung in Lac. Atlas zu den
Gen. ist gut und kenntlich. Die Art unterscheidet sich
hauptsächlich von den verwandten durch die starken und
deutlichen Rippen, welche sich übrigens manchmal auch
verflachen und dann besteht der Unterschied zwischen
ihr und Pin. tristis nur in der andern Bildung der Flügeldecken. Mit sepulchralis ist sie aus weiter unten anzu-
führenden Gründen nicht zu verwechseln.

2. *Geophanus tristis* n. sp. *Oblongo-ovalis, niger,*
opacus, parce pubescens, capite thoraceque scabris, inaequa-
libus, hoc marginibus lateralibus foliaceis, subdeplanatis, ro-
tundatis, marginibus lateralibus denticulatis; elytris oblongo-
ovalibus, subseriatim, praesertim in lateribus, profunde punc-
tatis, indistincte unicarinatis, lateribus crenulatis, in dorso
disperse lanuginosis; subtus punctis majoribns pilum ferren-
tibus, sat dense impressus; pedibus obscure-ferrugineis. —
long. 5, lat. 2½ mill.

Vom Cap. Seltener als die vorhergehende Art. Mus.
Genf, Coll. Haag.

Die Art hat grosse Aehnlichkeit mit der vorhergehenden, unterscheidet sich aber vor allem durch ihre
in den Flügeldecken bauchigere Gestalt und die Rippenbildung. Kopf und Halsschild sind ähnlich, wie bei dem
vorhergehenden, doch sind hier die Halsschildseiten gleichmässiger gerundet und nicht so stark verbreitert und
aufgebogen, auch sind die Längserhabenheiten des letzteren nicht so scharf, sondern verwischter, wie bei confusus. Die Flügeldecken selbst sind etwas breiter als der
Thorax, eiförmig, nicht parallel und erscheinen kürzer
als bei ersterer Art. Die Leiste auf der Scheibe ist wenig
und besonders nur nach vornen angedeutet und die 2. Leiste
zwischen der ersteren und dem gekerbten Rande fehlt
gänzlich. Die Punktirung ist endlich nicht so regelmässig, wie bei confusus, sondern etwas verwischter und in
einanderfliessender. Die Behaarung besteht in einzelnen
zerstreuten langen greisen Haaren, die übrigens gerade
wie bei confusus nur bei reinen Exemplaren sichtbar

sind. Unterseite mit ziemlich dicht stehenden eingedrückten Punkten besetzt, deren jeder ein kleines gelblich
glänzendes Börstchen - trägt, ganz ähnlich wie bei confusus. Beine klein und dünn, und wie die Mundtheile und
das letzte Fühlerglied bräunlich.

3. *Geophanus sepulchralis* Boh. *Oblongus, niger,
opacus, parce pubescens, capite thoraceque scabris, inaequalibus, hoc marginibus lateralibus modice foliaceis, lateribus
leviter rotundatis, crebre denticulatis, elytris parallelis, scabris, .epipleuris subseriatim profunde punctatis, disperse lanuginosis; pedibus obscure-ferrugineis.* — long. 6, lat.
2¹/₂ mill.

N'Gami. Mus. Berol., Mus. Holm.

Wiederum den vorhergehenden sehr ähnlich, aber
an den vollkommen leistenlosen Flügeldecken leicht zu
erkennen. Fühler noch dünner, als bei confusus, die mittleren Glieder kaum breiter als lang, Endglied und Taster
bräunlich. Kopfschild schwach ausgerandet, mit erhabenem Mittelkiel und beiderseits einer bogenförmige Stirnschwiele. Halsschild bedeutend breiter als lang, vornen
tief ausgeschnitten, mit abgerundeten Vorderecken, hinten fast grade, gleichfalls mit abgerundeten Hinterecken
seitlich verbreitert und sanft gerundet, der Rand dicht
gekerbt, auf der Scheibe uneben durch drei Längseindrücke. Flügeldecken so breit als der Thorax, parallel,
nicht ganz doppelt so lang als breit, auf dem Rücken
etwas niedergedrückt. Der ganze Käfer ist durchaus
gleichmässig rauh reibeisenartig gekörnelt und nur auf
der Scheibe der Flügeldecken stehen die Körnchen stellenweise in unregelmässigen Reihen. Die ganze Oberfläche ist einzeln mit langen weichen gelblichen Härchen
besetzt und bei frischen Exemplaren ist eine leichte weissliche Ausschwitzung bemerkbar. Unterseite ähnlich, wie
bei den vorhergehenden. Die Epipleuren der Flügeldecken zeigen einzelne grössere in Reihen stehende
eingedrückte Punkte und sind haarlos, die übrige Unterseite dagegen ist viel schwächer punktirt und mit kurzen

gelblich glänzenden Börstchen bedeckt. Beine schmächtig und klein, dunkelbraun.

IX. Psaryphis.

Erichs. Archiv 1843, p. 241.

Da, wie schon oben erwähnt, Lac. irrthümlich eine andere Gattung anstatt Psaryphis beschrieben hat, so folgt desshalb hier nochmals eine genauere Diagnose.

Kopf fast frei, wenig in das Brustschild eingelassen, nach hinten eingezogen, vornen ausgebuchtet. Thorax doppelt so breit als lang, vornen wenig ausgeschnitten, hinten gerade, seitlich fast gleichmässig gerundet. Flügeldecken länglich, fast parallel, nicht ganz doppelt so lang als breit, mit abgerundeten Schultern und desshalb nicht so fest an den Thorax anschliessend, als bei den verwandten Genera's. Oberfläche nicht flach, sondern leicht gewölbt. Epipleuren der Flügeldecken mässig breit, mit dem kleinen schon öfter erwähnten Querleistchen an der Schulter. Beine klein und dünn, Stacheln der Schienen kaum bemerkbar.

Hauptsächlich unterscheidet sich diese Gattung von Geophanus durch die hier nur schwach auf der Vorderbrust angedeuteten Fühlerfurchen und durch die Fühler selbst, welche zwar hier dasselbe Längenverhältniss haben, aber viel massiver und dicker sind. Es sind nämlich sämmtliche Glieder vom 3. anfangend gut doppelt so breit als lang, das 10. aber ist nicht wie bei Geophanus, breiter als das 9., sondern ist nur ebenso breit als dieses, nur etwas länger. Durch die etwas gewölbten Flügeldecken endlich, den nicht fest anschliessenden Thorax und den wenig eingelassenen Kopf wird der Habitus dieses Genus ein ganz anderer als bei Geophanus.

Ich kenne nur die typische Art, die auf Angola und Benguela beschränkt und dort selten zu sein scheint.

1. *Psaryphis nana* Er. *Oblonga, nigra, opaca, sparsim pubescens, capite thoraceque inaequalibus, scabris, hoc lateribus modice explanatis, leviter rotundatis, denticulatis; elytris oblongo ovalibus, minus depressis, lineatim dense sca-*

broso-punctatis, margine laterali denticulato, dorso carinis
duabus indistinctis instructo. — long. 4—5, lat. 2—2½ mill.

W. i e g. Arch. 1843. I. p. 241.

Mus. Ber. (Type). Coll. Bates, Haag (v. M ouflet gesammelt).

Kopf vornen mit einem Längskicle und zwei bogenförmigen Vertiefungen über den Augen. Thorax uneben
durch einen Längseindruck und zwei flachen Gruben neben
demselben. Flügeldecken mit zwei wenig bemerkbaren
geschwungenen Leistchen. Der ganze Käfer ist matt,
schwarz, hin und wieder mit einigen länglichen gelblichen Haaren besetzt und ziemlich dicht gleichmässig
grob punktirt.

X. Smiliotus.

σμιλιωτός, messerartig.

Kinn herzförmig, binten leicht, vornen tief ausgerandet; letztes Glied der Maxillartaster länglich eiförmig;
Kopf tief in den Thorax eingelassen, oberhalb der Fühler
winklig vorgezogen, und etwas aufgebogen, nach vornen
zugerundet, in der Mitte tief halbmondförmig ausgeschnitten.
Augen klein, oberhalb länglich, in einer Vertiefung sitzend,
unterhalb klein, punktförmig, am Ende der tiefen Fühlerrinne sitzend und schwer zu sehen. Fühler kräftig und
dick. Erstes Glied verkehrt kegelförmig, zweites Glied
etwas kleiner, wie das dritte, doppelt so breit als lang,
4.—7. Glied ungefähr von der Grösse des 2., 8. und 9.
Glied etwas länger und schmäler, 10. Glied doppelt so
lang als das 9., aber nicht schmäler, beiderseits an der
Spitze abgestutzt, glänzend. Sämmtliche Glieder mit Ausnahme des ersten und letzten sind breit, becherförmig gebildet, zeigen an ihrem oberen Rande einen kleinen gelblichen Borstenkranz und sitzen auf kleinen Stielchen in-
einander. Thorax queer, vornen tief ausgeschnitten, seitlich
ziemlich gleichmässig gerundet, hinten correspondirend
eine Vertiefung auf der Scheibe gleichfalls scharf wink-

lig ausgeschnitten, die Ecken der Ausrandung in Form
eines kleinen Ausschnittes in den Thorax hineinreichend.
Flügeldecken kaum breiter als das Halsschild, eng an
dasselbe anschliessend, mit fast parallelen Seiten, vorstehendem Rande, erhabener Naht und einer scharfen messer-
artigen Leiste über die Scheibe. Epipleuren derselben
breit, mit einer kleinen Leiste, welche vom Schulter-
buckel aus schräg nach der Mittelbrust zieht. Fühlerfurche
am untern Theil des Kopfes sehr tief, auf der Vorderbrust
weniger ausgeprägt, aber sehr deutlich. Prosternalfortsatz die Hüften etwas überragend, Abdominalsegmente
rasch an Länge abnehmend, das vorletzte sehr schmal,
das letzte dreieckig. Beine kräftig, etwas zusammengedrückt erscheinend; sämmtliche Schenkel nach innen abgeflacht und sämmtliche Schienen nach aussen mit einer,
doppelten Reihe Börstchen besetzt; Stacheln derselben
sehr klein.

Eines meiner Exemplare hat auf dem ersten Abdominalsegment einen dreieckigen Eindruck und an dem
vorletzten und letzten eine Quervertiefung; wahrscheinlich
sind hierdurch die Geschlechtsverschiedenheiten ausgedrückt.

Das Genus ist auffallend durch seine Fühler- und
Thoraxbildung. Letztere hat es mit Acestus, dem es überhaupt im äussern Habitus sehr gleicht, gemein, aber die
verschiedene Fühlerbildung lässt eine Verwechselung
nicht zu.

Ich kenne nur eine Art aus Caffrarien.

1. *Smiliotus steiroides* n. sp. *Elongatus, bruneus
vel nigro brunneus, opacus, parce pilis minutissimis tectus,
capite thoraceque inaequalibus, punctatis, hoc lateribus explanatis, margine crenulato, elytris oblongis, subparallelis,
sutura leviter, margine singulaque costa in dorso cum opposita conjuncta alte elevatis, crenulatis. — long. 6, lat.
3 mill.*

Caffraria. Meine Sammlung.

Zu den Genusdiagnosen ist noch folgendes hinzuzufügen. Kopf neben der Vertiefung, in welcher die

Augen sitzen, mit zwei Längserhabenheiten, welche sich
nach vornen verbinden, einen dreieckigen Raum einschliessend, überall mit nicht sehr dicht stehenden, eingestochenen,
kleine gelbliche Börstchen tragenden Punkten bedeckt.
Thorax vornen tief ausgeschnitten, die Vorderecken abgerundet, die Hinterwinkel fast rechtwinklig, aber nicht
spitzig. Die Scheibe wird fast ganz von einer grossen
ziemlich viereckigen Grube eingenommen, welche in ihrer
Mitte selbst noch eine von zwei kleinen Längserhabenheiten begrenzte Vertiefung zeigt. Ausserdem sieht man
noch beiderseits derselben schon fast auf dem verbreiterten
Rande je einen punktförmigen Eindruck. Die Seitenränder sind äusserst fein crenulirt, die Sculptur der Oberseite aber ist dieselbe, wie die des Kopfes. Die Flügeldecken sind nicht ganz doppelt so lang als breit, haben
etwas abgestutzte Vorderecken und laufen die Seiten fast
bis zur äussersten Spitze, wo sie sich rasch zurunden, parallel. Ihre Scheibe ist stark niedergedrückt, zwischen
den Rippen vertieft erscheinend. Ausser der Naht, die
schwach erhöht ist, und dem vorstehenden fein crenulirten Rand zieht sich von der Schulter eine scharf messerartig erhabene Leiste über die Scheibe, parallel dem Rande
und näher demselben, als der Naht, und vereinigt sich
fast am Ende mit der correspondirenden. Der Raum
zwischen dieser Leiste und dem Rande fällt ziemlich steil
nach abwärts, besonders an dem Ende, wo er fast die
Flügeldeckenspitze verdeckt. Die Sculptur besteht in
nicht sehr dicht stehenden groben eingedrückten Punkten,
zwischen welchen ebenso wie auf Naht, Rippe und Rand
mikroskopisch kleine gelbliche Börstchen stehen. Unterseite der Vorderbrust mit Ausnahme der Fühlerfurche,
welche glatt ist, ebenso sculptirt wie die Oberseite des
Thorax, Epipleuren der Flügeldecken grob in Reihen
punktirt, Mittelbrust, Segmente und Beine fein gekörnelt
und mit goldglänzenden kleinen Börstchen besetzt.

Die Art gleicht durch ihre Rippenbildung einer
kleinen länglichen Steira und ich habe desshalb den
Namen gewählt.

XI. Platysemus.

πλατύσημος, mit breitem Saume.

Kopf und Augenbildung wie bei den vorhergehenden Gattungen. Fühler dick und kräftig; 1. Glied kegelförmig, 2. Glied länger als breit, nicht ganz so lang, als 3. und 4. zusammengenommen, 3.—9. Glied kurz, breiter als lang, an   langsam, aber an Breite zunehmend, so dass das 9. fast doppelt so breit als lang ist, 10. ungefähr doppelt so lang als das 9. und etwas breiter als dasselbe, an der Spitze nach zwei Seiten abgeschnitten, glänzend. Thorax queer, nicht ganz doppelt so breit als lang, vornen ziemlich tief, gleichmässig, nicht winklig, ausgerandet, Hinterrand in der Mitte ausgeschnitten mit zwei kleinen Ausbuchtungen in den Ecken des Ausschnittes; Seitenrand leicht verbreitert und aufgebogen. Flügeldecken gestreckt, parallel, an den Thorax anschliessend, gerippt. Prosternalfortsatz bis hinter die Vorderhüften reichend; Fühlergruben tief, weit in die Vorderbrust ziehend. Epipleuren nicht übermässig breit, an der Schulter mit der kleinen queeren Leiste. Abdominalsegmente wie bei dem vorhergehenden Genus mit Quereinschnitten auf der Naht des letzten und vorletzten Segments im männlichen Geschlechte. Beine klein und schwach; die Schenkel unten abgeplattet, die Schienen nach aussen zu abgeflacht mit scharfen Kanten beiderseits, an ihrem Ende sind ein kleiner Borstenkranz, aber keine Stacheln bemerkbar.

Dieses Genus ist mit den vorhergehenden nahe verwandt, unterscheidet sich aber von Smiliotus, Geophanus und Acestus, mit welchen es den Ausschnitt am Hinterrande des Thorax gemein hat, durch die Fühlerbildung, von Psaryphis aber, dem es in der Fühlerbildung sehr nahe steht, durch die tiefe Fühlerfurche und das Vorhandensein des oben erwähnten Ausschnittes.

1. *Platysemus benguelensis* n. sp. *Elongatus niger, opacus, scaber, parce setulosus, capite thoraceque inaequalibus, hoc lateribus crenulatis, elytris elongatis, sutura,*

margine duabusque costis in singulo plus minusve elevatis. —
long. 6, lat 2¹/₂ mill.

Benguela. Meine Sammlung, von Mouflet gesammelt.

Kopf auf der Stirne mit einer dreieckigen Erhöhung, deren beide Seiten durch die Rinnen, in welchen die Augen sitzen, gebildet werden und deren Spitze sich in einen Kreis über den Clypeus fortsetzt. Halsschild seitlich gleichmässig gerundet, auf der Scheibe mit zwei durchgehenden und beiderseits mit kleineren, vornen abgekürzten Längskielen. Flügeldecken doppelt so lang als breit, parallel, oben flach, mit kaum erhöhter Naht, vorstehendem Seitenrand und zwei über die Scheibe laufenden nicht sehr hervorstehenden Längskielen, deren erster an der Basis beginnt und vor der Spitze endet, und deren 2. erst etwas von der Basis entfernt anfängt, sich aber hinten etwas weiter nach der Spitze erstreckt. Die Sculptur besteht auf Kopf, Thorax und Decken gleichmässig aus kleinen dicht aber unregelmässig stehenden spitzigen Körnchen, zwischen welchen hin und wieder kleine gelbliche, aufrechtstehende Börstchen sichtbar sind. Vorderbrust und Segmente ähnlich sculptirt, Epipleuren der Flügeldecken unregelmässig reihenweise punktirt.

XII. Acestus.

ἄκεστος, ungestachelt.

Kinn vornen nicht ausgerandet, nach hinten verengt und daselbst gerade abgeschnitten. Fühler verhältnissmässig schlank, 1. Glied kegelförmig, 2. knopfförmig, so lang als breit, 3. Glied gestreckt, so lang als 3. und 4. zusammengenommen, 4. bis 9. Glied knopfförmig, fast gleich gross, sämmtlich etwas länger als breit, 10. Glied fast doppelt so lang als das 9., nach der Spitze zu etwas breiter werdend, daselbst abgestutzt, glänzend. Fühlerfurchen tief, weit in die Vorderbrust reichend. Die Bildung des Kopfes, des Thorax und der Flügeldecken ist fast dieselbe, wie bei Smiliotus, und auch sind hier die Ausschnitte am hinteren Rand des Thorax vorhanden. Unterseite gleichfalls wie bei Smiliotus gebildet, doch sind die Füsse etwas schmächtiger und erscheinen nicht so zusammengedrückt.

Auch bei diesem Genus scheinen die Männchen sich durch eine dreieckige Abplattung auf dem ersten und Querfurchen auf der Naht des vorletzten und letzten Abdominalsegmentes auszuzeichnen.

Die Gattung, die wie gesagt sehr nahe mit Smiliotus verwandt ist, unterscheidet sich von demselben durch die gänzlich abweichende Fühlerbildung.

Flügeldecken sehr kurz beborstet . . . *elongatus* n. sp.
Flügeldecken ziemlich lang behaart . *lanuginosus* n. sp.

1. *Acestus elongatus* Gory. *Elongatus, niger, opacus, parce minutissime setulosus, capite thoraceque inaequalibus, hoc lateribus explanatis, margine crenulato, elytris oblongis, subparallelis, sutura leviter, margine duabusque costis, prima cum opposita conjuncta, alte elevatis, crenulatis.* — long. 6—7, lat. 3—3³/₄ mill.

Urda elongata Gory, Reiche i. coll.

Cap. Mus. Genf, Coll. Bates, Haag.

Ausser der Fühlerbildung, gleicht diese Art in Betreff der Formation und Sculptur des Kopfes, Halsschildes, und Flügeldecken dem Smiliotus steiroides m. derart, dass eine Wiederholung der Beschreibung überflüssig erscheint. Der Hauptunterschied zwischen beiden ist, dass sich zwischen der ersten scharfen Rückenleiste, welche sich fast am Ende der Flügeldecken mit der correspondirenden vereinigt und dem Rande noch eine zweite scharfe crenulirte Leiste hinzieht, welche aber die Naht nicht vollkommen erreicht, so dass daselbst ein kleiner Zwischenraum frei bleibt. — Ebenso ist die Sculptur der Unterseite eine ganz gleiche.

2. *Acestus lanuginosus* n. sp. *Elongatus niger, opacus, pilis longis sparsis flavis tectus, capite thoraceque inaequali, hoc lateribus modice explanatis, denticulatis, elytris oblongis, sublineatim rude punctatis, sutura, margine duabusque costis in singulo, prima cum opposita conjuncta,*

modice elevatis, leviter crenulatis; pedibus obscure brunneis. —
long. 6$^1/_2$, lat. 3 mill.

Nur ein Exemplar im Stockholmer Museum aus
Svakop von Wahlberg gesammelt.

Form des Kopfes wie beim vorhergehenden, doch
sind die Augenschwielen weniger bemerkbar und die Sculptur besteht aus kleinen, unregelmässig aber dicht aneinander gedrängten Körnchen. Thorax vornen nicht so scharf
winklig ausgeschnitten, sondern mehr halbkreisförmig,
so dass der Kopf weniger eingelassen erscheint; Hinterrand fast gerade mit den betreffenden dem äusseren Rande
des Eindrucks correspondirenden Einschnitten. Seiten
mässig verbreitert, sonst gleichmässig gerundet, nicht aufgebogen, crenulirt, Vorder- und Hinterecken kaum abgerundet, fast scharf. Der Eindruck auf der Scheibe ist
etwas flacher als bei elongatus und die Grübchen beiderseits sind grösser und nicht so scharf begrenzt; die Sculptur ist wie die des Kopfes. Flügeldecken gestreckt, etwas
breiter als der Thorax, von der Form derer des vorhergehenden, aber etwas gewölbter und zwischen den Rippen
nicht vertieft erscheinend, Naht breit, aber schwach erhöht, Rand kräftig crenulirt, erste Rückenleiste sich mit
der correspondirenden verbindend, aber nicht scharf messerartig vorstehend, sondern nur schwach angedeutet; zweite
Rippe ähnlich wie die erste, etwas näher am Rande als
an derselben hinlaufend, und sich mit der correspondirenden nicht verbindend. Die Sculptur besteht aus groben
in unregelmässigen Reihen stehenden Punkten, welchen
sich zwischen der zweiten Rippe und dem Rande einzelne
Körnchen zugesellen. Der ganze Käfer ist überdies noch
mit einzelnen aufrechtstehenden ziemlich langen weichen
gelblichen Härchen besetzt, welche am Rande des Thorax
und den Flügeldecken sich etwas dichter stellen.

Unterseite wie beim Vorhergehenden; die Beine
sind dunkelbraun, aber nicht so kräftig wie bei elongatus.

Die Aehnlichkeit zwischen dieser Art und elongatus
ist bei Weitem nicht so bedeutend, als zwischen diesem
und dem Smiliotus steiroides. Sie unterscheidet sich hauptsächlich von diesen beiden durch das weniger verbreiterte,

seitlich nicht aufgebogene Halsschild, durch die zwischen
den Rippen nicht vertieften Flügeldecken und endlich
durch die viel schwächer erhabenen Leistchen und die
andere Sculptur des Kopfes und des Thorax.

XIII. Eutichus.

ἐντείχεος, wohl befestigt.

Kinn länglich viereckig, hinten und vornen ausgebuchtet, die Mundtheile so verdeckend, dass nur die
äusserste Spitze der Mandibeln und Taster sichtbar ist;
letztes Glied der Maxillartaster gelblich, klein; Kopf gross,
nicht in den Thorax eingelassen, vornen verbreitert, hinten
stark zusammengezogen, mit zwei gebogenen tiefen Rinnen,
die sich vornen fast vereinigen und an deren Basis die
Augen sitzen. Diese selbst sehr klein, vollkommen getheilt, aber sehr schwer, wegen der ungemein rauhen
Sculptur zu sehen; Fühler unter dem Kopfschild eingefügt; 1. Glied das grösste, dick, knopfförmig, 2. Glied
etwas kleiner als das 1. aber immer noch grösser, wie
die folgenden; diese bis zum 9. länger als breit, sehr allmählich an Länge abnehmend, 10. Glied wiederum gross,
so gross, wie 8. und 9. zusammen genommen, birn-
förmig, schwach abgestutzt. Thorax breiter als lang, seitlich nicht verbreitert, nach hinten mehr als nach vornen
verengt, an der Basis gerade, vornen leicht ausgebuchtet,
Vorderecken leicht abgerundet, Hinterecken spitz. Schildchen klein und undeutlich. Flügeldecken bedeutend breiter,
wie der Thorax, fast doppelt so lang als breit, lang eiförmig, auf der Scheibe platt, längs der erhabenen Naht
stark niedergedrückt, an der Spitze vorgezogen und
dann nach einwärts abfallend, die äusserste Spitze wiederum etwas vorgezogen; seitlich abgerundet, Epipleuren
sehr breit, einwärts abfallend. Das kleine schräge Leistchen ist auch hier vorhanden, aber schwer zu sehen.
Prosternalfortsatz umgeschlagen, Mittelbrust mit einer
kleinen Ausrandung zur Aufnahme desselben. Segmente
in der gewöhnlichen Weise gebildet, d. h. die drei
ersten gross, an Länge abnehmend, das vierte sehr klein

und das fünfte dreieckig. Beine klein, die Schienen, wie stets, viereckig; Tarsen klein.

Es ist dies ein sehr ausgezeichnetes Genus und mit keinem der ganzen Familie zu vergleichen.

1. *Eutichus Wahlbergi* n. sp. *Oblongus, ater, opacus, parce setulosus; capite rude inaequaliter punctato, thorace lateraliter crenato, disco trisulcato, scrobiculato; elytris, rude densissimeque punctatis et foveolatis; ad latera subseriatim scrobiculato-punctatis, in disco depressis, sutura elevata; parapleuris epipleurisque punctatione disci; pedes nigro-brunnei. —* long 8, lat. 3¹/₂.

Süd-Afrika. Svakop von Wahlberg gesammelt. Mus. Holm, Berol.

Da die Körperform schon oben beschrieben, so habe ich nur noch einige Worte über die Sculptur dieser so sehr ausgezeichneten Art hinzuzufügen. Die ganze Oberfläche ist sehr grob, rauh, grubenartig, dicht punktirt und in jeder Grube und auf den Flügeldecken in den Kämmen die durch die Gruben gebildet werden, sitzt eine kurze dicke Borste. Die Stirn ist zwischen den tiefen Augenfurchen, deren Grund glatt erscheint, grob rissig gekörnt und etwas erhaben; über die Scheibe des Thorax laufen drei breite, vornen verkürzte tiefe Längseindrücke, deren äussere sich an der Spitze etwas nach dem Rande zu biegen; die Flügeldecken endlich sind plattgedrückt, längs der Naht stark vertieft, grob rauh sculptirt, und von der Hälfte derselben an nach aussen zu, bis dahin, wo die Epipleuren abfallen, laufen um dieselben, an der Spitze sich gegenseitig vereinigend, vier tiefe Punktreihen hin, zwischen sich scharf crenulirte Kämme bildend. Die Epipleuren fallen schräg nach innen, sind sehr breit und wie die Parapleuren von ähnlicher Punktirung, wie die Scheibe der Flügeldecken.

XIV. Adelostoma.

Duponchel. An. soc. Linn. Paris VI. 1827 p. 338. Sol. l. c. (ex parte).

Polyscopus Waltl. Reise nach Spanien II. p. 73.

Die einzige Gattung der Familie, von welcher eine
Art in Europa auftritt, ausgezeichnet durch den frei-
stehenden Kopf. Ich habe die von Guérin beschriebene
Art rugosum generisch getrennt, wegen des fehlenden
Randes der Flügeldecken, das Thier macht aber im Gan-
zen bei seiner Sténosisartigen Gestalt einen fremden
Eindruck.

Uebersicht der Arten.

Leisten des Thorax sich vornen und hinten nähernd

3. *abbreviatum* n. sp.

„ „ „ entweder parallel oder sich in der
Mitte nähernd 1

1. je 2 Leisten auf den Flügeldecken

2. *abyssinicum* n. sp.

je 3 „ „ „ 2

2. Randleiste gekerbt . . . . . 4. *pygmaeum* n. sp.

„ nicht gekerbt 7. *sulcatum* und Varietäten.

1. *Adelostoma sulcatum* Dup. *Subnigrum vel rufo
obscurum, fronte antice carinata; thorace bicarinato; elytris
tricarinatis; totum confuse rugosum, pilisque minutissimis
parce ornatum.* — lóng. 5—10, lat. $1^3/_4$—$3^1/_2$ mill.

Dup. l. c. p. 338 t. 12.

Sol. l. c. p. 167 t. 7 Fig. 302.

Jacq. Duv. gen. Col. III. t. 61 F. 302.

carinatum Esch. Zool. Atl. IV. p. 12.

costatum Waltl. Reise Span. p. 74.

*Var. a. carinatum Sol. carinae dorsi elytrorumque
minus elevatae, tuberculis thoracis distinctioribus.*

Sol. l. c. p. 168.

Var. b. cristatum Esch. Fronte tota carinata.

Esch. Zool. Atl. IV. 1831. p. 12.

*Var. c. nitidum Haag, carinis omnibus magis ele-
vatis tuberculis multo distinctioribus.*

*Var. d. cordatum Sol., major, thorace lateraliter
magis rotundato, elytris brevioribus, ovalibus.*

Sol. l. c. p. 169.

*Var. e. parallelum Rch. i. l., major, thorace magis
rotundato, elytris brevioribus, parallelis.*

Var. f. deplanatum Haag, *e maximis, thorace magis rotundato, elytris elongatis, dorso depressis, parallelis.*

Spanien, Algier, Egypten, Cypern, Syrien. Ueberall gemein.

Eine äusserst variabele Art, von welcher mir aus den genannten Gegenden eine grosse Reihe von Exemplaren vorlag. Trotz der Mühe, welche ich mir gab, wollte es mir indess nicht gelingen, die einzelnen Arten zu begrenzen, da überall zahlreiche Uebergänge vorhanden sind und es drängte sich mir schliesslich die Ueberzeugung auf, dass wir es hier, trotz der verschiedenen Formen, nur mit einer einzigen allerdings sehr veränderlichen Art zu thun haben.

Der Thorax, der mir übrigens nicht mit vollkommen parallelen Seiten vorgekommen ist, variirt auf das unendlichste und geht langsam von leichter ganz gleichmässiger Seitenrundung bei den kleineren Exemplaren bis zur vollständigen Herzform bei den grösseren über; die Flügeldecken sind theils walzenförmig, seitlich vollkommen parallel und ändern ab, bis zur kurzen Eiform oder werden gestreckt und niedergedrückt; die Sculptur ist in der Regel mehr oder weniger verschwommen runzelig; ganz unabhängig von der Grösse des Thieres aber wird sie stärker oder schwächer, nicht selten sogar löst sie sich in einzelne Granulationen, in einer Varietät sogar in glänzende Körnchen auf; die Rippen endlich variiren sowohl in Stärke als Lage; je nach der mehr oder minderen Eiform der Flügeldecken sind sie parallel oder leicht gebogen, auf dem Thorax stehen sie häufig näher und auf dem Kopf endlich verlängert sich die Kante in einer Varietät bis über den Scheidel.

Bei der Bearbeitung dieser Gruppe habe ich mein sämmtliches Material meinem Freunde von Heyden zur Revision übergeben, aber auch er konnte keine durchgreifenden Unterschiede der Varietäten auffinden. Die Art ist in einem grossen Theile des Mittelmeerbeckens, besonders auf der südöstlichen Hälfte desselben weit verbreitet und gemein und häufige Arten sind bekanntlich am meisten der Veränderlichkeit unterworfen.

Es bleibt mir nun noch übrig, die einzelnen Varietäten zu betrachten.

1) *sulcatum* Dup. Es gehören hierzu die kleinen und mittleren Formen mit seitlich gleichmässig gerundetem Thorax, parallelen theils auf dem Rücken niedergedrückten, theils walzenförmigen Flügeldecken. Die Punktirung ist in der Regel normal, die Rippen ziemlich scharf. Man findet sie in Spanien, Algier, wo die Formen etwas grösser werden, Aegypten und Syrien.

2) *carinatum* Sol. Der vorigen Form ganz ähnlich, nur sind die Rippen sowohl des Thorax, als der Flügeldecken schwächer, die Punktirung aber stärker. Diese Varietät, von der schon der Beschreiber Solier a. a. O. vermuthet, dass es kaum eine lokale Form sei, ist eine ganz individuelle, und wo costatum sich findet, ist auch carinatum, aber seltener. Solier selbst, dessen Type von costatum aus der Marseul'schen Sammlung mir vorlag, bestimmte in der Melly'schen Sammlung ganz genau dieselbe Varietät als carinatum und in sämmtlichen Sammlungen herrscht hierin der grösste Wirrwar; hauptsächlich findet man, weil eben Solier das Vaterland so angibt, die Thiere aus Spanien, einerlei ob costatum oder carinatum, als costatum, und die aus Aegypten als carinatum bestimmt.

3) *Var. nitidum* Haag. Eine sehr ausgezeichnete Varietät aus Algier, die mir aus dem Stockholmer Museum nur in 1 Exemplar vorlag. Sie hat die gewöhnliche Grösse, ist aber glänzend, die Rippen sind sehr hoch und scharf und die Sculptur löst sich auf dem Thorax in kleinere, auf den Flügeldecken in grössere kräftige Körnchen auf.

4) *Var. cristatum* Esch. Die Leiste des Kopfschildes, die man schon bei einzelnen Exemplaren der vorhergehenden Varietäten auch auf der Stirn ganz leicht angedeutet findet, ist hier auf dem ganzen Kopfe scharf und deutlich. Die Flügeldecken sind nicht sehr gestreckt. Marocco, Tanger.

5) *Var. parallelum* Rehe i. l. Eine kräftigere grössere Form mit seitlich stärker gerundetem Thorax und

hältnissmässig kurzen, aber parallelen Flügeldecken. Cypern und Syrien.

6) *Var. cordatum* Sol. Diese Form ist allerdings in ihren Extremen von der Stammform sehr verschieden. Das Halsschild wird, besonders bei den grösseren Exemplaren, vollkommen herzförmig, die Flügeldecken nehmen eine kurze Eiform an und die Sculptur wird lichter und löst sich öfter in einzelne Granulationen auf. Hier liegen mir aber die vollkommenen Uebergänge vor. Aegypten und Syrien, hier besonders häufig.

7) *Var. deplanatum* Haag. Eine der abweichendsten Formen. Sie ist sehr gross (9—10 mill.), hat das herzförmige Halsschild von cordatum, langgestreckte parallele, auf dem Rücken niedergedrückte Flügeldecken, starke Rippen und endlich eine sehr kräftige Sculptur. Syrien, Aegypten, aber selten.

2. *Adelostoma abyssinicum* n. sp. *Elongatum, atrum, opacum, depressum. Capite carinato, thorace cordiforme, medio bicarinato, diffuse granulato; elytris thorace latioribus, oblongo-ovalibus, depressis, rude punctatis granulatisque, sutura, margine, duabusque costis in singulo, postice confluentibus, elevatis; pedes nigropicei.* — long. 5, lat. 2 mill.

In Abyssinien von Raffray bei Asmara gesammelt. Meine Sammlung.

Fühler von der gewöhnlichen Bildung; Kopf gross, vornen ausgerandet, hinten stark verschmälert, mit kleinen Augenschwielen, aber kräftigem Längskiele bis an die Basis; verworren rauh granulirt. Halsschild breiter als lang, vornen stark erweitert, hinten eingezogen, vollkommen herzförmig; vornen nur sehr schwach ausgerandet, hinten fast gerade, Seitenrand undeutlich crenulirt; Oberseite wie der Kopf sculptirt mit 2 durchlaufenden sich in der Mitte etwas nähernden Leistchen. Flügeldecken breiter als der Thorax, lang regelmässig eiförmig; Naht, Rand und 2 Leisten auf einer jeden, welche etwas nach auswärts gebogen sind, erhaben; Zwischenräume undeutlich, aber grob granulirt und punktirt. Beine kurz, dunkelbraun.

3. *Adelostoma abbreviatum* n. sp. *Oblongum, nigropiceum, opacum; capite antice carinato, dense granulato; thorace longitudine latiore, lateribus nonnullum dilatatis, recurvis, bicarinato, granulato; elytris thorace paullo latioribus, brevibus, sutura vix elevata, singulo tribus carinis, primo et tertio apice confluentibus, instructis; parce seriatim punctatis; subtus grosse punctatum, parce pilosum.* — long. 4, lat. 1³/₄ mill.

Benguela. Mus. Berolin.

Kopf klein, vornen rundlich ausgeschnitten. Augenschwielen kurz, aber hoch; Längsschwiele nicht ganz bis zur Basis reichend; durchaus dicht körnig punktirt. Thorax etwas breiter als lang, seitlich leicht verbreitert und aufgebogen, hinten gerade, vornen unbedeutend ausgeschnitten, seitlich nicht gezähnt; über die Scheibe laufen 2 sehr scharfe Leisten, die sich vornen und hinten etwas nähern; die Oberseite überall dicht und fein gekörnt. Flügeldecken 1¹/₂mal so lang als breit, kurz, etwas breiter als der Thorax, bis zu ²/₃ parallel, dann kurz zugerundet. Naht kaum erhaben, dagegen aber sehr stark 3 Längskiele, von welchen sich der 1. und 3. an der Spitze verbinden und den 2. einschliessen; längs denselben läuft auf beiden Seiten eine Reihe grösserer Punkte, zwischen welchen man wieder eine undeutliche Punktirung mit einzelnen Körnchen untermischt, bemerkt. Unterseite grob, dicht blatternarbig sculptirt, sehr sparsam behaart. Beine sehr klein und kurz.

4. *Adelostoma pygmaeum* n. sp. *parallelum, nigrum opacum, totum distincte granulatum; capite carinato; thorace lateribus nonnullum explanatis, recurvis, bicarinato; elytris in dorso deplanatis, sutura, margine, tribusque carinis in singulo crenatis; pedes picei.* — long. 4, lat. 1¹/₂ mill.

Das Vaterland kann ich nicht bestimmt angeben. Ich kaufte seiner Zeit diese Art mit der Mouflet'schen Sammlung. Wahrscheinlich ist sie desshalb aus Benguela.

Fühler gewöhnlich, Kopfschild am vorderen Rande etwas verflacht, vornen mit nicht sehr grossem rundlichem Ausschnitt, am Vorderrande bräunlich durchschimmernd;

Augenschwielen kräftig, desgleichen die Längsscheibe,
welche aber nicht bis zur Basis läuft; Oberfläche dicht, aber
nicht sehr stark granulirt. Thorax so breit als lang, die
Seiten etwas verbreitert und schwach aufgebogen, bräunlich durchschimmernd; vornen mit leicht vorgezogenen
Ecken und Mitte, an der Basis gerade; die nicht gekerbten Seitenränder sind in ihren ersten vier fünftel fast
parallel, nur leicht nach hinten divergirend, von da sind
sie plötzlich in einem stumpfen Winkel eingezogen und
bilden mit der Basis eine spitze Ecke; Oberseite gleichmässig granulirt mit 2 parallelen dicht nebeneinander-
stehenden durchlaufenden Längskielen. Flügeldecken, an
der Basis so breit als der Thorax, seitlich ganz leicht
lang eiförmig gerundet, auf dem Rücken etwas niedergedrückt, ungefähr doppelt so lang, als breit; der crenulirte Rand und die Naht sind mässig erhaben, dagegen
sehr stark 3 Längskiele, deren äusserster bis zur Spitze
läuft und deren beiden innere unterhalb des Endbuckels
aufhören, sich aber daselbst nicht vereinigen; bei starker
Vergrösserung erscheinen dieselben leicht crenulirt; die
Sculptur der Oberfläche besteht aus einzelnen dicht gedrängten grösseren Granulationen. Unterseite grob punktirt. Beine kurz, bräunlich.

XV. Herpsis.

ἡ ἔρψις, das Kriechen.

Fühler sehr kurz und gedrungen; 2. und 3. Glied
gleichgross, die folgenden langsam an Länge abnehmend,
aber sämmtlich doppelt so breit als lang, das 10. so gross
als 8. und 9. zusammengenommen, viereckig, vorne abgestutzt; Thorax hinten und vornen vollkommen gerade;
Flügeldecken wenig breiter als der Thorax, walzenförmig, ohne Seitenrand; das übrige wie bei Adelostoma.

1. *Herpsis rugosa* Gory. *Elongata, opaca, nigra vel
obscure brunnea; prothorace subcylindrico, rugoso, lateribus
indistincte crenatis, dorso bicarinato; elgtris thorace paullo
latiores, confuse et dense rugosis; granulis elytrorum inter-*

dum lineas formantibus; pedibus rufo-obscuris. — long. 5—5¹/₂, lat. 2 mill.

      Ad. rugosum Gory. Guér., Sc. reg. an. p. 112, t. 128, f. 12.

      Sol. l. c. p. 170.

Var. a. parva Sol., *paullo minor, elytris nonnullum brevioribus.*

      Adel. parvum. Sol. l. c. p. 170.

      Senegal. Mus. Genf (Type), coll. Marseul (Type), coll. Bates, Haag.

Die Art ist an ihren gestreckten walzenförmigen Flügeldecken, welchen der Seitenrand fehlt, leicht zu erkennen. Sie macht offenbar den Uebergang zu den Stenosiden. Es lagen mir die Typen der beiden Arten sowohl aus der Gory'schen als auch der Solier'schen Sammlung vor und ich habe sie in Folge dessen zusammengezogen, da mir die letztere kaum eine Varietät der ersteren zu sein scheint, sondern vielleicht nur das andere Geschlecht. Bei parva sind die Flügeldecken ein klein wenig kürzer, sonst aber kann ich keinen Unterschied auffinden und was Solier über die kleinen erhabenen Zwischenräume der Flügeldecken sagt, ist genau auf rugosa anzuwenden, vielleicht dass individuell bei der Type der parva diese kleinen Leistchen etwas erhöhter erscheinen. Alles Uebrige ist bei beiden Arten vollkommen gleich.

Nachtrag.

Während des Druckes dieser Monographie wurden mir von Herrn Fred. Bates noch folgende zwei neue Arten freundlichst mitgetheilt.

Hidrosis incostata n. sp. *Ovalis, brunnea, parce pubescens, depressa; thorace transverso, lateribus dilatato, antice profunde emarginato, postice bisinuato; supra vix carinato, granulato; elytris thoracis latitudine, parum convexis, humeris productis, acutis, incostatis; margine duplici spiculoso; disperse minutissime granulatis. —* long. 6, lat. 4 mill.

      Kanak (Cap. verde). — Coll. Bates, Haag.

Kopf und Fühler wie bei crenatocostata; Thorax
sehr breit, fast vier mal so breit als in der Mitte lang,
seitlich stark verbreitert, nicht aufgebogen; vornen tief
ausgeschnitten, hinten in der Mitte gerundet vorgezogen,,
so dass der Hinterrand beiderseits weit ausgeschnitten
erscheint; Hinterecken spitzig und etwas nach hinten gerichtet, aber nicht so stark wie bei cren. cost. Der verbreiterte
Seitenrand ist scharf und spitzig, seitlich gezähnt, oben
deutlich granulirt und zwar bedeutend stärker als auf
der Scheibe, auf welcher die beiden Längskiele kaum zu
bemerken sind. Flügeldecken so breit, wie der Thorax
an der Basis, kurz eiförmig, nach der Naht zu leicht gewölbt, mit fast gerader Basis, aber scharfen, etwas aufgebogenen Schultern. Der Seitenrand besteht aus zwei
dicht nebeneinander laufenden mit kleinen Spitzen besetzten Leistchen, welche an der Schulter entspringen
und langsam bis zur Flügeldeckenspitze divergiren. Die
Scheibe ist zerstreut fein granulirt und zeigt zwei bis
drei Reihen einzelner grösserer Körnchen. Parapleuren
grob, aber zerstreut punktirt und dazwischen undeutlich
granulirt. Sämmtliche Ränder, sowohl des Halsschildes,
wie der Flügeldecken sind mit einzelnen gelblichen Haaren
dünn besetzt.

Die Art hat grosse Aehnlichkeit mit crenato-costata,
unterscheidet sich aber, ausser der verschiedenen Sculptur
von derselben, durch den kürzeren, hinten seitlich nicht
so stark ausgeschnittenen Thorax, welchem die Mittel-
leisten fast fehlen und durch die verhältnissmässig kürzeren, nach der Naht zu gewölbten Flügeldecken, welche
nicht schmäler sind, als das Halsschild und keine crenulirten Rippen haben. Mit Levaillanti ist die Art nicht
zu verwechseln.

Adelostoma Batesi n. sp. *Elongata, nigra, opaca;
thorace bicarinato, antice lateraliter valde explanato, postice
subito contracto, angulis posticis acutis; elytris bicarinatis,
carinis postice confluentibus; supra indistincte punctatis,
granulisque minimis obsitis.* — long. 5—6, lat. 2$\frac{1}{2}$ mill.
Yemen. — Coll. Bates, Haag.

Fühler verhältnissmässig dünn, die einzelnen Glieder vom 3. bis 9. kaum breiter als lang. Kopf rauh punktirt, mit starker Stirnleiste und Augenschwielen. Halsschild sehr breit, über doppelt so breit, als in der Mitte lang; vornen leicht ausgeschnitten mit etwas vorgezogener Mitte, hinten beiderseits leicht ausgebuchtet; seitlich nach vornen ungefähr auf $^2/_3$ der Länge sehr stark verbreitert, von diesem Punkte an aber plötzlich fast in einen rechten Winkel eingezogen; Hinterecken spitzig; verbreiterter Theil des Thorax leicht aufgebogen, sein Rand etwas wellig geschwungen und leicht bräunlich durchscheinend; Oberfläche undeutlich dicht punktirt und granulirt mit zwei Längskielen über die Scheibe, welche nach hinten zu fast unmerklich divergiren.

Flügeldecken an ihrer breitesten Stelle kaum breiter, als der Thorax, lang eiförmig; Naht und Rand leicht erhaben, dagegen laufen über die Scheibe zwei nach auswärts gebogene, ziemlich kräftige Kiele, deren innerer an der Basis und deren äusserer etwas unterhalb der Schulter beginnt und welche sich unterhalb des Endbuckels verbinden, um von da ab als eine einzige Leiste sich mit der Randleiste zu verbinden. Oberfläche rauh, undeutlich punktirt und granulirt und sehr sparsam mit äusserst kleinen gelblichen Häärchen besetzt, welche übrigens nur bei günstiger Beleuchtung zu sehen sind. Parapleuren mit ähnlicher Sculptur, wie die Oberfläche. Diese hübsche Art ist wegen ihrer eigenthümlichen Thoraxbildung mit keiner anderen zu verwechseln.

Verzeichniss.

Druck von Carl Georgi in Bonn.

Lightning Source UK Ltd.
Milton Keynes UK
UKHW020127090119
334943UK00005B/538/P